普通高等教育“十三五”规划教材
高等学校油脂工程专业教材

食品专用油脂

Special Oils and Fats for Food Industry

刘元法　主编

中国轻工业出版社

图书在版编目（CIP）数据

食品专用油脂/刘元法主编．—北京：中国轻工业出版社，2017.6
普通高等教育“十三五”规划教材　高等学校油脂工程专业教材
ISBN 978－7－5184－1183－2

Ⅰ.①食…　Ⅱ.①刘…　Ⅲ.①食用油—高等学校—教材
Ⅳ.①TS225

中国版本图书馆 CIP 数据核字（2016）第 279894 号

责任编辑：张　靓　　责任终审：张乃柬　　封面设计：锋尚设计
版式设计：锋尚设计　　责任校对：吴大鹏　　责任监印：张　可

出版发行：中国轻工业出版社（北京东长安街 6 号，邮编：100740）
印　　刷：河北鑫兆源印刷有限公司
经　　销：各地新华书店
版　　次：2017 年 6 月第 1 版第 1 次印刷
开　　本：787×1092　1/16　印张：18.25
字　　数：420 千字
书　　号：ISBN 978-7-5184-1183-2　定价：48.00 元
邮购电话：010－65241695　传真：65128352
发行电话：010－85119835　85119793　传真：85113293
网　　址：http://www.chlip.com.cn
Email：club@chlip.com.cn

150723J1X101ZBW

本系列教材编委会

本书编写人员

主　编

刘元法　江南大学　教　授

副主编

马传国　河南工业大学　教　授

孟　宗　江南大学　副教授

参　编

杨兆琪　江南大学　副教授

李进伟　江南大学　副教授

蒋　将　江南大学　副教授

王风艳　中粮营养健康研究院　产品开发经理

主　审

陈文麟　武汉轻工大学　教　授

序

追溯十多年前的2005年，由全国相关领域八十八位编委共同参与，由本人主编的《中国油脂工业发展史》历经十五年正式出版发行，出版后受到全国油脂界及相关行业专业人士的一致好评。书中介绍了我国"油脂专业教育及油脂专业科技书籍"的发展历史，每当重温这些文字，都会使我这个油脂战线的"老兵"心潮澎湃，心情久久难以平静。

自新中国成立以来，我国"油脂专业教育及油脂专业科技书籍"从无到有，从弱到强。这是我国几代"油脂人"辛勤耕耘、发奋图强的结果，来之不易，弥足珍贵，应该发扬光大，指引我们在今后的实际工作中，取得更加辉煌的业绩。

高等学校油脂专业系列教材由江南大学王兴国、武汉轻工大学何东平和河南工业大学刘玉兰三位教授担任编委会主任，联合三十余位高等院校、科研院所及相关企业的编委共同编写而成。在十一部高等学校油脂专业系列教材付梓之际，特邀请我这个油脂科研"老兵"为本套教材作序。其实，当得知我国设立"油脂专业"的这三所高等学府能够破除门户界线，精诚合作编撰本套系列教材，共同分享油脂专业科技和教育的最新科研成果，为我国培养更多、更好、素质更高的油脂专业人才而共同努力时，感到由衷的欣慰。

我国油脂专业高等教育蓬勃发展的大幕正在我们面前徐徐展开，相信本套教材将为我国油脂专业教育以及人才的培养注入新的能量，并为我国油脂行业的发展奠定更加坚实的基础。

中国粮油学会油脂分会会长

2015年1月28日

前言

油脂是人类食物中不可缺少的重要成分，其主要功能是提供热量，并提供人体所需的必需脂肪酸（EFA）和各种脂溶性维生素。缺乏这些物质，人体就会发生多种疾病，甚至危及生命。同时油脂也是现代食品工业不可或缺的重要原料，食品专用油脂赋予食品良好的质构、色泽、口感、风味和营养，在烘焙、糖果、速冻食品等行业中应用广泛。

本书系统阐述了食品专用油脂的基本理论、加工技术、产品及检测技术体系。全书共分为六章，编写分工如下：绪论和第一章由刘元法编写，第二章由孟宗、李进伟编写，第三章由刘元法、杨兆琪、蒋将编写，第四章由马传国编写，第五章由马传国、王风艳编写，第六章由孟宗编写，全书由刘元法、孟宗统稿。

本书中参考和引用了有关著作及论文中的部分资料，对相关作者在此深表感谢！

中粮营养健康研究院冀聪伟工程师为本书编写提供了部分宝贵材料；江南大学食品学院油脂研究室博士研究生和硕士研究生参与了书稿整理工作，他们是林叶、李波、孙德伟、陈洪建、史晌皓、林传舟、邱美彬、王庆玲、骞李鸽、宋伟雅、吴楠、张亮、程叶婷、于晓燕、赵润泽、方云、王昕昕，在此感谢他们的辛苦付出。

感谢中国粮油学会首席专家、中国粮油学会油脂分会会长王瑞元教授级高级工程师为本系列教科书作序。

诚邀武汉轻工大学陈文麟教授为本书主审，感谢他的辛勤劳动和悉心指导。

限于作者的水平和经验，书中难免存在一些缺陷与疏漏，希望专家学者和读者不吝赐教。

编　者

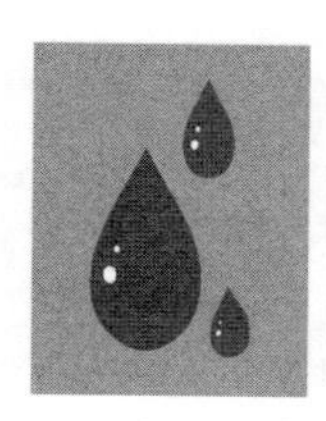

目 录

Contents

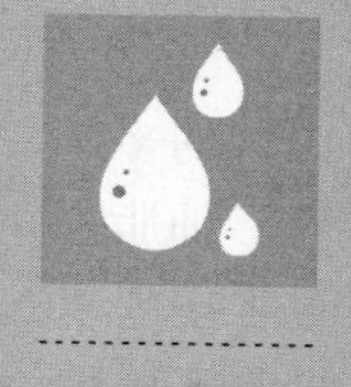

绪 论

Introduction

一、 学习本课程的意义

近几年我国的食品消费结构正发生着快速的转变，烘焙食品、糖果食品、速冻食品、冷冻食品等领域发展迅猛。食品专用油脂（如起酥油、人造奶油、植脂奶油、糖果脂及涂抹脂等）因其赋予加工食品特有的功能性（如结构、脆性、抗热融性、风味、货架期及感官特性等）而被广泛应用。2014 年中国食品专用油脂的总产量为 90 万 t 左右，总产值超过 150 亿元，并以每年 15% ~20% 的速度快速增长。

食品专用油脂产业是油脂工业的重要组成部分。食品专用油脂产品是油脂的深加工产品，是食用油脂加工领域中盈利最高的产品之一。营养、健康、功能性定制等都是食品专用油脂产品开发的趋势。在新型食品专用油脂产品开发过程中，要求从业人员了解食品专用油脂的基本理论、动植物油脂原料、加工技术、产品特性及检测技术体系等内容。在当前我国食品专用油脂产品大幅度增加、质量不断提高、技术装备不断更新的形势下，学习本课程更具有重要的意义。

二、 本课程的主要内容

本课程的主要内容包括：食品专用油脂涉及的基础理论、主要动植物原料油脂特性、乳化技术基础理论、基料油脂改性技术及装备、主要食品专用油脂产品及生产工艺与装备、产品品质控制及评价技术等。

三、 本课程的特点

食品专用油脂产品一般具有品种多、功能特定及专用性强等特点。因此，我们在学习本课程内容时，可结合不同类型的具体产品及其应用性能进行理解。在实际的产品开发过程中，往往需要在理解上述基本原理、加工工艺、原辅料物性的基础上，根据目标产品对脂肪的具体性能要求，进行定向设计，满足拟开发食品的性能要求。因此，在学习过程中，与实际问题相结合，有利于掌握本课程内容。

四、 对学习本课程的要求

本课程的学习要求学生理解食品专用油脂涉及的基础理论、主要动植物原料油脂特性、乳化技术基础理论、基料油脂改性技术及装备、主要产品及生产工艺与装备、产品品质控制及评价技术。

食品专用油脂是油脂工程专业的一门专业课程。它是以产品开发为主要内容的多学科综合性课程，既涉及许多专业理论知识（包括脂肪结晶基础理论、油脂改性、油脂加工工艺及油脂检验分析等），同时又是一门实用性很强的课程。因此在学习过程中要求同学们不但要多参阅有关专业的参考书及资料，还要积极、认真地完成规定的实验项目，以便学好本课程，为毕业后从事专业工作打下坚实的基础。

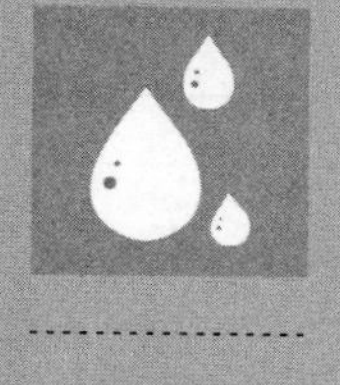

第一章

食品专用油脂基础

本章知识点

了解食品专用油脂的定义及发展历程，掌握油脂同质多晶、油脂结晶网络、油脂相行为等涉及食品专用油脂产品的基础理论知识。

第一节　食品专用油脂的定义、分类与发展历程

一、食品专用油脂的定义与分类

（一）定义

食品专用油脂是指精炼的动植物油脂、氢化油、酯交换油脂或上述油脂的混合物，经急冷单元和捏合单元而制成的固态或流动态的油脂制品，主要包括人造奶油、起酥油、氢化油及代可可脂等。严格意义上讲，食品专用油脂与食品工业用油脂是有区别的，后者是一个比较宽泛的概念。

（二）分类

食品专用油脂在食品生产中主要用于烘焙食品、煎炸食品、休闲食品、速冻食品、糖果、冷饮、咖啡伴侣、乳粉、色拉调味品及蛋黄酱等方面。按产品划分，食品专用油脂主要包括起酥油和人造奶油；按用途可分为焙烤专用油、巧克力糖果专用油、冷饮专用油、速冻专用油、植脂末专用油、植脂鲜奶油专用油、婴儿配方乳粉专用油及煎炸专用油等多种专用油脂产品（表1－1）。

表 1－1　食品（专用）油脂的分类

序号	种类	主要基料油	功能
1	焙烤专用油	大豆油、菜籽油、棕榈油、椰子油、动物油脂、月桂酸类油脂	改善面筋结构和打发过程的骨架、产品外形、表皮色泽（美拉德反应、色素）、口感；掩盖蛋腥味
2	巧克力糖果专用油	月桂酸类油脂、棕榈油、动物油脂、可可脂	保证产品良好的口熔性和滑腻感；具有良好的保型性，避免巧克力起霜等品质缺陷
3	冷饮专用油	椰子油、棕榈油	良好的抗融性及良好的融口性；油脂融化后清亮、透明、无异味
4	速冻专用油	棕榈油、大豆油	防止产品开裂；改善口感；良好的风味，产品熟成后外观细腻、润滑
5	植脂末专用油	大豆油、月桂酸类油脂、氢化油脂	保护热敏性、光敏性成分；制品的营养性和风味稳定性；方便计量；可与其他亲水性物料均匀混合
6	植脂鲜奶油专用油	月桂酸类油脂、棕榈油、乳脂	操作条件下良好的稠度；易于形成稳定的骨架；抗融性好；无异味；融化后清亮透明；融口性好；稳定不易氧化劣变
7	婴儿配方乳粉专用油	大豆油、高油酸油脂、棕榈油、椰子油	提供和满足能量与特殊脂肪酸需求，具有可添加性
8	煎炸专用油	棕榈油、液体油等	提供传热介质；赋予成品风味；具有良好的耐煎炸性能；氧化稳定性好
9	月饼/中式糕点专用油	大豆油、菜籽油、棕榈油、椰子油、动物油脂、月桂酸类油脂	月饼皮料专用油：提高月饼皮稳定性、延展性；易脱模；延长保质期 馅料专用油：使月饼稳定性好、品质优良、保质期长；易操作；色泽金黄，具有宜人的天然奶油香味

食品专用油脂中主要产品所占份额如图 1－1 所示。

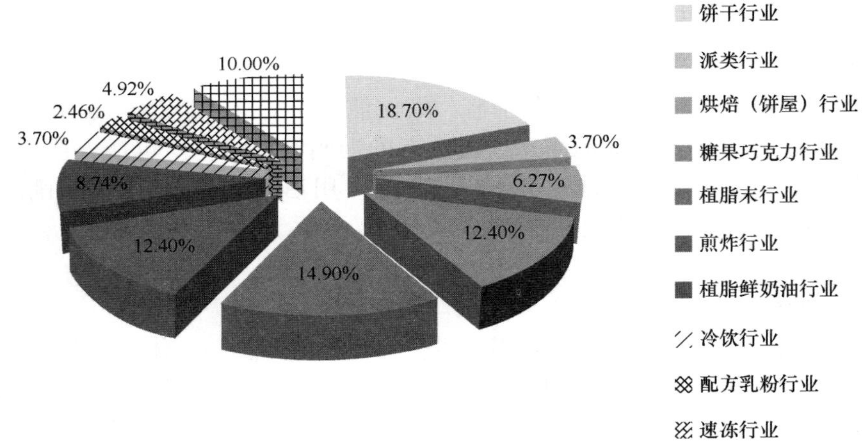

图 1－1　主要食品专用油脂所占份额图

二、食品专用油脂的发展历程

（一）发展历程中的三个时期

中国自 20 世纪 80 年代初引进丹麦人造奶油生产设备开始生产人造奶油、起酥油，

30多年来，其产、销规模不断扩大。据不完全统计，1984年中国各类食品专用油脂生产能力仅为年产2万t，1996年油脂生产能力已达年产15万t，至2001年产能已达到年产30万t，2014年总产量达到90万t左右，总产值超过150亿元。近两年来，食品专用油脂生产线还在急剧扩建。中国食品专用油脂产能增长很快，总体增长速度超过食用油本身的增幅，是食用油加工领域中盈利最高的产品之一。食品专用油脂在中国30多年的发展历程大致可以分为三个时期。

1. 国外进口油脂的竞争阶段（1997年以前）

和食品中其他细分行业一样，国内食品专用油脂行业刚刚起步，以马来西亚、印度尼西亚、欧美的供应商为主，中国生产厂家为辅。客户也是少数几个跨国企业和国营企业，市场需求小，处于发展的初级阶段。

2. 国内食品专用油脂企业的快速发展（1997—2004年）

随着国内油脂加工技术的不断发展，国内油脂企业建立了专业、反应更快捷的技术服务团队和经销商队伍，提高了售前及售后服务，可以为肯德基和卡夫等客户的个性化需求进行量身定制专用油脂。同时下游食品行业也在日新月异地发展，给特种油脂创造了大量机会。国内油脂企业逐步走上特种油脂舞台的中央。

3. 国内外食品专用油脂产品竞争（2004年以后）

随着国内企业的崛起，市场竞争也从价格转向成本、价格、服务质量的综合能力竞争。在过去10年，食品专用油脂产品业务拓展方式也发生了改变：以价格为导向→以价格和服务为导向→以客户需求为导向→以细分市场（如烘焙、糖果巧克力）发展需求为导向。

（二）产业分布

国内食品专用油脂加工产业已形成了华东、华南、华北三大产业聚集区。据不完全统计，58%的专用油脂企业分布在华东地区，主要集中在江苏、上海及山东等地区；24%的专用油脂企业分布在华南地区，主要是广东省；14%的专用油脂企业分布在华北地区，主要是在天津和北京；4%的专用油脂企业分布在西南、东北以及西北地区。

食品专用油脂加工企业在沿海地区和经济发达地区的密集分布与其产品加工要求紧密相关。专用油脂是食用油脂的二次深加工产品，需要较强的技术水平和较高的设备投资。中国第一批生产人造奶油、起酥油、粉末油脂、可可脂、代可可脂的企业就建在天津和上海等经济发达地区。另外，中国食品专用油脂原料存在较高的进口依赖度，沿海地区有进出口贸易发达以及运输方便等特点，所以聚集起了大量的食品专用油脂加工企业。

第二节　油脂的同质多晶

甘油三酯是油脂的主要组成成分，是具有重要生物学性质的有机分子。在应用中，甘油三酯不仅是人造奶油与起酥油的主要组分，也是制药业和化妆品行业的基本原料。甘油三酯的物理性质影响含油脂产品的物理特性，如外观、质构、塑性、形态及流变性。油脂产品都是含有不同脂肪酸酰基的甘油三酯混合物，其复杂的物理特性归因于不同甘油三酯的同质多晶行为以及其分子间的相互作用。因此，对含油脂产品物理性质的研究往往从研究单个甘油三酯分子出发，进而研究混合体系，同时将甘油三酯分子的微观性质与质构、结晶形态学及流变学等宏观信息相结合。

一、 同质多晶的基本概念

甘油三酯（TG）是由甘油和脂肪酸缩合而形成的脂类化合物，其结构如图 1 -2 所示。

$$
\begin{array}{ll}
sn\text{-}1 & CH_2O—CO—R_1 \\
 & \ \ | \\
sn\text{-}2 & CHO—CO—R_2 \\
 & \ \ | \\
sn\text{-}3 & CH_2O—CO—R_3
\end{array}
$$

图 1 -2 甘油三酯分子结构图

（R：脂肪酸酰基，*sn*：立体位置数）同酸甘油三酯（$R_1 = R_2 = R_3$），异酸甘油三酯（$R_1 \neq R_2 \neq R_3$）

根据脂肪酸酰基的种类，可将甘油三酯分为两类：一种是由一种脂肪酸组成的甘油三酯称为同酸甘油三酯；另一种是由两种或三种脂肪酸组成的甘油三酯分别称为二酸甘油三酯和三酸甘油三酯，它们均属于混酸甘油三酯。天然油脂几乎全为混酸甘油三酯。二酸甘油三酯又可分为两类：对称型和非对称型。非对称型二酸甘油三酯存在手性，如 $sn - R_1R_1R_2$ 和 $sn - R_2R_1R_1$ 是立体异构的化合物（其中 *sn* 表示立体位置）。三酸甘油三酯中也存在手性。对称型甘油三酯与非对称型甘油三酯的同质多晶体存在很大差异。

甘油三酯的物理特性是由脂肪酸类型决定的，如饱和与不饱和键的数目、双键的顺式与反式、短链与长链、偶数与奇数碳链、脂肪酸与甘油的酯化位置等。

（一） 甘油三酯的同质多晶

同质多晶（polymorphism）是指同一种物质具有不同的结晶形态。早在 20 世纪初期人们就已经发现脂肪具有多重熔点的性质。Clarkson 和 Malkin 研究揭示出这种熔化行为是由甘油三酯的同质多晶引起的。在结晶状态下，甘油三酯分子逐渐形成与相邻分子之间理想的构象和排列，从而优化分子内和分子间的相互作用，达到高效紧密堆积。Larsson 在甘油三酯结构研究的基础上，总结出甘油三酯的三种基本晶型，即 α，β' 和 β 晶型。甘油三酯的同质多晶型可通过热稳定性、晶胞和链长结构来表述。

1. 热稳定性

在甘油三酯及其混合物的三种主要同质多晶型中，通常 β 晶型最稳定，其次是 β' 晶型，α 晶型最不稳定。甘油三酯同质多晶体的吉布斯（Gibbs）自由能 G（$G = H - TS$，其中 H、S、T 分别表示焓、熵及温度）与温度 T 的关系如图 1 -3 所示。

$G - T$ 关系决定了同质多晶体和液体之间的转变途径。甘油三酯的同质多晶型是单向转变的，低温固态下 α 晶型的 G 值最大，β' 晶型 G 值中等，β 晶型 G 值最小。每种晶型均有其对应的熔化温度（T_m），即晶体的 G 值变得比液体 G 值低时的温度。热力学条件影响甘油三酯的结晶动力学和晶型转变。图 1 -2 中基本的三种同质多晶型适用于饱和同酸甘油三酯，但当甘油三酯分子种类变多时，情况就会发生改变。例如，含不饱和脂肪酸酰基或两种饱和酸酰基的甘油三酯就有 β' 或 β 两种晶型。有时会不出现 β 晶型，而 β' 成为最稳定的晶型，且具有最高的 T_m。

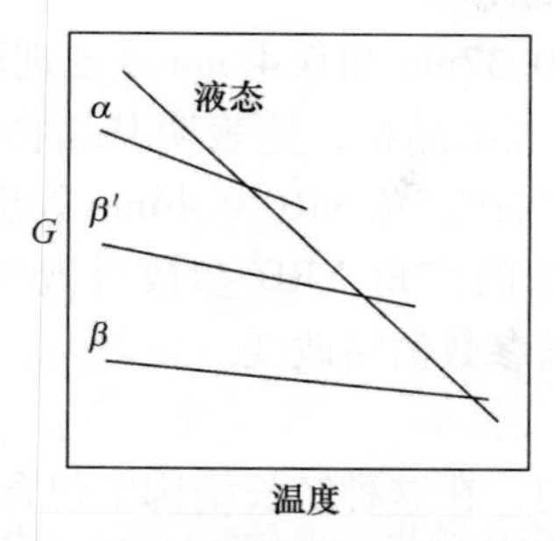

图 1－3　甘油三酯三种晶型的吉布斯自由能和温度关系示意图

从图 1－3 同质多晶体的相对成核速率可以看出，在高过冷度或高饱和度条件下，亚稳态的 α 晶型和 β' 晶型的晶核比稳态的 β 晶型的晶核先生成。当过冷度或过饱和度降低时，这一规律被打破，最稳定晶型以相对较慢的速率成核。

单向转变性使同质多晶型转变只能不可逆地由最不稳定的 α 晶型向最稳定的 β 晶型转变，转变速率由时间和温度共同决定。同质多晶型的转变方式有两种：固—固转变和熔化中间体转变。固—固转变在温度处于所有晶型的熔点之下时发生。与此相反，熔化中间体转变在最不稳定晶型的熔点以上温度时发生。

2. 亚晶胞结构

亚晶胞结构定义了烃链的横向堆积模式。三种典型的亚晶胞结构如图 1－4 所示。α，β' 和 β 晶型分别为六方（H），正交（$O_{\perp}$）和三斜（$T_{/\!/}$）晶胞结构。

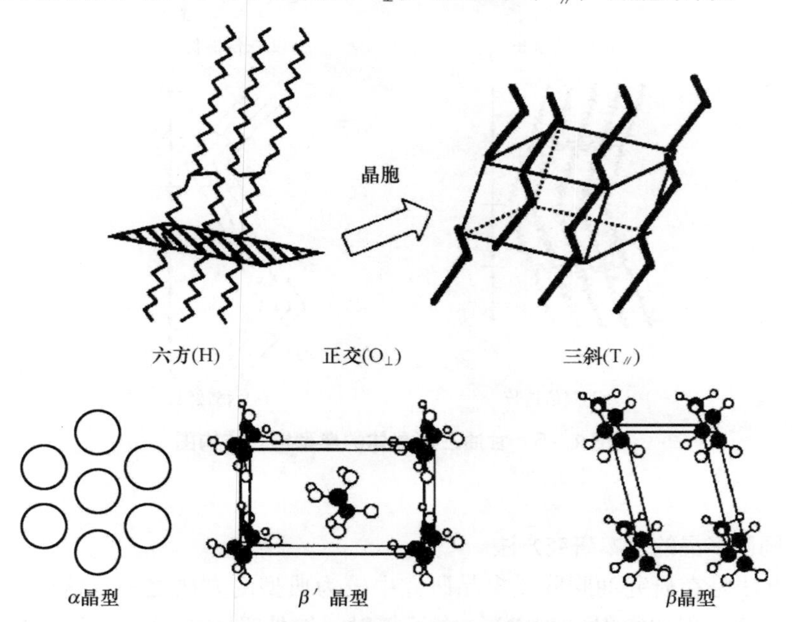

图 1－4　甘油三酯同质多晶型的典型晶胞结构图

α，β' 和 β 晶型分别为六方（H），正交（$O_{\perp}$）和三斜（$T_{/\!/}$）结构

六方晶胞结构中二维晶格为六边形，在广角 X－射线衍射（XRD）中于 0.41nm 处出峰，链堆积松弛，并且由于碳原子可旋转一定角度使烃链形成无序构象导致特定链链相互作用消失。正交（$O_{\perp}$）晶胞结构中二维晶格呈矩形，这表示具有特定链链相互作

用的紧密堆积晶格。$O_\perp$ 晶胞在 0.37nm 和 0.41nm 处出现两个典型的广角 XRD 峰。三斜晶胞结构（$T_{//}$）有一个倾斜的二维晶格，这表明其结构中具有特定链链相互作用的紧密堆积链。三斜（$T_{//}$）晶胞结构在广角 XRD 0.46nm 处出现强峰，在 0.39nm 和 0.38nm 处出现弱峰。这三种同质多晶型的广角 XRD 参数对饱和同酸甘油三酯而言是典型的，但当脂肪酸酰基为不饱和时，其参数值将改变。

3. 链长结构

甘油三酯晶体形成链长结构，在这种链长结构中包含围绕 C 轴的由烃链重复序列构成的层状单元。由一条烃链组成的单元层称为叶片（leaflet）。几种可能形成的链长结构如图 1-5 所示。甘油三酯的脂肪酸酰基相同或极其相似时形成二倍链长结构，当其中一种或两种脂肪酸的化学性质与其他脂肪酸有很大不同时会形成三倍链长结构。四倍链长结构由两个末端相连的二倍链长结构组成。六倍链长结构由两个三倍链长结构组成。四倍链长和六倍链长结构在非对称型饱和二酸甘油三酯中被观察到，下文将详细讨论。

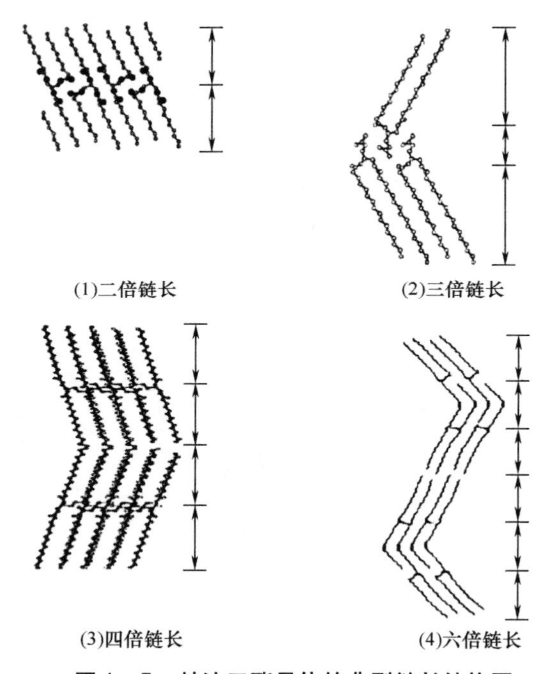

图 1-5 甘油三酯晶体的典型链长结构图

（二）同质多晶的基本研究方法

热分析方法是在研究油脂同质多晶研究中较为典型的方法之一。这里对差示扫描量热法（DSC）、X-射线衍射（XRD）、中子衍射、红外吸收光谱及核磁共振（NMR）方法进行简要介绍。

DSC 分析可提供熔化、结晶和同质多晶转变过程中的温度、焓和熵值，为分离单一同质多晶型及研究其热稳定性提供重要信息。

分子结构信息，如层间距（长间距）和晶胞结构（短间距）可通过粉末 XRD 测定的多晶粉末样品的小角和广角衍射参数计算获得。图 1-6 所示牛油基起酥油中砂粒晶体（a）和无砂晶体（b）X－衍射短间距（A）和长间距（B）谱图。从图1－6（A）可以看出，无砂晶体X－衍射曲线中中等强度衍射峰分别出现在4.15Å，3.80Å和4.28Å，表明其为α和β'晶型的混合晶体。而砂粒晶体中除此之外，在4.56Å处还存在强的衍射峰，表明其中除存在α和β'晶型外，还存在更稳定的β型晶体。上述变化表明在砂粒晶体中已发生亚稳定β'晶型向稳定的β晶型转化。从图1－6（B）可以看出，砂粒晶体和无砂晶体分别在长间距36.48Å和37.09Å处出现极强的衍射峰，且其都在13.67Å处出现其对应的（003）折射；同时，仅在砂粒晶体长间距49.13Å和28.27Å处出现两个相对较弱的峰。这表明与无砂晶体相比，砂粒晶体中甘油三酯的层间包埋状态发生改变。这进一步表明甘油三酯分子晶体尺寸及甘油三酯分子链与基面的夹角发生了改变。此外，原子水平的晶体结构可以用XRD测定高纯度单晶来获得。

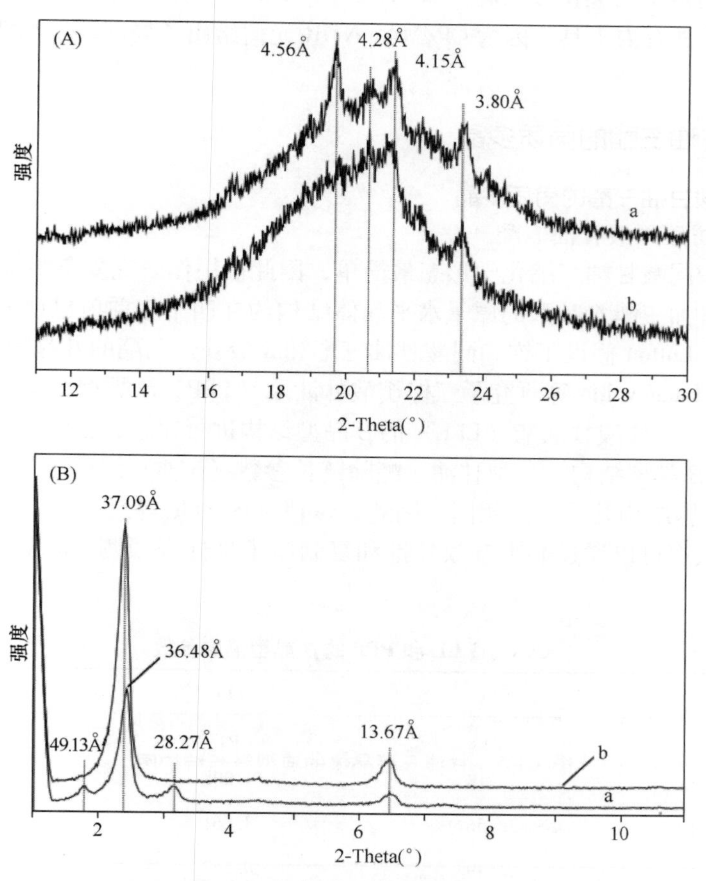

图1－6 牛油基起酥油中砂粒晶体（a）和无砂晶体（b）X－衍射短间距（A）和长间距（B）谱图

同步加速XRD（SR－XRD）是目前应用于脂肪同质多晶研究中最令人振奋的方法，实现了外加搅拌和超声波并以高达5℃/min快速变温条件下对同质多晶转变的实时检测。将SR－XRD小角X－射线扫描（SAXS）和广角X－射线扫描（WAXS）与DSC方法相耦合，是目前明确甘油三酯单组分或混合体系同质多晶转变动力学的最有效方法之一。通过观察温度快速变化过程中相应的DSC峰型和SAXS－WAXS数值的变化，明确了甘油三酯混合体系复杂的同质多晶转变或液态晶体向同质多晶型转变的机制，而利用传统的实验型 XRD 则不能检测。

中子衍射方法是通过中子与原子核的相互作用提供脂肪在液态和结晶状态的结构信息，与 X－射线衍射所提供的信息不同。中子衍射方法是通过研究甘油三酯中甘油和脂肪酸链的选择性氘化作用来显示液相甘油三酯分子的向列型液晶结构的。

甘油三酯同质多晶型的局部分子结构信息如甲基末端结构、烯烃构象及链链相互作用等，都是通过红外光谱特别是傅立叶转换红外光谱（FT－IR）来获得。Chapman 对此进行了前期研究，在他的研究基础上，研究者采用不同 FT－IR 设备，如极性转换 FT－IR、波动吸收光谱（RAS）及衰减全反射（ATR）等，使研究工作取得了很大进步。

NMR，特别是交叉极化魔角旋转 NMR（CP/MAS NMR），也是研究甘油三酯结晶状态的分子构象的强有力工具，因为 CP/MAS NMR 光谱给出了局部环境和特定碳位活动性的详细信息。

二、 纯甘油三酯的同质多晶

（一） 同酸甘油三酯的同质多晶

1. 饱和脂肪酸同酸甘油三酯

饱和脂肪酸同酸甘油三酯化学形态最简单，因此被用作研究复杂脂肪的模型。

饱和同酸甘油三酯 β 晶型的原子水平晶体结构约在四十年前就已明确。在这些结构数据的基础上，Lutton 假设了饱和同酸甘油三酯和二酸甘油三酯的 β 晶型结构。

近期，van Langevelde 等研究了三棕榈酸甘油酯（PPP）β 晶型结构，并与三癸酸甘油酯（CCC）、三月桂酸甘油酯（LLL）的 β 晶型结构进行比较，预测出三肉豆蔻酸甘油酯（MMM）的 β 晶型结构。三种甘油三酯除链长参数（b 轴）之外，晶胞参数、二倍链长结构及 T// 晶胞结构几乎完全相同。因此，van Langevelde 等总结如下：$C_nC_nC_n$ 系列中所有的结构模式都可以通过晶胞参数外推和复制原子坐标来预测，n 表示偶数碳原子数（表 1－2）。

表 1－2　　CCC、LLL 和 PPP 的 β 晶型晶胞参数

参数	CCC	LLL	PPP
空间结构	$P\bar{1}$	$P\bar{1}$	$P\bar{1}$
a 轴/nm	1.218	1.208	1.195
b 轴/nm	3.156	3.661	4.684
c 轴/nm	0.549	0.547	0.545
α/°	73.4	73.4	73.8
β/°	100.7	100.5	100.2
γ/°	119.2	118.7	118.1
V/nm^3	1.7613	2.0292	2.5811
D/（g/cm^3）	1.04	1.04	1.04

注：V—单位晶胞体积；D—密度

此类甘油三酯晶体有两种分子构型：音叉和椅式构型，如图 1－7 所示。音叉构型中，外侧两个酰基链（*sn*－1 和 *sn*－3）朝向同一方向，中间酰基链（*sn*－2）朝向相反方向。与此相反，椅式构型中相邻的两个酰基（*sn*－1，*sn*－2）朝向同一方向，第三个酰基(*sn*－3)朝向相反方向。研究发现，CCC、LLL 和 PPP 的 β 晶型中为不对称的音叉构型。

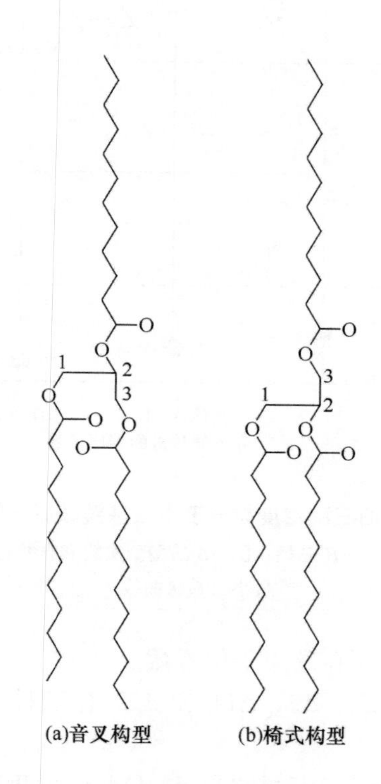

图 1－7 甘油三酯的两种晶体构型图
（数字对应甘油基的碳原子）

饱和同酸甘油三酯的 β' 晶型的构型目前还未确定，这是因为很难培养出纯度很高的不稳定的单晶用于原子结构检测。然而，其晶胞信息是可获得或计算出来的。例如，图 1－8 列出了饱和同酸和二酸甘油三酯的液态、β' 和 β 晶型的密度与碳原子数目的关系。CCC、LLL、MMM 以及 PPP 的 β' 晶型密度可在 β' 晶型的三硬脂酸甘油酯（SSS）的密度和饱和二脂肪酸甘油三酯的晶体数据的基础上用最小二乘法计算得到。

2. 不饱和脂肪酸同酸甘油三酯

T_m 值低于室温的天然油脂中含不饱和脂肪酸酰基的甘油三酯。不饱和同酸甘油三酯的结晶特性 60 年前已有研究。与饱和同酸甘油三酯相比，不饱和同酸甘油三酯的同质多晶更加复杂，Hagemann 等认为这是由其酰基侧链上双键数目和位置的不同造成的。含顺式和反式十八碳烯酸（C_{18}，含一个双键）的甘油三酯位置异构体的同质多晶总结如下。

（1）α 晶型出现在不含有顺式 Δ12、Δ13、Δ15 和反式 Δ10 的甘油三酯中，Δ 表示为

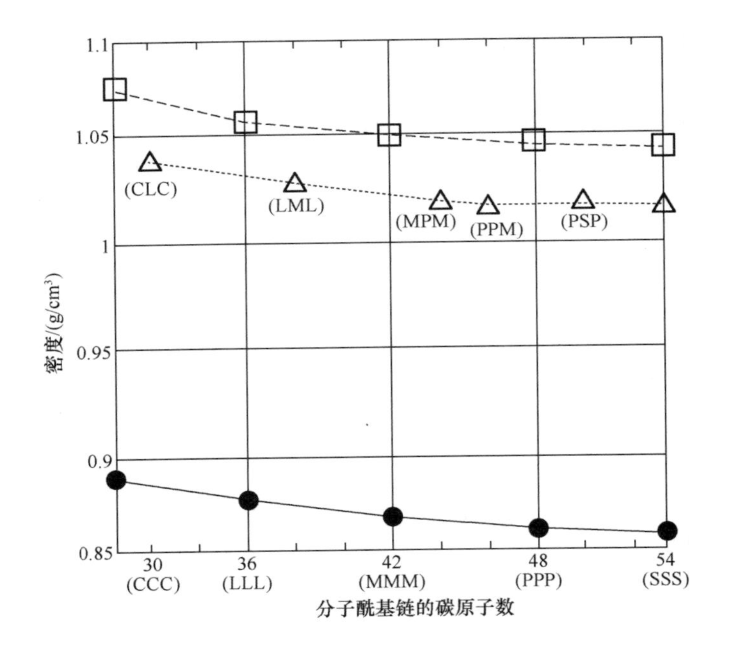

图 1-8　甘油三酯密度与分子中酰基链碳原子数的关系图

● -液态；△ -β'晶型；□ -β 晶型。实线和虚线是各相态的最小二乘法曲线

从甘油骨架端开始计数的双键所在碳原子位置数。

（2）顺式甘油三酯中，Δ7、Δ9、Δ11 和 Δ13 有三种 β' 晶型，而 Δ5 和 Δ15 则不存在。

（3）对于反式甘油三酯而言，反式 Δ11 和 Δ14 存在两种 β' 晶型，Δ13 存在一种 β' 晶型，而 Δ4、Δ5、Δ6、Δ7、Δ8、Δ9、Δ10、Δ12 和 Δ15 则不存在 β'晶型。

（4）所有的甘油三酯均存在 β 晶型。

同质多晶具有复杂性，特别是多种 β'晶型的出现可归因于位置异构体和顺反结构的多样性。对三油酸甘油酯（OOO）的研究已有多年，但在一些报道中尚未达成一致。如 Wheeler 等、Ferguson 和 Lutton 检测到一种中间型，而 Hagemann 等却分离出三种 β'晶型，即 β_1'、β_2'和 β_3'。这种 β'晶型存在形式的不一致可能是由试验中热处理方式和样品纯度的不同导致的。日本广岛大学 Sato 教授团队曾用 DSC、X-射线衍射和 FT-IR 对高纯度的 OOO（>90%，由 Nippon 油脂公司提供）的同质多晶型进行研究，分离出了六种同质多晶型：α、β_3'、β_2'、β_1'、β_2 和 β_1，其热力学和结构特性见表 1-3。OOO 的同质多晶型转变和熔化途径如图 1-9 所示，观测到两种转变途径：液态→α→β_3'→β_2'→β_2 和液态→β_1'→β_1，前一种转变发生在快速冷却（20℃/min）至 -80℃后再加热，此时 α 晶型形成并依次经两种中间态 β'转变为 β_2 晶型。相反，当 OOO 缓慢冷却时，液体以 β_1' 晶型结晶并在随后的加热过程中转变为 β_1 晶型。有趣的是，没有直接从 β_2'向 β_1'和 β_2 向 β_1 的转变，要了解这种独立的转变过程是如何发生并不容易。

表1-3　三油酸甘油酯的同质多晶

晶型	α	β_3'	β_2'	β_1'	β_2	β_1
T_m/℃	-37.5	-24.9	-15.5	-5.8	4.7	5.9
亚晶胞	H	$O_{\perp}$	$O_{\perp}$	$O_{\perp}$	$T_{//}$	$T_{//}$
ΔH/（kJ/mol）	—	—	—	—	110	120

注：T_m—熔点；ΔH—熔化焓。

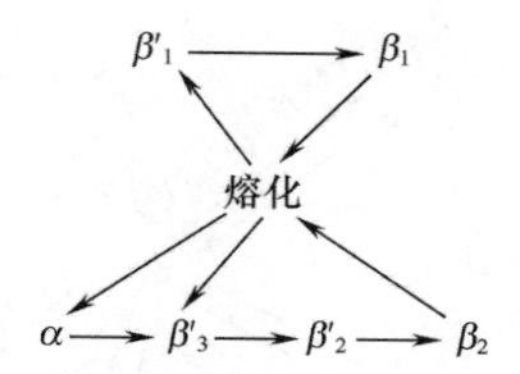

图1-9　三油酸甘油酯的同质多晶转换途径示意图

（二）混酸甘油三酯的同质多晶

了解混酸甘油三酯的同质多晶非常重要，因为天然油脂的脂肪酸组成通常都是非均相的，即甘油三酯的脂肪酸组成多种多样，包括碳数、饱和与不饱和碳链混合及不饱和脂肪酸双键的位置和数目等。混酸甘油三酯可分为两类：①饱和混酸类；②饱和-不饱和混酸类型。

1. 饱和混酸甘油三酯的同质多晶行为

以下对$C_{16}C_{16}C_n$，$C_nC_{n+2}C_n$和$C_nC_2C_n$系列甘油三酯的同质多晶结构多样性，热力学稳定性和分子结构进行讨论。

$C_{16}C_{16}C_n$系列是一类同源甘油三酯，n是sn-3位脂肪酸链的偶数碳原子数目，变化范围为0~16。通过采用XRD、DSC和FT-IR设备对$C_{16}C_{16}C_n$的系统研究发现，其同质多晶型具有显著的多样性。$C_{16}C_{16}C_n$不仅存在α晶型中，β'晶型也有多种类型。从$C_{16}C_{16}C_2$到$C_{16}C_{16}C_8$存在一种β'晶型中，$C_{16}C_{16}C_{10}$存在三种β'晶型（β_3'、β_2'和β'_1），而$C_{16}C_{16}C_{12}$和$C_{16}C_{16}C_{14}$存在两种β'晶型（β'_2和β'_1）。就β晶型而言，$C_{16}C_{16}C_2$到$C_{16}C_{16}C_{12}$只存在一种β晶型中，而$C_{16}C_{16}C_{14}$没有β晶型，其最稳定晶型为β'晶型。此外，$C_{16}C_{16}C_n$同质多晶链长结构十分复杂，如$C_{16}C_{16}C_n$的α晶型中为单倍链长，$C_{16}C_{16}C_{10}$的β_1'晶型和$C_{16}C_{16}C_{14}$的β_2'晶型为六倍和四倍链长结构。$C_{16}C_{16}C_n$的熔点在n为0~6时随n值增加而降低，而当n为8~16时随n值增加而增加。$C_{16}C_{16}C_n$系列特别是$C_{16}C_{16}C_{14}$的独特性质在其他资料中已有探讨。这里我们以$C_{16}C_{16}C_{10}$为$C_{16}C_{16}C_n$为范例，讨论其同质多晶结构和热转变途径。

$C_{16}C_{16}C_{10}$的熔化和五种晶型的转变途径如图1-10所示。在急冷过程中，各向同性的液体形成熔点为22℃的二倍链长α晶型。有两条从α晶型开始的转变途径：第一种是$\alpha \to \beta_3' \to \beta_2' \to \beta$的转变，在这一转变途径中在$\alpha \to \beta_3' \to \beta_2'$的转变过程中亚晶胞结构从H转变为两个$O_{\perp}$，但二倍链长结构不变。当$\beta_2'$转变为$\beta$晶型时，链长结构从二倍变为三倍，亚晶胞结构从$O_{\perp}$转变为$T_{//}$。第二种为$\alpha \to$熔化$\to \beta_1'$，亚晶胞结构和链长结构则彻底改变。在 $C_{16}C_{16}C_n$的这两种途径中，同质多晶转变机制的很多细节还不清楚，同时 $C_{16}C_{16}C_n$的同质多晶行为中还出现了许多有趣现象，例如 $C_{16}C_{16}C_4$，$C_{16}C_{16}C_6$和 $C_{16}C_{16}C_8$的 α 晶型（单倍链长）和 β' 晶型（三倍链长）的出现，及 $C_{16}C_{16}C_6$和 $C_{16}C_{16}C_8$的 β 晶型的消失。所有的这些特性均表明，分子内和分子间作用力在很大程度上受 *sn* - 3 位上脂肪酸酰基的分子形状改变的影响。了解 $C_{16}C_{16}C_n$等非对称型混酸甘油三酯的同质多晶对获取结构脂的信息非常有用。

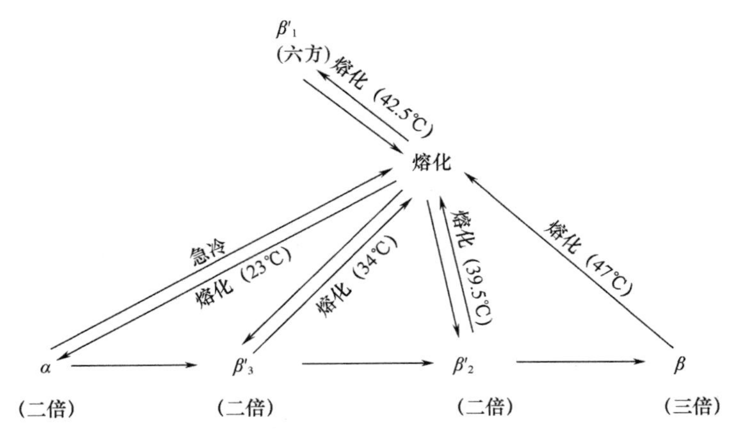

图 1 - 10　$C_{16}C_{16}C_{10}$晶型转变的 β 途径（括号中为各晶型的链长结构图）

$C_nC_{n+2}C_n$型甘油三酯（*n* 为 10 ~ 16 的偶数）的最稳定晶型为 β' 晶型而非 β 晶型，此类甘油三酯的长间距值和 β' 晶型的熔点值均随 *n* 值的增加而呈线性增加。

Zacharis 等研究了 *n* 为 10 ~ 18 的偶数 $C_nC_2C_n$型甘油三酯。通过热分析发现了最低、中等及最高熔点的三种同质多晶型，并检测到熔点最高的同质多晶具有以下物理特性：①晶胞结构为 $T_{//}$；②熔化焓、再凝固焓及层间距均随酰基链的增长而呈线性增加；③$C_{14}C_2C_{14}$和 $C_{16}C_2C_{16}$为六倍链长结构。关于最低熔点和中等熔点晶型的信息还比较少。

2. 饱和 - 不饱和混酸甘油三酯的同质多晶行为

饱和 - 不饱和混酸甘油三酯是植物油和鱼油的主要组分，其同质多晶型比饱和同酸甘油三酯复杂得多，饱和酰基链与不饱和酰基链之间的相互作用对这种复杂性起着本质性的决定作用。

（1）1，3 - 二饱和 - 2 - 不饱和混酸甘油三酯　这一部分我们研究了饱和 - 不饱和 - 饱和甘油三酯的同质多晶行为，其中 *sn* - 2 位的脂肪酸为油酸、蓖麻油酸及亚油酸，而偶数碳饱和酸（棕榈酸、硬脂酸、花生酸及山嵛酸）位于 *sn* - 1 和 *sn* - 3 SOS（1，3 - 二硬脂酰 - 2 - 油酰 - *sn* - 甘油）的同质多晶型如图 1 - 11 所示。

从 α 向 β 的晶型转变要经过 γ、β' 和 β_2 三型态，与饱和同酸和二酸甘油三酯相比，转变过程中出现 γ 晶型是此类甘油三酯的特性。对于 SOS 而言，链长结构从二倍变为三倍，亚晶胞结构在油酸和硬脂酸链之间以不同的方式变化，这种变化是硬脂酸和油酸酰基空间位阻作用的结果，导致了 SOS 同质多晶转变的复杂性，其主要结构特性简要描述如下：

α 晶型：用 SAXS 图谱检测的二倍链长结构中硬脂酰链和油酰链共存于同一个叶片中。XRD、WAXS 图谱中的六方晶胞和 FT - IR 光谱中 δ（CH_2）和 γ（CH_2）状态显示

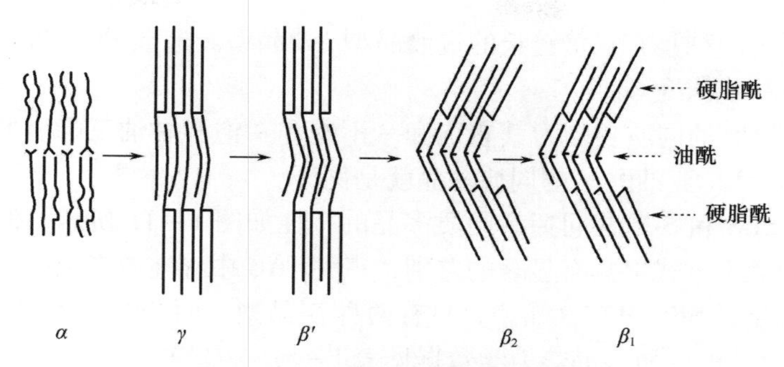

图1-11 SOS的同质多晶转换图

出无序的脂肪构象。烯构象中没有特殊结构，因为IR光谱中没有检测到γ（=CH）的吸收，并且NMR光谱中临近顺式双键的两个碳原子等价。

γ晶型：长间距值为7.05nm表示三倍链长结构，其中的油酰基和硬脂酰基在$\alpha-\gamma$转变过程中通过链排序而分离。通过包含完全氘化的硬脂酰和氢化的油酰链的SOS的FT-IR光谱证实，硬脂酰叶片呈特定的平行堆积，而油酰叶片仍呈六方晶型结构。

β'晶型：SAXS峰长间距值7.00nm表示三倍链长结构，由一个正交晶胞的硬脂酰叶片和一个六方晶胞的油酰叶片构成，正如含完全氘化的硬脂酰和氢化的油酰链的SOS的FT-IR光谱所示。^{13}C NMR光谱表明临近顺式双键的两个碳原子与甘油基上三个碳原子存在明显的不同。

两种β晶型：β_2和β_1晶型的三倍链长结构长间距值分别为6.75nm和6.60nm。β_1晶型硬脂酰和油酰叶片的晶胞结构为$T_{/\!/}$，β_2晶型两个叶片的晶胞结构非常接近$T_{/\!/}$，两种β晶型之间仅检测到微小的差异。

POP（1，3-棕榈酰-2-油酰-*sn*-甘油）是SOS中硬脂酰链被棕榈酰链替代后的对应物。起初研究者预测POP将呈现与SOS相同的同质多晶型，然而研究发现其过渡晶型有所不同（表1-4），原因如下。

表1-4 POP的同质多晶

晶型	T_m/℃	ΔH/（kJ/mol）	长间距/nm	链长结构
α	15.2	68.1	46.5	二倍
γ	27.0	92.5	65.4	三倍
δ	29.2	107.5	62.5	三倍
β_2'	30.3	95.5	42.4	二倍
β_1'	33.5	98.3	42.4	二倍
β_2	35.1	124.4	61.0	三倍
β_1	36.7	130.2	61.0	三倍

①出现了两种具有二倍链长结构的β'晶型。

②在α晶型向β_1晶型转变的过程中，链长结构变化为二倍（α）→三倍（γ）→二倍（两种β'晶型）→三倍（两种β晶型）。这种链长结构在二倍和三倍之间交替变换的现象仅在POP中发现。

③观察到另外一种具有三倍链长的过渡晶型，δ 晶型。造成 POP 同质多晶复杂性的原因还有待于进一步研究。

尽管如此，SOS 的同质多晶为其它饱和－不饱和－饱和甘油三酯所共有，SRS（R，蓖麻酰）和 SLS（L，亚油酰）的同质多晶就是例证。

尽管 SOS、SRS 和 SLS 共同拥有同质多晶的特性如图 1－11 所示，但这三种甘油三酯在最终晶型的表现方式上具有显著的差别，三种 TAG 中存在或者缺少稳定的 β'晶型或者 β 晶型。也就是说 SRS 没有 β 晶型，只有两种 β'晶型，而 SLS 则不存在 β'和 β 晶型。SRS、SLS 以及 SOS 的同质多晶热力学数据见表 1－5。

表 1－5　SOS、SRS 和 SLS 的多晶体的热力学特性

	SOS				SRS					SLS	
	α	γ	β'	β_2	β_1	α	γ	β_2'	β_1'	α	γ
T_m/℃	23.5	35.4	36.5	41.0	43.0	25.8	40.6	44.3	48.0	20.8	34.5
ΔH_m/（kJ/mol）	47.7	98.5	104.8	143.0	151.0	58.1	119.64	171.19	184.76	40.9	137.4
ΔS_m/［J/（mol·K）］	160.8	319.2	338.5	455.2	477.6	194.35	381.32	539.29	575.31	139.2	448.7

SRS 和 SLS 中存在的 α 和 γ 晶型有相同的分子结构，如图 1－12 所示的广角 XRD 谱图，可以推断出蓖麻酸链中的氢键紧密结合使 $O_{\perp}$ 晶胞稳定在甘油基周围，可能导致 β' 晶型成为 SRS 的最稳定晶型［图 1－13（1）］。SRS 中的氢键作用力可使其 β' 晶型的熔化焓和熵值远高于 SOS 的 β'晶型。

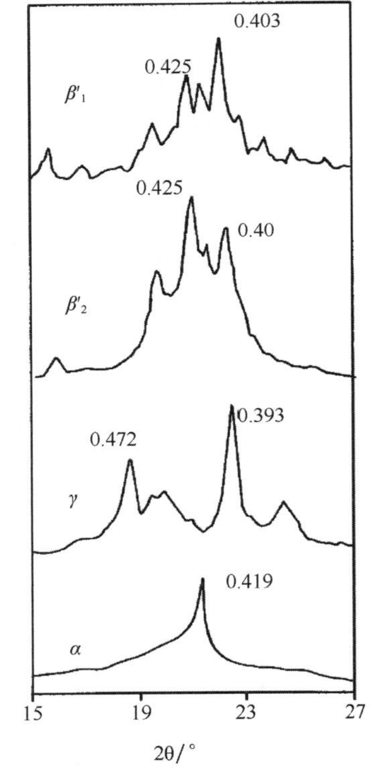

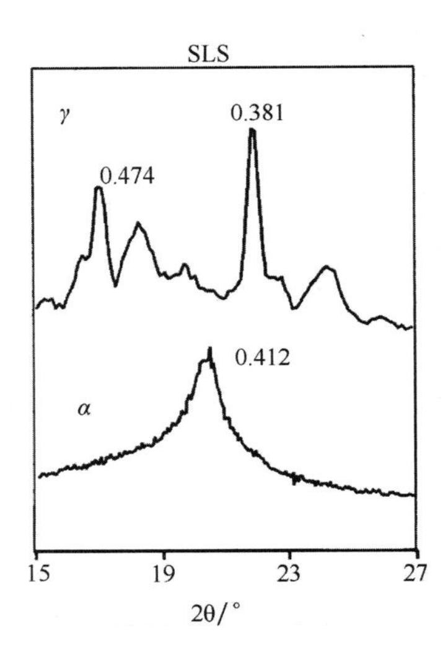

图 1－12　SRS 和 SLS 的多晶体的广角 X－射线衍射谱图（单位：nm）

（2）1，3－二不饱和－2－饱和混酸甘油三酯　Kodali 等研究了对称型二酸甘油三酯、1，3－二油酰－2－硬脂酰－*sn*－甘油（OSO）、2－反油酰（OEO）以及 2－异油酸（OVO）甘油三酯的同质多晶型。从熔化状态到急冷的过程中，OEO 和 OVO 形成二倍链长的 β'晶型，而 OSO 形成 α 晶型。－7℃时，OSO 的 α 晶型迅速转变为 β'晶型。在 OVO、OEO 和 OSO

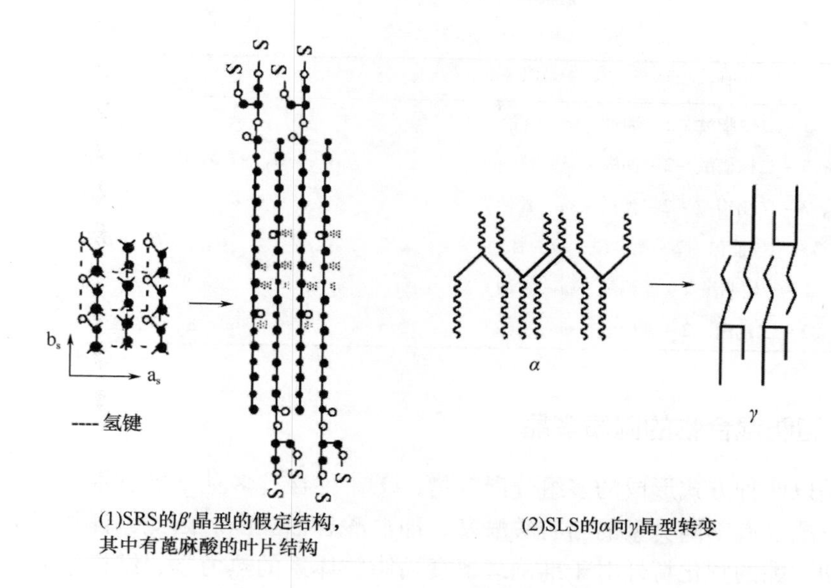

(1)SRS的β'晶型的假定结构，其中有蓖麻酸的叶片结构　　(2)SLS的α向γ晶型转变

图 1－13　SRS 和 SLS 的多晶结构示意图

的β'晶型向β晶型转变的长诱导时期内，两个油酰叶片从异油酰、反油酰和硬脂酰链的叶片中分离出来。可以认为，形成三种甘油三酯三倍链长β晶型的推动力是：*sn*－2 位上的饱和或反式不饱和酰基链没有与*sn*－1 和*sn*－3 位上的弯曲油酰链堆积成稳定晶型。这一机制与饱和－不饱和－饱和甘油三酯的机制相同。

最近，人们研究了添加或不添加表面活性剂的饱和－不饱和混酸甘油三酯，包括反式不饱和脂肪酸甘油三酯。很明显，1，3－二棕榈酰－2－反油酰－*sn*－甘油（PEP）的最稳定晶型为β'晶型。另一方面，1，3－二硬脂酰－2－反油酰－*sn*－甘油（SES）的最稳定晶型为β晶型。ESS（1－反油酰－2，3－二硬脂酰－*sn*－甘油）和 SEE（1－硬脂酰－2，3－二反油酰－*sn*－甘油）的稳定晶型为β晶型，与此相反，EPP（1－反油酰－2，3－二棕榈酰－*sn*－甘油）和 PEE（1－棕榈酰－2，3－二反油酰－*sn*－甘油）的最稳定晶型为β'晶型。PEE、EPP 和 PEE 的β'晶型的稳定性机理目前还不清楚。甲基末端的堆积方式似乎是一个主要因素，但还需要进一步证实。

到目前为止，已经讨论了同酸和混酸甘油三酯的同质多晶。简而言之，几种主要甘油三酯的同质多晶数目和类型见表 1－6。

表 1－6　几种代表性的甘油三酯的同质多晶型式

甘油三酯	晶型
SSS（三硬脂酰甘油）	α，β'，β
OOO（三油酰甘油）	α，β_3'，β_2'，β_1'，β_2，β_1
EEE（三反油酰甘油）	α，β'，β
PP14（1，2－棕榈酰－3－豆蔻酰－*sn*－甘油）	α，β_2'，β_1'
PP10（1，2－二棕榈酰－3－癸酰－*sn*－甘油）	α，β_3'，β_2'，β_1'，β
CLC（1，3－二乙酰－2－月桂酰－*sn*－甘油）	α，β'

续表

甘油三酯	晶型
SOS（1，3－二硬脂酰－2－油酰－*sn*－甘油）	α，γ，β'，β_2，β_1
POP（1，3－二棕榈酰－2－油酰－*sn*－甘油）	α，γ，δ，β_2'，β_1'，β_2，β_1
BOB（1，3－二山嵛酰－2－油酰－*sn*－甘油）	α，γ，β'，β_2，β_1
SRS（1，3－二硬脂酰－2－蓖麻酰－*sn*－甘油）	α，γ，β_2'，β_1'
SLS（1，3－二硬脂酰2－亚油酰－*sn*－甘油）	α，γ
OSO（1，3－二油酰－2－硬脂酰－*sn*－甘油）	α，β'，β

三、 脂肪混合物的同质多晶

脂肪是以两种方式形成的多组分混合物：①一种含有多种不同甘油三酯的酯相；②每种甘油三酯含有不同类型的脂肪酸酰基，即混酸甘油三酯。因此，详尽研究多组分体系中的甘油三酯的物化特性对于准确理解食品脂肪体系的热力学、结构学和流变学特性是十分重要的。特别值得注意的是，分子化合物混合相的动力学性质与食品工艺中脂肪混合、酯交换，以及天然油脂中固/液组分的分离紧密相关。作为研究多组分脂肪体系的第一步，二元混合体系的相行为已被诸多学者探讨过。

二元甘油三酯混合体系的相行为分为三种情况：固溶体、共晶以及分子化合物，在第一部分已有介绍。甘油三酯混合物的特性如下。

（1）具有相似化学结构的甘油三酯倾向于形成固溶体相；

（2）甘油三酯分子形状显著不同时将会形成共晶相；

（3）特殊的相互作用导致分子化合物的形成；

（4）同质多晶的影响使相行为更加复杂。

四、 天然脂肪的同质多晶

大多数天然脂肪由多种甘油三酯组成，这些甘油三酯的脂肪酸组成多种多样，并且甘油基中酰基酯化位置复杂，这导致天然脂肪的同质多晶的复杂性。

例如，乳脂中包含了甘油三酯、甘油二酯（DAGs）、单甘油酯（MAGs）、游离脂肪酸、磷脂、甾醇及其他极性脂质。就甘油三酯而言，乳脂由约含400多种饱和与不饱和脂肪酸，碳数在2～24之间的甘油三酯组成。由于甘油三酯组成复杂，乳脂拥有从－30～40℃的宽范围熔化温度，并且有三种同质多晶型（α、β'和β），显示出了因链长结构及其热处理影响下复杂的结晶行为。另一个例子是可可脂（CB），其硬脂酸、棕榈酸和油酸约占总脂肪酸的80%，这导致了CB的陡峭熔化行为。然而，CB的同质多晶很复杂，其原因尚不十分清楚。

很难简单定义由多种甘油三酯组成的天然脂肪的同质多晶，其原因有以下两点。

第一，多组分甘油三酯体系的同质多晶其本质与甘油三酯分子间相互作用而影响的相行为有关。互溶相中的脂肪晶体可能显示简单的同质多晶性质。相反，不互溶的共晶相则可能显示出复杂的同质多晶特性，如甘油三酯组分同质多晶型的叠加。如果特定甘油三酯组分形成分子化合物的话，同质多晶行为将变得更加复杂，比如POP－OPO。因此，了解主要甘油三酯组分的相行为是准确理解天然脂肪同质多晶性质的必要条件。

第二，混合甘油三酯体系的相行为受同质多晶的影响。例如，在 SSS - PPP 混合物中，α 和 β' 晶型形成互溶相，而 β 晶型则形成共晶相。此外，冷却速率和温度波动大大严重影响其晶型，因此通过改变冷却速率或温度的波动（即调温）来研究天然油脂的同质多晶性质是必要的。

（一）乳脂的同质多晶

乳脂的结晶是分提其中组分，制造黄油、鲜奶油和冰淇淋的一个重要步骤。由于这些产品的质量主要依赖于乳脂的同质多晶型，众多学者一直致力于乳脂物化性质的研究。

如前所述，乳脂是一种复杂甘油三酯的混合物，因此想明确每一种甘油三酯与其它甘油三酯共同协作是如何结晶的几乎是不可能的。按照不同的熔化范围将乳脂分提得到三种主要组分：高熔点分提物（HMF），中等熔点分提物（MMF）和低熔点分提物（LMF）。Marangoni 和 Lencki 总结认为 HMF 和 MMF 在固态时完全互溶，LMF 与 HMF 和 MMF 的混合物呈现带有部分固溶体的偏晶性质。

在乳脂的同质多晶型中经常出现 α 和 β' 晶型，当 HMF 和乳脂贮存较长时间的特殊情况下会出现 β 晶型。关于热处理和乳化体系对乳脂同质多晶型的影响，Lopez 等近期对无水乳脂（AMF）体系和奶油乳化体系进行了同步辐射 XRD 和 DSC 的研究。

上述结果表明：当样品从 50℃ 快速冷却到 -8℃ 时没有发现无水乳脂和奶油两个体系之间同质多晶型的区别：即为 α 晶型首先出现，在 α 晶型熔化后的加热过程中 β' 晶型出现。但缓慢冷却结晶（<0.15℃/min）过程中，会导致无水乳脂体系和奶油乳化体系的显著差异，即为：β' 晶型首先结晶，并且 β' 和 α 晶型共存直到达到无水乳脂的冷却终点（见表 1 -7）；与此相反，对于奶油乳化体系，其首先形成 α 晶型，进一步冷却时形成 β' 晶型，两种晶型共存。在结晶后的加热过程中，两种样品中 α 晶型首先熔化，然后 β' 晶型再熔化。

从链长结构上来看，纯无水乳脂和奶油体系有显著的不同，表 1 -7 分别列出了无水乳脂和奶油体系的四种不同的晶体和其峰的强度（vs 非常强；s 强；m 中等强度；w 弱）。有趣的是，可以看出各种晶型的层间距值彼此间均不相同，且二倍和三倍链长结构共存。

表 1 -7　无水乳脂和奶油在低冷却速率时的热力学和结构性质比较

	无水乳脂	乳球奶油
多晶体	$\beta' \to \beta' + \alpha$	$\alpha \to \alpha + \beta'$
链长结构/nm	4.15（二倍）：vs*	4.65（二倍）：m
	4.83（二倍）w	4.0（二倍）：m
	6.22（三倍）：s	7.13（三倍）：s
	3.92（二倍）：m	6.5（三倍）：w

注：*vs 非常强；s 强；m 中等强度；w 弱。

无水乳脂缓慢冷却时形成四种晶体的区域如图 1 -14 所示，表明其无水乳脂的四种晶体小角衍射峰的相对强度以及在缓慢冷却过程中的 DSC 放热峰，显然在 22℃ 和 13℃ 分别有一个大的放热峰，而在 4℃ 有一个小峰，其分别对应为 β'、α 和 β' 晶型的结晶。

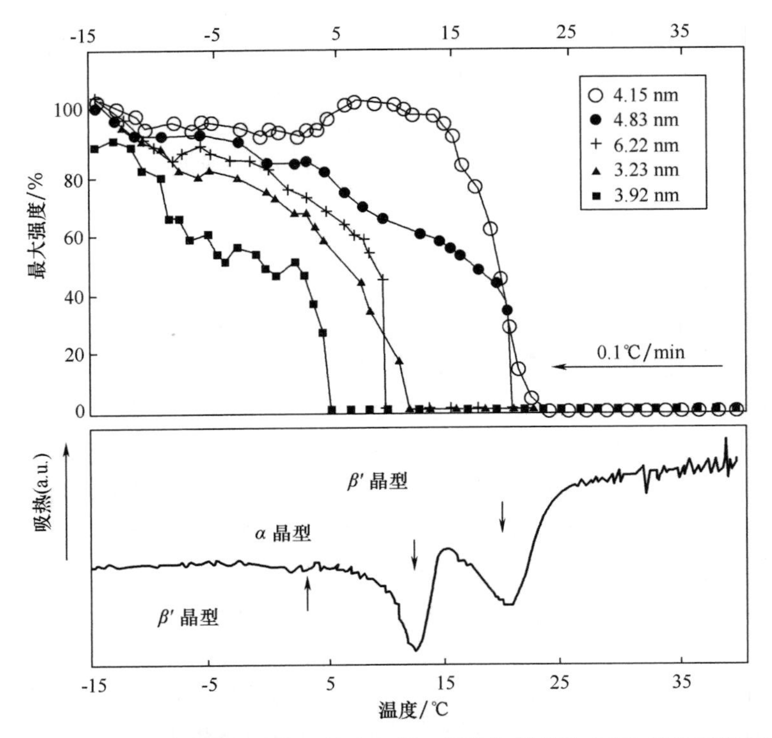

图 1－14　无水乳脂在低冷却速率下的小角 X－射线衍射峰和 DSC 放热峰的相对强度

无水乳脂的结晶行为不同于其他乳化体系和纯脂肪体系。无水乳核由于乳化液滴中缺乏成核中心可能会延缓结晶，这也使最不稳定的 α 晶型首先成核。乳脂体系同时存在二倍和三倍链长结构的晶型，这可能是由多种甘油三酯分别结晶而导致的一个复杂的混合体系，但其细节还需进一步探讨。

（二） 可可脂的同质多晶

可可脂是糖果工业中最常用的脂肪。可可脂由三种主要甘油三酯，即：POP、POS、SOS 以及其他微量成分组成。三种甘油三酯决定了可可脂的同质多晶性，即有六种晶型：从 Ⅰ 型到Ⅵ型，这一命名是由 Wille 和 Lutton 提出的。也有研究者采用其他命名法，如 $\beta'_{\text{Ⅲ}}$ 和 $\beta_{\text{Ⅴ}}$ 等，如表 1－8 所示。但本部分采用 Wille 和 Lutton 的命名。

表 1－8　　可可脂的同质多晶类型

类型		熔点/℃	
		Wille 和 Lutton	Davis 和 Dimick
Ⅰ	γ	17.3	13.1
Ⅱ	α	23.3	17.7
Ⅲ	β'_2	25.5	22.4
Ⅳ	β'_1	27.5	26.4
Ⅴ	β_2	33.8	30.7
Ⅵ	β	36.3	33.8

巧克力的制作所需的晶型为V型，所以使可可脂以V型结晶并在长期贮藏过程中保存这一晶型是终产品品质控制的必要条件。在生产过程中，常采用调温方式来达到这个目的，包括从熔化状态冷却，再加热，然后再冷却；也可采用添加 BOB β_2晶种的方式，其同质多晶结构与可可脂的V型晶型相同，而其熔点高于可可脂的V型晶型。将 BOB 的 β_2晶种投入简单冷却的熔化巧克力浆料中，不需调温即可直接获得可可脂的V型晶型。

第三节　油脂的结晶网络

一、　结晶网络概述

脂肪为各种消费品提供了基本的结构和质构，如巧克力、黄油和人造奶油等油脂产品。这些脂肪基产品必须具有一定的质构性质，才能被消费者所接受和给消费者满意的感官属性，但纳米微观尺度的脂肪酸、甘油三酯分子是如何影响油脂产品宏观物性的这一问题有待阐明。

脂肪晶体的生长受外部工艺条件和甘油三酯组成的控制。甘油三酯从熔态开始成核，生长成特定的同质多晶和多型态。这些最初的晶体接着聚集形成大的多晶粒子，也就是微观结构的基础。继续聚集，可导致形成大的晶束或微观结构，通过微结构间的交互作用，直到形成立体的三维网络结构。据此，有研究者提出一个能用于描述脂肪结晶网络构成和结构要素交互作用的模型，如图 1－15 所示，模型中的各要素影响着脂肪结晶网络的宏观性质。模型表明，脂肪的组成受加工和储藏条件的直接影响，而脂肪组成影响脂肪结晶网络的 SFC、同质多晶及微观结构，最终影响产品的宏观性质。

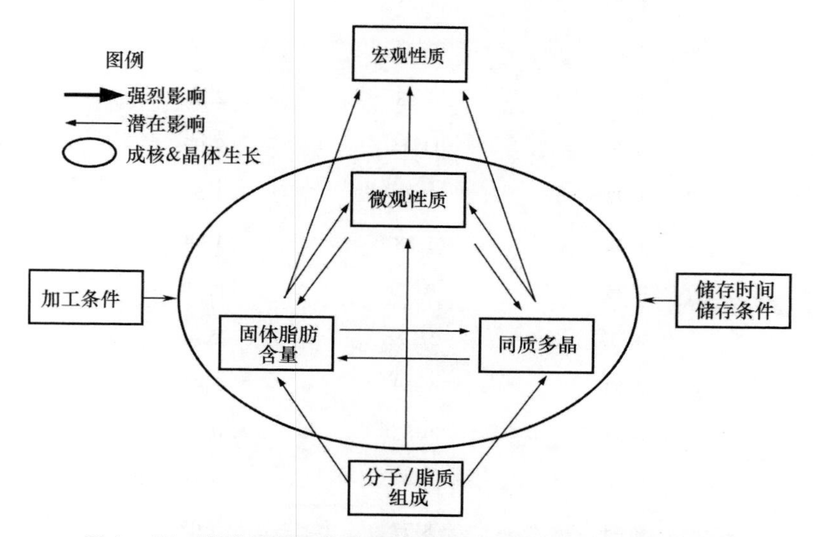

图 1－15　脂肪结晶网络宏观性质影响因素的分层模型示意图

二、 脂肪组成

脂肪主要是由甘油三酯（TG）组成。TG是由三个脂肪酸与甘油骨架在特定位置即 *sn*-1，*sn*-2和*sn*-3酯化而成。脂肪酸以各种形式存在，包括长碳链和短碳链、饱和和不饱和、奇碳数和偶碳数、反式和顺式、直链和支链以及它们的组合形式。由于脂肪存在潜在的上百种不同的脂肪酸，它们与甘油骨架的三个羟基反应时结合位置也不同，脂肪体系中TG的种类是非常多的。

乳脂（AMF）是从自然界得到的最复杂的脂肪。前人的研究表明，AMF中存在多于400种不同的脂肪酸，碳链长度从4~24，含有不同的饱和程度和分子分布。乳脂的脂肪酸主要以TG的形式存在，甘油三酯占总脂肪的96%~98%，它是形成和构造脂肪结晶网络的主要成分。余下的2%~4%是次要成分，包括单甘酯、甘二酯、磷脂、游离脂肪酸、胆固醇和一些蛋白质。

为了研究脂肪组成对乳脂物理性质的影响，研究者使用气液色谱测定脂肪酸组成。乳脂、乳脂和卡诺拉油的混合物的脂肪酸组成见表1-9。用卡诺拉油稀释乳脂，能控制固脂含量。用卡诺拉油进行稀释，AMF组成由于加入长链脂肪酸而得以改变，主要是18:1，18:2和18:3，而饱和脂肪酸含量（16:0，18:0，20:0）变化较小。这样，就可通过稀释作用来改变乳脂TG组成，从而研究脂肪组成对物理性质的影响，这样做，不会引起乳脂TG在所研究的温度范围内出现显著的熔解和结晶（通常高于0℃）。

表1-9　　AMF以及卡诺拉/AMF混合油脂肪酸组成　　单位:%（质量分数）

脂肪酸	100% AMF	90% AMF	80% AMF	70% AMF
4:0	2.76	2.48	2.21	1.93
6:0	2.18	1.96	1.74	1.53
8:0	1.39	1.25	1.11	0.97
10:0	3.16	2.84	3.01	2.63
12:0	3.76	3.38	2.53	2.21
14:0	12.34	11.15	9.96	8.76
14:1	1.92	1.73	1.54	1.34
15:0	1.42	1.28	1.14	0.99
15:1	0.35	0.32	0.28	0.25
16:0	30.37	27.92	25.46	23.01
16:1	2.93	2.69	2.44	2.20
17:0	0.91	0.82	0.73	0.64
17:1	0.48	0.43	0.38	0.34
18:0	9.48	8.77	8.05	7.34
18:1	21.92	25.69	29.46	33.23

续表

脂肪酸	100% AMF	90% AMF	80% AMF	70% AMF
18:2	2.79	4.52	6.24	7.97
18:3	1.31	2.11	2.92	3.72
20:0	0.52	0.61	0.71	0.80
22:0	0.00	0.05	0.09	0.14

AMF 的复杂性赋予它独特的质构、物理性质、感官性质。AMF 的结晶和熔化性质与其复杂的组成也直接相关。其丰富的 TG 种类导致它具有较宽的熔化范围，跨度从 -40～40℃。在这个熔化范围，至少能确定三种截然不同的分提产物，分别是低熔点（LMF）、中熔点（MMF）、高熔点（HMF）的分提产物。这些分提产物没有明确的定义，但 LMF 含有典型的短碳链（4:0～8:0）和长碳链不饱和（18：1，18：2，18：3，20：1）脂肪酸，MMF 含中碳链（10：0～14：0）脂肪酸，HMF 含长碳链（>16:0）脂肪酸。物料的不均一性及相行为的复杂性，使得 AMF 结晶网络中的固体性质，在储藏温度和结晶条件变化时，发生显著变化。AMF 的脂质组成作为基本性质，影响着基料脂肪结晶体系的所有结构特性（图 1－15），因为这种基本性质影响着成核、晶体生长和最终结晶网络的形成。

已经有很多研究者尝试去改变 AMF 的脂质组成，从而得以改善黄油的涂抹性。这些研究包括：用分提来去除一部分高熔点脂肪，由此得到在冷藏温度下更易涂抹的奶油产品。还有人尝试，如改变奶牛的膳食结构，从而将特定脂肪酸引入乳脂 TG 中，也有研究者通过化学酯交换将不同脂肪酸接到 AMF 的 TG 上。这些方法通常影响 AMF 的风味，如果实施了化学掺杂过程，产品就不能标志为“黄油”。由此，加工者孜孜不倦地努力，希望仅仅通过改进工艺条件，修饰晶体结构，来改善其质构特性。

三、 成核和晶体生长

晶体形态、尺寸及其密度，都是影响最终固体脂肪基料的物理性质。脂肪体系中的晶体生长含初级成核及二级成核作用，并受很多因素的影响，包括扩散、分子相容性、TAG 结构、核的组成和表面性质、核的数目和工艺条件（温度和搅拌）。也正是在脂肪结晶过程中，产生并决定了物料的最终物理性质。

（一） 成核机制

结晶只有到熔化物过饱和或过冷时才能发生。像所有物质一样，脂肪直至形成细小的晶胚即晶核时，才能结晶。过饱和结晶随之发生均相成核的现象在 MF 中不易出现，这是因为 MF 具有天然不均一的特性，事实上 MF 中没有一种单一 TAG 的浓度能超过 2%（摩尔分数）。在 MF 熔化物中，存在两种成核作用机制，其成核过程涉及均相成核和异相成核，如图 1－16 所示，后者在 AMF 结晶中起主导作用。成核之后，在已存在的晶核表面发生晶体生长。

1. 均相成核

均相成核由甘油三酯之间的双分子作用而形成，是在无杂质粒子存在的情况下

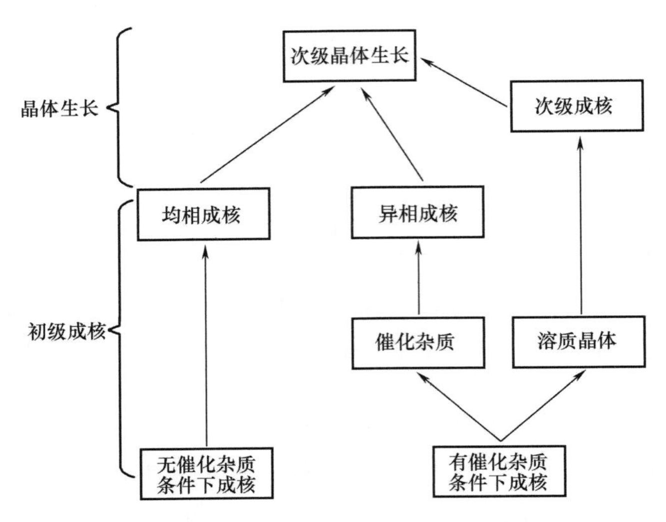

图1-16　成核和晶体生长过程示意图

发生的成核过程。为了达到均相成核，脂肪体系中必须不存在固体基质和污染物。甘油三酯只能一对一地与其他甘油三酯分子进行作用，这作用过程通常在高过冷度下（在低于熔点温度30℃以上）发生。因以下原因，无水乳脂通常不会形成均相成核。

（1）体系存在促进（催化）异相成核作用的杂质，如水分、灰尘、单甘酯、甘二酯、磷脂和蛋白质。

（2）在无水乳脂体系中，存在大量浓度低于1%（摩尔分数）的不同种类和不相容的甘油三酯。

（3）体系中存在搅拌、温度梯度、诱导的不一致成核、有限扩散梯度等因素。

2. 异相成核

在AMF结晶过程中，最普遍的是异相成核。外来粒子或催化性杂质均促使异相成核。与均相成核要求有高过冷度相比，异相成核所需的过冷度极低（低至3℃）。因此，由于AMF中含多种不相容的甘油三酯，杂质等促进剂导致异相成核比均相成核在熵变上是更有利的。

3. 二次成核和晶体生长

所谓二次成核，是体系中已经存在晶核或在外来的晶体诱导下而产生的晶核。在一次晶体表面容易发生非均一性生长，晶核优先在这些不均匀处形成，或在加工过程中导致晶体破坏，为二次晶体的产生提供新的界面。所谓次级生长，是指甘油三酯继续固化到已经存在的晶核表面上，使得晶体形成更大的结构。在晶体生长过程中，脂肪晶体形成复杂的球形或针形晶体结构。在无水乳脂中主要的是球形晶体结构。球晶中央非常密集，从中央往外围晶体密度降低。球晶继续生长，聚集成三维结晶网络。

（二）成核和晶体生长的直接影响因素

1. SFC 和脂肪结晶网络

SFC 测量方法包括膨胀法、热量测定、脉冲式核磁共振（pNMR）。膨胀法和热量测定方法是测定完全液体和完全固体状态的体积比或热量比。膨胀法和热量测定方法费时，只能应用于 SFC 低于 50% 的情形。因此，pNMR 已成为测定 SFC 最常用的方法，后续第六章中将会详细论述。

脂肪结晶网络的 SFC，对体系最终物理性质具有至关重要的影响。通常，增加 SFC 含量，即会导致体系硬度的增加。因此，SFC 的测定值，已被广泛应用于判定油脂脂肪体系结构性质的手段之一。通过对各种商业塑性脂肪，如黄油的评价，可预测 SFC 含量每增加 1%，产品的硬度将增加 10%。因此，一些描述脂肪流变性的模型常将 SFC 值合并起来考虑。

在脂肪网络体系中，影响 SFC 的主要因素是分子组成。通常，长链饱和脂肪酸较短链饱和脂肪酸有较高的熔点和结晶温度。一般，链长越长，SFC 值越大。同时，冷却速率，搅拌和调温等工艺条件，也能影响脂肪的 SFC 值。

2. 冷却速率和储藏时间对 AMF 的 SFC 的影响

以 AMF 为例。冷却速率和储藏时间在 5℃时对 SFC 的影响通过图 1－17 可以看出。冷却速率，储藏时间及其交互作用的影响是显著性的（$p < 0.05$）。与较快冷却速率（1℃/min和 5℃/min）下得到样品的 SFC 值相比，以 0.1℃/min 的速率缓慢冷却 AMF，其 SFC 值降低 4% ~8%。

缓慢冷却样品其 SFC 值随储藏时间的增加而稍有增加。另一方面，在1℃/min 和 5℃/min 的快速冷却速率下，SFC 值随储藏时间的延长没有显著的变化。这表明冷却速率对 AMF 的 SFC 值有显著影响，在 5℃下储藏 14 天时 SFC 值发生微小变化。

3. 同质多晶

油脂的同质多晶特性已在第二节中进行了详细的描述。以 AMF 为例，AMF 通常以两部分组分形成结晶。高熔点甘油三酯代表一部分组分，中、低分子质量甘油三酯为第二部分组分。甘油三酯这种分组也表明，应用不同的工艺条件，如不同的冷却速率，将导致乳脂在结晶过程中有不同的初始晶型。

高冷却速率（>1℃/min）或者高过冷度（>15℃），导致亚稳定 α 晶核快速形成。这些不稳定晶核的持久性，取决于结晶之后的热处理。这些晶核可仍处于 α 晶型或转变成更稳定的 β' 型结构。在低级别的过冷度或低的冷却速率下（0 ~1℃/min），主要以 β' 晶型存在，能检测到痕量的亚稳定 α 晶型。形成同质多晶型的影响因素很多，包括促进剂杂质、搅拌、黏度、甘油三酯组成及其他。

4. 微观结构

脂肪的质构性质，受到所有水平的结构因素的影响，特别是受到其微观结构的影响。微观结构包括质量的空间分布、粒子尺寸、粒子间的分隔距离、粒子形状和粒子间交互作用力。能用来描述脂肪系统微观结构的方法包括：小形变流变仪、偏光显微镜和利用分形方法等。

显微镜方法允许实时目视观察脂肪网络的结晶、晶体生长，对显微图片进行后续的分析，可以量化粒子尺寸、有序度和质量的空间填充。加拿大圭尔夫大学 Maragoni 教授团队采用偏振光显微镜研究了 AMF 的成核和晶体生长过程中的结晶网络特性以及其随着加工条件、储藏时间推移而发生的变化。

以 0.1℃/min、1℃/min、5℃/min 的速率来冷却样品，结果分别在 26.8℃、20℃、16℃处检测到了双折射晶状物。以 0.1℃/min 和 1℃/min 冷却的样品的起始成核温度与由 DSC 和 NMR 确定的起始温度其对应性较差，这是因为在成核起始阶段，结晶的少量物质尽管能被偏振光显微镜（PLM）观察到，但还不能释放出让 DSC 作出反应的足够热量，或者还没有产生能用 NMR 来检测的足够固脂。相反，以 5℃/min 冷却的样品，PLM 观察到在 16℃时出现明显的结晶标记，这与由 DSC 和 pNMR 测定结果有很好的吻合，这几种方法在测定值和分辨力方面具有一致性，是因为在高冷却速率下，相态有了很大的改变。

同时，通过显微镜，也可以观察到成核和晶体生长过程中的动态变化。分别以 0.1℃/min、1℃/min、5℃/min 的速率冷却，其静态结晶影像如图 1－18 所示，它们是以 5℃为间隔，从 30℃冷却到 5℃过程中拍摄的图片，这些图片通过改变冷却速率，生动地描述了结晶动力学、结晶特性的差异。

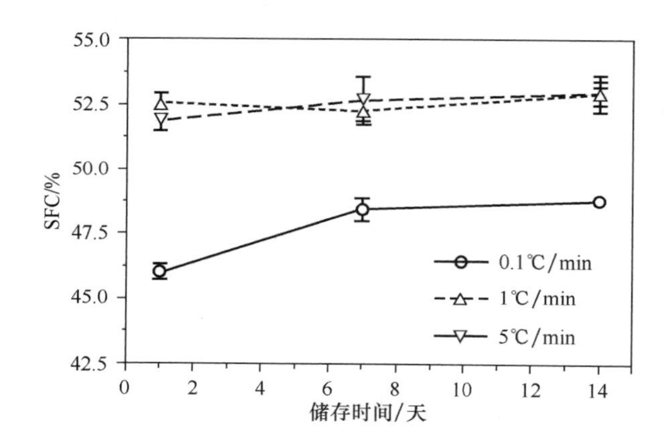

图1－17　AMF 分别以 0.1、1、5℃/min 冷却并在 5℃储藏 14 天期间的 SFC 图

图 1－19 所示为在 5℃时储藏时间对微观结构的影响。对于每种冷却速率，结晶过程中建立的网络结构和粒子尺寸在储藏过程中相对不变。在以 0.1℃/min 冷却的样品，由于空隙区域充填的结果，在储藏过程中，外观仅出现微小的变化，仍然呈现最初晶体矩阵中形成的小晶体结构。随着 5℃储藏过程的进行，快速冷却的样品中，晶体网络和粒子形态都没有显著的改变。

对冷却速率和储藏时间对平均粒度的影响进行了图片分析，结果见表 1－10。以 0.1℃/min 速率冷却样品，导致平均粒子尺寸几乎是以 1℃/min、5℃/min 冷却样品粒子的两倍大。同时，以 0.1℃/min 速率冷却的样品，外观在储藏中只有微小的变化，可进一步描述为其平均粒子面积（MEA＝总晶体面积/总粒子数目）仅有微小降低。以 1℃/min、5℃/min 较高速冷却的样品，MEA 随时间相对不变。

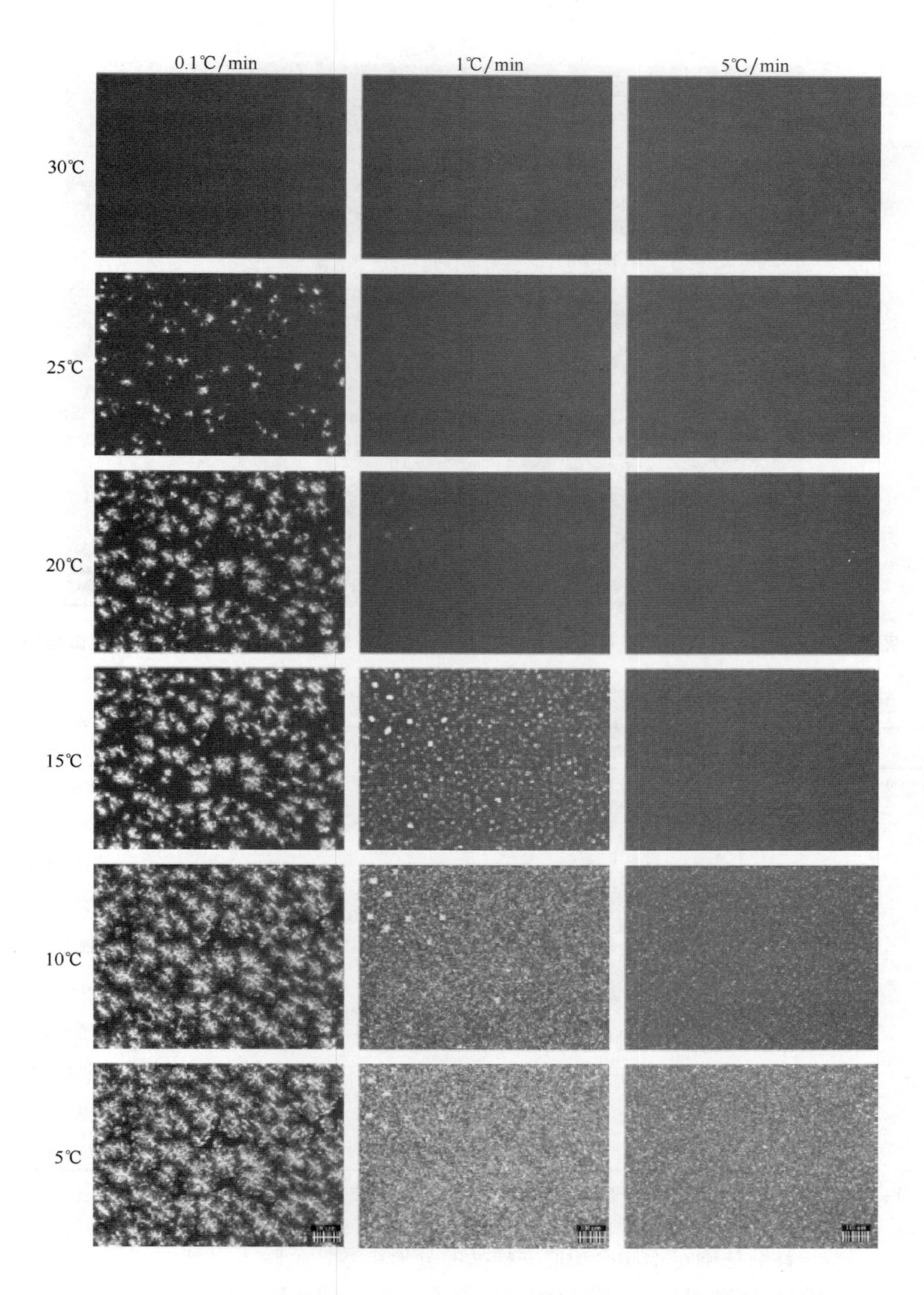

图1－18　分别以0.1、1、5℃/min冷却的AMF的偏振光显微镜图

（结晶过程从30℃到5℃，每间隔5℃所获取的图片）

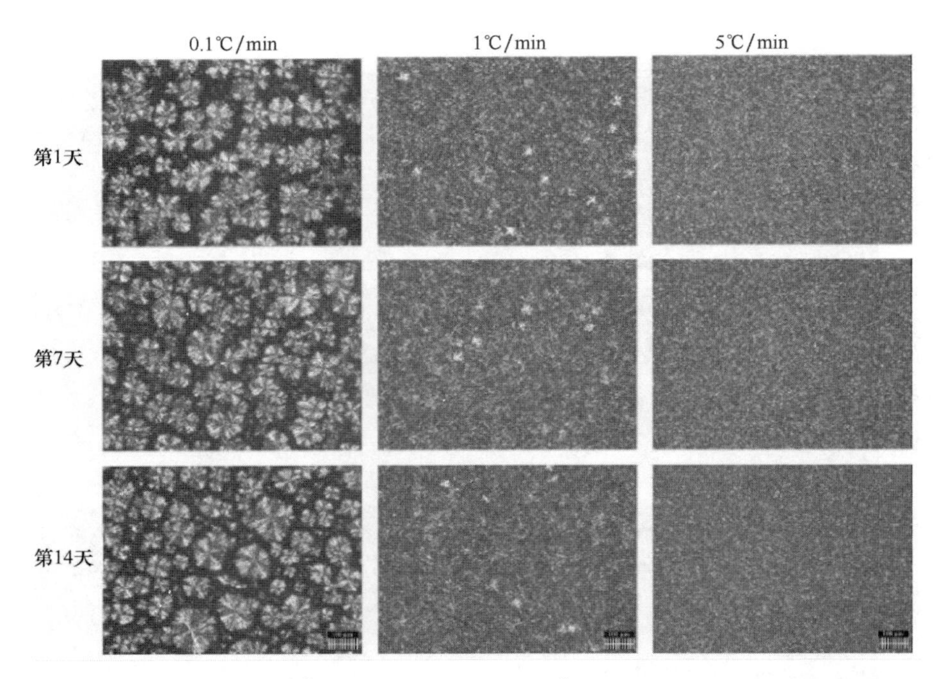

图 1-19　分别以 0.1、1、5℃/min 冷却的 AMF 在 5℃储藏 1、7、14 天的偏振光显微镜图

表 1-10　不同冷却速率的 AMF 在 5℃储藏不同时间下样品的粒度分析

加工条件		微观参数（$n=10\sim12$）		
冷却速率/（℃/min）	存储时间/天	D_f	D_b	MEA/μm^2
0.1	1	1.98 ±0.11	1.72 ±0.01	24.76 ±7.83
	7	1.98 ±0.09	1.73 ±0.01	15.71 ±1.43
	14	1.98 ±0.08	1.73 ±0.01	15.72 ±1.42
1.0	1	1.92 ±0.08	1.85 ±0.01	4.12 ±0.47
	7	1.88 ±0.04	1.85 ±0.01	3.91 ±0.22
	14	1.86 ±0.07	1.85 ±0.01	3.44 ±0.17
5.0	1	1.91 ±0.03	1.87 ±0.01	3.88 ±0.40
	7	1.91 ±0.04	1.88 ±0.00	3.50 ±0.19
	14	1.89 ±0.04	1.88 ±0.00	3.26 ±0.07

注：D_f - 计数分形维数；D_b - 盒计数维数；MEA - 平均微结构元素面积。

采用粒子计数法确定不同冷却速率样品的分形维数，反映了得到的结晶网络的有序度（表 1-10）。D_f以 $D_{f-0.1℃/min} > D_{f-5℃/min} \geqslant D_{f-1℃/min}$的次序降低，在一定时间间隔内没有检测到显著的变化。

通过盒计数维数或是栅格维数法确定的分形维数也如表 1-10 所示。D_b以 $D_{b-1℃/min} > D_{b-5℃/min} > D_{b-0.1℃/min}$的次序降低，在一定时间间隔内也没有显著的变化。$D_b$对结晶网络内的充填度非常敏感，因此高的 D_b值表明空间充填质量的增加（例如，

1℃/min冷却样品含尺寸更小但更多的粒子，比0.1℃/min冷却样品含尺寸大但少的粒子数目，前者可充填更多的空间）。

四、 机械性质

脂肪的机械性质测定分为小形变流变和大变形测定两种方法。

小形变流变测定法指的是测定过程不造成样品结构的破坏，经常使用常压流变仪，如动力学机械分析仪（dynamic mechanical analyzers）或摆动常压流变仪（oscillatory constant stress rheometers）。

大量研究表明，在低水平应力或应变时，结晶的无水奶油和黄油呈线性的（理想的）黏弹性行为，其中应变与所施加的压力是直接呈线性的。对于大部分物质，当临界应变（结构破坏的应变）低于1.0%时出现线性区域，但对脂肪结晶网络，一般来讲其临界应变超过0.1%。理想情况下，在线性范围（LVR）内，乳脂结晶网络像胡克固体（Hookean solid）一样，在外力作用下，应力与应变成正比关系（如，$\sigma \propto \gamma$）。在弹性区域，应力将随应变呈线性增加，直至达到临界应变。在临界应变（线性区域的极限点时的应变）之外的某一点，结晶网络将发生形变，这一点称为屈服点。紧接着是弹性极限点，以后是永久变形和样品出现破裂，最后结晶网络的完整结构丧失，样品结构被破坏。

大变形测定法的基础是测定可致样品形变需施加的外力值。测定的参数包括硬度、涂抹性、切割力和屈服值。这些方法中的一种是在两平行平板间压缩样品，通过测量屈服值来确定相对的硬度。

对均一的样品进行压缩，压缩至某点处，外力造成的压缩超过了其结构容量，致使它永久变形和根本性破坏。应用荷载－变形曲线，可得到屈服应力、屈服应变和压缩屈服功的值，根据压缩起始的线性度，也可得到压缩模量。根据这些测量值，就能提供脂肪的硬度指数，硬度指数与感官评定得到的硬度和涂抹性等质构特性有很好关联性。不幸的是，这些测定方法在本质上是破坏性的，只能得到体系原有微观结构的少量信息。

第四节　油脂的相行为

在油脂加工过程中，经常会发生油脂从液相向固相或固相向液相的转变，这种相转变对获得期望的质构和物性具有至关重要的作用，并且决定着食品的稳定性。例如，巧克力在注模或包装前进行调温，若调温得当，则可以控制可可脂形成大量细小的理想晶型，有助于产品形成期望的光泽、脆度、风味及口熔性，若调温不当或储存过程中温度波动剧烈，则会引起可可脂的相变甚至固液两相分离并导致巧克力起霜。

油脂结晶不同于食品中其他组分（如水、糖、盐等）的结晶，其原因主要与天然油脂的分子组成复杂和甘油三酯分子的空间取向性有关。天然油脂主要由甘油三酯组成（TAG，约占98%），此外还含有少量极性脂，如甘油二酯（DAG）、甘油一酯（MAG）、游离脂肪酸（FFAs）、磷脂、糖脂、甾醇和其他微量成分，这些成分在晶体形成过程中起着重要作用。复杂的分子组成和不同分子间的相互作用使油脂不能在某一特定温度下熔化，而是在一个较宽的温度范围（熔程）内熔化。油脂的熔程和相态主要由体系内固液两相的平衡决定。

一、 相平衡

许多物质通常存在三种相态，在甘油三酯二元混合体系中也同样存在，根据两种甘油三酯混合物系的熔融特性，以及它们的吉布斯能相平衡规律，我们可得到 $P+F=C+2$。公式中 P 为相的类数，F 为物系的自由度数，C 为独立组分的数量。对于两种组分的混合物系在常压下凝固而言，上述公式可变成 $F=3-P$。由此可准确地作出两种甘油三酯混合物系的相图，并可根据相图了解它们间的相容程度。两种组分相容的程度有下列四种情况。

（1）二组分的混合物系呈现一种连续不断的固体状态，即它们可以任何比例相混合，这两种组分是完全相容的，如图 1－20（1）所示。

（2）二组分的混合物系呈现一种共晶状态，即它们是部分相容，以某一比例相混合将获得最低的熔点。当体系冷却时，液态体系分解为两种固态晶体，如图 1－20（2）所示。

（3）二组分的混合物系呈现一种偏晶现象，即在某一配比范围内出现单一组分的情况，这两种组分也是部分相容。当体系冷却时，由一种液态分解为一种晶体及另一种组成的溶液，如图 1－20（3）所示。

（4）二组分的混合物系呈现一种各自晶体相互掺和形式的共存现象。这两种组分是互不相容的组分，如图 1－20（4）所示。

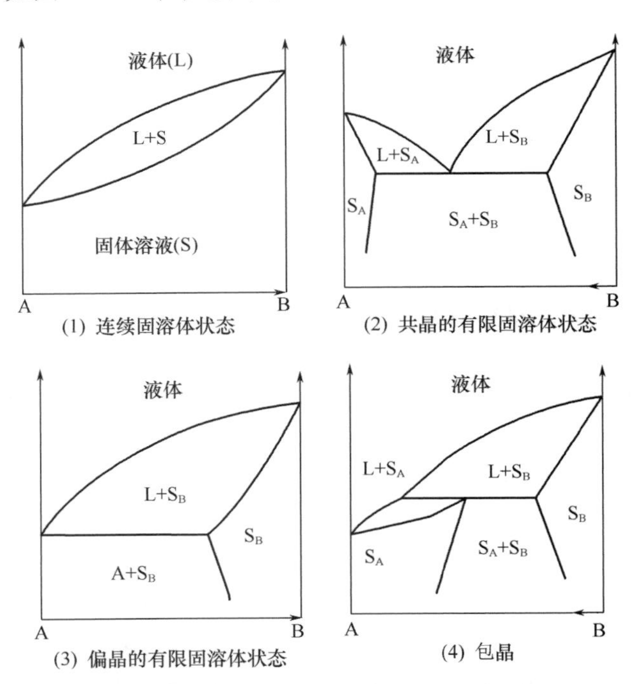

图 1－20 甘油三酯的二元混合物的四种类型的相图

二、 相容性

（一） 相容性的定义

相容性是指在结晶过程中，不同油脂的甘油三酯分子之间相互兼容的程度。因脂肪酸基碳链长短、双键数量、双键位置、立体顺反异构及其在甘油基 1、2、3 位置上分布情况的差异，不同的甘油三酯具有不同的分子形态、分子尺度，并且在晶体亚晶胞中碳氢链聚集的方式也不同，因而导致不同的甘油三酯具有不同的晶体结构和独特的同质多晶特性。当然，不同的甘油三酯之间相容程度也有很大的差异。

（二） 甘油三酯及油脂间的相容性

若两种甘油三酯完全互容，形成理想的固溶体，两种甘油三酯分子必须在对方的晶格中能够同型地相互取代。当两种混合的甘油三酯分子在大小或形状上相差很大，这种取代在新的晶格中产生一定的拉紧或扭曲，晶格可以承受一定限度的拉紧，但是当超过一定限度的时候，就会发生相分离来释放拉力，通常会发生固体重结晶。

甘油三酯要完全互容必须满足以下条件：

① 具有相同的热力学性质，即具有相同熔点、融化和凝固范围及固体脂肪指数；

② 具有相似分子大小、形态及晶体群集的方式，在二元混合物中，晶体以单一晶格结构存在；

③ 具有类似的同质多晶特性，异晶体转化的规律相同。

两种甘油三酯相容程度取决于对这些条件的满足程度。

Rosse 等人评论许多类型的甘油三酯配对物的相图，有代表性的二元组分可概括如下。

① 两种甘油三酯混合物以连续不断的固体溶液状态存在的有：SSS/ESS，POS/SOS；

② 两种甘油三酯混合物以共晶状态存在的有：PPP/SSS，EEF/SOS，PPP/SOS，PPP/LLL；

③ 两种甘油三酯混合物出现偏晶现象的有：SSS/LLL，PPP/POP，SSS/SOS；

④ 两种甘油三酯混合物以掺和形式存在的有：SSO/SOS，POP/OPO。

其中：S—硬脂酸；E—反式油酸；P—棕榈酸；L—月桂酸；O—油酸。

天然油脂或经氢化、分提、交酯加工后的油脂都是多种甘油三酯的混合物。因此无法讲它们各自是一种“单一”组分。但由于一种脂，其甘油三酯的组成情况对于另外一种脂而言是相对不变的，可按上述理论做出不同油脂混合物系的相图，从而了解它们间相容特性。

三、 相容性的研究方法

油脂的 SFC 值是指油脂或油脂掺合物中固体脂肪的质量分数。因为油、脂可以相互转换，所以 SFC 值是温度的函数，即在不同温度下，同一油样具有不同的固脂质量分数。SFC－T 曲线形状仅与油样的甘油三酯组成相关。即不同组成的油具有不同的熔融曲线。因此 SFC 值可以用来评价油脂或油脂掺合物的结晶状况以及含脂产品的物性。

1967 年，Rosse 提出用等温曲线及等固相图研究相容性。所谓等固相图或等温曲线相图，即是采用膨胀计或核磁共振仪测定 SFI 或 SFC 的方法，来描述混合体系的熔融特性。在等固/等温曲线图中，很容易了解油脂间的相容情况。如果两种油脂互容，它们的等固/等温线是一条直线；如果两种油脂严重不相容，共晶影响会引起两脂肪混合物固体脂肪含量（SFC）以及熔点的降低，在等固/等温曲线图中就会体现为小于理想混合物 SFC 和熔点。因此，等固曲线以及等温曲线可用来迅速评价两种油脂的相容性。

甘油三酯在混合时没有热量或体积的变化，甘油三酯的相容性几乎是理想的，当甘油三酯间的分子质量略有不同时就会发生理想值与测量值之间的偏差。不相容的脂肪混合物由于混合物中不规则的甘油三酯晶格，测量的结晶热比理想值要少，因此表现为负差值。正偏差则表明在混合物中所添加的油脂有利于混合物形成紧密的、更稳定的甘油三酯晶格。因此也可以利用脂肪混合物的 SFC 测量值和理想值之间的差值来评价混合物体系的相容性情况。

因为塑性脂肪产品大多由几种油脂复配而成，所以在二元相图研究基础上，采用混料回归设计的方法进行三元相图的分析，SFC 值的测定与二元相图相同，三元相图采用在相同 SFC 值前提下，温度与三元复配物组成的相应关系作图，进行三元物系相容性的评价。

（一）等温曲线

棕榈仁油 - 棕榈油混合物的 SFC 实测值见表 1 - 11。

表 1 - 11　棕榈仁油 - 棕榈油 SFC 实测值

温度/℃	混合物中棕榈仁油比例/%								
	90	80	70	60	50	40	30	20	10
0	73.38	71.12	68.79	67.88	66.64	65.99	63.39	62.55	63.19
5	70.02	68.05	66.18	65.78	64.43	64.15	61.76	59.31	62.18
10	64.18	61.84	60.44	59.25	56.40	54.53	49.80	48.59	51.61
15	55.57	51.25	47.63	43.85	39.30	36.24	31.35	32.84	37.14
20	38.44	32.06	27.47	24.25	20.72	18.92	16.80	20.45	25.56
25	15.14	10.66	7.26	6.08	6.37	8.42	9.07	12.33	14.98
30	-0.29	0.01	1.09	2.22	3.33	4.95	5.49	7.00	8.84
35	-0.21	-0.31	-0.29	0.37	1.27	2.45	2.43	3.65	4.16
40	-0.07	-0.00	-0.28	0.15	0.62	1.47	1.20	1.17	0.53

为了说明棕榈仁油 - 棕榈油体系的相容性，绘制了不同比例的棕榈仁油和棕榈油二元等温相图，如图 1 - 21 所示。

利用等温曲线图来分析油脂间相容性，是一种非常有效、快速的方法。完全相容的二元混合物其等温曲线为一条直线。从图 1 - 21 可看到，棕榈仁油和棕榈油二元混合物的等温曲线偏离了直线，为一组弯曲程度不等的凹型曲线，说明这两种油脂以一定比例混合后，出现了不同程度的共晶现象。

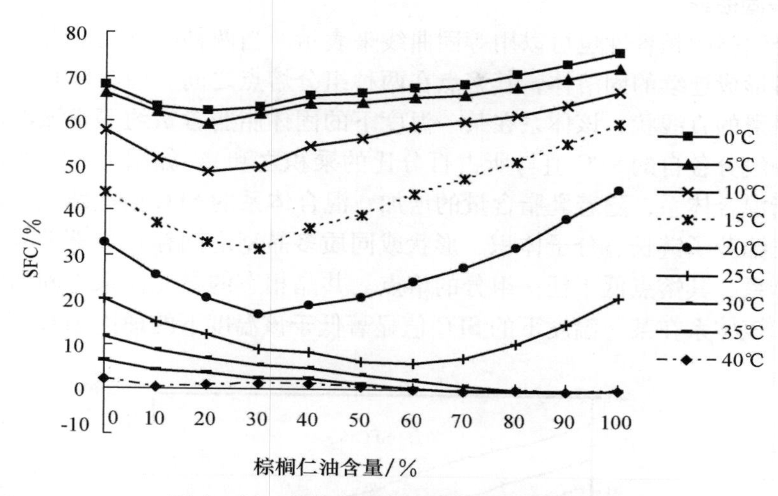

图 1-21　棕榈仁油与棕榈油的等温曲线图

为了考察体系中共晶作用的程度，绘制了实测 SFC 值与理论 SFC 值偏差曲线（△SFC - T），如图 1-22 所示。

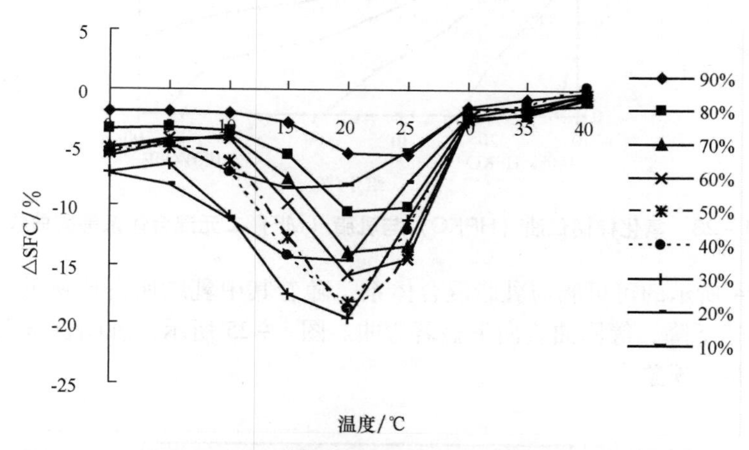

图 1-22　棕榈仁油与棕榈油实测 SFC 值与理论 SFC 值偏差曲线图

从图 1-22 中可清楚看到，棕榈仁油和棕榈油混合后，共晶现象明显，尤其当棕榈油中棕榈仁油含量为 30% ~50% 时，在温度 15 ~20℃ 区间，混合脂的 SFC 实测值明显小于 SFC 计算值很多，混合脂的熔点远低于棕榈油、棕榈仁油的熔点，并且出现油与脂离析的现象，这些现象都说明棕榈仁油与棕榈油的有限互容性。由两种脂肪酸基链长度差异很大的甘油三酯组成混合甘油三酯，在结晶过程中将产生各自结晶的现象，混合甘油三酯熔点的下降将随着酰基长度差异的增大而加剧。因此，含大量月桂酸（$C_{12:0}$）的棕榈仁油与脂肪酸组成主要为棕榈酸（$C_{16:0}$）的棕榈油混合物在结晶过程中必然发生各自结晶的现象，这归因于棕榈仁油与棕榈油甘油三酯酰基长度的差异。

（二）等固曲线

二元混合油脂的相容性也可以用等固曲线来表示。当两种组分在液态和固态中均完全互容，则可形成连续的固溶体，其熔点在两种组分熔点之间。固溶体相态的二元体系等固曲线呈平滑的直线状，该体系在某一温度下的固体脂肪含量约等于该温度下的理论SFC值（两种组分各自的SFC值与所占百分比的乘积之和）。如图1－23所示的氢化棕榈仁油与乳脂混合体系，随着乳脂含量的增加，混合体系的SFC值呈线性下降趋势。当体系中甘油三酯分子链长、分子体积、形状或同质多晶型之间存在显著差异时，则倾向于形成共晶体系，其熔点低于任一组分的熔点。共晶相态的二元体系等固曲线呈向下弯曲的曲线转，该体系在某一温度下的SFC值显著低于该温度下的理论SFC值。

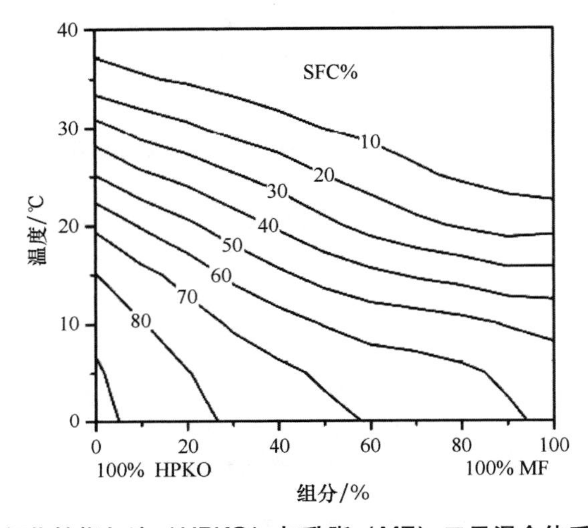

图1－23　氢化棕榈仁油（HPKO）与乳脂（MF）二元混合体系等固曲线图

如图1－24所示的可可脂与乳脂混合体系，随着其中乳脂所占比例的增加，混合体系的SFC值迅速下降，等固曲线向下显著弯曲。图1－25所示为乳脂含量在30%～70%之间时发生了共晶现象。

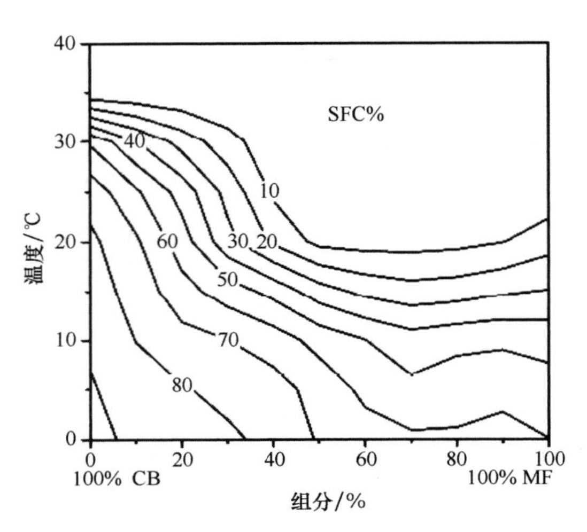

图1－24　可可脂（CB）与乳脂（MF）混合体系等固曲线图

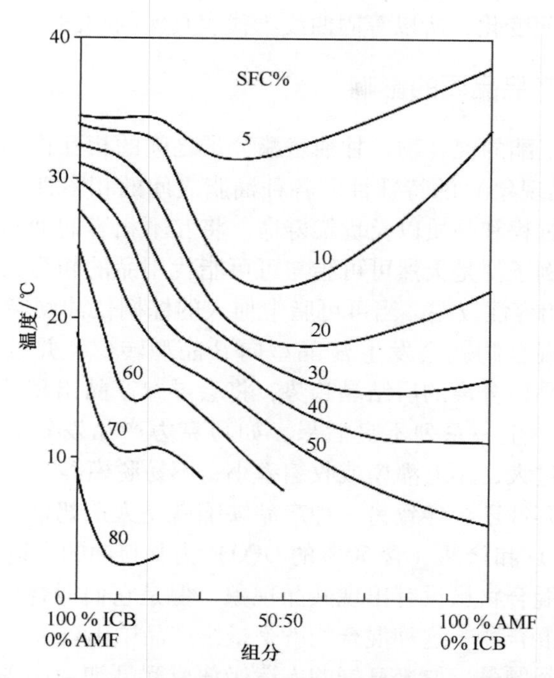

图 1-25 无水乳脂（AMF）与可可脂（ICB）混合物的等固曲线图

三元体系的相图常用等边三角形来表示，其等固曲线变化取决于组成和温度。这与二元等固曲线一样，固溶体相态的混合物呈平滑的直线状，共晶相态的混合物则呈曲线状。例如，图 1-26 所示为氢化棕榈仁油、可可脂与乳脂三元体系 25℃时的等固曲线。

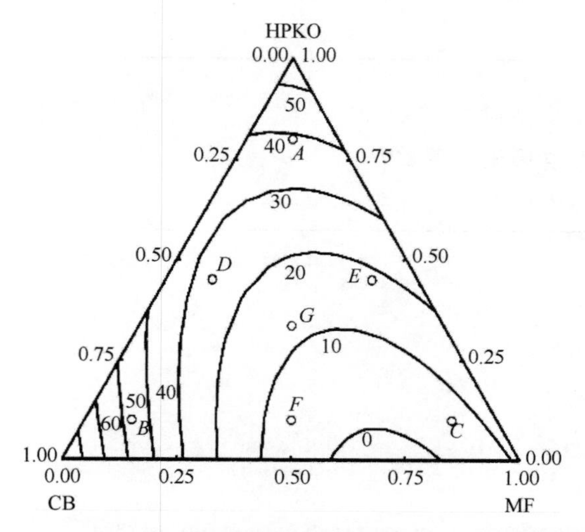

图 1-26 HPKO、CB 和 MF 三元混合体系 25℃等固曲线图

从图中可以看出，该三元体系表现出严重的共晶现象，特别是 *D*（HPKO∶CB∶MF = 45∶45∶10）和 *F*（HPKO∶CB∶MF = 10∶45∶45）混合物共晶最明显。共晶体系中不稳定晶型和液态油脂大量存在，在储存过程中容易发生相变，导致体系相平衡状态的破坏。等固曲线可用于研究相态相容性，但不能提供结晶驱动的热动力学，因为晶相的组成随温

度（和比例）的改变而变化，所以等固曲线不代表真实的相图。

四、 相容性对产品品质的影响

油脂是各种甘油三酯的混合物，甘油三酯分子之间的相互作用，导致油脂结晶性质（结晶速度、同质多晶现象）的特殊性。各种油脂之间的相容性直接影响人造奶油、起酥油、糖果硬脂加工过程和品质以及货架寿命。将互不相容的油脂混合使用，必然会带来许多麻烦。最典型例子便是天然可可脂与可可脂代用品的相容关系。可可脂和棕榈仁油硬脂（laurics）的相容性较差，当可可脂中加入的棕榈仁油硬脂含量超过10%时，可可脂和棕榈仁油硬脂混合物就会发生β'晶型向β晶型转变，并且在这样的混合物配比下，混合物将出现β晶体分离的后结晶趋势，将会导致产品出现缺陷——这就是所熟知的起霜，同时也可能产生一系列不良后果，如巧克力产品发软不脆、不易碎、光泽不好，加工时物料黏度过大，不易灌模或收缩率小，不易脱模等。

油脂之间的不相容性还会导致另一种产品缺陷就是人造奶油的起砂现象，例如以棕榈油（含30%的POP）和猪油（含50%的OPO）为基料油的人造奶油。相图研究表明，棕榈油和猪油的二元混合物虽没有出现共晶现象，但是它们混合后，会形成一种与棕榈油、猪油都不相容的混合物，这种混合物就是最终产品中出现起砂现象的原因。

另一个经常碰到问题是，原来良好的人造奶油或起酥油会出现油从脂中离析出来的现象，严重时还会发生W/O型乳化脂的破乳，水从油脂中离析出来。这种情况常常与脂相配方时采用了两种相容性不好的油脂有关。

因此，了解和研究不同甘油三酯乃至不同油脂之间的相容性，对于专用油脂产品加工中脂肪相的配比、选择具有重要的指导意义。

思考题

1. 简述油脂同质多晶现象。
2. 油脂结晶的影响因素有哪些?
3. 研究油脂相容性的方法有几种?

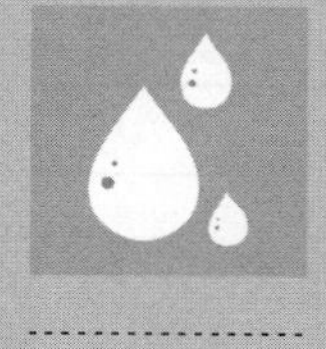

第二章

食品专用油脂基料油脂

本章知识点

了解食品专用油脂主要植物来源基料油脂、动物来源基料油脂的物化性质、分子组成、生产、消费及应用情况。

第一节 主要植物来源基料油脂

一、 棕榈油

棕榈是世界上生产效率最高的产油植物，作为“绿色的能源”“可再生的能源”“永不枯竭的能源”，有“世界油王”之美称。棕榈树2~3年即结果，8~15年进入旺产期，18~20年后老化。油棕（*Elaeis guineenssi* Jacq）系棕榈科多年生乔木，茎粗壮，高6~9m，直径30cm以上。油棕生长的理想条件是每年超过2000mm的降雨量、25~33℃的温度，生长的最适地区为赤道南北纬度5°之间的热带地区。油棕广泛分布于非洲、南美洲、东南亚及南太平洋地区，在其他热带地区也有小面积分布。棕榈油是得自棕榈果肉，近几十年来的消费量增加迅速，目前已是世界上产量仅次于大豆油的第二大食用植物油脂。棕榈仁可制备棕榈仁油。

（一） 棕榈油的物理性质

固体脂肪含量（SFC）是指在某一温度下所含固体脂肪的质量分数。SFC可以大概判断原料中的高熔点甘油酯（如PPP、SSS）的含量。如果原油中的高熔点的甘油酯太少或者不够，结晶过程中则不易产生理想的晶核，该过程可以采用宽带核磁共振光谱仪（NMR）对配制的标准样进行分析得到。不同分子结构的甘油三酯分子具有不同的化学性质。在不同温度下，油脂也会呈现出不同的物理性质。棕榈油的物理性质见表2-1，棕榈油脂肪酸组成见表2-2。

表 2-1　　棕榈油的物理性质

性质	范围
相对密度（50℃）	0.888～0.889
折射率（50℃）	1.455～1.456
固体脂肪含量/%	
5℃	50.7～68
10℃	40.0～55.2
15℃	27.2～39.7
25℃	6.51～18.5
30℃	4.5～14.1
35℃	1.8～11.7
40℃	0.0～7.5
45℃	0.7
熔点/℃	31.3～37.6

表 2-2　　棕榈油的脂肪酸组成　　单位:%

脂肪酸	软脂范围	硬脂范围
月桂酸（12：0）	0.1～0.5	0.1～0.6
肉豆蔻酸（14：0）	0.9～1.4	1.1～1.9
棕榈酸（16：0）	37.9～41.7	47.2～73.8
棕榈一烯酸（16：1）	0.1～0.4	0.05～0.2
硬脂酸（18：0）	4.0～4.8	4.4～5.6
油酸（18：1）	40.7～43.9	15.6～37.0
亚油酸（18：2）	10.4～13.4	3.2～9.8
亚麻酸（18：3）	0.1～0.6	0.1～0.6
花生酸（20：0）	0.2～0.5	0.1～0.6

（二）棕榈油的化学性质

棕榈油以甘油三酯为主要成分，还含有甘油化合物及其他少量组分。天然棕榈油在室温下呈半固体状态，这是因为它含有较多的饱和脂肪酸。棕榈油中饱和脂肪酸和不饱和脂肪酸各占约50%。这种平分状态决定了棕榈油的碘价较低（约为53gI/100g），并且赋予棕榈油较其他植物油脂更好的氧化稳定性。

类胡萝卜素、维生素E、甾醇、磷脂、三萜烯醇及脂肪醇等微量成分是棕榈油的次要组分。尽管上述成分含量在棕榈油总含量中不足1%，但对棕榈油的营养价值、稳定性及色泽等都有重要的影响。

棕榈油中类胡萝卜素含量为500～700mg/kg，主要以α-胡萝卜素和β-胡萝卜素的形式存在，这两类胡萝卜素是维生素A的前体。棕榈毛油中维生素E和生育三烯酚含量为600～1000mg/kg。精炼过的棕榈油中类胡萝卜素仍保留了一半的含量。维生素E和生育三烯酚为天然抗氧化剂，可防止油脂氧化。棕榈油具有很高的营养价值。棕榈油的化学性质见表2-3。

表2-3　　棕榈油的化学性质

性质	均值	范围
皂化价/（mgKOH/g）	195.7	190.1～201.7
不皂化物/%	0.51	0.15～0.99
碘价/（gI/100g）	52.9	50.6～55.1
熔点/℃	34.2	30.8～37.6

（三）棕榈油的分子组成

棕榈油脂肪酸变化范围较小，含32%～47%的棕榈酸和40%～52%的油酸，两者之和超过脂肪酸总量的80%。棕榈油的TG组成见表2-4。

表2-4　　棕榈油的TG组成

无双键			1个双键			2个双键			3个双键			4个或4个以上双键		
	A	B		A	B		A	B		A	B		A	B
MPP	0.29	0.5	MOP	0.83	1.4	MLP	0.26		MLO	0.14	0.2	PLL	1.08	0.8
PMP	0.22	0.2	MPO	0.15	0.2	MOO	0.43	0.7	PLO	6.59	6.0	OLO	1.71	1.4
			POP	20.02	23.7	PLP	6.36	6.3	POL	3.39	3.1	OOL	1.76	1.5
PPP	6.91	7.2	POS	3.50	3.1	PLS	1.11	0.8	SLO	0.60	0.4	OLL	0.56	
PPS	1.21	1.0	PMO	0.22		PPL	1.17	1.0	SOL	0.30	0.2	LOL	0.14	0.1
PSS	0.12	0.1	PPO	7.16	6.9	OSL	0.11		OOO	5.38	5.1			
PSP		0.7	PSO	0.68	0.6	SPL	0.10	0.1	OPL	0.61	0.5			
			SOS	0.15		POO	20.54	21.5	MOL		0.1			
			SPO	0.63	0.5	SOO	1.81	1.4						
						OPO	1.86	1.6						
						OSO	0.18	0.2						
						PSL		0.1						
其他	0.16			0.34	0.3		0.19	0.6		0.15			0.22	
总计	9.57	9.7		33.68	35.8		34.12	34.6		17.16	15.6		5.47	3.8

棕榈油85%的TG在甘油骨架的*sn*-2位含有一个不饱和脂肪酸。采用高温气相色谱对棕榈油TG进行检测，结果见表2-5。

表 2-5　棕榈油分子的碳原子数目分布　单位:%

碳原子数	平均值	范围
C_{46}	0.8	0.4～1.2
C_{48}	7.4	4.7～10.8
C_{50}	42.6	40.0～45.2（POP，PPO）
C_{52}	40.5	38.2～43.8（POO）
C_{54}	8.8	6.4～11.4

棕榈果中脂肪酶活力很高，在收获和加工过程中脂肪酶会水解油脂，这一过程使毛油中的游离脂肪酸（FFA）含量升高。因为胡萝卜素的存在，所以未精炼的棕榈油呈红棕色。

棕榈毛油中主要的类胡萝卜素在脱臭过程中因高温而受到一些破坏。对精炼油而言，热破坏类胡萝卜素可改善油脂的色泽，但类胡萝卜素是良好的抗氧化剂，能先于油脂氧化从而保护油脂不被氧化。棕榈毛油中类胡萝卜素组成见表 2-6。

表 2-6　棕榈毛油中的类胡萝卜素组成　单位:%

类胡萝卜素	含量	类胡萝卜素	含量
八氢番茄红素	1.27	顺-β-胡萝卜素	0.68
六氢番茄红素	0.06	β-胡萝卜素	56.02
α-胡萝卜素	35.16	顺-α-胡萝卜素	2.49
ζ-胡萝卜素	0.69	γ-胡萝卜素	0.33
δ-胡萝卜素	0.83	四氢番茄红素	0.29
β-玉米黄胡萝卜素	0.74	α-玉米黄胡萝卜素	0.23
番茄红素	1.30	类胡萝卜素总量/（mg/kg）	673

若想得到类胡萝卜素，就必须在棕榈油脱臭之前提取这些物质。棕榈毛油中维生素 E 含量为 600～1000mg/kg，精炼后仍可保留一半。棕榈毛油中维生素 E、生育酚类型和含量见表 2-7。

表 2-7　棕榈毛油中维生素 E、生育酚的类型和含量　单位:%

种类	含量	种类	含量
α-维生素 E	21.5	α-生育三烯酚	7.3
β-维生素 E	3.7	β-生育三烯酚	7.3
γ-维生素 E	3.2	γ-生育三烯酚	43.7
δ-维生素 E	1.6	δ-生育三烯酚	11.7

由表 2-7 可见，α-维生素 E 及 γ-生育三烯酚占据了棕榈油中维生素 E 总量的绝大部分，其中可能有酯化结构存在。毛油和精炼棕榈油都是生育三烯酚和生育酚的良好来源。

棕榈油中含有的类胡萝卜素、维生素 E、生育三烯酚及含有 50% 的饱和脂肪酸，使棕榈油比其他植物油具有更好的氧化稳定性。

（四） 棕榈油的结晶特性

棕榈油因其良好的加工特性被广泛应用于制造人造奶油及起酥油产品中。但使用过量棕榈油常会产生“起砂”现象而导致产品口感下降，这与棕榈油结晶缓慢的特性密切相关。

棕榈油中约含7%～9%的三饱和脂肪酸甘油三酯（主要为PPP），这部分甘油三酯的熔点较高，冷却过程中首先结晶。图2－1展示了棕榈油冷却结晶曲线，左边第一个峰由三饱和脂肪酸甘油三酯PPP结晶所导致，第二个峰主要由POP和POO结晶所导致，两个峰所对应的过饱和温度相差近20℃，结晶在各自步骤中产生，因此棕榈油冷却结晶的过程是很缓慢的。冷却过程中率先结晶的高熔点甘油三酯将形成坚硬的球晶面包裹着其他低熔点的甘油三酯，造成“超过冷”假象而呈现液晶状态。

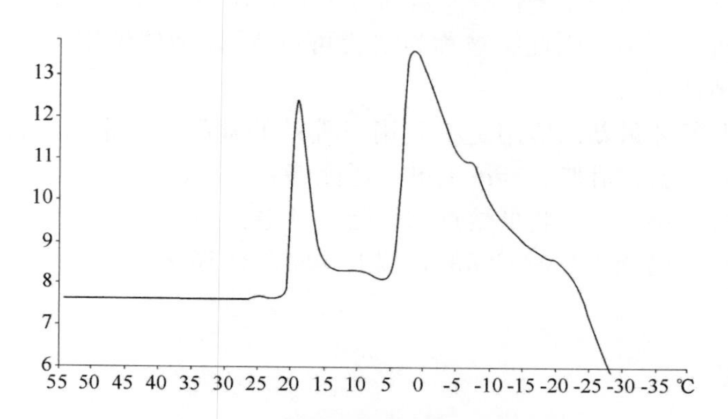

图2－1　棕榈油冷却结晶曲线图

（五） 棕榈油的生产和消费情况

1. 棕榈油的生产

棕榈油以其特有的营养特性、氧化稳定性以及相对低廉的市场价格，被众多行业所青睐，广泛应用于食品、化工以及能源等领域。全球棕榈种植地区集中在印度尼西亚和马来西亚，这两大主产国棕榈产量约占全球产量的86%。2012/2013年度全球棕榈油产量为5333万t，较2011/2012年度增加263万t，这主要得益于印度尼西亚的增产。

印度、中国、欧盟是棕榈油的进口国和地区。印度为棕榈油的第一大进口国，2012/2013年进口量达到770万t；欧盟达到640万t，较2011/2012年提高76万t，增幅明显；而中国的进口量也高达540万t，较2011/2012年提高了20万t。

2. 棕榈油的消费情况

棕榈油是食品、油脂化学品和生物燃料工业上可持续和可再生原料的主要来源。传统上主要用于食品工业，如食用油、起酥油和人造奶油等。目前世界范围内，90%的棕榈油及其产品以食用为目的；10%的棕榈油及产品用于制皂和油脂化工产品。随着油脂化学工业近些年的发展，棕榈油和棕榈仁油也逐渐以更多的形式进入非食品领域。

（六） 棕榈油的应用

棕榈油一般加工成起酥油、人造奶油、氢化棕榈油、煎炸油脂和特殊油脂，用于食品行业中。棕榈油最广泛的用途是作煎炸油，因为棕榈油的组成结构使其具有很好的煎炸稳定性和较好的抗氧化性，不易与酸作用造成分解和聚合。棕榈油中亚麻酸含量很少、生育酚含量丰富，所以除了作家庭烹调油外，还是方便面、快餐和小食品的主要煎炸油。棕榈油是全球食品工业中主要的煎炸用油。

棕榈油通常作为起酥油配方的主要成分，其酯交换油脂具有塑性，可以作为起酥油的基料油。国内外众多学者利用棕榈油酯交换做基料油制备起酥油。

棕榈油和棕榈仁油是生产专用油脂的理想原料，若将其进行分提，会使固体脂与液体油分离，其中的固体脂可用来代替昂贵的可可脂制作巧克力；其中的棕榈仁硬脂由于物理性质非常接近可可脂，因此又被称为“代可可脂”。液体油则可用作凉拌、烹调或煎炸用油，其味清淡爽口。

棕榈油在食品行业最新的应用是将其用于乳状的食品、粉末状食品或方便食品中。棕榈油和棕榈仁油已替代乳脂生产冰淇淋，还能够替代乳脂用于牛乳中。另一个用途是用于婴儿食品的配方中。如果将低熔点的软脂与其他植物油混合，产生出的油脂适合生产婴儿食品。低熔点的软脂甘油三酯的β位上一般含有10%～15%的棕榈酸，很容易被消化吸收。

二、 可可脂

可可脂又称“可可白脱”，是可可豆经压榨法制得的具有特殊功能的油脂，盛产于热带（主要在非洲），常温下为乳黄色固体，外观类似于蜡，具有芳香气味，属坚果类油脂。可可脂价格昂贵，巧克力中若含较高比例的可可脂则会使其口感更柔滑爽口，因而可可脂含量是考量巧克力品质的主要指标。

可可脂具有很窄的塑性范围，27℃以下几乎全部是固体，27.7℃便开始熔化。随温度的升高会迅速熔化，至35℃就完全熔化。因此，它是一种既有硬度，熔解得又快的油脂。可可脂含有能防止变质的天然抗氧化剂，是目前已知最稳定的食用油，能安全储存2～5年。

按生产工艺不同，可可脂分为天然可可脂和脱臭可可脂。天然可可脂呈淡黄色，有天然可可香气，被广泛用于巧克力、蛋糕等食品生产；脱臭可可脂是在天然可可脂的基础上通过物理方法除去可可脂中的杂质、颜色和异味。脱臭可可脂呈明亮的柠檬黄色，无气味，一般多用于高档化妆品和医药的生产，很少用于食品生产。

（一） 可可脂的物理性质

可可脂在27℃时坚硬且易碎，当温度越过很窄的区间（27～33℃）时大多数可可脂开始熔化；温度达到35℃基本全熔，这种熔融的特性正是可可脂适宜作为糖果应用的关键。可可脂存在同质多晶现象，所以在制作巧克力时需要进行仔细的调温，以便得到理想的晶型。调温不当时，可可脂会形成较为粗糙的晶型，影响巧克力的质地和外观（起霜）。一般推荐的可可脂特性标准见表2-8。

表2-8　可可脂的特性标准

项目	数值
相对密度（99/15℃）	0.856~0.864
色价/（$gK_2Cr_2O_7$/100mL H_2SO_4）	≤0.15
折射率（N40/D）	1.456~1.459
水分及挥发物/%	≤0.20
游离脂肪酸（以油酸计）/%	≤1.75
熔点（开口毛细管）/℃	28~36
冻点/℃	45~50
皂化价/（mgKOH/g）	190~200
不皂化物/%	小于1.0
碘价/（gI/100g）	35~40
消光值/（E1cm/270nm）	≤0.14

（二）可可脂的化学性质

可可脂的典型特性是：几乎占50%的油酸分布在甘油基β位上，而棕榈酸和硬脂酸分布在α位上。可可脂的甘油三酯分布特性提供了非常有价值的结晶形式和熔解性能，这使巧克力在人的口腔温度下可以快速熔化。

（三）可可脂的分子组成

可可脂主要由98% TG、1%游离脂肪酸、0.3%甘油二酯、0.2%单甘酯、150~250mg/kg生育酚和0.05%~0.13%磷脂组成。由于可可脂的来源不同，TG的组成也稍有差异。可可脂典型的TG组成见表2-9。

表2-9　可可脂典型的TG组成　　单位:%

TG组成	加纳	印度	巴西	科特迪瓦	马来群岛	斯里兰卡	尼日利亚
PPS	0.4	0.5	微量	0.3	0.5	1.9	0.5
POP	15.3	15.2	13.6	15.2	15.1	14.8	15.5
POS	40.1	39.4	33.7	39.0	40.4	40.2	40.5
SOS	27.5	29.3	23.8	27.1	31	31.2	28.8
SOA	1.1	1.3	0.8	1.3	1	1.0	1.0
POO	2.1	1.9	6.2	2.7	1.5	2.3	1.7
SOO	3.8	3.3	9.5	4.1	2.7	3.9	3.0

续表

TG 组成	加纳	印度	巴西	科特迪瓦	马来群岛	斯里兰卡	尼日利亚
PLP	2.5	2.0	2.8	2.7	1.8	2.5	2.2
PLS	3.6	3.1	3.8	3.6	3.0	1.4	3.5
SLS	2.0	1.7	1.8	1.9	1.4	0	1.8
PLO	0.6	0.5	1.5	0.8	0.3	0.8	0.4

注：P—棕榈酸；S—硬脂酸；O—油酸；L—亚油酸；A—花生酸。

部分国家和地区可可脂的脂肪酸组成见表 2－10。

表 2－10　部分国家和地区可可脂的脂肪酸组成

脂肪酸组成	厄瓜多尔	巴西	加纳	科特迪瓦	马来西亚	爪哇
棕榈酸	25.6	25.1	25.3	25.8	24.9	24.1
硬脂酸	36.0	33.3	37.6	36.9	37.4	37.3
油酸	34.6	36.5	32.7	32.9	33.5	34.3
亚油酸	2.6	3.5	2.8	2.8	2.6	2.7
亚麻酸	0.1	0.2	0.2	0.2	0.2	0.2
花生酸	1.0	1.2	1.2	1.2	1.2	1.2
山嵛酸	0.1	0.2	0.2	0.2	0.2	0.2

（四）可可脂的结晶特性

可可脂是巧克力配方中最重要的组分。巧克力独特的硬脆而不油腻的质构、优良的保藏性能及接近体温时迅速熔化等特性都是可可脂在起作用。然而，巧克力产品储存过程中出现的起霜问题也与可可脂密切相关。可可脂的晶核形成、晶体生长速率及晶型转变，对巧克力的加工（调温）过程和储存稳定性十分重要。

由于可可脂具有复杂的结晶性，可通过多种不同的变性而结晶成多晶型脂肪，正是这些结晶的变化，影响着巧克力的物理特性。故在巧克力制造过程中，必须对巧克力进行相应的调温。通过 X－射线对变性的多晶型可可脂分析显示，β 型变性可可脂有较稳定的熔点及潜热值。

巧克力生产过程中，调温工艺的作用就是要尽可能制造出更多的 β－晶核，以保证快速且适当的结晶作用，从而形成稳定的 β 型可可脂。尽管其他不稳定的晶型最终都形成 β 型可可脂，但可可脂的质量、调温处理的温度及具体工艺都影响着重结晶能力。

以往，一般采用差示扫描热仪（DSC）测定熔化曲线的方法来记录可可脂的结晶特性。由于可可脂结晶重现性差且花费较大，故可采用 Shukoff 冷却曲线法。具体测定技术是让可可脂在 0～10℃的水浴中静置冷却后，再置于 20℃中观察可可脂的结晶情况，并以升高温度与时间的比率作计量。第二种方法是通过热流变特性冷却曲线法，采用 Brabender 捏合机测定可可脂在捏合机轴上的扭力矩，从而测定可可脂的黏稠性。通过测定可可脂在 24～25℃时扭力矩会随着 β－晶型的重结晶而突然提升的硬度作计量。

对可可脂等温结晶特性的研究已经相当深入和全面。但从实际的情况考虑，在巧克力加工中，调温、成型、膨化等基本工序都是在动态和非等温过程中完成的，因此认识可可脂在非等温条件下的结晶行为对技术更新的作用越来越重要。更为重要的是，巧克力加工过程的优化、产品质量的有效控制，都要求对可可脂非等温结晶特性进行深入的研究。合适的数学模型是揭示可可脂结晶特性、获取准确非等温结晶参数的有效工具。目前，可用于描述物质非等温结晶过程的模型有多种，如 Ozawa 法、Ziabicki 理论方法、Mandelkern 法、修正 Avrami 方程的 Jeziorny 法等，它们从不同方面描述非等温结晶的状态，为了进行更全面的分析，需要采用多种模型对实验结果进行分析，并选择能准确描述可可脂非等温结晶的模型。

DSC 研究静止状态下，冷却速率对可可脂结晶行为的影响。用 Ozawa 法、Jeziorny 法和莫志深法分别对实验数据进行处理，通过对非等温结晶动力学参数进行分析，探讨可可脂在非等温条件下的结晶行为特征。

可可脂随着降温速度的增加，结晶的温度有所降低，结晶量也有所增加，组分分离也逐渐消失，双峰趋于形成单峰。

Ozawa 法处理可可脂得到的是一系列的折线，不能获得可靠的动力学参数。在降温速率较快的情况下，DSC 曲线为单峰，用 Jeziorny 法处理可获得满意的直线关系，动力学参数表明降温速率越快结晶速率越高，从而最终导致可可脂结晶量的上升。用莫志深法处理可可脂非等温结晶数据，$\lg\varphi$ 与 $\lg t$ 呈直线关系，所得动力学参数可靠性高，分析结果表明在同一时间内降温速率越快可可脂结晶度越高。综上所述，莫志深法更加适合描述可可脂非等温结晶行为。

（五）可可脂的生产和消费情况

可可脂是由可可豆经预处理、压榨制得的。可可树生长在热带地区，由于受地区和气候的局限，以可可豆制得的可可脂远远不能满足巧克力生产发展的需求，所以价格昂贵。

近 3 年来，中国巧克力行业发展一直保持稳步增长态势，全国巧克力产量年增长率达到 20%，产量增长潜力巨大。随着人们生活水平的不断提高、消费者对食品安全要求的不断提高和健康意识的不断增强，巧克力和可可脂作为营养、高档食品，愈来愈多地被消费者接受，巧克力和可可脂的市场需求正在日益扩大，已成为中国食品工业中快速发展的行业。中国纯可可脂大块区域市场分析如图 2－2 所示。中国可可脂消费量最大的区域为华东地区，其比例占 23.65%。消费最低的区域是西北地区，只占 4.88%。所以，未来可可脂消费高的地区应尽量保持稳定的消费水平，西北地区可可脂的消费量也会逐渐增大。

我国可可加工业属于两头在外（即可可豆进口和可可脂出口）的加工行业，因此国际可可市场的变化对于中国可可豆的进口影响很大。可可脂的出口价格高，可可豆的进口量就增加，反之就减少。但国内食品行业对可可制品的需求量却在增大。这导致了可可制品进口量大幅度增加，如可可浆 2014 年进口 20548t，比 2013 年增长 161%，可可脂进口 9201.4t，比 2013 年增长 103%，可可粉进口 23634t，比 2013 年增长 53%。

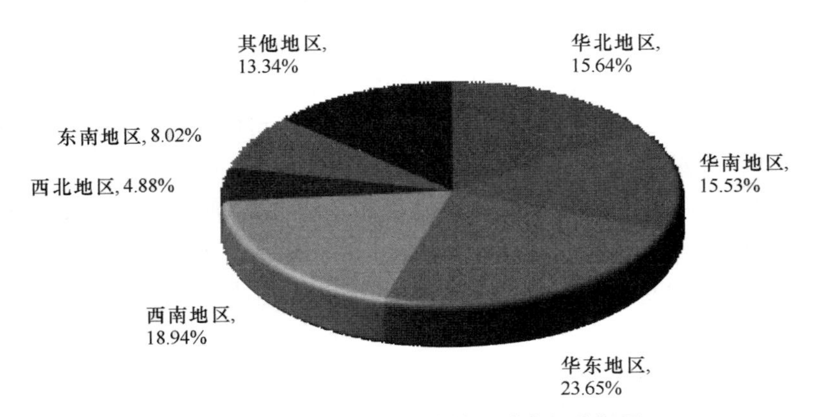

图2－2　中国纯可可脂大块区域市场分析图

如今，天然可可脂的代用品应时而生。根据所采用的油脂原料和加工工艺的不同，可可脂代用品可分为代可可脂和类可可脂两大类。代可可脂又分为月桂酸型（简称CBE）和非月桂酸型（简称CBR）两种。天然可可脂和类可可脂脂肪酸组成较相似，但与代可可脂差异较大；天然可可脂、类可可脂和月桂酸型代可可脂熔化范围较窄，成分较为单一，而非月桂酸型代可可脂的熔化范围相对较宽，成分较为复杂。随着消费水平的提高，建议人们更多地购买和使用纯的可可脂生产的制品，尽量少购买使用代可可脂生产的制品。

（六）可可脂的应用

可可脂含有丰富的多酚，具有抗氧化功能，可以抗击多种疾病，延缓老化历程。因此，可可脂的含量也被称为巧克力的含金量。天然可可脂含量高的纯巧克力，香味纯正、浓郁，入口软滑清爽，营养价值高。

可可脂是一种稳定并且容易保存的脂肪。可可脂的熔点刚刚低于人体体温，因此在室温下保持固体状态，入口即化，这就是巧克力等糕点丝滑口感的原因。除了制作各种巧克力和特定甜食外，可可脂也常常被用于烘焙食品。

可可脂还是化妆品中的有效成分。在制药行业内，可可脂用于生产胶囊、栓剂和口服药物。由于它润滑的质感和香甜的气味，也作为洗发水和香皂的原料。可可脂天然润滑的特性还使之成为理想的唇膏成分。可可脂具有良好的保湿作用，经常也被推荐给孕妇预防妊娠纹，治疗皲裂的皮肤，是一种理想的皮肤保湿剂。

尽管有些人认为可可脂有减轻疤痕的作用，但还没有科学依据能够证明可可脂的这一功效。经过长期使用后发现，它确实有助于促进皮肤弹性恢复和愈合皮肤的皲裂。需要注意的是，很多人错误地利用可可脂有促进晒黑的作用，尽管它有助于获得自然晒黑效果，但可可脂没有防晒作用。因此，为了防止阳光损害，最好是使用包含可可脂并具有15级SPF以上防晒效果的防晒霜。

瑞典研究人员对37000多名男性随访10年后发现，多吃巧克力的人群脑中风的危险明显降低，报道称“平均每周食用62.9g巧克力，脑中风危险降低17%”。

德国、瑞典等国家均有“巧克力防中风”的研究。研究者发现，男士食用适量的巧克力预防中风确实有效。因为黑巧克力中含有抗氧化功效的黄酮类化合物，它能防止动脉血管的粥样硬化，增加心肌活力，放松肌肉，对预防心脑血管疾病有好处。专家建议宜食用含可可脂较高的黑巧克力。

三、椰子油

椰子油是一种取自成熟椰果肉中的典型的月桂酸型油脂。椰树主要生长在亚洲、太平洋中的岛屿、非洲及美洲中南部。椰子是油脂亩产量最高的植物之一。在热带地区，它是人们从饮食中摄取脂肪的主要来源。椰子油在食品、药物和化妆品生产工业上有多种用途。

（一）椰子油的物理性质

椰子油在热带为白色液体，在寒冷地区则为牛油样的固体；有特殊气味（新鲜时气味芬芳）。椰子油的部分物理性质见表2－11。

表2－11　椰子油的部分物理性质

项目	熔点/℃	凝固点/℃	相对密度（25℃/15.5℃）	折射率（40℃）
指标	24～27	14～25	0.917～0.919	1.448～1.450

（二）椰子油的化学性质

椰子油对热非常稳定，适合用于高温烹调（如油炸、烹饪食物）。由于椰子油的热稳定性，因此它具有氧化慢、抗酸败的特点；由于饱和脂肪酸含量高，其保质期可长达两年。椰子油的部分化学性质见表2－12。

表2－12　椰子油的部分化学性质

项目	不皂化物	皂化价/（mg KOH/g）	碘价/（gI/100g）	可溶性挥发脂肪酸价	水不溶挥发性脂肪酸价
指标	<5%	250～264	7.5～10.5	6～8	15～18

（三）椰子油的分子组成

椰子油属于月桂酸类油脂的特殊植物油类。月桂酸类植物油中最丰富的脂肪酸是月桂酸［$CH_3(CH_2)_{10}COOH$］。椰子油中90%以上的脂肪酸是饱和脂肪酸，这是其碘价低的原因。椰子油的饱和特性使它具有强抗氧化酸败能力，用活性氧法（AOM）评定的结果是200～250h。

8～12个碳的脂肪酸属于中碳链脂肪酸（MCFA）。MCFA的甘油酯，也就是人们熟知的中碳链甘油三酯（MCT），它是医疗食品和婴儿食品配方的成分。椰子油中最丰富的脂肪酸是月桂酸，这在油脂中是较少见的。除月桂酸酸外椰子油外还有总量超过15%的己酸、辛酸和癸酸，因此椰子油是中低碳脂肪酸丰富的来源之一。椰子油脂肪酸组成及含量见表2－13。

表 2－13　　椰子油脂肪酸组成及含量　　单位：%

脂肪酸种类	平均值	范围
己酸（$C_{6:0}$）	0.5	0.4～0.6
辛酸（$C_{8:0}$）	7.8	6.9～9.4
癸酸（$C_{10:0}$）	6.7	6.2～7.8
月桂酸（$C_{12:0}$）	47.5	45.9～50.3
豆蔻酸（$C_{14:0}$）	18.1	16.8～19.2
棕榈酸（$C_{16:0}$）	8.8	7.7～9.7
硬脂酸（$C_{18:0}$）	2.6	2.3～3.2
油酸（$C_{18:1}$）	6.2	5.4～7.4
亚油酸（$C_{18:2}$）	1.6	1.3～2.1
花生酸（$C_{20:0}$）	0.1	t～0.2
一烯酸（$C_{20:1}$）	微量	t～0.2

椰子毛油大约有0.5%不能用碱皂化的不皂化物。不皂化物主要包括生育酚、甾醇、角鲨烯、色素和碳水化合物。椰子油的风味主要来源于痕量存在的δ－内酯和γ－内酯。在不皂化物中，生育酚有助于椰子毛油的氧化稳定性。一般来说，椰子毛油含有55mg/kg的生育酚，其中40.7mg/kg是α－生育酚。

在程序升温条件下，用稳定的硅胶作固定相，以标准甘油三酯（TAG）溶液作参比，可以用气相色谱分离和定量椰子油中不同的TAG组分。TAG组分的碳原子数是与甘油部分相接的脂肪酸碳原子的总和。例如，三月桂精和甘油二硬脂酸油酸酯的碳原子数分别是36和54。油样中每一个TAG相关的碳原子数决定了它的本性。对椰子油而言，这项测试也可以使它与其他月桂酸油类区分开来（见表2－14）。

表 2－14　　椰子油中甘油三酯的碳原子数组成　　单位：%

TAG中的碳原子数	平均值	范围
C_{28}	0.8	0.7～1.0
C_{30}	3.4	2.8～4.1
C_{32}	12.9	11.5～14.4
C_{34}	16.5	15.6～17.6
C_{36}	18.8	18.3～19.8
C_{38}	16.3	15.1～17.7
C_{40}	10.2	9.2～11.1
C_{42}	7.3	6.5～8.0
C_{44}	4.2	3.6～4.6
C_{46}	2.6	2.1～3.0
C_{48}	2.3	1.6～2.6
C_{50}	1.7	0.8～2.0
C_{52}	1.6	0.4～2.0
C_{54}	1.2	0.1～1.5

许多常规分析试验可以对天然油脂进行鉴别和定性。待测油样的测试结果应当在所确定的数据范围内时，该油脂的身份才能得到确认。对椰子油而言，通常要做的试验有脂肪酸组成、酸价与游离脂肪酸的百分含量、皂化价、碘价、不皂化物、过氧化值与稳定性试验、滑点与熔点、颜色和固脂含量。椰子油的产品规格见表2-15。

表2-15　椰子油的产品规格

		毛油	精炼油	全炼油
水分和杂质/%	≤	1.0	0.1	0.03
游离脂肪酸（以月桂酸计算）/%	≤	3.0	0.07	0.04
颜色（5.25 in. 槽）罗维朋法 R/Y	≤	12/75	1/10	1/10
皂化价/（mg KOH/g）			250~264	250~264
不皂化物/%	≤	0.4	0.1	0.1
碘价/（gI/100g）			7~12	7~12
过氧化值	≤	2.0	0.5	0.5
滑点与熔点/℃			24~26	24~26
折射率（40℃）			1.448~1.450	1.448~1.450
风味			椰子风味	柔和/无味

目前，用来判别椰子油质量指标的主要标准是其游离脂肪酸含量和色泽。此外，通过对椰子油风味的感官评定帮助确定产品的可接受性。

（四）椰子油的结晶特性

椰子油在不同温度差下晶体生长速率如图2-3所示。

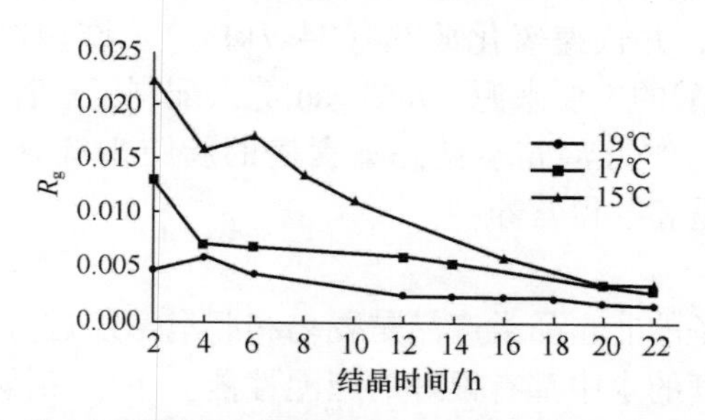

图2-3　不同温度下椰子油的晶体生长速率变化曲线图

由图2-3可知，椰子油晶体生长速率总体呈下降趋势，温差越大，晶体生长速率（R_g）下降越快，晶体生长速率也越大。结晶过程中，不同温度下有不同的固脂饱和度（即不同温度下固脂溶解在单位体积油中的最大质量不同）。随着温度的升高，固脂饱和度不断增大。随着稳定温度梯度场的建立，样品中溶解的固脂存在一定的浓度梯度。由于样品中的分子扩散作用，当固脂扩散到冷壁表面与冷壁接触时，即形成结晶层。温差越大，固脂饱和度也就越大，相同时间内析出晶体量也越多，因而晶体生长速率也越大。随着结晶时间的不断延长，油样慢慢趋于饱和状态。

（五） 椰子油的生产和消费情况

全球有菲律宾、印度尼西亚、越南、印度和墨西哥 5 个国家的椰子油年产量在 10 万 t以上。亚洲是全球椰子油主产区，2014 年菲律宾椰子油产量为229 万 t；印度尼西亚椰子油产量为 84 万 t，占全球椰子油产量的 72.45%。

全球椰子油进出口量总体呈平缓的上升趋势，全球最大的椰子油生产国菲律宾和印度尼西亚出口的椰子油约占世界出口量的 75% ~85%。全球进口椰子油数量最大的国家是荷兰和德国，2014 年荷兰椰子油进口量为 44.8 万 t，是全球第一大椰子油进口国；中国椰子油进口量 31 万 t，处于全球第四位。

（六） 椰子油的应用

椰子油广泛用于食品和非食品领域，它是医疗食品和婴儿食品的生产原料。在工业实用中，椰子油脂肪酸是一种通用原料，由此生产出从柴油替代品到医药和化妆品等多种产品。

1. 食品

在椰子生产国，全精炼椰子油广泛用于煎炸油。椰子油和氢化棕榈油的混合物及其酯交换后生成的混合物被加工成人造奶油和起酥油。从椰子油中得到的蔗糖形式为糖浆液，糖浆液被用作甜点、面包抹酱和米饼的配料。添加配料的脱脂乳不论是液态还是粉状，都含有椰子油（代替黄油）和多不饱和脱脂乳化油。作为饼干和曲奇饼的起酥油，椰子油的抗氧化酸败性延长了这类产品的货架期。椰子油也广泛用于奶油、饼干奶油和糖果油的生产。

2. 医药和婴儿食品配方

采用 Babayan 研制的方法，将椰子油水解得到中碳链脂肪酸（MCFA），其主要是由辛酸和癸酸组成，用甘油进行再酯化处理，随机生成中碳链甘油三酯（MCT）的混合物。MCT 能迅速被吸收，并快速氧化放热（34.7kJ/g）。许多医药和婴儿食品配方中，把 MCT 作为多不饱和脂酸的主要来源。Intengan 等人配制了一种（酯交换）75% 的椰子油、25% 玉米油的配方，作为营养不良儿童食谱的脂肪来源补充，比起多不饱和植物油，能更好地使儿童增重和获得营养。

3. 非食品

通常应用椰子油制备的非食品类产品是香皂和肥皂。经过煮沸或冷却过程制成的条形洗衣皂即使在中等硬度的水中都有很好的起泡性能。牛油和椰子油按比例从 67∶33 到 85∶15 混合形成一种制作香皂的理想油脂。用这种混合物做出的香皂具有起泡快、对人体皮肤刺激性小以及皂块无膨胀裂开现象，这些特性令人满意。

椰子油中的脂肪酸衍生物是许多非食物产品的原料。椰子油中的脂肪酸和甘油被水解或醇解释放出来，随后分馏出脂肪酸或其甲酯，它们是油脂化学工业的原料。副产品甘油通过真空蒸馏纯化。纯化的甘油产品是药物制剂的组分之一，是牙膏的重要成分，也是制造硝化甘油的原料和液压千斤顶及减震器中使用的流体。

四、 棕榈仁油

棕榈仁油（Palm kernel oil）又称棕仁油，取自棕榈果的核仁。棕榈仁油中含大量的中、低级脂肪酸，所以它的性状与棕榈油很不相同，而与椰子油很相似。

新鲜棕榈仁油呈乳白色或微黄色，有类似固体的稠度，有令人喜爱的核桃香味。棕榈仁油是一种常见的佐料，由于成本低廉它在日益增加的食品商业工业用途广泛。棕榈仁油的高氧化稳定性、不含胆固醇和反式脂肪酸的性质，使其在煎炸食物时特别受人们欢迎，因为其有利于身体健康。

（一）棕榈仁油的物理性质

棕榈仁毛油与精炼棕榈仁油的密度测量值如图2-4所示。由图2-4可见，两种油的密度-温度间有良好的线性关系。精炼油的密度稍高于毛油，可能与杂质的去除有关。

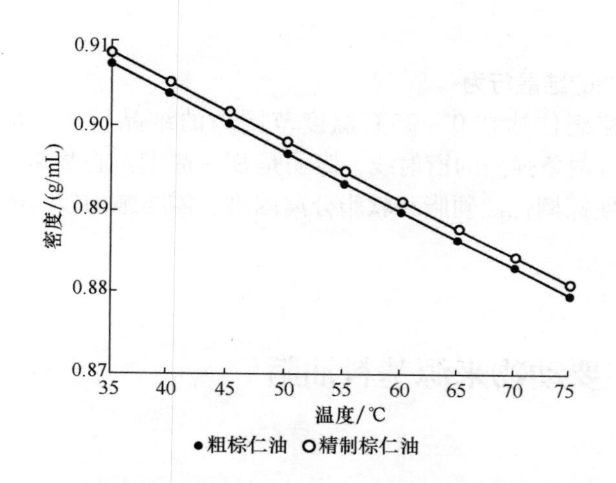

图2-4　棕榈仁毛油与精炼棕榈仁油的密度测量值图

毛油和精炼油的黏度随着温度的升高而下降，但不呈线性关系，精炼油的黏度稍高于毛油（图2-5）。

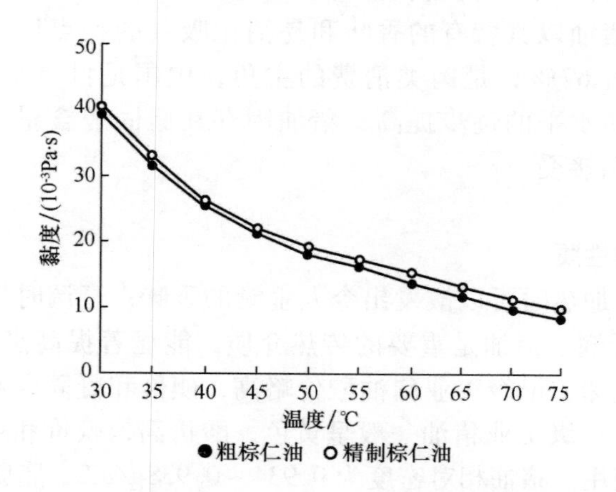

图2-5　棕榈仁毛油与精炼棕榈仁油的黏度曲线图

（二） 棕榈仁油的化学性质与组成

棕榈仁油与其棕榈油的脂肪酸组成大不相同，棕榈仁油与椰子油有极相似的组成（以月桂酸为主）（表2－16）。19世纪中叶后欧洲人将西非，尤其是尼日利亚、扎伊尔［现称刚果（金）］的棕榈仁油生产介绍到西欧各国。棕榈仁油与椰子油并用于制皂和人造奶油的生产。棕榈仁油对水比较敏感，容易发生水解，所以棕榈仁及其油脂的保存都必须注意勿与水接触。

表2－16　棕榈仁油的甘油三酯组成　　单位:%

甘油三酯种类	SSS	SSU	SUU	UUU	合计
含量	63	26	11	0	100

（三） 棕榈仁油的结晶行为

曾经有人研究棕榈仁油在0～25℃温度范围内的结晶行为，X－射线衍射发现在4.19Å和3.77Å处有两条强烈的衍射线，表明是β'－晶型。在显微镜下则观察到针状结晶。这种β'－晶型使棕榈仁油硬脂和软脂分离困难，需要施加较高的压力。

第二节　主要动物来源基料油脂

一、 猪油

猪脂常称为猪油，是一种丰富的动物脂肪资源，是从健康猪新鲜而洁净的脂肪中提取的，这种猪油不经精炼就可以食用。我国猪油资源丰富，人们把取之于肾脏膜脂肪的猪油称为网油，肠间膜脂肪的猪油称为板油，背腹部皮下脂肪的猪油称为膘油。长期以来，猪油以其特有的香味和易消化吸收的特点广受消费者欢迎。猪肉在肉类总产量中约占67%，是肉类消费的主角，中国是世界上最大的猪肉生产国。近年来随着人们生活水平的逐步提高，猪油因存在胆固醇含量高、油脂晶体粗大等问题越来越不被人们接受。

（一） 猪油物理性质

猪油风味独特，加热时可以散发出令人垂涎的香味；烹调时将其覆盖于原料表面，可使烹调食品口感滑润。猪油是重要的传热介质，能显著提高烹饪温度，加快食物熟化，驱散不愉快的气味。甲级工业猪油酸价略高，碘价和凝固点略低，色泽带微黄色，可作为香皂的原料。乙级工业猪油一般呈黄色，酸价高，碘价和凝固点低，气味不纯，精炼后可在香皂中使用。猪油相对密度为0.934～0.938g/mL，脂肪酸凝固点36～42℃，皂化价190～202mgKOH/g，碘价46～70gI/100g，具体见表2－17。

表 2－17　猪油常规指标

项目	指标
熔点/℃	33～46
碘价/（gI/100g）	53～57
皂化价/（mgKOH/g）	190～202
色泽	洁白，工业品略带杂色
密度（15℃）/（g/mL）	0.915～0.923
折射率（n_D^{60}）	1.4593～1.4601
滴定度/（g/mL）	32～43
胆固醇含量/（mg/100g）	100

（二）猪油化学性质

猪油的主要成分是甘油三酯（TAG），含有少量的游离脂肪酸、色素、磷脂、胆固醇等物质。猪油按用途可分为食用和工业用两种，食用猪油的游离脂肪酸含量低、色泽洁白；工业用猪油的游离脂肪酸含量较高、色泽较差。

猪油营养丰富，含有大量饱和脂肪酸和多烯醇，是人体必需脂肪酸和脂溶性维生素的重要来源，是α－脂蛋白和花生四烯酸（α－脂蛋白能预防高血压病和血管疾病，花生四烯酸能够降低血脂，可与亚油酸、亚麻酸合成具有多种重要生理功能的“前列腺素”）的重要来源。

（三）猪油分子组成

猪油的主要分子成分为脂肪酸三甘油酯，其脂肪酸主要为豆蔻酸、棕榈酸、硬脂酸、油酸、亚油酸、十六烯酸。猪油脂肪酸组成及含量详见表 2－18。猪油常温下呈白色或淡黄色蜡状固体，不溶于水，溶于氯仿、二硫化碳。提炼后的猪油是近乎白色的油脂。提炼后经脱色或脱色脱臭后的猪油 27℃转化为半固体，42℃全部熔化。食用猪油质量最好，颜色洁白，有猪油特有的香味，冬季呈固体状态，夏季呈半固体状，可作为高级白色香皂的原料。

表 2－18　猪油脂肪酸组成及含量

名称	分子式	含量/%
肉豆蔻酸	$C_{14}H_{28}O_2$	0.7～1.1
棕榈酸	$C_{16}H_{32}O_2$	26～32
硬脂酸	$C_{18}H_{36}O_2$	12～16
棕榈一烯酸	$C_{16}H_{30}O_2$	2～5
油酸	$C_{18}H_{34}O_2$	42～45
亚油酸	$C_{18}H_{32}O_2$	3～14
亚麻酸	$C_{18}H_{30}O_2$	～1.0
花生四烯酸	$C_{20}H_{32}O_2$	0.4～3

（四）猪油的结晶特性

油脂具有同质多晶的特性，即使是同一种油脂在不同的结晶条件下也会形成不同的晶型。通常，油脂在特定的条件下可形成三种晶型：α 晶型、β'晶型和 β 晶型。对于同一种油脂而言，α 晶型熔点最低，稳定性最差，晶体颗粒最小，溶解潜热和溶解膨胀也最小；β'晶型居中；β 晶型的熔点最高，稳定性最好，晶体颗粒最大，溶解潜热和溶解膨胀也最大。油脂晶型的形成倾向主要取决于以下几个因素：① 油脂的硬度；②棕榈酸在油脂中的含量；③棕榈酸和硬脂酸在甘油三酯中的位置分布；④油脂中脂肪酸的无规则分布程度。棕榈酸在甘油三酯中的位置分布对于油脂结晶的晶型是很重要的，比如棉籽油和猪油，尽管两种油脂的棕榈酸含量都在 23% 左右，但棉籽油中棕榈酸主要分布在 *sn* –1、3 位上，结晶的晶型为 β'型，而猪油中棕榈酸主要分布在 *sn* –2 位上，结晶的晶型为 β 型。油脂结晶过程中最易形成的晶型与其 TAG 的结构有关，脂肪酸链长短不一，TAG 分子结构对称性差的，容易形成 β'型；脂肪酸链长短整齐，TAG 分子结构对称性强的容易形成 β 型。

（五）猪油的生产和消费情况

天然食用猪油的加工工艺可分为两类：精炼工艺和深加工工艺。精炼工艺一般包括脱胶、脱酸、脱色和脱臭几个工段，主要目的是脱除毛油中的杂质、蛋白质、游离脂肪酸、色素、臭味物质等非甘油三酯组分，提高食用猪油的品质。深加工工艺主要包括分提（Fractionation）、氢化（Hydrogenation）、酯交换（Interesterification）三种食用猪油改性工艺。

分提是以不同组分在熔点、溶解度或挥发性方面的差异为基础，依据热力学性质，将多组分的混合物物理分离成具有不同理化特性的两种或多种组分的一种加工方法。分提是油脂改性不可缺少的加工手段，可分为干法分提、表面活性剂分提及溶剂法分提三种。

氢化即在催化剂的作用下，对油脂的不饱和双键进行加氢反应。氢化能够提高油脂的熔点，改变其塑性，并能防止回味，增强油脂的抗氧化能力，是一种非常有效的油脂改性手段。

酯–酯交换是各种脂肪酸在分子内和分子间进行重排的过程，经过酯–酯交换后的油脂其熔点、固体脂肪含量、结晶特性、油脂硬度和脂肪酸分布等都会发生很大的变化。酯交换按其导向的不同可分为随机酯交换和定向酯交换。酯交换工艺是一种适用性很强的加工工艺。

世界上生产猪油量最大的前十个国家分别是中国、德国、巴西、意大利、法国、波兰、比利时、匈牙利、墨西哥和荷兰。近年来，猪油总产量略有上升，但变化幅度不大。从联合国粮食及农业组织（FAO）统计的数据来看，世界上猪油出口量最大的国家是德国和美国，其次是比利时、法国、荷兰、丹麦等。世界上进口猪油的国家主要是西班牙和荷兰，其次是墨西哥、比利时、法国、德国等，近些年世界上猪油进口总量基本稳定。我国猪油资源丰富。20 世纪 90 年代，我国肉类产量就已跃居世界第一位。全国 430 多座大中城市建有现代化肉联厂 1700 家，猪肉产量超过 40000 kt，占肉类生产总产量的 67%。

据 FAO 数据显示，2011 年全球猪肉消费量为 1.04 亿 t。其中，中国消费 5258 万 t，占全球消费量的 50.37%，是欧盟 20 多个国家消费总量的 2.5 倍，美国的 6.2 倍。中国猪肉产量依然排名世界第一，为 5250 万 t，占全球产量的 50.23%。现阶段，猪肉在我国肉类生产和消费中占据着重要的地位。近年来，虽然猪肉产量大幅上升，但是白条肉产量却呈下降趋势，分割包装肉、冷冻肉、冰鲜肉则成为肉类销售的主要形式，这就造成了猪板油、猪网油、猪膘油等原料的大量过剩。

长期以来，猪油以其营养丰富、易消化吸收的特性和其特有的香味，一直广受消费者的欢迎，尤其是在南方地区如贵州、江西、云南、重庆、湖南、四川等地，居民依然保有食用猪油的习惯，这些地区的餐厅及家庭大多食用猪油。然而，随着人们生活水平的逐步提高，营养健康的膳食结构广受追捧，猪油中存在的胆固醇使得其在油脂消费中所占的市场份额越来越小。

（六） 猪油的应用

在食品工业中，猪油大量用于糕点起酥、快餐调料、速冻食品和油炸方便面等食品制作中。然而，因猪油甘油三酯组成主要为 SPO，其结晶的晶型为 β 型，这种粗大的晶体结构也影响了其在起酥油工业上的应用。

粉末猪油是由猪油、蛋白质、碳水化合物、乳化剂、抗氧化剂等成分经特殊加工成的一种油脂产品。猪油脂的固有风味再加上无油腻感以及增强的猪油分散性、耐低温性能、水溶性都使猪油的应用得到了拓展。粉末猪油脂更多用于冷食（如冰淇淋）、方便食品中的汤料及多种食品（如面包、糕点等）的添加剂。液化猪油是除去猪油中凝固点低的部分，保留常温下的液态部分，可用于发酵抗生素中的消泡剂、培养基的碳源等。工业上一般采用自然结晶分离法、溶剂结晶法、乳化分离法来生产。

液化猪油是除去猪油中凝固点低的部分，保留常温下的液态部分，可用于发酵抗生素中的消泡剂、培养基的碳源等。工业上一般采用自然结晶分离法、溶剂结晶法、乳化分离法来生产。

猪油的应用研究目前主要集中在食品、皮革加脂剂以及高碳醇方面。随着能源紧张形势的加剧，将各种油料作物或油脂产品的能源化成为研究热点。猪油经过酯交换后所得产品甲酯可以做为生物柴油添加在矿物柴油中，既利用了过剩的猪油资源，又可以缓解燃油短缺的紧张局势，还可以降低温室气体排放等情况，是一个极具前途的发展方向。

二、 牛油

牛油是牛脂的习惯称谓。牛屠宰后，从肾、心脏、网膜和肠上剥下的一些脂肪称为屠宰或肠区脂肪。这种肠区脂肪只能作为工业牛油，主要用来生产脂肪酸、肥皂、润滑剂等工业原料。当牛的骨架被切断、批发、零售或者加工成肉类产品出售时，黏附在骨架上的脂肪被分离出来，这种脂肪称为分割或碎肥膘肉脂肪。这种分割脂肪经干法或湿法熬制，经适当精炼工艺后成为可食用牛油。目前，国内尚无工业牛油、食用牛油的国家标准，中国关于食用牛油进口的标准参考 GB 10146—2015《食品安全国家标准　食用动物油脂》和《出入境动物检疫采样》（GB/T 18088—2000）执行。精炼后的食用牛油为类白色至淡黄色，质地均匀细腻。

我国牛油主要产于内蒙古、新疆、陕西、山东、青海等地。因产地分散、规模小，国产牛油质量参差不齐。由于牛油、羊脂脂肪酸组成相近，国内加工时常将两者掺和在一起，统称牛羊油，作为高级脂肪酸和肥皂的生产原料。目前，国内牛油产量还不能满足高级脂肪酸和肥皂的生产的需要，大部分仍需进口。巴西等世界上大的牛肉生产国，将其作为牛油的副产物，产量也较大，为扩大其用途，会将其醇解、酯交换来生产生物柴油。国内高品质食用牛油大部分依赖国外，主要从澳大利亚、新西兰、美国、加拿大等国进口。澳大利亚、新西兰产的牛油（简称澳新牛油），因其原料集中，制取和炼制加工规模化，各项指标控制较好，品质较为稳定，是最理想的食用牛油。国内企业进口后根据其品质进行适当的精炼，即可达到食用级要求。精炼的食用牛油加热后具有其独特的良好风味，常用于烘焙塑性脂肪、煎炸油生产；作为配方油脂添加到火锅底料、方便面酱包、调味品中或直接用于菜肴的烹饪。

（一）牛油物化性质

牛油是白色或微黄色蜡状固体，相对密度0.943~0.952、熔点42~48℃、碘价35~48gI/100g，食用牛油的各理化指标见表2-19。牛油主要组成为硬脂酸、油酸或棕榈酸的甘油三酯。牛油由牛的内脏附近和皮下含脂肪的组织，用熬煮法制取，用于制造肥皂、硬脂酸、甘油、脂肪醇、脂肪胺等。牛油是维生素A的丰富来源，容易吸收，含有其他脂溶性维生素（维生素E、维生素K和维生素D）。牛油富含微量元素，尤其是硒，这是很强的抗氧化物。牛油所含的硒比大蒜还多。牛油也含有碘，这是甲状腺所需的物质（维生素A也是甲状腺所需）。

表2-19　食用牛油的各理化指标

性质	典型值	范围
相对密度（40℃/水温20℃）	—	0.893~0.904
折射率	—	1.448~1.460
碘价/（gI/100g）	45.0	40.0~49.0
皂化价/（mg KOH/g）	—	190~202
不皂化物/%	—	<0.8
滴度/℃	—	40.0~49.0
熔点（MDP）/℃	46.5	45.0~48.0
凝固点/℃	—	31.0~38.0
AOM稳定性/h	16.0	—
固体脂肪指数/%		
10.0℃	36.0	28.5~36.5
21.1℃	23.5	18.0~26.0
26.7℃	21.0	16.5~29.0
33.3℃	15.0	11.5~16.0
37.8℃	9.5	7.0~10.5
40.0℃	7.0	4.5~8.0

（二）牛油分子组成

牛油的脂肪酸组成相当复杂，目前已证实有近 200 种脂肪酸，其中绝大部分含量甚微，其主要脂肪酸组成见表 2－20。牛油的脂肪酸组成同样受饲料、牛的品种及加工所取部位不同等诸多因素的影响。在牛胃（包括羊等反刍动物）中有一种细菌 *Bulynvibric bibrosolvens*，该菌含有还原酶及移位酶，可使亚油酸加氢移位变型为 9*c*，11*t*－18∶2、11*t*－18∶1、18∶0，也可使亚麻酸还原为 15*c*－18∶1。正是由于反刍动物消化系统的这一特点，牛油中可能含有约 5% 的反式脂肪酸。同时，牛胃中还含有可以氢化油酸及亚油酸成为硬脂酸的酶。因此，牛油中含有较多的饱和脂肪酸。

表 2－20　牛油的脂肪酸组成　单位：%

脂肪酸	典型值	范围
月桂酸	0.1	<0.2
肉豆蔻	3.2	1.4～7.8
肉豆蔻烯酸	0.9	0.5～1.5
十五碳酸	0.5	0.5～1.0
棕榈酸	24.3	17.0～37.0
棕榈油酸	3.7	0.7～8.8
十六碳二烯酸	—	<1.0
十七烷酸	1.5	0.5～2.0
十七碳烯酸	0.8	<1.0
硬脂酸	18.6	6.0～40.0
油酸	42.6	26.0～50.0
亚油酸	2.6	0.5～5.0
亚麻酸	0.7	<2.5
花生酸	0.2	<0.5
二十碳烯酸	0.3	<0.5
二十碳四烯酸	—	<0.5

牛油甘油三酯组成同样较为复杂，其中主要含有 15%～28% 的三饱和甘油三酯和近 46%～52% 的二饱和单不饱和甘油三酯，牛油的甘油三酯组成见表 2－21 所示。

表 2－21　牛油的甘油三酯组成　单位：%

甘油三酯	典型值	范围
SSS（三饱和型）	21.5	15～28
SSU（二饱和单不饱和型）	49.0	46～52
SUU（单饱和二不饱和型）	32.5	0～64
UUU（三不饱和型）	1.0	0～2

（三） 牛油的生产和消费情况

全球生产牛油量最大的国家是美国，约占世界上牛油生产总量的75%，其次是巴西、澳大利亚、加拿大等国。2000—2013年期间，全球牛油生产总量总体呈起伏波动变化。其中，2001年和2009年全球牛油总量呈现较大幅度的下降，这种变化趋势与美国牛油生产状况密切相关。美国作为全球牛油第一大生产国，其生产量直接影响全球牛油市场。全球出口牛油量最大的国家是美国，约占世界上出口总量的50%。世界牛油出口总量受美国出口量的影响很大，牛油进口量最大的国家是墨西哥和中国，这两个国家的进口量约占全球进口量的40%。

（四） 牛油的应用

牛油复杂的分子组成、宽泛的理化指标，使得其在塑性起酥油、人造奶油生产中被广泛应用。牛油中高含量的饱和脂肪酸及与之相应的固体脂肪含量，赋予其在室温下良好的塑性黏度。精炼食用牛油经过适当的改性，如与其他低熔点油脂调配、酯交换等，或非改性，作为塑性起酥油、人造奶油的基料油，配以其他辅料，经急冷、捏合、包装等工艺生产各种档次、满足不同食品加工需求的塑性脂肪制品。牛油基的起酥油、人造奶油在夏天的高温、冬天的低温等很宽的温度范围内都能保持良好的塑性，达到食品加工中可操作性的要求，如与面粉混合时的流动性和延展性等。用于烘焙产品生产时起到润滑、建构、起酥的作用，赋予产品酥脆的口感、优良的风味。但是由于产品配方设计、运输储存过程中环境温度剧烈波动等各方面原因，牛油基塑性脂肪产品很容易起砂导致产品品质的缺陷。

三、 乳脂

乳脂是指哺乳类动物乳汁中所含的油脂，简称奶油，主要包括牛乳脂、羊乳脂等，在室温下为白色到浅黄色的软固体。乳脂的成分较为复杂，甘油三酯无疑是乳脂的主要组分，它占到乳脂总质量的98%左右，但也有少量的甘油二酯、甘油一酯和游离脂肪酸，并可以检测到其他各种脂质，包括磷脂和固醇及固醇酯、脂溶性维生素（主要是维生素A、维生素D、维生素E）、胡萝卜素和风味物（乳酸、醛、酮等）。

（一） 乳脂分子组成

甘油酯为乳脂的主要成分，占乳脂总质量的98%（包括TG、MG、DG），其余为游离脂肪酸、卵磷脂、脑磷脂、甾醇酯（胆固醇及胆固醇酯）、少量脂溶性维生素A、维生素D、维生素E、色素（胡萝卜素）和风味物（乳酸、聚醛、酮）。甘油酯脂肪酸组成的范围很广：包括从丁酸到山嵛酸的饱和酸，从十碳到二十二碳的单烯酸，少量的十八碳二烯酸，微量的十八碳三烯酸和二十碳、二十二碳多烯酸，如花生四烯酸等。尤其突出的是具有显著含量的丁酸（达3.5%），己酸含量已明显地高于其他油脂（达1.4%），辛酸、癸酸和月桂酸的含量则低于椰子油和棕榈仁油。基本上由低级脂肪酸（如丁酸）及高级脂肪酸衍生的甘油酯混合物组成，其熔点范围低到足以使其在嘴内化为液体。牛乳中总脂质组成见表2－22。

表 2-22　　牛乳中总脂质组成　　单位:%

脂质	含量	脂质	含量
碳水化合物	痕量	单甘酯	0.016~0.038
甾醇酯	痕量	游离脂肪酸	0.10~0.44
甘油三酯	97~98	游离甾醇	0.22~0.41
甘油二酯	0.28~0.59	磷脂	0.2~1.0

牛乳脂中已检出的脂肪酸有500多种，还有一些脂肪酸正待鉴别，其中主要的脂肪酸只有近20种，其余均是次要成分，它们只以微量或痕量存在于牛乳脂中。但凭20种主要脂肪酸就可组成3375种甘油三酸酯，由此可见牛乳脂肪组成的复杂性。

乳脂肪中十八碳一烯酸的含量很高，其中不仅包括油酸，还包括反式-11，12异构酸，反式-11-十八碳烯酸，而十四碳一烯酸、十八碳二烯酸和多不饱和的二十碳和二十二碳酸的含量很少；已检出乳脂肪中有痕量的二羟基十八烷酸和羟基十六烷酸存在(表2-23)。乳脂的脂肪酸组成存在着十分明显的季节性变化。正常状态下夏季的乳脂的碘价要比冬季的高出几个单位。脂肪酸组成与牛的品种和喂养的饲料等因素密切有关，牛乳脂含有一定量的奇碳数脂肪酸。牛乳脂中几种脂肪酸的位置和立体异构体见表2-24。

表 2-23　　牛乳脂肪的组成　　单位:%

脂肪酸	典型值	范围
$C_{4:0}$	3.5	2.8~4.0
$C_{6:0}$	1.4	1.4~3.0
$C_{8:0}$	1.7	0.5~1.7
$C_{10:0}$	2.6	1.7~3.2
$C_{12:0}$	4.5	2.2~4.5
$C_{14:0}$	14.6	5.4~14.6
$C_{16:0}$	30.2	26~41
$C_{18:0}$	10.5	6.1~11.2
$>C_{18}$	1.6	—
饱和脂肪酸总量	70.6	—
$C_{10:1}$	0.3	0.1~0.3
$C_{12:1}$	0.2	0.1~0.6
$C_{14:1}$	1.5	0.6~1.6
$C_{16:1}$	5.7	2.8~5.7
$C_{18:1}$	18.7	18.7~33.4
$C_{18:2}$	2.1	0.9~3.7
C_{20}和C_{22}不饱和酸	0.9	—
不饱和脂肪酸总量	29.4	—

表 2－24　　牛乳脂质脂肪酸的位置和立体异构　　单位:%（质量分数）

双键位置	顺式异构体				反式异构体	
	14:1	16:1	17:1	18:1	16:1	18:1
5	1.0	痕量	—	—	2.2	—
6	0.8	1.3	3.4	—	7.8	1.0
7	0.9	5.6	2.1	—	6.7	0.8
8	0.6	痕量	20.1	1.7	5.0	3.2
9	96.6	88.7	71.3	95.8	32.8	10.2
10	—	痕量	痕量	痕量	1.7	10.5
11	—	2.6	2.9	2.5	10.6	35.7
12	—	痕量	痕量	—	12.9	4.1
13	—	—	—	—	10.6	10.5
14	—	—	—	—	—	9.0
15	—	—	—	—	—	6.8
16	—	—	—	—	—	7.5

牛乳脂含有一定的反式脂肪酸。以十八碳一烯酸为例，其不光包括油酸，还包括多种反式油酸，主要是反式－11－十八碳烯酸，如图 2－6 所示。

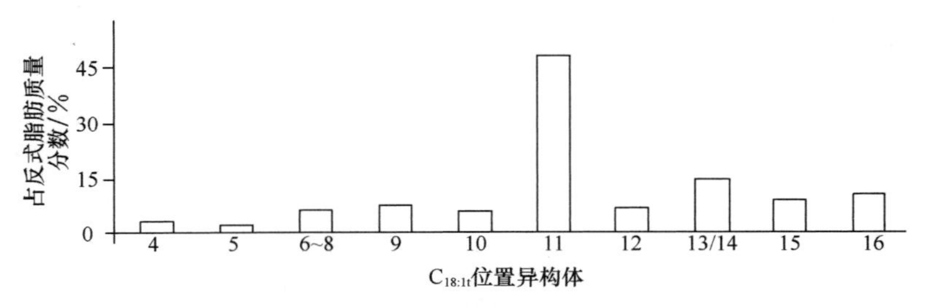

图 2－6　牛乳脂的反式脂肪酸分布

乳脂所含的十八碳二烯酸，66% 为亚油酸，其余为顺－9、反－12 或反－9、顺－12 异构酸；同时存在一些其他位置和立体异构体。

乳脂肪的脂肪酸组成存在着十分明显的季节性变化。正常状态下，夏季乳脂肪的碘价要比冬季的高出几个单位，在寒冷地带这种季节性差异格外明显。在欧洲，一般冬季黄油中饱和脂肪酸含量最高，而夏季或秋季的最低（表 2－25）。奶牛放牧于绿草牧场时，黄油中饱和脂肪酸含量将减少，而不饱和脂肪酸含量相应提高。最大和最小值之间的差值可以很大，就含量最大的棕榈酸和油酸组分而言，最大和最小值的差值有时会大于 10% 。牛乳脂肪的组成对黄油硬度和黄油涂抹性的影响很大。不同品种的奶牛即使用相同的饲料喂养，它们的乳脂肪同样存在差异，而且奶牛的年龄和分泌乳汁的持续时间都会对乳脂肪的组成产生一定的影响。

表 2－25　　夏冬季牛乳脂肪在组成上的变化

样品	脂肪酸/%				碘价/（gI/100g）
	可挥发性	饱和	单烯	多烯	
夏季	9.49	58.82	33.53	3.14	36.8
冬季	12.45	59.15	26.15	1.86	27.7
总平均	10.98	56.5	29.81	2.50	32.2

在乳脂肪中发现存在少量碳数为3～15的奇碳数甲基酮。通常认为这些化合物与痕量的丙酮、乙醛、甲基硫醚、$C_{4\sim10}$游离脂肪酸和前面提及的各种内酯物一起构成了乳脂肪的令人愉快、温和的风味。

在牛乳脂质的不皂化物馏分中发现的甾醇主要是胆固醇酯，少量为羊毛甾醇，更少量的两种组分为二氢羊毛甾醇和β－谷甾醇。

就营养价值而言，黄油中维生素A的含量高低十分重要。黄油维生素A源自于奶牛饲料中β－胡萝卜素和其他类胡萝卜素，夏天奶牛放牧于牧场上时，牛乳中维生素A含量最高，而在冬天奶牛无青饲料喂养，其牛乳中的维生素A含量最低。饲料中部分胡萝卜素将原封不动地被转移到乳脂肪中，但转移的量将随奶牛饲喂情况的不同而不同，所以黄油颜色的深浅从某种意义上代表着其营养价值的高低。

胡萝卜素在人体代谢中部分转变为维生素A，0.6μg纯β－胡萝卜素的生物活性和一个国际单位的维生素A等效。通常黄油中含6～12mg/g维生素A和2～10mg/g胡萝卜素。

虽然黄油中维生素D含量要比维生素A含量低得多，但仍可以被检测出来，维生素D的量约为0.1～1.0IU/g，夏季的黄油所含的维生素D的量最高，而冬季的则最低。

（二）其他乳脂

其他食草动物乳脂组成及特点与牛乳脂大致相似，牛以外其他动物乳汁的脂肪分析数据见表2－26。其中山羊、绵羊的乳脂颜色特别浅，主要是其中胡萝卜素含量较低，但其维生素A含量并不低。

表 2－26　　其他乳脂脂肪酸成分表

脂肪酸	含量/%				
	山羊奶	绵羊奶	水牛奶	骆驼奶	马奶
$C_{4:0}$	3.0	2.8	4.1	2.1	0.4
$C_{6:0}$	2.5	2.6	1.4	0.9	0.9
$C_{8:0}$	2.8	2.2	0.9	0.6	2.6
$C_{10:0}$	10.0	4.8	1.7	1.4	5.5
$C_{12:0}$	6.0	3.9	2.8	4.6	5.6
$C_{14:0}$	12.3	9.7	10.1	7.3	7.0
$C_{16:0}$	27.9	23.9	31.1	29.3	16.1
$C_{18:0}$	6.0	12.6	11.2	11.1	2.9

续表

脂肪酸	含量/%				
	山羊奶	绵羊奶	水牛奶	骆驼奶	马奶
C_{18}以上饱和脂肪酸	0.6	1.1	0.9	—	0.3
饱和脂肪酸总量	71.1	63.6	54.2	57.3	41.3
$C_{10:1}$	0.3	0.1	—	—	0.9
$C_{12:1}$	0.3	0.1	—	—	1.0
$C_{14:1}$	0.8	0.6	—	—	1.8
$C_{16:1}$	2.6	2.2	—	—	7.5
$C_{18:1}$	21.1	26.3	—	—	18.7
$C_{18:2}$	3.6	5.2	2.6	3.8	7.6
C_{18}以上不饱和脂肪酸	0.2	1.9	—	—	21.2
不饱和脂肪酸总量	28.9	36.4	35.8	42.7	58.7

食草动物乳脂脂肪酸组成复杂，但具有如下特点。

（1）乳脂脂肪酸种类多，碳数范围宽，从 C_2 ~ C_{28}（包括奇碳数和偶碳数）脂肪酸均有发现，但 $C_{11:1}$脂肪酸未发现。

（2）C_{14}以下脂肪酸含量（其总质量在10%以上）是所有油脂中最高的，这是其Reichert－Meissl值很高的原因。

（3）含有 C_{12} ~ C_{26}单支链酸和多支链酸（多为饱和支链酸），每种酸含量极少，但总数量大，并且在某些乳脂中还发现了羟基酸、酮和环状酸的存在。但未发现乳脂中含有环丙烯酸或环丙烷酸存在。

（4）不饱和脂肪酸中有反式异构体和位置异构体（包括共轭酸）存在。

（5）乳脂中含有少量的长链多烯酸，如18:4、20:3、20:4、22:3、22:4、22:5等。

（6）来源不同的乳脂脂肪酸差别很大，例如牛、羊乳脂所含的饱和脂肪酸约为不饱和脂肪酸的2倍，而马乳脂中不饱和脂肪酸含量大于饱和脂肪酸含量。

人乳脂组成也很复杂，乳脂中脂肪酸的含量随着哺乳期不同而有所变化，但其脂肪酸组成比例基本不变，主要为：十二酸占脂肪酸含量的7%，十四酸占脂肪酸含量的9%，十六酸占脂肪酸含量的21%，十八酸占脂肪酸含量的7%，棕榈油酸占脂肪酸含量的2%，油酸占脂肪酸含量的29%，异构油酸占脂肪酸含量的7%，亚油酸占脂肪酸含量的7%，其他脂肪酸占脂肪酸含量的11%（包含30种少量与痕量的脂肪酸，其中有奇碳酸、支链酸和多种 C_{19}、C_{20}不饱和酸）。

（三）市场消费情况

全球十大奶油生产国是德国、法国、波兰、加拿大、比利时、意大利、西班牙、雅典和丹麦。奶油生产国主要集中在欧洲国家，这是因为欧洲气候适宜，适合养殖业的发展，因此奶源丰富，奶油产量也随之增大。近十年来，全球奶油进出口总量总体呈上升趋势，2010年全球奶油进口量109万t，出口量118.9万t；进口奶油的主要国家有法国、比利时、德国、意大利、荷兰等欧洲国家，主要出口国家有德国、法国、荷兰、波兰等欧洲国家，这与欧洲国家的奶油产量较大有关。

（四）乳脂的应用

乳脂的应用十分广泛，其对烘焙食品具有特殊的作用。乳脂能为蛋糕和馅饼提供结构特性，为曲奇提供着色和抗霜化（anti－blooming）的特性，为糖衣和蛋糕提供气化（aeration）特性，为烘焙产品提供柔软而多层的质地。可见，乳脂可以应用于烘焙食品、咖啡、冰淇淋、糖果、饮料等诸多方面，是一种用途极为广泛的制品。

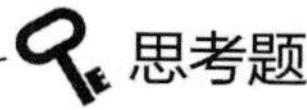

1. 食品专用油脂主要植物基料油脂有哪些，其物化性质、分子组成及生产应用情况？
2. 食品专用油脂主要动物基料油脂有哪些，其物化性质、分子组成及生产应用情况？

第三章

食品专用油脂乳化体系与乳化剂

本章知识点

了解乳化体系与乳化剂的理论基础、乳化剂的理化性能及食品专用油脂产品中乳化剂的选择与应用。

第一节 食品乳化体系与乳化剂的理论基础

一、 乳化体系和乳化剂的结构

（一） 乳状液

乳状液是两种或两种以上不相混溶的混合物（不相溶的物质有水、油或脂肪），其中一种液体以微粒的形式分散到另一种液体里形成的分散体，被分散的间断的相叫内相，外部的液体叫连续相（或外相）。食品技术的推广包括液态分散（增溶）及气体在液体中的分散（即发泡）。液体、固体和气体混合成的乳状液可以分为两种类型，如图3－1所示。

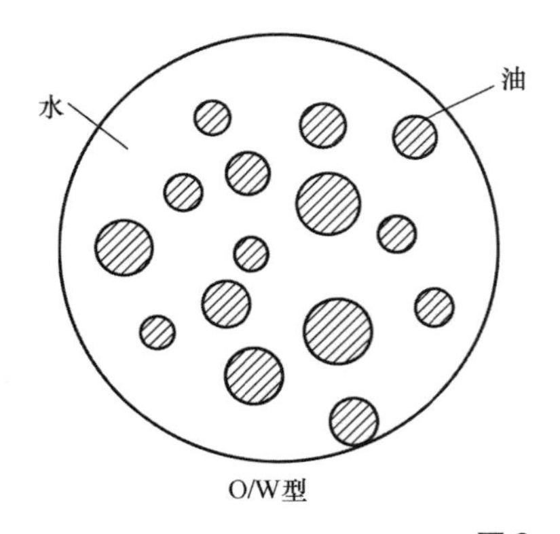

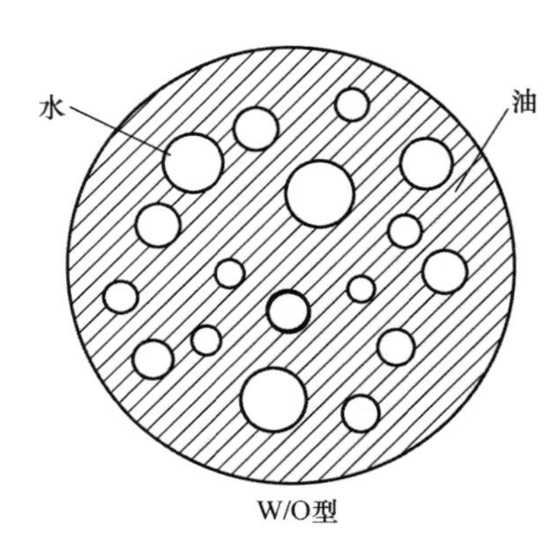

图3－1 乳状液类型示意图

（1）油滴分散到水介质里，通常指水包油型（O/W）乳状液。

（2）水滴分散到油或脂肪介质里，通常指油包水型（W/O）乳状液。

乳状液可以是像水一样的液体，也可以是像固体脂肪一样的黏性液体。

食品乳状液给人们提供一种可口、卫生的食品。它是含有许多必需的营养物质如脂肪、碳水化合物、蛋白质、维生素、微量矿物元素和水的天然乳状液体系。随着食品科学的发展，人们对天然乳状液体系已进行了研究和推广，人们已经掌握了不仅用于可以制备可口食品的乳状液，还能把乳状液机理用于生理传递过程用于消化脂肪，用活性物质生产液体胆汁盐，使它有利于脂肪的被吸收和被利用。

随着人类文明的发展，食品的加工技术有了长足的发展。人们研究利用天然产品辅助成分，制备新食品，以提高它们的使用价值。在一些人造乳状液样品的研制获得成功的同时，奶油食品、色拉调味品、蛋白酱和肉类乳状液（香肠腊肉）也出现了。在许多食品乳状液中，乳化剂起着多种作用，如蛋糕糊及冰淇淋都是利用加入食品乳化剂后的乳化和破乳化特性制得的，有的乳化剂还有充气作用。乳化剂在商业中占有重要地位，除乳化剂外，在乳状液中还用一些非乳化作用的助剂和防腐剂、结晶减缓剂、润湿剂和增稠剂、组织调节剂和消泡剂等，它们将亲水的物质带入水溶性体系中。

（二） 乳化剂的定义

乳化剂是一种具有亲水性和亲脂性基团的双极性分子，能将油和水这两类互不相溶的物质混合，并达到均匀及稳定状态（又称为乳化过程）的物质。

乳化剂一词，仅仅指凭借界面作用，能够促进乳状液或泡沫的乳化作用或稳定作用。不过，表面活性剂一词也常用在这些产品上。在食品中，乳化剂一词有时易产生误解，因为有些产品中所谓乳化剂的实际功能，只能与淀粉、蛋白质等成分相互作用，完全与乳化作用无关。但是根据传统习惯，我们仍称它们为乳化剂。

通常，食品乳化剂必须具有两种性质：表面活性和可食用性。因而，通常食品乳化剂定义为能改善乳化体中各种构成相互之间的表面张力，使之形成均匀的分散体或乳化体，从而改进食品组织结构、口感、外观，以提高食品保存性的一类可食性的、具有亲水和亲油双重性的化学物质。乳化剂一般分为油包水型和水包油型两类，以亲水亲油平衡值（Hydrophility and Lipophility Balance，简称 HLB）表示其特性。规定 100% 亲油性的乳化列 HLB 为0，100% 亲水性的 HLB 为20，其间分20 等分，以表示其亲水亲油性的强弱情况和不同的作用（如图3－2 所示）。在食品乳化剂中，一般以亲油性为重点，根据化学成分的不同，HLB 值变化很大。

（三） 乳化剂的结构

由于食品乳化剂不只能起到稳定乳液的作用，因此将它们定义为表面活性剂更贴切。然而，由于在食品产业中乳化剂已经成为一种约定俗成的叫法，因此在本书中两种定义均可使用。乳化剂分子一般是由非极性的（亲油的/疏水的）碳氢链部分和极性的（亲水/疏油）基团共同构成，而且分别处于分子结构的两端，形成非对称结构。所以，它们是同时具有亲水性和亲油性的“双亲分子”，如图3－3 所示。表面活性物质表面的亲水基团被水吸引，而亲油基团则易于与油接触。因此在某种程度上，表面活性剂在空

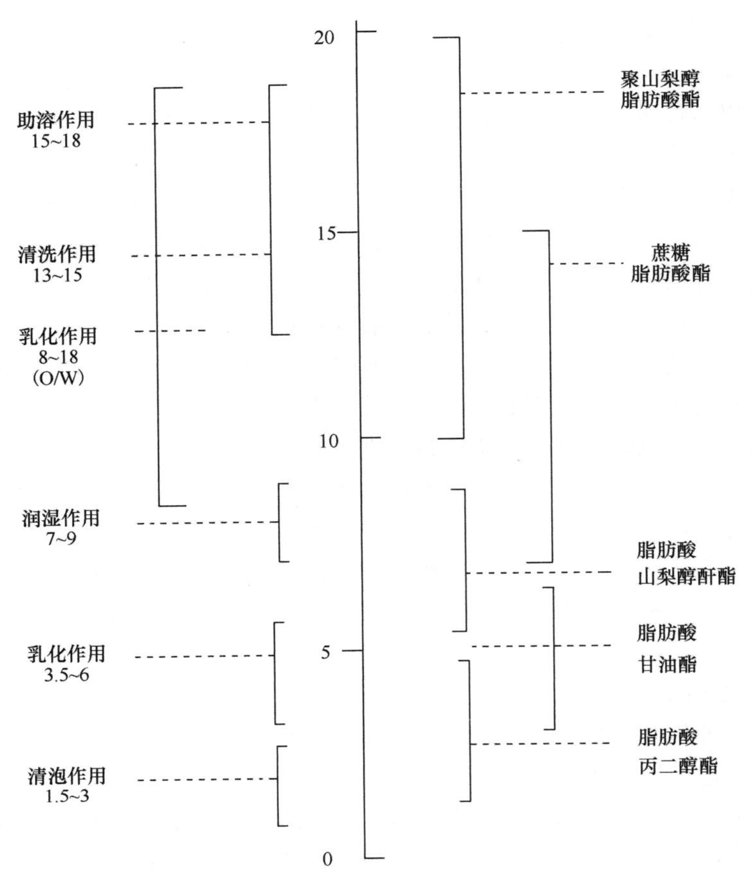

图 3-2 HLB 值与乳化剂的关系示意图

HLB = 20（1 - S/A），其中 S = 酯的皂化价，A = 脂肪酸的酸价

气/水或油/水界面上自我定位，从而能够降低表（界）面张力。亲油基团由 C_{16}（棕榈酸）或更短的脂肪酸组成，如 C_{12}（月桂酸）。虽然它们都是良好的乳化剂，但是却能水解产生肥皂或其他令人不悦的气味。不饱和脂肪酸含有一个（油酸）或两个（亚油酸）顺式双键。而一般避免使用亚油酸作为乳化剂，因为它可能造成食物由酸败引起的哈味。脂肪氢化后可生成饱和脂肪酸和不饱和脂肪酸的混合物，这些脂肪酸可能在固相和液相之间形成一定的稠度（通常称为“塑性”）。这些产品中一般也会含有一定量熔点高于顺式脂肪酸的反式不饱和脂肪酸。

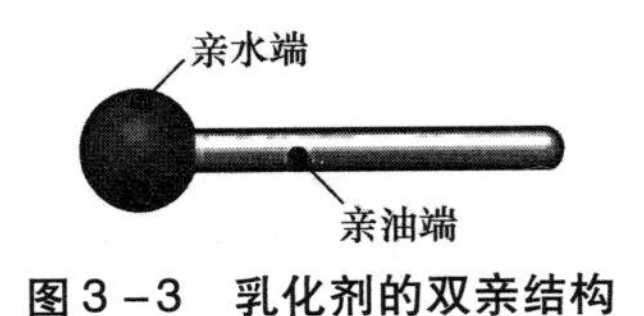

图 3-3 乳化剂的双亲结构

在各种功能基团中可能存在极性基团，这些极性基团可能会参与生成一些阴离子型、阳离子型、两性的或非离子型表面活性剂。单甘酯和甘油二酯含有一个—OH 基团，是最常用的非离子型表面活性剂。硬脂酰乳酸钠是一种在烘焙食品中常用的阴离子型表面活性剂。根据产品的 pH，卵磷脂可视为两性或阳离子型表面活性剂。

如果分子中含有亲脂性氨基酸如苯丙氨酸、亮氨酸和异亮氨酸，则该蛋白也具有表面活性作用。在两相体系中，表面活性蛋白分子折叠，带亲水基团的侧链向水相中伸展，亲脂性基团则进入油滴。在两相体系中，这类蛋白分子可能形成环状结构从而对油滴絮凝、聚集产生位阻。带电蛋白使得相同电荷相互排斥，从而起到稳定乳液的作用。蛋白也可以使得油包水体系（如人造黄油）不稳定。

食品乳化剂被视为可设计分子，因为其分子结构、亲水基团数量均可以改变。乳化剂中亲水基和亲油基平衡值（HLB）是一个很重要的理论工具。表面活性分子中功能基团的数量和相对极性决定了该分子是油溶性还是水溶性。可以通过计算 HLB 值来量化地描述某种乳化剂。高 HLB 值意味着该乳化剂的水溶性好。传统惯例是将表面活性剂分散到连续相中去，因此高 HLB 值的乳化剂有利于制备及稳定水包油（O/W）乳液，低 HLB 值的乳化剂则便于制备油包水（W/O）乳液。过高或过低 HLB 值的物质则无法用作食品乳化剂，因为在连续相中其分子无法溶解。但是在连续相中，它们可以做对其他食品原料的增溶剂，如风味油或维生素。对于一些中等 HLB 值的物质，其分子可能在两相中均不稳定，从而导致它最终聚集在界面上。

表面活性剂可能聚集成有序结构，称为中间相或液态晶体。这些双分子层结构具有多种几何形状：①薄片状，亲水基团互相配对形成片状双分子层，大量水分子可能被包被在中间，降低了自由水的浓度。②六方晶体，两种柱体类型。第一种，疏水基团在柱体结构内部，亲水基团在表面；第二种则刚好相反，疏水基团在柱体结构表面，亲水基团在内部。③泡状（脂质体），球形双分子层结构。最常见的是大的单分子囊泡（LUV）和小的单分子囊泡（SUV），这种结构在药物传输科学中得到广泛关注。④立方体结构，是一种难以表征的复杂三维立体结构。

Israelachvili 曾在关键堆积参数的基础上提出了一种预测模型，如图 3－4 所示，对装进中间相结构的预测基于头基团的流体动力学半径、数量和疏水尾的有效长度。一种带有小的头基团的双尾表面活性剂如卵磷脂，能轻易地装入一个脂质体。基于此模型的预测如表 3－1 所示。

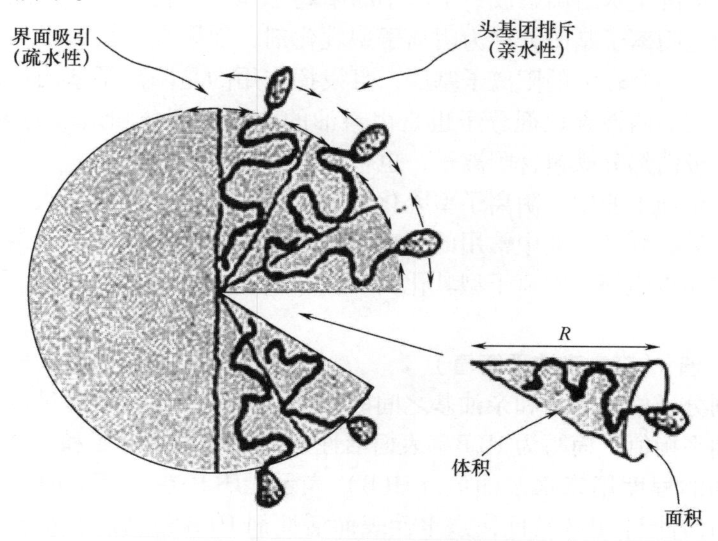

图 3－4　预测中间相结构的关键堆积参数示意图

表 3-1 根据堆积装填参数预测中间相结构

分子结构	堆积参数	形状	中间相
小单尾脂；大极性头	<1/3	锥形	胶束
单尾脂；小极性头	1/3~1/2	截锥	六方晶体
双尾脂；大极性头	1/2~1	截锥	囊泡
双尾脂；小极性头	0~1	圆柱	薄片
双尾脂；小极性头	>1	倒截锥	反胶束

二、 乳化剂的分类

乳化剂的种类比较多，其分类方法也很多，一般以 6 种特性进行分类：①亲水基团在水中所带电荷；②HLB 值；③晶型；④ 亲油基团；⑤跟水发生作用时乳化剂的排列状态；⑥ 在不同物质中的溶解度。其中最主要的是亲水基团在水中所带电荷和 HLB 值两类。

（一） 亲水基团在水中所带电荷

乳化剂分类比较简单的方法是根据乳化剂性质的差异来区分，除与烃基的形状、大小有关外，还与亲水基的性质有关，疏水基团的变化比亲水基团要少得多，所以乳化剂的分类，通常按亲水基团的结构划分为两类：

第一类，非离子型乳化剂。非离子型乳化剂在水中不电离，溶于水时，疏水基和亲水基在同一分子上，分别起到亲油和亲水的作用。正是因为非离子型乳化剂在水中不电离，也不形成离子这一特点，使得非离子型乳化剂在某些方面具有比离子型乳化剂更为优良的性能。

第二类，离子型乳化剂。当乳化剂溶于水时，凡是能离解成离子的，称为离子型乳化剂，如果乳化剂溶于水后离解成一个较小的阳离子和一个较大的包括烃基的阴离子基团，且起作用的是阴离子基团，称为阴离子型乳化剂；如果乳化剂溶于水后离解生成的是较小的阴离子和一个较大的阳离子基团，且发挥作用的是阳离子基团，这个乳化剂称为阳离子型乳化剂。两性乳化剂分子也是由亲油的非极性部分和亲水的极性部分构成，特殊的是亲水的极性部分既包含阴离子，也包含阳离子。

在离子型乳化剂工业中，阴离子型乳化剂是发展得最早，产量最大，品种最多，工业化最成功的一类。食品工业中常用的阴离子型乳化剂有烷基羧酸盐、磷酸盐等，常用的两性乳化剂有卵磷脂等，阳离子型乳化剂在食品工业中应用较少。

（二） HLB 值 （亲水亲油平衡值）

表面活性剂分子中亲水基和亲油基之间的大小和力量平衡程度的量度定义为表面活性剂的亲水亲油平衡值，简写为 HLB。表面活性剂为具有亲水基团和亲油基团的两亲分子，其亲水亲油的程度用亲水亲油值（HLB）表示，HLB 在实际应用中有重要参考价值。亲油性表面活性剂 HLB 较低，亲水性表面活性剂 HLB 较高。亲水亲油转折点 HLB 为 10。HLB 小于 10 为亲油性，大于 10 为亲水性。利用此值可以判断出乳化剂的适用特性。乳化剂的 HLB 值为 0～40，从 HLB 值即可知道乳化剂的用途，从而大大节省选择乳化剂的实验时间。

三、 乳化剂与食品成分的特殊作用

（一） 脂类化合物与乳化剂的相互作用

乳化剂能改进脂肪和油结晶。不管有无水的存在，乳化剂与脂类物质都可以发生作用。当有水时，脂类物质与乳化剂形成比较稳定的乳状液；而在没有水存在时，脂类物质会形成不同种类的结晶，这种油脂的多晶现象在甘油三酯中特别明显。甘油三酯呈现多重熔化现象，一般认为是一种可变的晶形——同质多晶的出现造成的。这种现象与两方面因素有关：一是脂肪酸分子上下不同烃链的紧密堆砌，二是烃链倾斜角度不同。因此正常的脂肪有三种或更多的结晶状态，分别称为：α、β 和 β' 型。

人造奶油的耐贮性不如天然奶油，巧克力在贮藏中发生出霜现象，均是由晶体的多晶态变化造成的。人造奶油的 β' 型多晶结构中混有一部分 β 型多晶结构，而奶油为单纯的 β 型结晶。因为 β 晶体颗粒大熔点高，所以对人造奶油的油滑柔软感觉会带来不利影响。乳化剂改善了人造奶油的晶体结构，使水更均匀地分散于油中。为此国外的食品生产中大量使用作为添加剂的乳化油脂。

（二） 淀粉和蛋白质与乳化剂的相互作用

乳化剂可以与面粉中的油脂及蛋白质结合，从而增进面团的强度、稳定气泡组织、提高食品内在质构。

1. 乳化剂的抗老化作用

谷物食品（如面包、糕点、馒头和米饭）等放置一段时间后会由软变硬，组织松散，失去弹性，风味和香气也随之消失，即发生了食品老化现象。这种现象主要是由谷物中的淀粉引起的。

将面粉加水制成面团，在成形、烘焙过程中淀粉吸水膨胀，膨化并形成凝胶，由有序的晶体变为无序的非晶体结构，使面包制品变得新鲜、疏松、柔软、富有弹性，但在贮存过程中，非晶体凝胶状态的淀粉将重新结晶为有序结构。在淀粉重结晶过程中将排出自身吸收的水分，这部分水转移到面筋中即为淀粉“老化”现象。因而，影响食品老化的最重要因素是淀粉的重结晶。由于在结构和分子大小上的差别，老化主要是由直链淀粉引起的。

实践证明，乳化剂是谷物食品最理想的抗老化剂，它能与直链淀粉形成不溶性复合物，不能重新结晶而免于发生老化。以单甘酯为例，在调制面团阶段，乳化剂被吸附在淀粉粒的表面，可以抑制淀粉粒的膨胀，阻止了淀粉粒之间的相互连接，此时乳化剂进入不了淀粉粒内部。在面团进入烤炉烘烤时，面团内部温度开始上升，大约到 50℃ 时，单甘酯 β 结晶状态转变为 α 结晶状态，然后与水一起形成液体结晶的层状分散相。α 结晶状态是乳化剂最有效的活性状态。当达到淀粉的糊化温度时，淀粉粒开始膨胀，乳化剂这时与溶出淀粉粒的直链淀粉和留在淀粉粒内的直链淀粉相互作用。由于乳化剂的构型是直碳氢链，而直链淀粉的构型是螺旋状，因此，乳化剂与直链淀粉相互作用，形成的复合物在水中不溶解，阻止了直链淀粉溶出淀粉粒，大大减少了游离直链淀粉的数量。乳化剂与直链淀粉形成络合物的能力由直链淀粉的络合指数（ACL）来表示，测定方法为在水溶液中将5mg乳化剂加入到100mg直链淀粉中，于60℃搅拌1h，然后由式（3－1）计算出ACL值。

$$ACL = （沉淀的直链淀粉/溶于水的直链淀粉）\times 100 \quad (3-1)$$

另外，当乳化剂在面团调制阶段吸附在淀粉粒表面及在50℃左右与直链淀粉形成复合物后，淀粉的吸水溶胀能力被降低，糊化温度被提高，从而使更多的水分向面筋转移，因而增加了面包心的柔软度，延续了面包老化的进程。

2. 乳化剂的面团改良作用

面粉和水搅拌后，蛋白质吸水形成了面筋。构成面筋的主要成分是麦胶蛋白和麦谷蛋白。面筋互相连接形成面筋网络，其他成分如糖、淀粉等填充在网络里，形成了面团。在发酵型产品中，由酵母的发酵作用产生的大量二氧化碳气体，促使面筋网络不断延伸，面团体积增大，形成多孔状的结构。若面筋筋力弱，面团的持气性就差，造成二氧化碳气冲破气孔壁而大量损失，内部出现大孔，食品体积大大缩小。因此，面粉的筋力是决定发酵食品质量的关键所在，在没有专用高筋力面粉的情况下，使用乳化剂来改善产品质量是十分有效的。因为，乳化剂在面包等发酵食品中最重要的作用就是增强面筋蛋白的筋力。

在面筋中，极性脂类分子以疏水键与麦谷蛋白分子相结合，以氢链与麦胶蛋白分子结合。乳化剂加入面团后，能与面筋蛋白形成复合物，即乳化剂的亲水基结合麦胶蛋白，亲油基结合麦谷蛋白，使面筋蛋白分子变大，形成结构牢固而细密的面筋网络，从而增强了面筋的机械强度，提高了面团的持气性，使产品体积增大。特别是在使用不能形成面筋的大豆蛋白时，乳化剂可以促进脂类对大豆蛋白的束缚，使之增强与其他成分的联系。

第二节　乳化剂的理化性能

一、 概述

食物是非常复杂的胶体系统，现代工业生产要求像乳化剂这类有表面活性的物质作为帮手，使其获得均一的品质、更好的质地和较长的保质期。

乳化剂被定义为一种能够降低油水之间或空气水之间表面张力的物质，它能提高乳化作用，增加乳液的稳定性。许多天然极性脂类和蛋白质符合这个定义。食品乳化剂虽然对乳化过程不会产生显著影响，但会产生其他和界面性质相关的作用，从而影响乳化液的稳定（或搅动起泡）而使之失稳。此外，食品乳化剂对食品还有其他作用，如对脂肪结晶的改性；与碳水化合物成分反应；作为成膜物质控制氧气和湿气的运输。这些应用和乳化剂的传统定义是没有联系的。

二、 乳化剂功能的理化特征

（一） 表面活性

所有乳化剂的特征属性是具有表面活性。表面活性是使食物表面形成表面张力的能力。在界面吸附层的形成是可观测的并且是技术上重要性质的变化。当添加剂加入到溶液中后，在低浓度下熵值增大很多。如果添加剂具有表面活性作用并且能够在界面释放，那么体系熵值就会下降，最终达到平衡。在极低浓度下，乳化剂浓度具有优势，但是当浓度增大，越来越多的可用的表面将会吸附分子。为了展示出表面活性，乳化剂一定要具有以下的特性：①乳化剂能够在水溶液中形成非结晶形态；②乳化剂的疏水性部分在水溶液中的溶解性低；③乳化剂通过其亲水性部分与水相互作用；④乳化剂具有相对大的分子质量来降低其吸收时下降的熵值；⑤乳化剂由于其大的分子质量和在界面中极性基团的存在，在有油的溶液中溶解度会降低。

当高熔点的乳化剂分散在水溶液中，直到达到临界温度时才显示出表面活性作用。在临界温度下，乳化剂在溶液中的溶解度达到饱和，也便于在界面处的吸附层的形成。乳化剂分子中疏水性部分的存在会提高在吸附过程中的能量增长。在水相环境中，绝大多数的乳化剂趋向于以临界胶束浓度形成胶束或者聚集成液晶。聚集胶束主要是由分子的疏水性部分存在的。分子的极性在阻止分散油相的重聚上具有重要的作用。在吸收过程中形成的聚集体类型能确知分子的极性部分和疏水部分之间的平衡。

在吸附中自由能的增益主要与分子质量成正比，而由于分层引起的熵损失与分子质量无关。因此，分子质量小的分子，例如初级醇与水溶液接触时在疏水表面不会形成吸附层，然而在加入分子质量大的添加剂后吸附层则会形成，例如单甘酯。相比蛋白质水解产物，蛋白质本身具有较高的表面活性。在油相中，疏溶剂作用是不存在的，吸附必须通过第二相和表面活性分子之间产生的极性相互作用产生。当微粒被乳化剂的吸附层覆盖时，颗粒之间的相互作用会受到影响。相互作用的变化极大地影响着分散体的宏观性质（表3－2）。乳化剂的溶液性质被称为乳化剂的表面活性。另外，产生排斥作用的能力也反映着乳化剂的溶液性质。

表3－2　　相互作用引起的分散体宏观性质的变化

相互作用	稳定性	沉降
吸引	絮凝	大颗粒沉积物
排斥	稳定	小颗粒沉积物

（二）溶液性质

当水加入乳化剂体系时，整个体系的增溶作用理论上可以通过一系列特定顺序的结构和相的具体作用产生。顺序为：反相胶团→反相六边形阶段→层状相→六角相→胶束溶液→等分子质量溶液（图3－5）。增溶作用的自由能，ΔG溶解度，可以表述为在整个过程中自由能的加和。计算式：

$$\text{乳化剂相} + \text{水} \longrightarrow \text{更多的可溶性相}\ \Delta G_{\text{相转移}} + \Delta G_{\text{混合}} + \Delta G_{\text{极性基团/水}} + \Delta G_{\text{疏水}}$$

式中　$\Delta G_{\text{混合}}$——当体系中大颗粒向小颗粒转变时为负值（胶束和分子溶液）；

$\Delta G_{\text{疏水}}$——正值，等于一个非极性基团/水。疏水性作用是颗粒聚集的作用力并且决定着双亲分子的分子溶解度的最高限值（临界胶团浓度）。

$\Delta G_{\text{极性基团/水}}$为负值，计算按公式（3－2）进行。

$$\Delta G_{\text{极性基团/水}} = \sum_{\text{临近分子}} \left\{ \int_{\text{聚集点}}^{\text{下一个聚集点}} F(l)\,\mathrm{d}l \right\} \tag{3-2}$$

式中　dl——极性基团之间的平均距离；

$F(l)$——相互作用力。

聚集体的分子粒径是通过油/水界面和的界面张力和极性基团本身所需的空间和乳化剂在界面处分子之间的排斥作用产生的空间之间的平衡。

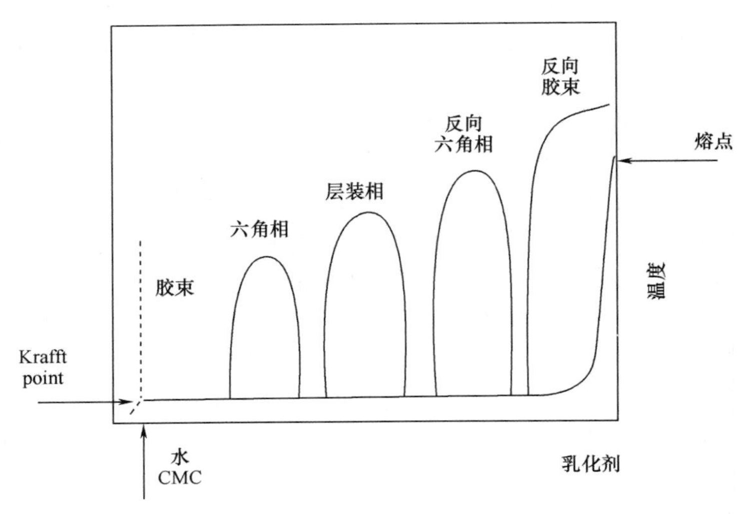

图3－5　二元乳化剂混合物中液态结晶相和溶液相的典型形成步骤图

每个分子按照如下顺序进行膨胀：反胶束微粒＜ 反六边形 ＜ 薄片 ＜六边形 ＜ 微粒。在水和乳化剂为特定比例时，系统的趋势是获得的聚集体并尽可能地使 $\Delta G_{混合}$ 和 $\Delta G_{极性基团/水}$最大化。聚集体粒径的下限是由暴露的烃基/水界面之间的表面疏水性决定的。乳化剂的溶解顺序为：反转聚集→层状相→六方相→胶束溶液→分子溶液，表面活性剂/水界面处分子的区域增加。根据上述聚集体疏水部分提供的填充物的限制，分子的极性侧的排斥力和分子质量，这一进程变得更快或者更慢。因此，烃链的位置限制是乳化剂性质和聚集的重要纽带。

不同表面活性剂的实际面积 A（由分子排斥作用产生）与饱和烃链的理论面积 A_0（23 Å^2）之比，由不同聚集体体积与面积之比的不同产生不同的几何形状均列入表3－3。由表3－3可知，表面活性剂的连续溶剂化对应于聚集体的连续变化均对应于一个更远距离的相互作用力。如果排斥作用力有最大限值，那么溶解阶段在这个步骤终止。因此，在过量水中形成最大溶剂聚集化的能力是评估乳化剂产生排斥作用力的指标 。

表3－3　　不同聚集体的几何形状

面积体积	填充限制 a $A_0=23$ Å^2 对于饱和烃链
球（胶束溶液） $\frac{2\pi r^2}{(4/3)\pi r^3}=\frac{2}{r}$	$\frac{3\times V_{hydrophob}}{r_{hydrophob}}=3A_0$

续表

面积体积	填充限制 a $A_0 = 23$ Å^2 对于饱和烃链
棒状体（六边形阶段） $\frac{2r\pi l}{\pi \times r^2 l} = \frac{2}{r}$	$\frac{2 \times V_{hydrophob}}{r_{hydrophob}} = 2A_0$
双分子层（层状相） $\frac{2l^2}{2l^2 r} = \frac{1}{r}$	$\frac{1 \times V_{疏水}}{r_{疏水}} = A_0$
逆棒状性（逆六边形阶段） $\frac{2\pi l r_{aq}}{\pi l\left[(r+r_{aq})^2 - r_{aq}^2\right]} = \frac{2}{r\left(1+\sqrt{1+1/\phi_{aq}}\right)}$	$< A_0$

注：r——聚集体半径，通常受到分子长度的限制；
l——聚集体的假设长度；
$V_{疏水}$——分子疏水性部分的体积；
$r_{疏水}$——疏水性部分的最大长度；
A_0——圆柱形疏水性部分的面积（$= V_{疏水}/r_{疏水}$ 或者是 23Å^2 每个烃链）；
A——在水/双亲分子界面处的分子的平均面积；
a——包埋限制，指聚集体中在油/水界面处两亲分子的必要横断面。

分子的面积可以在评价水过量并且体系可以产生亲水性分子时的相互作用。分子中疏水性部分的空间需求是衡量分子疏水性能力的指标。因此，乳化剂分子之间亲水性和疏水性基团之间具有平衡关系，也就是 HLB 值。

（三）乳化液稳定性与相图之间关系

稳定的乳状液最优组成是薄层状相、油相、水相三相保持平衡，如图 3－6 所示。

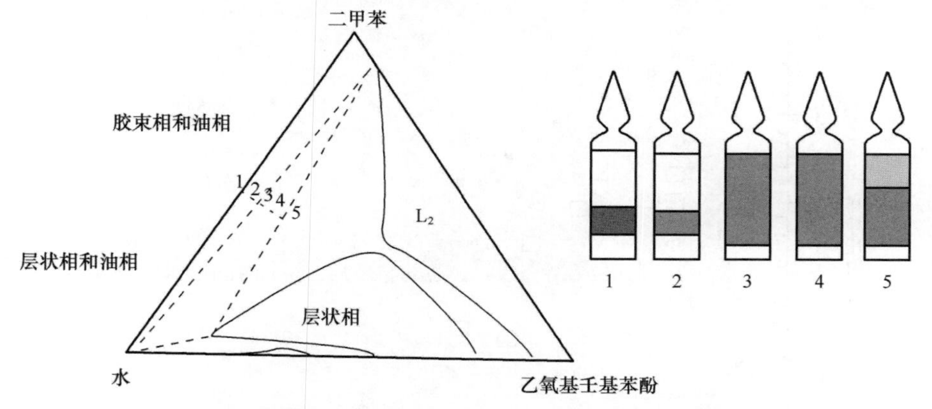

图 3－6　乳状液的相图实验，乙氧基壬基苯酚和二甲苯体系的系统相图

（体系的乳化性通过振动安瓿瓶进行测定，通过观察乳状液测定乳化液的乳化稳定性）

在一定条件下，乳液液滴周围形成多层膜已经被证实。研究表明，液滴表面覆盖的层状液晶相降低了范德华力，这对观察乳化剂的乳化效果具有重要的作用。然而，由于在食品乳状液中的最适添加浓度基本不能达到多层吸附的程度，因此这并不是很有力的解释。

在已经观察的多个系统中，液晶相的存在或形成的可能性和乳液稳定性之间的关系仍然存在。为了更稳定的分散，乳化剂应该：① 促进乳状液液滴之间的排斥力；② 增加界面黏度；③更好地固定在界面上。这些属性主要反映在液晶相形成方面（表3-4）。

表3-4　稳定乳液功能的乳化剂与其形成不同的聚合结构的能力之间的关系

聚合物稳定性		胶团	双分子层膜	反相
水包油型乳状液（O/W）	排斥作用力	最佳	中	低
	界面黏度	较低	低	—
	结合性	水溶性强	最佳	可接受
油包水型乳状液（W/O）	排斥作用力	低	适中	最佳
	界面黏度	低	最佳	低
	结合性	可接受	最佳	油溶性强

1. 单甘酯

在室温下，工业应用中的单甘酯在过量的水溶液中仍然以非水合结晶相（β 相）存在。当达40℃以上时，单甘酯开始结合水分，层状相形成。层状相与过量水分共存（未形成胶束）。当层状相冷却，半晶质相形成，术语为“α 相”。此相在30℃以下相对稳定，并且慢慢转换为水溶性的β 相。

层状相慢慢溶胀，α 相显示出水合作用斥力的强大。这种水合作用斥力通过渗透力方法进行测定（图3-7）。相比较之下，没有水化作用力强大到可以将β 相中的双分层膜分离。在相同的方式下，乳状液液滴和被其包围的乳化剂之间水合作用力取决于被吸附的乳化剂的液体结晶状态。这解释了为什么单甘酯以β 晶型存在时是不活跃的，也解释了为什么当单甘酯从层状相或者α 晶型转变为β 相时，单甘酯稳定的乳状液会迅速的改变。从技

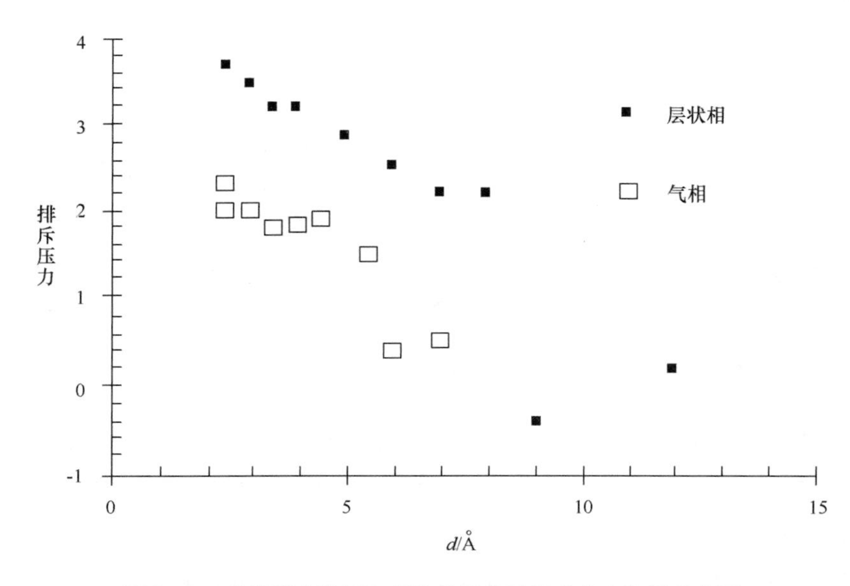

图3-7　单甘酯中液晶和凝胶的双分子层的水合作用斥力图

术层面上，α 相转化为 β 相的延迟很重要。α 相可以通过离子电荷的存在，或者通过脂肪酸组成的广泛分布而更加稳定。一系列食品级乳化剂的溶液性质列于表3－5中。

表3－5　形成液相结晶相的脂类乳化剂

乳化剂	脂肪酸	液相结晶相的形成	膨胀最高上限（25℃）
单甘酯:			
蒸馏饱和	$C_{16\sim18}$	层状相 50℃ 立方相 70℃	50%
蒸馏不饱和	$C_{18:(1\sim2)}$	立方相 <20℃ 反转六边形相 55℃	35%
油酸甘油酯	$C_{18:1}$	立方相 <20℃ 反转六边形相 90℃	40%
甘油三酯:			
甘油三月桂酸酯	C_{12}	层状相 <20℃ 液态各向同性 40℃	55%
有机酸酯:			
二乙酰酒石酸单甘酯	$C_{16\sim18}$	层状相 <45℃	55%
硬脂酰乳酸钠			
pH 5	C_{18}	反转六边形相 45℃	40%
pH 7	C_{18}	层状相 42℃	60%
脱水山梨醇酯			
聚氧乙烯（20）脱水山梨糖醇单油酸酯	$C_{18:1}$	六角相（>30℃）－胶束溶液	—
聚氧乙烯（20）脱水山梨醇单硬脂酸酯	C_{18}	六角相（30～50℃）－胶束溶液（>30℃）	—
山梨醇硬脂酸酯	C_{18}	层状相 >50℃	—

2. 卵磷脂

卵磷脂是最常用的食品乳化剂之一，由于天然来源使其广受欢迎。工业卵磷脂，主要为大豆卵磷脂，通常是各种不同种磷脂的混合物，其中含量最多的为磷脂酰胆碱（PC），其次为磷脂酰乙醇胺（PE）、磷脂酰肌醇（PI）和磷脂酸（PA）。磷脂的性质反映混合物的属性。

3. 磷脂酰胆碱（PC）

典型的不饱和 PC 相图如图 3－8 所示。相图的特征在于具有大片的膨胀层状相。饱和 PC 的相变温度高达 40℃，而不饱和 PC 的相变温度低于 0℃。

4. 磷脂酰乙醇胺（脑磷脂，PE）

PE 的亲水性比 PC 的差。相比 PC，饱和 PE 胺形成层状相的膨胀率更低。PE 的相变温度在 10～40℃（图 3－9）建立远距离相互作用斥力在更为有限能力，因此为了防御大分子质量区域，显示在不饱和 PE 形成反六角相的倾向，见表 3－6。

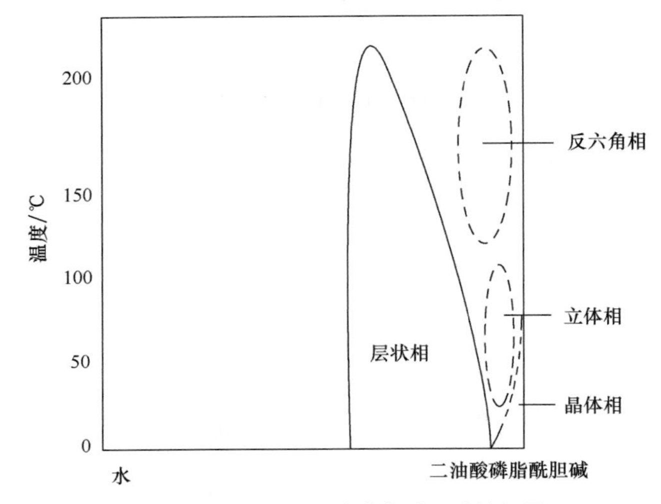

图3-8　水和二油酸磷脂酰胆碱的相图

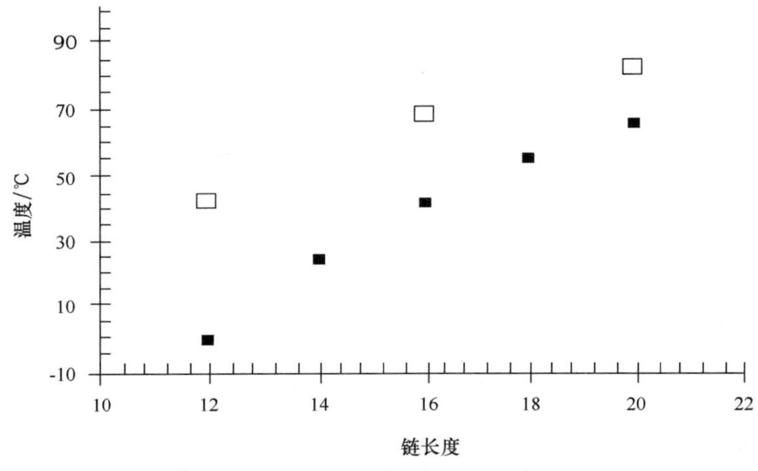

图3-9　磷脂酰胆碱（PC）和磷脂酰乙醇胺（PE）的主要转变温度，以链长度为X轴（数据来源于表3-5）

表3-6　各种磷脂高分子的液相结晶相形成

磷脂	脂肪酸	液相结晶相的形成	膨胀最高上限（25℃）
PC			
双硬脂酰基	C_{18}	层状相55℃	-
双棕榈酰基	C_{16}	层状相41℃	36%
双豆蔻酰基	C_{14}	层状相23℃	40%
双油酸酰基	$C_{18:1}$	层状相<0℃	42%
鸡蛋PC	$C_{(16\sim18):1}$	层状相2℃	44%
大豆PC	$C_{18:(1\sim2)}$	层状相<0℃	35%
PE			
双棕榈酰基	C_{16}	层状相84℃	20%

续表

磷脂	脂肪酸	液相结晶相的形成	膨胀最高上限（25℃）
双油酸酰基	$C_{18:1}$	层状相 <0℃ 反转六边形相 84℃	20%
大豆 PE	C_{18}	1～2^a 反转六边形相 >0℃	30%
PI			
大豆 PI	$C_{18:1\sim2}$	层状相 <0℃	无限
PA			
双油酸酰基	$C_{18:1}$	层状相 <0℃	不限
溶源性磷脂酰甘油：			
棕榈酸酰基	C_{16}	胶束溶液 <0℃	不限

5. 磷脂酰肌醇（PI）

PI 和水的相图的特点是在无限膨胀下的层状相图。液体结晶相是在室温下形成的。

6. 磷脂酸（PA）

PA 的相图为在 30% 水分下层状相转换为反六边形状。尽管分子有离子电荷和小的头部基团，这种转变也会发生，其原因是离子凝结。

7. 溶血磷脂酰胆碱（LPC）

LPC 与 PC 具有相同的亲水性基团，但是仅有一种脂肪酸。这减少了聚集体对体积的需求，填充的限制允许胶团和六边形相的形成。

8. 混合磷脂的性质

工业应用的磷脂很多都是混合物。这些混合磷脂的性质反映了混合磷脂开发应用的特点。探究磷脂混合物性质的方法之一，是研究不同磷脂混合物和水相互作用时液体结晶相的形成类型。图 3－10 为二油酸酰基磷脂酰胆碱（DOPC）和二油酸酰基磷脂酰乙醇胺（DOPE）混合物在 40% 的水溶液中的相图。

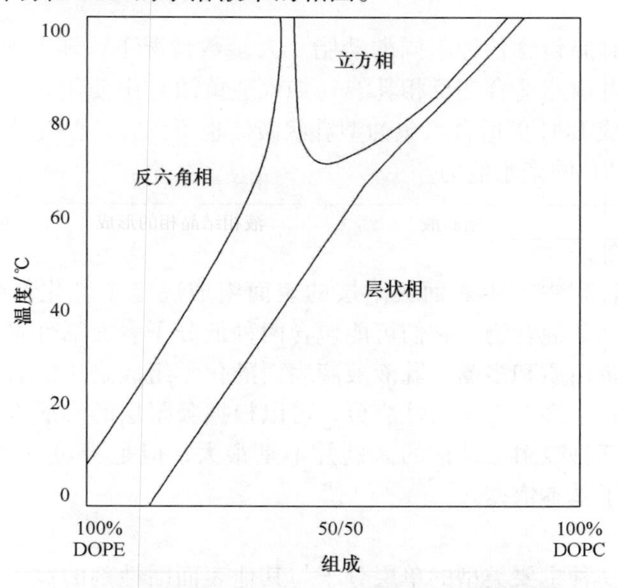

图 3－10　二油酸酰基 PC 和 PE 混合物在 40% 的水溶液中的相图

由图3－10可知，当体系主要为PC时，层状相形成，但是当PE含量达到60%时，非层状相开始形成，这一改变在高温下得到提高。在反六角相和层状相之间是立方相（高于50℃）。

高含量的不饱和大豆PE和大豆PC显示为相同的聚合模式，但是体系从层状相转变为非层状的温度降低（图3－11），体系的相图主要由具有亲水性质的磷脂酰乙醇胺而不是相对较高的磷脂酰胆碱决定的。PC和PI的混合物在早期的带电离子乳化阶段起到了很好的膨胀性质。这一性质和预期的当少量的带电离子乳化剂加入到由单甘酯形成的层状相中产生效果也是类似的。当PI和PE混合，PE: PI比例高时，混合物的性质以亲水性的PI为主导。其结论为：磷脂混合物的性质由阴离子（主要是PI）磷脂和PE的比例而不是PC与PE的比例决定。

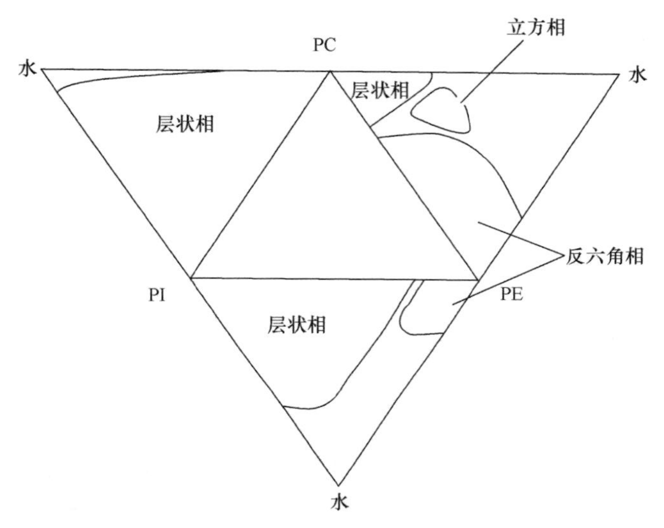

图3－11 大豆PC、大豆PE和水；大豆PC、大豆PI和水；大豆PI、大豆PE和水的相图

工业中的大豆磷脂包含各种不同的磷脂。大多数情况下，弱亲水PE为混合物的主导，并且这种类型的磷脂适合在反相乳液（如人造黄油）中使用。更多的亲水性大豆磷脂通过部分水解形成LPC更适合水包油型乳状液。也可以在乙酰化作用过程中使极性基团头部更大以增加PE的亲水能力。

（四）乳化剂的表面

乳化剂在吸附过程中产生表面吸附层的表面组成决定了乳化剂吸附层的大小和类型。食物通常为复杂的混合物。它们可能包含两种低分子表面活性剂，其中有多种类型的具有表面活性的蛋白质和多糖。乳液液滴表面的化学组成是决定表面相互作用力的关键因素。在体系中包括多个表面活性成分，可以根据吸附层的形成方式判定吸附层的三种类型。实际上，三种吸附层结构的区别并不是很大，但是当讨论复杂系统的性质时，这一简化描述提供了基本依据。

1. 竞争吸附

在界面处包含一种主要类型的单层分子与其他表面活性剂的竞争吸附有可能会被界

面处的其他表面活性剂代替。在具有多种表面活性组分的体系中，大多数表面活性部件形成均匀的单分子吸附层。吸附主要取决于驱动力（主要为疏水性相互作用）。因此，如果有两种乳化剂混合，那么亲水性较好的乳化剂具有较强的界面亲和力。结果为在竞争力作用下，溶解度低的吸附组分将主导界面（如最低临界胶束浓度）。

吸附层的特点，如其能够产生排斥作用力，是由主导化合物决定的。吸附层的结构是由分子的几何形状和吸附层分子间的横向作用力决定的。由于头部基团的相互斥力，非离子表面活性剂可能形成非常致密的吸附层。由于头部基团间相互作用斥力，离子型表面活性剂也能够形成非常疏松的吸附层。相比非离子型表面活性剂，离子型表面活性剂获得稳定乳状液的乳化剂的浓度相对较低。

对于一系列乳状液，在均质作用后，乳状液的粒径主要由乳化剂的浓度决定。非离子型表面活性剂在一定的浓度范围内会形成稳定的粒径，当低于临界浓度时，形成乳状液的能力大大降低。乳化层的表观厚度可以通过测定乳状液粒径和乳化剂浓度进行计算。假设所有的乳化剂在界面处吸附。那么吸附层的表观厚度只有最高上限而没有准确的数值［式（3－3）和式（3－4）］。

$$\text{乳化层厚度} = \frac{\text{乳化层体积}}{\text{乳状液液滴表面积}} \quad (3-3)$$

$$\delta = \frac{CV_{\text{乳滴}}}{A_{\text{乳滴}}} = \frac{C\pi d^3/6}{\pi d^2} = \frac{Cd}{6} \quad (3-4)$$

式中　C 为在分散相中的乳化剂浓度（体积比）。

乳化层的临界厚度（乳化剂临界浓度时乳化层的厚度）可以与分子大小相对比。结果显示，对于非离子型乳化剂，乳化层厚度约为分子理论长度的60%。疏水型乳化剂在乳化过程中效率较低并且使得乳化层表观厚度较高。离子型乳化剂的性质则是完全不同的，这些乳化剂能够在极低浓度相应于很低的界面浓度下使乳液乳化。

2. 缔合吸附

缔合吸附由包含几种不同表面活性剂混合物的吸附层形成。缔合吸附过程中，混合表面形成。混合表面显示的表面性质为各种表面吸附形式的平均属性。乙醇是带电基团间的连接基团，这降低了在吸附层的头部基团的排斥力并且降低了表面能量，增强了吸附作用并且提高了表面活性。类似的，层状相由相应的三层相图构成：水/钠、辛酸盐/正癸醇（混合层）一般通过自然和技术混合的乳化剂进行缔合吸附形成，也需要乳化剂的平均 HLB 值能够满足乳化剂混合物的描述性质。这种体系最常见的为：脱水山梨醇酯和乙氧基脱水山梨醇酯的混合物，其中更小的是山梨糖醇酯，也可以使用体积较大的乙氧基化酯。在这种解离性吸附中，两个组件预计都存在于吸附表面上。如果这种状态稳定，应该能够通过第一组分的存在提高第二组分的吸附或者不受第一组分的影响。吸附材料的总量能够超过或者等于两种组分的总量。

3. 分层吸附

一种吸附层在另一组分上形成吸附。当混合物乳化液中含有不同种类的表面活性剂成分时，分层吸附就可能产生。从表 3－7 中可以看出，两种组分必须具有不同的性质，形成具有分层特性的结构而不是一个混合层。第二种组分吸附一些颗粒显示主要吸附的乳化剂的性质。这样通常会形成一个亲水性的表面，会使吸附量降低。然而，在一些情况下，一定量亲水基团的存在会提高某些特定的吸附性质。

表 3－7　　用等式评价的各种乳化剂的表面乳化层

乳化剂	乳化锥角[a]/%	半径[b]/μm	乳化层厚度[c]/Å	曲线形状[d]	估计的乳化剂的长度[e]/Å
十二烷基苯磺酸	0.1	0.47	1.6		15
脂肪酸单乙醇酰胺乙氧基化物（7EO）	10	0.27	90		54
脂肪酸单乙醇酰胺乙氧基化物（13EO）	7	0.20	45		75
脂肪酸单乙醇酰胺乙氧基化物（18EO）	10	0.23	59		93

注：a 油相上的乳化剂浓度；
b 半径显示的是 D（3，2）/2；
c 表面乳化层，评价时假定所有的乳化剂都在界面层；
d 曲线形状表示表面乳化层上乳化剂浓度的依赖性；
e 估算的乳化剂分子的长度是通过化学分子式或者测量相对应的薄层相。

在食品工业大多数乳化剂的应用中，乳化剂对蛋白吸附的影响是最本质、最基础的。通常乙氧基表面活性剂会大大降低蛋白的吸附。$C_{12}EO_8$可以完全取代乳化体系中所有吸附的 β－酪蛋白。用聚山梨醇酯以及用单甘酯形成的乳化液，也可以发现相似的影响和结果。另一方面，蛋黄 PC 最多降低吸附 β－酪蛋白的 20%。一系列血浆蛋白在各种磷脂表面的吸附已经用椭圆偏振技术所证明。吸收量的变化比较大，并且依赖于蛋白质和磷脂的结合。纯净的 PC 和 PE 的吸附量较小，然而，与零疏水性的表面相比，磷脂酸能增强纤维蛋白原 5 倍的吸收量。

三、 常用乳化剂的化学结构及功能

（一） 化学成分和物理特性

1. 单甘酯

表3－8中给出了食品乳化剂及其标志的概貌。单甘酯的使用可以追溯到1930年，首次用于生产人造黄油。

表3－8　食品乳化剂和它们的法律地位

化学名称	缩写	ADI值[a]	EU编号	US FDA 21 CFR
卵磷酯	—	不限	E322	§184.1400[b]
单甘酯（蒸馏单甘酯）	MAG	不限	E471	§184.1505
乙酸酯类单甘酯	ACETEM	不限	E472a	§172.828
乳酸酯类单甘酯	LACTEM	不限	E472b	§172.852
柠檬酸类单甘酯	CITREM	不限	E472c	§172.832
双乙酰酒石酸单甘酯	DATEM	0～50	E472e	§184.1101[b]
琥珀酸单甘酯	SMG	—	—	§172.830
脂肪酸盐（钠、钾、钙）	—	不限	E470a	§172.868
聚甘油脂肪酸酯	PGE	0～25	E475	§172.854
聚甘油蓖麻醇酸酯	PGPR	0～7.5	E476	—
丙二醇硬脂酸酯	PGMS	0～25[c]	E477	§172.856
硬脂酰乳酸钠	SSL	0～20	E482	§172.844
硬脂酰乳酸钙	CSL	0～20	E481	§172.846
蔗糖脂肪酸酯	—	0～10	E473	§172.859
山梨醇酐单硬脂酸酯	SMS	0～25	E491	§172.842
山梨醇酐三脂肪酸酯	STS	0～15	E492	—[d]
聚山梨酸酯60	PS60	0～25	E435	§172.836
聚山梨酸酯65	PS65	0～25	E436	§172.838
聚山梨酸酯80	PS80	0～25	E433	§172.840

注：a 可接受的每日摄入量mg/kg体重；
b 公认安全（GRAS）；
c 计算丙二醇；
d 请愿书归档和接受。

TG与甘油酯交换反应的设计方案，如图3－12所示。

甘油醇解平衡混合物的组成见表3－9。

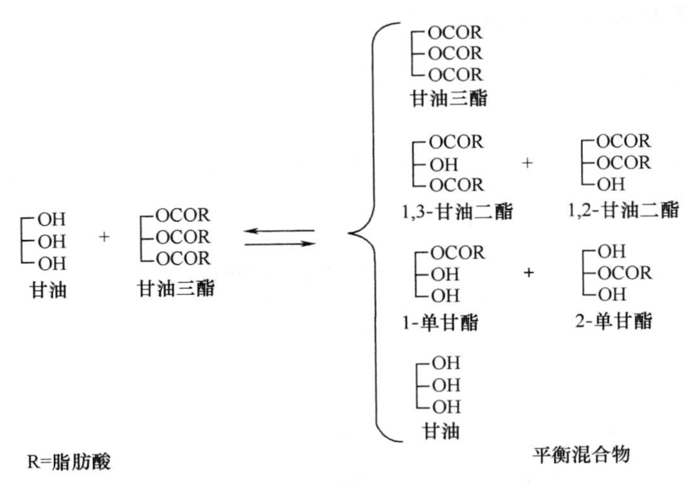

图 3-12　TG 和甘油之间的酯交换反应（甘油解）方案图

表 3-9　甘油醇解平衡混合物的组成　单位:%（质量分数）

添加到 TG 中的甘油量	平衡混合物		
	甘三酯	甘二酯	单甘酯
0	100	—	—
7	35	50	15
14	15	45	40
16	11	43	46
20	8	39	53
24	5	35	60

单甘酯在工业中是通过食用性脂肪和甘油之间酯交换（甘油解反应）生产的，该组分的反应在高温（200～260℃）碱性催化剂的条件下发生。由甘油解反应产生的单－双甘酯含量从40%到最大60%的单甘酯以及平衡组分甘油二酯和甘油三酯。高含量的甘油二酯产品还可以使用6～8份的甘油与100份脂肪进行甘油解反应而制得。这一比率得到的混合物包含15%的单甘酯、50%甘油二酯和35%的甘油三酯。

通过一个高真空薄膜分子蒸馏过程得到的浓缩单甘酯通常含有率为95%单甘酯，还含有3%～4%甘油二酯；0.5%～1%游离甘油，0.5%～1%游离脂肪酸。新蒸馏的单甘酯为1－单甘酯和2－单甘酯的平衡体。在不同温度下两个同分异构体之间的比例如表3－10所示。

表 3-10　均衡反应混合物中的 1－单甘酯和 2－单甘酯

温度/℃	1－单甘酯/%	2－单甘酯/%
20	95	5
80	91	9
200	82	18

单甘酯的组成受温度的影响很大。平衡反应速率常数在室温的时候非常低，由脂肪酸组成、晶型和碱性催化剂的微量存在所决定。由商业蒸馏得到的单甘酯中 1 - 单甘酯含量通常是 90% ~95%。合成单甘酯及其他乳化剂的酶法可以作为产生立体定向乳化剂的方法。

因为 1 - 单甘酯异构体的含量会随着产品的温度而改变，所以最可靠的测定商业产品中单甘油酯含量的方法是将气液色谱分析法（GLC）与单甘酯和三甲基硅烷基醚的衍生物相结合。图 3 - 13 显示了基于完全氢化的牛油脂肪酸蒸馏所得单甘酯的气相色谱图。就像甘油三酯一样单甘酯是多晶型的，可以在不同的温度条件下以不同的晶体形式存在。此外，如图 3 - 14 所示，单甘酯和双甘酯相对于甘油三酯有更高的熔点。对于饱和的软脂酸和硬脂酸单甘酯，熔点比相应的甘油三酯高出 10 ~ 12℃；对于不饱和甘油酯，如单一油精和三油精，它们之间的区别高达约 30℃。

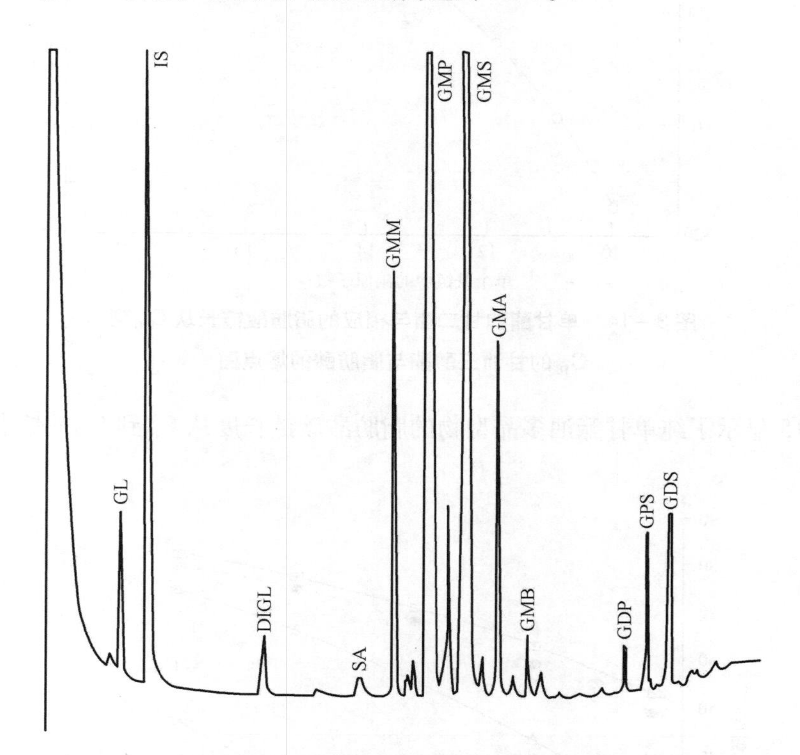

图 3 - 13 蒸馏单甘酯的三甲基硅烷基醚衍生物的气相液相色谱

（GL—甘油，IS—内部标准，DIGL—双甘油，SA—硬脂酸，GM—甘油单豆蔻酸，GMP—甘油一棕榈酸酯，GMS—单硬脂酸甘油酯，GMA—甘油花生酸十二烷醇酯，GMB—甘油山嵛酸酯，GDP—甘油棕榈酸酯，GPS—硬脂酸甘油棕榈酸酯，GDS—甘油二硬脂酸酯）

当熔化物冷却时，单甘酯结晶成一种亚稳态的 α - 形态。进一步冷却后，在较低的温度时发生从 α - 形式到亚 α - 形式的固态转变。当存储在环境温度时，将转变为稳定 β 晶体形式。因此多态的单甘酯遵循甘油三酯的模式可以参照拉尔森的评述。所有脂质形成了烃链排列的层状平行链轴的晶体结构。带有极性头基的脂质如表面活性剂，分子总是层状排列，并且极性头基被脂肪酸链烃分离在离散层中形成脂质双分子层，对于极性脂肪酸这是一个重要的特性。

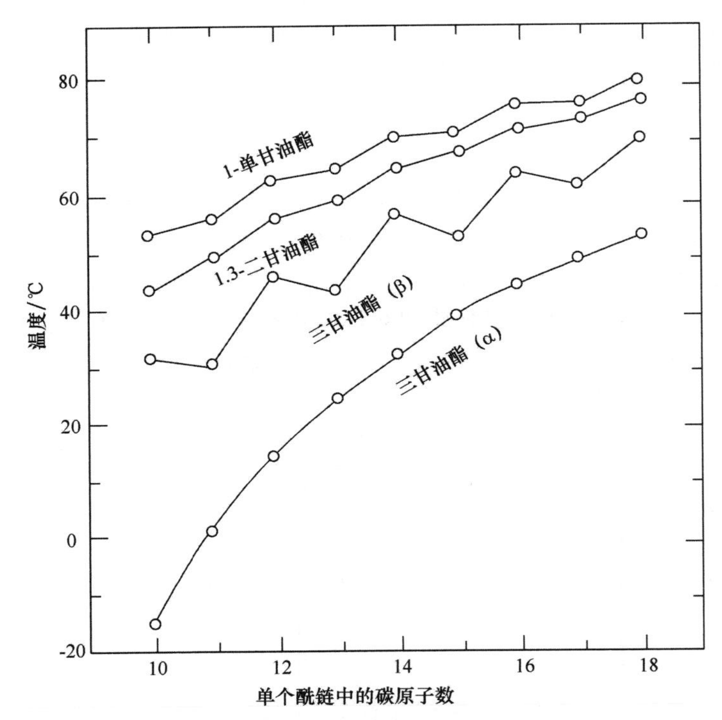

图 3－14　单甘酯和甘二酯与相应的脂肪酸链长从 C_{10} 到 C_{18} 的甘油三酸酯与脂肪酸的熔点图

图 3－15 显示了纯单甘酯油多晶型物的脂肪酸碳链长度从 C_{10} 到 C_{18} 的熔点变化。

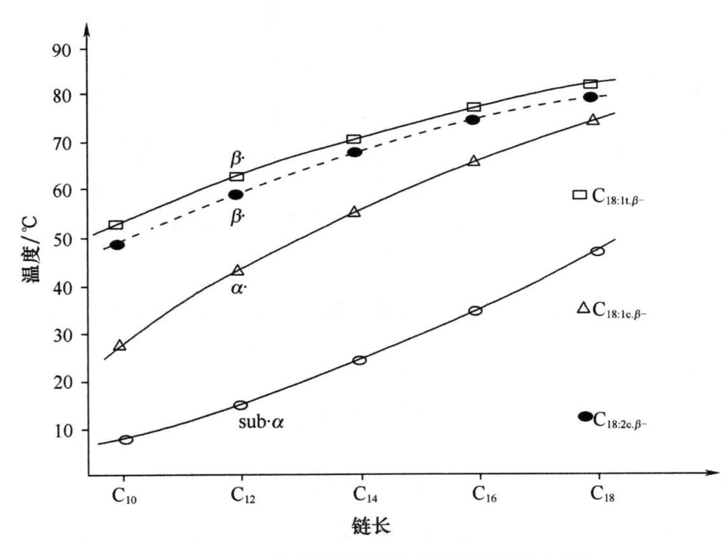

图 3－15　纯单甘酯的多晶型晶体熔点图

图 3－16 显示了极性脂质中的分子以双长链（DCL）和单长链的模式有规则的排

列，其中两个相邻层的链烃相互渗透。单甘酯和甘油二酯以及蒸馏单甘酯与甘油三酯的结晶形式相同，β－形式在商业单甘酯中一般不常见。

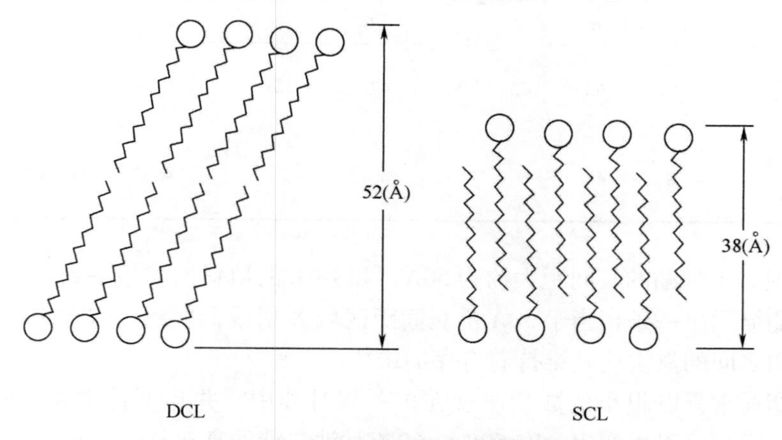

图3－16　极性脂质的分子填充示意图
（DCL＝双链长结构，SCL＝单链长结构）

商业单甘酯的X－射线衍射谱显示α－形式（六角亚晶胞）有一个4.2Å的强烈的短间距，表3－11显示了基于最低90%纯度单一脂肪酸或氢化植物油的蒸馏单甘酯的晶体学数据图和熔点。当α－形式冷却后，在大约35℃时它转换成亚－α晶体形式；亚－α晶体形式的特点是有一个很强的靠近4.3Å的间距和几个中等强度的间距从3.9～3.7Å。稳定的高熔点β－形式的特点是有一个很强的短间距在4.6Å，还有几个中等强度的间距在3.9～3.6Å或更低。

表3－11　混合脂肪酸蒸馏单甘油酯的熔点和X－射线衍射数据

单甘酯	熔点/℃			长间距		主要短间距	
	Sub－α	α	β	α	β	α	β
月桂酸单甘酯，90% C_{12}	16	45	61	—	37.3	4.15	4.57－4.32－4.00－3.84－3.71－2.44
肉豆蔻酸单甘酯，90% C_{14}	25	56	67	41.0	40.6	4.15	4.55－4.33－3.91－3.81－3.71－2.44
软脂酸单甘酯，90% C_{16}	35	66	73	47.0	44.7	4.15	4.51－3.91－3.84－3.67－2.43
三油酸甘三酯，90% $C_{18:1}$	—	30	74	—	48.5	—	4.60－4.38－4.31－4.04
山嵛酸甘油二酯，90% C_{22}	56	82	85	57.3	57.5	4.15	4.50－3.94－3.84－3.74－2.43
饱和单甘酯（氢化大豆油）	37	71	75	54.0	51.4	4.13	4.55－3.94－3.86－3.78－2.43
饱和单甘酯（氢化猪油）	20	66	72	53.2	49.8	4.15	4.52－4.35－3.93－3.84－2.43

续表

单甘酯	熔点/℃			长间距			主要短间距
	Sub－α	α	β	α	β	α	β
饱和单甘酯（氢化棕榈油）	16	68	72	51.6	47.0	4.15	4.55－4.33－3.89－2.43
不饱和单甘酯（棕榈油）	8	48	60	—	46.5	—	4.55－4.31－4.03－3.86

C_{16}/C_{18}饱和单甘酯的长间距大约为50Å，和DCL的填料模式相一致。温度在熔点以上时，单甘酯显示出一条相当于30Å的长间距区域X射线衍射线。这意味着单甘酯在熔化时极性基团之间的氢键使其维持着有序的结构。

甘油二酯通常只以很小的数量出现在单一双甘酯中，并且不是主要的成分。然而，通过甘油解反应它可以生产出含有50%～60%甘油二酯的高双甘酯含量产品。由于1，2－甘油二酯的特殊结晶性质，这些产品已经得到一些应用。甘油二酯存在两种异构形式：1，2－甘油二酯和1，3－甘油二酯。1，2－甘油二酯从一个亚稳态α－形式熔化态，结晶转变成稳定的β′－形式。因此，它们可以被用来稳定混合脂肪中的β晶体，否则晶体会有长大的趋势，从而引起结构缺陷（如人造奶油或低热量的涂抹酱）。

2. 有机酸单甘酯

单甘酯的自由羟基可以与有机酸如醋酸、乳酸、二乙酰酒石酸、柠檬酸、琥珀酸发生酯化反应，因此能形成更多的亲脂性或亲水性的单甘酯衍生品。酯通常是由单甘酯和有机酸直接反应或者和酸酐反应生成的。有机酸酯类的结晶反应、熔点和极性特性与单甘酯相比有很大不同。醋酸和乳酸酯是极性小、亲油性的乳化剂，而二乙酰酒石酸酯和柠檬酸酯是阴离子亲水性乳化剂。因此，有机酸酯类相比较单甘酯有着不同的功能应用，并且在食品行业中有了许多新的应用。

单甘酯衍生产品的共同特征都是单一型态，以一种α晶体形式到熔化态结晶。表3－12显示了有机酸酯的熔点和晶体数据。

表3－12　有机酸单甘酯（C_{16}/C_{18}比率，35:65）的熔点和X－射线衍射数据

有机酸单甘酯	熔点/℃	长间距/Å	填充方式	短间距/Å	晶型
乙酸酯（单乙酰化）	39	32.9	SCL	4.10	α
乳酸酯（LACTEM）	42	39.5	SCL	4.13	α
二乙酰酯（DATEM）	43	41.0	SCL	4.11	α
1，2－二甘油酸棕榈酯		54.6	DCL	4.21～3.76	
柠檬酸酯（CITREM）	60	60.3	DCL	4.11	α

3. 乙酸单甘酯（ACETEM）

通过乙酸酸酐与蒸馏单甘酯一个或两个自由羟基的反应，然后蒸馏消除过剩的游离乙酸，能够形成亲脂性更强的产品。乙酰化作用部分或者完全取决于醋酸酐和单甘酯的使用比率。通常情况下，食品使用乙酰化作用为50%、70%或90%自由羟基的产品，这取决于功能应用。ACETEM 的熔点比产品中的单甘酯大约低 20～30℃，随着乙酰化作用的程度和单甘酯类型的不同而改变，熔点为 35～40℃。碘价高于 40gI/100g 的不饱和单甘酯乙酰化作用后生成的产品在室温下是液态的（熔点约 10℃）。

由于 ACETEM 为单一和稳定的 α 晶体形式，所以单甘酯在乙酰化作用以后的晶体行为发生了很大的改变。当化学纯 1－酰基－3－硬脂酸甘油酯从熔化态降温到 0℃以下时会显示如下的多态转变：3.5℃时为亚－α_1、12.5℃时为亚－α_2、45℃时为 α、48.5℃时为 β'熔化态。由乙酰化的饱和 C_{16}/ C_{18}脂肪酸甘油酯形成的柔韧性薄膜，可以拉伸到之前长度的 8 倍才断裂，因此在水果、坚果和肉产品中可以用作涂层。由于它的 α－倾向属性，ACETEM 也用于充气食物中的油脂（起酥油），如蛋糕和食物装饰。

4. 乳酸酯（LACTEM）

LACTEM 通常是基于乳酸之间的反应，而单甘酯是基于完全氢化植物油或动物脂肪。另一种方法是由甘油、乳酸和脂肪酸按照一定的摩尔比通过酯化反应生成。含量为 15%～35%的乳酸酯分布在一些异构的化合物中。图 3－17 显示了一些最典型的成分。

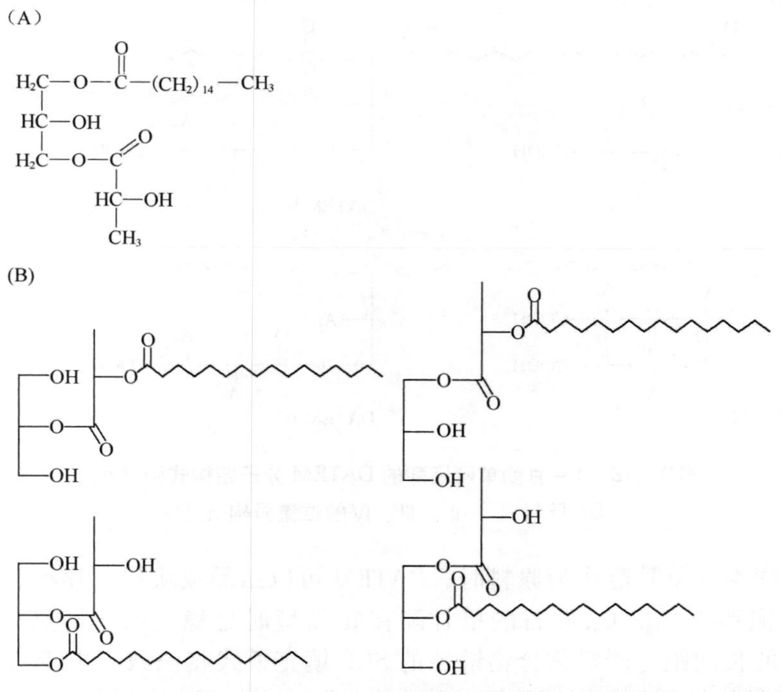

（A）

(B)

图 3－17　LACTEM 的分子结构式（A）；可能的乳酸酯硬脂酸酯甘油酯的位置异构（B）

C_{16}/C_{18}链长的饱和乳酸单甘酯的熔点是 45℃。LACTEM 从熔化态结晶成稳定的 α 晶型。LACTEM 的 X 射线衍射通常显示两个长间距约为 38Å 和 55Å，这表明一些 LACTEM 组分以 SCL 形式结晶（长间距 38Å），其他成分以 DCL 形式结晶（长间距 55Å）。一般来说，LACTEMs 是非离子乳化剂，溶于油脂，微溶于水。由于组成的不同，LACTEMs 往往表面活性低于相应的单甘酯。LACTEMs 主要用于食品，如蛋糕起酥油和配料装饰（如人造奶油的油脂），经常和饱和单甘酯组合起来使产品在 α 结晶形式时为稳定状态。

5. 二乙酰酒石酸酯（DATEM）

通过双乙酰化酒石酸酐与单甘酯反应生成阴离子活性的强亲水性 DATEM 产品。而双乙酰化酒石酸酐是由酿酒工业中精制的天然酒石酸和乙酸酐反应生成。DATEM 的主要成分被称为 DATEM Ⅰ、Ⅱ、Ⅲ、Ⅳ，分子结构示意图如图 3-18 所示。

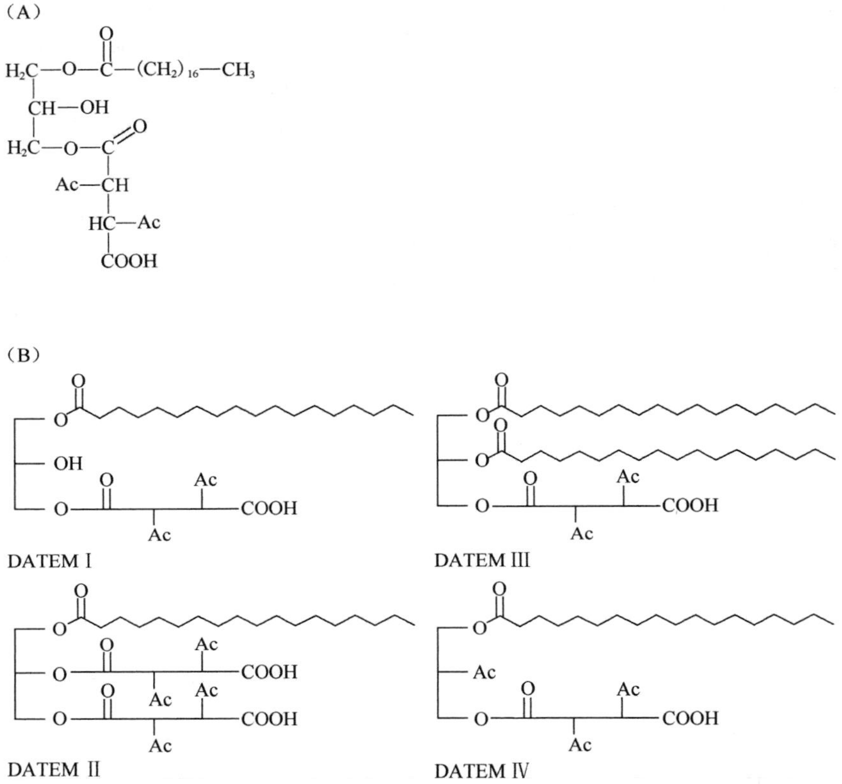

图 3-18　1-甘油单硬脂酸的 DATEM 分子结构式图（A）；DATEM Ⅰ、Ⅱ、Ⅲ、Ⅳ的位置异构（B）

使用不同类型单甘酯作为原料时，DATEM 可以结晶成块状、片状、粉末形式或是半流体。饱和的 C_{16}/ C_{18}酒石酸单甘酯在 α 晶型时是稳定的，熔点大约为 45℃。X 射线衍射的长间距与碳氢化合物链烃的 SCL 填充模式相一致。由于自由羧基基团的存在使它在水中形成 pH 较低（2～3）的分散体，如果 pH 调节到 4～5 以上时溶解度会增加。DATEM 只是部分溶于油脂中。与单甘酯相比 DATEM 表面活性很强，在食品乳化剂中有许多应用。然而，它的主要应用是在烘烤产品的酵母发酵中作为面团改良剂。

根据美国食品化学法典，DATEM 可能含有质量分数为 17%～20% 的酒石酸酯和 14%～17% 的乙酸酯。在欧洲，欧盟监管允许 10%～40% 的酒石酸酯、8%～32% 的醋酸酯，在成分上有一个更宽的规定限度。

6. 柠檬酸酯（CITREM）

CITREM 是由单甘酯和柠檬酸酯化生成，质量分数为成品的 12% ~20%，通常是经过部分中和形成 CITREM 的钠盐。在饱和单甘酯的基础上合成的 CITREM 结晶时，熔点在 55 ~60℃。

二元羧酸酯或三元羧酸酯和单甘酯在熔化态中显示出高度的长程有序态，这种现象在肥皂中很常见，称为热致性的介晶理论。这种材料小角度散射的 X 射线衍射在高于熔点温度的长间距区域内显示了一个或几个锐谱线。由于熔化态极性基团之间的分子相互强烈作用，使得柠檬酸酯表现出的如此现象。

CITREM 是一个极其亲水的阴离子乳化剂。它在水中能形成了乳白色的分散系，只部分溶于油脂。它在食品中的主要应用为人造奶油中的防飞溅剂以及饮料乳剂中的乳化剂。在不饱和单甘酯基础上合成的 CITREM，其作用是降低巧克力混合物的屈服值和塑性黏度。

7. 聚甘油脂肪酸酯（PGE）

通过甘油脱水聚合反应可以得到一系列聚甘油化合物。它们和可食性脂肪酸发生酯化反应形成聚甘油酯，通常为软脂酸和硬脂酸的混合物。三聚甘油单硬脂酸酯的分子结构式如图 3 –19 所示。根据产物聚合度和酯化程度的不同，商业 PGE 产品在组成上有很大的差别。根据欧盟法规，聚甘油的一半应该主要为双甘油，三甘油和最高含量为 10%的四甘油等于或高于七甘油含量。然而美国 FDA（食品与药物管理局）规定允许聚合度达到十。PGE 产品的组成非常复杂，含有大量的位置异构体。

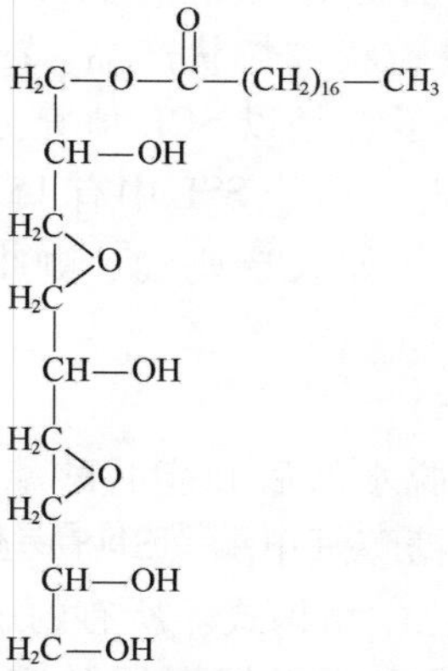

$H_2C—O—C(=O)—(CH_2)_{16}—CH_3$
CH—OH
H_2C
O
H_2C
CH—OH
H_2C
O
H_2C
CH—OH
$H_2C—OH$

图 3 –19　脂肪酸聚甘油酯的化学分子结构图
［三甘油单硬脂酸酯（PGE）］

低聚合度的 PGE（如主要是 C_{16}/C_{18}脂肪酸的三甘油酯和四甘油酯）约在 55℃熔化，结晶成稳定的 α 型。PGE 通常比单甘酯更亲水，但其在水中的分散性取决于多元醇缩合的组分和酯化程度。PGE 应用于很多食品乳化剂中（人造奶油、甜点、蛋糕和其他烘焙产品等）。

表 3 –13 给出了多元醇脂肪酸酯的晶体学数据和熔点。

表 3-13　　多元醇脂肪酸酯和乳酸酯的熔点及 X-射线衍射数据

产品	熔点/℃	长间距/Å	链填充方式	短间距/Å	晶型
聚甘油硬脂酸钠	56	64.2	DCL	4.13	α
丙二醇单硬脂酸酯	39	50.7	DCL	4.15~3.99	α
山梨糖醇酐双硬脂酸酯	54	54.5	DCL	4.11	α
山梨糖醇酐单硬脂酸酯	—	33.8	SCL	4.11	α
山梨糖醇酐三硬脂酸酯	56	49.8	DCL	4.13	α
硬脂酰乳酸钠	38	37.6（49.7）	SCL（DCL）	4.10	α

双甘油脂肪酸酯可以通过双甘油与食用级脂肪酸的酯化生成。单酰脂肪酸酯由分子蒸馏过程浓缩而成。双甘油单脂肪酸酯比相应单甘酯有更强的亲水性。相反，聚蓖麻酸聚甘油酯（PGPR）主要用于稳定低脂油包水（W/O）乳化剂（涂抹酱）或减少巧克力混合物的塑变值。

8. 硬脂酰乳酸盐（SSL）

硬脂酸和乳酸在氢氧化钠或氢氧化钙的催化下发生酯化反应生成硬脂酰乳酸盐（钠盐或钙盐）、脂肪酸盐和游离脂肪酸的混合物。三聚乳酸和多聚乳酸的酯化也存在于商业产品中，这使成分变得特别复杂。硬脂酰乳酸钠（SSL）通常以 α 型存在，熔点约为 45℃。通过喷雾冷却形成粉状或粒状产品。α 型有一个单独的短间距为 4.1Å 和一个长间距在 38Å 左右，显示了它是以 SCL 填充方式贯穿链烃的。SSL 在中性 pH 时能分散在水中。pH 低于 4~5 时，由于 SSL 中有 15%~20% 的游离脂肪酸，溶解度受到限制。SSL 也用于许多食品（如人造奶油、咖啡增白、夹心奶油和糖衣等）的生产。

9. 山梨醇酐脂肪酸酯（PGMS）

山梨糖醇酐是通过山梨糖醇脱水然后和脂肪酸酯化生成 PGMS，根据用于酯化的脂肪酸用量的不同可以得到山梨糖醇酐单酯（SMS）或者山梨糖醇酐三酯（STS）。图 3-20显示了 SMS 合 STS 的分子化学结构式。所有的山梨糖醇酐酯在α-晶型时是稳定的，但是它们的长间距 X-射线表明根据不同的酯化程度会得到不同的分子填料方式。

山梨糖醇酐三硬脂酸酯（STS）有很好的亲油性，它的主要应用是作为脂类食物的晶体改性剂（人造奶油、涂抹酱、巧克力制品）。STS 是用来控制脂肪结晶的，它可以稳定 β' 晶型，防止高熔点 β 晶型的形成。β 晶型往往会变得很大，从而导致人造奶油或涂抹酱出现不理想的粒状纹理。在巧克力产品中，相似脂肪晶体的转变解释了被称为“出霜”缺点的发展原因，这使表面呈现灰斑。山梨糖醇酐单硬脂酸酯（SMS）能溶解于温水和油脂中，而 STS 只溶于油脂。山梨糖醇酐单硬脂酸酯用于许多食品中，主要为乳化剂，并经常与乙氧基山梨糖醇酯组合使用（聚山梨醇酯）。

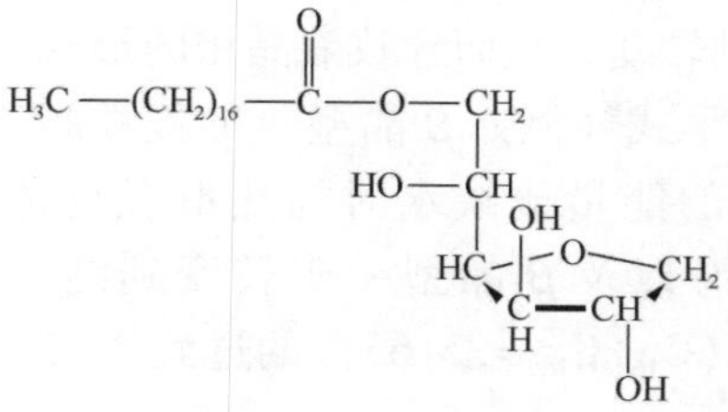

$H_3C—(CH_2)_{16}—C(=O)—O—CH_2$
HO—CH
OH
HC—O—CH_2
C—CH
H
OH

(A)

$H_3C—(CH_2)_{16}—C(=O)—O—CH_2$
$H_3C—(CH_2)_{16}—C(=O)—O—CH$
OH
HC—O—CH_2
C—CH
H
$O—C(=O)—(CH_2)_{16}—CH_3$

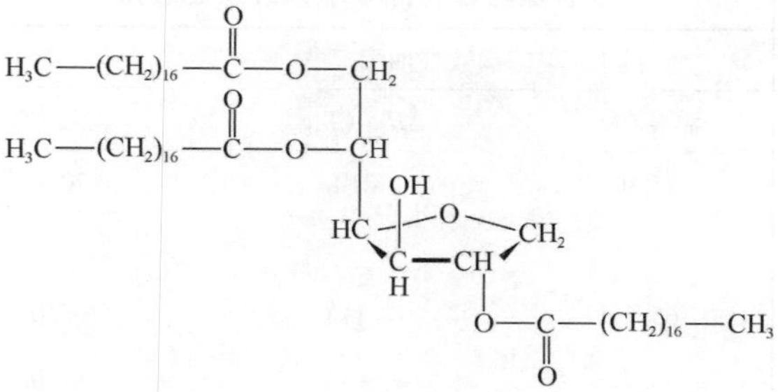

(B)

图 3－20　山梨糖醇酐单硬脂酸酯（A）和山梨糖醇酐三硬脂酸酯（B）的分子结构式图

（二）疏水性结晶现象

人类将水的液晶相用于肥皂制备已有 2000 多年的历史。液晶是由雷曼兄弟在 1904 年首次提出的，而这样的极性油－水系统结构被了解却只有 50 年的历史。

图 3－21 显示了极性脂质在结晶状态和层状液晶相的分子排列。

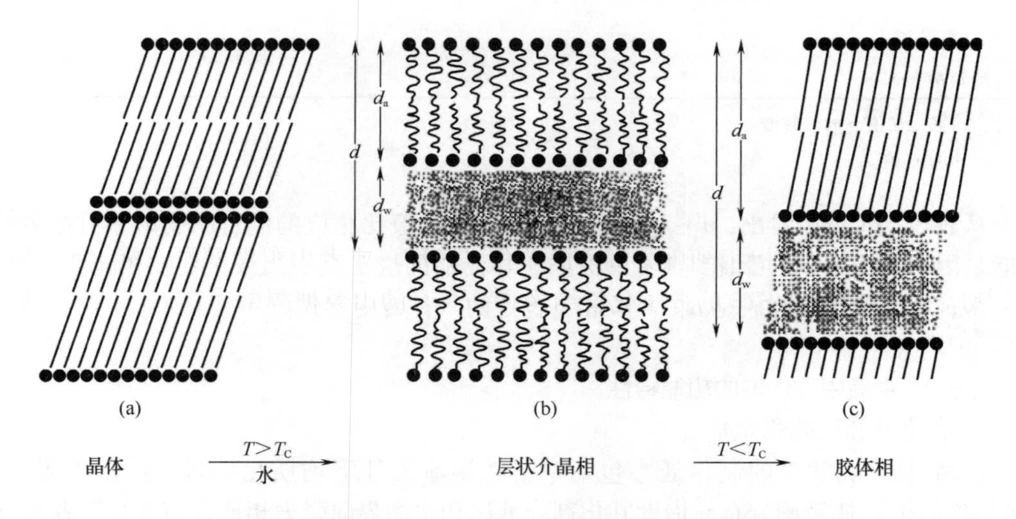

图 3－21　结构模型显示了（a）DCL 结构结晶状态的乳化剂分子排列；（b）水中薄层液晶相高于 Krafft 点（T_c）的形式；（c）温度（T）低于 T_c 的 α－胶体阶段

（结构参数 d、d_a、和 d_w 可以通过 X－射线衍射分析测量）

由图 3－21 可见，在结晶状态中脂质的极性基团以头碰头的方式排列在双层中，由 DCL 模式填料的固体烃链层状分离。含有大的极性基团的油脂可能出现链烃为 SCL 模式的晶体渗透。当水出现并且温度高于 Krafft 点 T_c 时，水会穿过晶体的极性区域。同时，烃链区会发生从固体到液体状态的转变，从而导致液晶相的形成。这种现象被称为“疏水性结晶现象”。当一个稳定结晶形式（例如 β 晶型）的极性脂质和水混合，然后加热形成液晶相，每摩尔的脂质所需的能量比缺水时加热形成熔体所需的能量要少。表 3 - 14显示了 β 晶型转变到熔化态以及 β 晶型 + 水转变到纯液晶 1 - 棕榈酸单甘酯（1 - GMP）和蒸馏的饱和单甘酯（C_{16}∶C_{18} = 35∶65）的过渡焓值（H）。实验值用示差扫描量热法（DSC）测得。

表 3 - 14　　单甘酯与单甘酯 - 水系统跃迁能量

转变过程	纯 1 - 单棕榈酸甘油酯		蒸馏的单甘酯	
	温度/℃	ΔH/（J/g）	温度/℃	ΔH/（J/g）
体相酯	75.9	210	70.0	172
β 晶体→熔化				
熔化→α 晶体	65.2	-113[a]	65.0	-105
α→亚 α	37.7	-43	19.0	-17
亚 α→β 晶体[b]	—	-54	—	-50
单甘酯 - 水系统	60.3	203	55.0	133
β 晶体 + 水→层状脂质晶体				
层状脂质晶体→α - 凝胶相	47.7	-84	55.0	133
α - 凝胶相→β 晶体 + 水[b]	—	-119	—	-70

注：a 负 ΔH 值 = 放热转变；
　　b 计算值。

从表 3 - 14 可以看出，1 - 单棕榈酸甘油酯的焓值比相应的混合脂肪酸单甘酯要高。可能是因为蒸馏的单甘酯比纯 1 - 单棕榈酸甘油酯的熵更高。当 α - 凝胶相转变成 β 晶体 + 水，结晶的潜热释放是 α - 凝胶相不稳定的一种转变方式。

（三）食品中乳化剂的功能特性

1. 乳化性和乳化稳定性

食品 O/W 乳状液的制作通常包括一个在湍流条件下均质化处理。借助外界能量（例如均质机）使液滴分布与借助乳化剂降低油和水的界面张力相比，前者是后者的 100 倍。乳化过程和最终乳液的颗粒分布主要由能量控制，而乳化剂的效果可以忽略。用低能量叶轮乳化法制作的 W/O 乳状液（例如人造奶油、果酱），添加乳化剂对减小水滴大小效果显著。

2. 乳液中界面乳化剂 - 蛋白质的相互作用

很多食品乳液含有牛奶蛋白或者植物、动物蛋白。此类乳液中乳化剂不仅能提高长期保存时的稳定性，还能使之充气（如冰淇淋混合物和奶油等）。乳化剂和乳状液中蛋白的界面相互作用对乳状液的物理性质有非常重要的作用。脂肪球表面的乳化剂－蛋白质吸附可增加表面膜强度和连贯性，提高乳状液稳定性。阴离子乳化剂（DATEM、SSL）能把蛋白质通过一个复杂的合成物结合到油滴表面。因此，希望食品能长期稳定时，阴离子乳化剂是非常高效的乳化剂。

相反，非离子乳化剂（聚山梨酯、单甘酯、LACTEM或PGMS）与蛋白质竞争界面吸附并且能取代界面上的蛋白质。这种脂肪球表面的蛋白质取代使可搅打乳状液部分不稳定。乳化剂在稳定过程中另一个重要的功能是增强脂质结晶，降低界面膜的连贯性和黏弹性，使脂肪球对剪切敏感，增加絮凝和部分连贯性。搅打中脂肪球聚体的形成增加了泡沫的形成，从而能稳定加气乳液的泡沫结构。

3. 与淀粉组分的相互作用

食品乳化剂在很多淀粉类食物中都有应用（如焙烤制品、马铃薯制品、早餐麦片、面食食品等）。单甘酯、SSL、CSL等乳化剂的基本功能是与直链淀粉形成不溶于水的复合物。直链淀粉占淀粉总量的17%～25%，是影响含淀粉食品质地（黏性、硬度）的主要因素。通过形成脂质多糖复合物，提高重组马铃薯产品和面制品的质地。小麦面包中的单甘酯用于降低面包硬度和延缓老化过程。饱和单甘酯是最有效的直链淀粉的络合剂，以β晶型水合物或者分散细粉的形式应用在面包中。硬脂酰乳酸盐（SSL、CSL）在许多产品中用作淀粉复合物制剂（尤其是面包）。小麦面包中直链淀粉复合物的形成也会对支链淀粉的回生产生影响。少量使用单甘酯（例如面粉量的0.3%～0.5%）单甘酯和直链淀粉片段发生反应。高浓度的单甘酯（1%～2%），则与支链淀粉片段直接反应，降低了回生率，对面包储存过程中的保持形态很有效。

4. 乳化剂面团－加强的效果

亲水性乳化剂DATEM、SMG、SSL、CSL及聚山梨酯，用于酵母发酵面团以增加耐冲击的稳定性，提高焙烤制品（如特色面包、纤维面包、面包卷、小圆面包）的形态稳定效果显著。极性面粉脂质在水中形成液晶相——特别是形成的层状相，例如半乳糖和磷脂，其对面粉的焙烤品质很重要。在气/水界面极性双分子脂层结构与含水的醇溶蛋白相关，能提升气体保持能力。在和面相似的条件下，所有有效的面团强化乳化剂（DATEM、SSL及聚山梨醇酯和卵磷脂）在水中形成层状液晶相，与面粉中的极性脂质形成生物膜样结构，支持极性脂质的功能发挥。

第三节　乳化剂的选择

一、 基本概念

实际应用中最常见的问题是——如何选择合适的乳化剂，以达到预期的乳化效果。最常用的方法是将乳状液与乳化剂的功能进行对比。

（一） 溶解度的概念

油包水型乳化剂产生油包水型乳状液，水包油型乳化剂产生水包油型乳状液——这一规则不仅适用于低分子质量、高溶解性（通常为胶束聚合）的乳化剂，对于聚合物也同样有效。这一规则已被表3-15中的数据所验证。

表3-15　乳化性与溶解性的对比

乳化剂	溶解性/分散性	乳状液类型
脱水山梨糖醇酯（司盘）	油溶性	油包水（W/O）
乙氧基化脱水山梨醇酯（吐温）	水溶性	水包油（O/W）
疏水性磷脂（工业卵磷脂）	油分散性	油包水（W/O）
亲水性磷脂（高LPC或低PE）	水分散性	水包油（O/W）
蛋白	水溶性	水包油（O/W）
脂肪晶体	油分散性	油包水（W/O）

（二） 相转变的概念

乙氧基表面活性剂在升温的作用下具有降低亲水性能力的趋势。这使得乙氧基表面活性剂在低温为水溶性表面活性剂而高温下为油溶性表面活性剂。根据上述规则，这将导致体系从水包油型乳状液转变为油包水型乳状液。在升温过程中，亲水性逐渐降低。平衡点、相转变温度（PIT）之间的距离为亲水性强度的评价指标。研究表明，最稳定的油包水乳液体系的温度应为30℃（低于PIT），而最稳定的水包油乳状液的体系温度为20℃（高于PIT）。然而，均质（振荡）后得到的液滴达到最低的相转变温度。因此，乳化剂选择应使乳状液的相转变温度在储藏温以上，约为20~30℃（乳化剂选择的PIT方法）。

根据这一概念和特点将一系列不同的乙氧基乳化剂与各种不同的溶剂进行混合后发现，相转变温度不仅依赖于由乙氧基基团数目并且还受油相的影响，表明了稳定性中溶解度的重要性。一系列不同的油水比例的乳化实验表明乳状液的类型主要由乳化剂的性质决定并且乳状液类型在不同体系中（纯溶剂）的相比例是很稳定的。

虽然介绍了很多乙氧基表面活性剂的性质，但是它们在食品乳状液中的应用是非常有限的，原因如下：

（1）相转变温度是基于乳化剂性质与温度相关，从而排除了很多离子型乳化剂，而且还排除了最常用的聚羟基和非离子两性离子型乳化剂。

（2）在相转变温度概念中溶剂的性质也很重要。然而，食品乳状液很多都是由单一的油和水组成的，由于油的相对分子质量很大，因此乳状液的性质表现大不相同。

（三） 亲水亲油平衡值的概念

乳化剂是具有二元属性的一大类分子。分子亲水性和疏水性的平衡性质决定了乳状液形成类型。如果乳化剂从亲水性变为疏水性，那么乳状液将会从油包水型变为水包油型。乳化剂的亲水性和疏水性之间的平衡值即为HLB值。当这一概念提出后，通过在一个设定的疏水和亲水混合体系中，比较已知HLB的乳化剂和未知HLB

值的乳化性质，以测定未知 HLB 乳化剂的 HLB 值。从而通过公式测定一个未知乳化剂的 HLB 值成为了可能（表 3－16）。HLB 概念的重要性使能鉴别大量的乳化剂和乳化剂混合物（可以通过质量分数组成计算 HLB 值的平均值），实践表明它对很多商业乳化剂都是可行的。

表 3－16　HLB 值的计算数据

组别	HLB（基团贡献法）	组别	HLB（基团贡献法）
羧酸肥皂	21.2	乙醇	1.9
山梨酸酯	6.8	乙醚	1.3
脂肪酸甘油酯	5.25	EO 基团	0.33
酯类	2.4	CH_3，CH_2，CH	－0.475
羰基	2.1		

HLB 值的局限在于它仅提供了一维的描述属性（分子质量和温度因素被忽略），并且很多重要的食品乳化剂（例如磷脂），其 HLB 值很难计算。HLB 值不能涵盖单甘酯和改性单甘酯的重要结晶性能。

（四） HLB 值与几何图形之间的比较

HLB 值和分子平衡之间的类比关系在形成填充限制和不同结构时出现，提出了各种溶液属性和 HLB 值之间的关系。将这些描述转换为各种聚集体结构，分子排列和 HLB 值之间的关系显现出来。这一结果表明，乳化剂的 HLB 值与形成液相结晶相能力是相对应的。

（五） 界面作用力

如果乳液是由大分子油相配成，那么乳化剂需支持两项不同的进程——液滴的形成和液滴的重新聚集。根据静态和动态（扩散引起）的相互作用，对乳化剂进行平衡（表 3－17）。

表 3－17　乳化剂在乳状液形成过程中的作用

	静态	动态
界面稳定性降低	界面张力	扩散到横跨界面
液滴稳定	界面排斥力	扩散到界面

图 3－22 是分子聚集结构、溶液特征、A/A_0、堆积参数之间的比较示意图。

界面张力的作用是很明显的。在甘油三酯/水体系中，乳化剂使界面张力从 30mN/m 降低到 1～10mN/m。非离子型乳化剂接近 PIT，在非常低的界面张力下形成密集的填充界面。

在均质过程中，新的界面形成。在液滴形成时，乳化剂需要分散在界面处以降低界面张力。由于时间对液滴的大小形成有一定的影响，因此这一过程必须迅速地完成。由于几何形状的原因，液滴从周围扩散的速率比从内部扩散的速率要快很多，这对溶液规

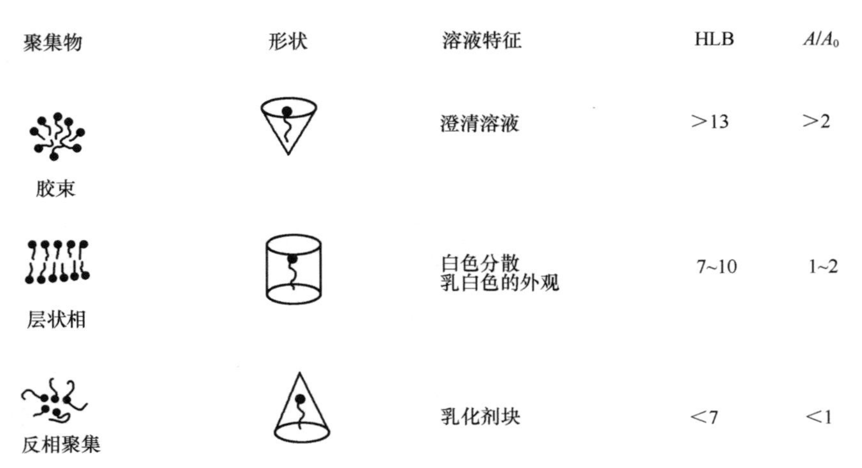

图 3-22　分子聚集结构、溶液特征、A/A_0、堆积参数之间的比较图

则的实现有重要贡献。

在均质过程中，在油相中的水溶性的物质分散在水相中。在界面处这种类型的扩散作用产生障碍乳化的作用。在很多体系中，这种作用使乳化剂乳化作用的效率提高。在均质过程中，相比在油相中的乳化作用，磷脂倾向于形成更稳定的脂质分散体。

乳化作用还包括剪切过程。高速剪切作用会导致乳液的重新凝聚。如果乳化作用成功后，乳状液的液滴就会受到保护。乳化剂产生的相互排斥作用使乳液得到了静态保护。

流体动力学作用对于剪切作用产生的剪切碰撞重要。流体动力作用依赖于界面黏度和弹性的存在。在剪切碰撞过程中，由于液体的流动性，在界面附件的液滴消耗了乳化剂。当乳化剂被耗完后，相比液滴的乳化剂覆盖区域，乳化剂耗完区域将具有更高的界面张力。这使流体在相反的液体流动方向表面扩散并确保了流体动力学的阻力。如果乳化剂为油溶性，那么乳化剂将从内部液滴分散到没有乳化剂的区域，因此也降低了液滴的流动保护作用。

二、 HLB 值选择法

（一） 亲水亲油平衡（HLB）的概念

任何乳化剂的分子结构中，既含有亲油基也含有亲水基，HLB 即亲水亲油平衡值，是表示乳化剂同时对水和油的相对吸引作用大小，也是表征乳化剂在溶液中的性质的一个重要参数。20 世纪 40 年代，化学家 Griffin 在《美国化妆品化学协会期刊》上，发表的题为《表面活性剂按 HLB 分类》的论文中提出了 HLB 的概念，认为：“我们称之为亲水亲油平衡（HLB）值，它是分子中亲油的和亲水的这两个相反基的大小和力量的平衡。”表面活性剂类乳化剂的 HLB 值表示组成乳化剂分子亲水、亲油基因的大小和程度。HLB 值的范围为 1~20，HLB 值越高，表面活性剂的亲水性越强；HLB 值越低，表面活性剂的亲油性越强。普遍来说，亲油乳化剂的 HLB 值小，通常小于 10；亲水乳化剂的 HLB 值大，一般大于 10。根据表面活性剂的 HLB 值，也可以推断某种表面活性剂可用于何种用途，其可作为选择和使用表面活性剂的一个定量指标。

HLB 值是表示乳化剂同时对水和油的相对吸引作用的大小，考虑乳状液中的两相，用化学组成和已知乳化剂的电离程度来确定。例如：纯的丙二醇单硬脂酸酯具有很强的亲油性，聚氧乙烯单硬脂酸酯有长的聚氧乙烯链，由于分子中亲水性占较大的优势，所以它具有亲水性，硬脂酸钠由于电离后产生较强的亲水趋势而呈现亲水性。

乳化剂的 HLB 值部分地与溶解性有关，HLB 值相近的乳化剂显示了不同的溶解性。乳化剂的 HLB 值决定形成乳状液的类型。它是物质特性的象征，而不是乳化剂效果的象征，所以呈现较强亲油性的乳化剂就能制成 W/O 型乳状液。利用 HLB 近似值来做乳状液配方，减少了许多试验和误差。毫无疑问，用已知乳状液体系可确定所需产品类型 HLB 值的近似值，由于知道了所需 HLB 值的近似值，从几种不同类型化合物中选择与 HLB 值接近的乳化剂做试验，用各种化学类型表示最适宜的效果，用它们制得的乳状液是最好的。

HLB 值是制备大多数乳状液的有用工具。借助于 HLB 值，能够指出表面活性剂的表现，减少乳化试验次数。不同典型食品级乳化剂有不同的 HLB 值，选择近似乳化剂的 HLB 值很有意义。制备乳状液或几种乳化剂混合完成它所需的 HLB 值，当确定含水和油类型食品乳状液配方时，这种计算结果很好（HLB 数用代数方法相加），对多元醇和脂肪酸酯结果也较好。如果当配方中已含有一些食品（如鸡蛋、面粉、牛奶、盐、淀粉和糖等）会使选择过程变得较为困难。

（二）HLB 值的计算

1. Griffin 关系式

测定 HLB 值的方法最早由 Griffin 提出，该法繁琐且耗时，后来 Griffin 提出用下列经验式计算某些非离子型表面活性剂的 HLB 值。

（1）质量分数法（基团质量法）。对于有聚氧乙烯基类和多元醇类的非离子型表面活性剂：

$$\mathrm{HLB} = 20 \times M_{\mathrm{H}}/M \tag{3-5}$$

式中　M_{H}——亲水基部分的分子质量；

　　　M——总的分子质量。

（2）皂化值法。对于多数多元醇的脂肪酸酯类表面活性剂：

$$\mathrm{HLB} = 20\ (1 - S/A\ ) \tag{3-6}$$

式中　S——表面活性剂（多元醇酯）的皂化值（又称皂化数）；

　　　A——成酯的脂肪酸的酸值。

（3）对于皂化值不易测定的多元醇乙氧基化合物：

$$\mathrm{HLB} = (E + P)/5 \tag{3-7}$$

式中　E——表面活性剂的亲水部分，即乙氧基（C_2H_4O）的质量分数；

　　　P——多元醇的质量分数。

皂化值不易测定的脂肪酸酯如妥尔油、松香酸酯、蜂蜡酯及羊毛酯等的 HLB 值都可以由此式（3-7）求算。

（4）对于只用乙氧基（C_2H_4O）为亲水部分的表面活性剂和脂肪醇与 C_2H_4O 的聚合体，式（3-7）简化为式（3-8）：

$$\mathrm{HLB} = E/5 \tag{3-8}$$

（5）混合表面活性剂的HLB值具有加和性。A，B两种表面活性剂混合之后的HLB值为式（3-9）：

$$HLB = HLB_A \cdot A\% + HLB_B \cdot B\% \tag{3-9}$$

2. J. T. Davies 关系式

（1）基团数法。Davies 提出将表面活性剂分子分解为不同的基团，这些基团各自对HLB有一定的贡献：

$$HLB = 7 + \sum(\text{亲水基的基数}) + \sum(\text{亲油基的基数}) \tag{3-10}$$

该方法适用于计算阴离子型表面活性剂和非离子型表面活性剂的HLB值。

（2）表面活性剂的HLB与其在油水两相中的平衡浓度有关：

$$HLB - 7 = 0.36\ln(c_W/c_O)$$

式中 c_W——表面活性剂在水相中的平衡浓度；

c_O——表面活性剂在油相中的平衡浓度；

c_W/c_O——表面活性剂在两相中的分配系数。

3. 无机性基团贡献法

把表面活性剂划分为有机性基团（一般疏水）和无机性基团（一般亲水），规定一个甲基或亚甲基的有机性基团值为20，据此得到表面活性剂分子中各基团的无机性、有机性贡献值。

$$HLB = (\sum \text{无机性基团值} / \sum \text{有机性基团值}) \times 10 \tag{3-11}$$

4. 估算法

利用表面活性剂在水中的溶解情况，可以估计该表面活性剂的HLB值范围。透明溶液可以估算HLB值为13～20；半透明到透明之间，HLB值为12～13；稳定乳状分散，HLB值为8～10；搅拌后乳化分散，HLB值为6～8；不良分散，HLB值为3～6；不分散，HLB值为1～4。

5. HLB 值的实验测定和计算

（1）气相色谱法 气相色谱固定液分离样品的能力取决于固定液与样品中各组分的极性。据此，用表面活性剂做固定液，选择其他流动相可测定HLB。以乙醇和乙烷混合物为流动相，表面活性剂为固定相进行测定，结果表明，乙醇与乙烷的保留时间比与HLB成直线关系：

$$HLB = 8.55\rho - 6.36 \tag{3-12}$$

乳化剂载体的极性定义是两组分的保留时间比ρ：

$$\rho = REtOH / RHex \tag{3-13}$$

式中 REtOH——乙醇的保留时间；

RHex——乙烷的保留时间。

当乳化剂含有较多的自由多元醇组分时直线关系须做校正。保留时间比值随温度而改变，一般采用折中温度80℃，在此温度下，大部分非离子乳化剂为液体。

（2）水数法 聚氧乙烯型非离子表面活性剂的HLB与水数有一定关系：

$$HLB = a\lg W + b \tag{3-14}$$

式中 a，b——常数；

W——水数，mL。

所谓水数是指以体积比为96 %和4 %的二氧杂环乙烷和苯胺混合物溶解样品，然后用水滴定至混浊所用水的数量。

（3）对数法　乳化剂的亲水亲油平衡值与其亲水、疏水基团的质量比的对数有关：

$$HLB = 7 + 11.7\lg m_L/m_O \tag{3-15}$$

式中　m_L，m_O——乳化剂分子中亲水、疏水基团的质量。

测定HLB值的方法还有很多，测定及计算时所用的实验方法和所依据的关系式均有一定的使用范围，如果不适当地套用某一方法，有时会出现很大的误差。

三、 食品乳化剂复合配方设计

随着食品工业的迅速发展相加工食品的多样化，世界各国都极为重视食品乳化剂的开发、研究、生产应用，特别是致力于复配乳化剂的配方研究。目前，适合于某一食品的复配乳化剂，一般是通过试验筛选而得。如果我们对乳化剂的物化性质有比较全面的了解，并且掌握一定的复配原则和使用技巧，就能取得事半功倍的效果。

（一） HLB值的高低搭配

HLB值反映出乳化剂分子中亲水、亲油的这两个相反基团结构和性质的平衡。利用此值可以确定乳化剂分子的平衡极性。这种平衡极性和乳化剂的各种性能和应用范围有较大的关系。HLB值对我们设计复合乳化剂的配方具有重要的参考价值。当水-油体系中加入一种乳化剂时，它就在两种物质的界面发生吸附，形成界面膜。在这种界面膜中，乳化剂分子亲油部分伸向油，亲水部分朝向水，呈定向排列。结果使界面张力发生变化，使一种液体以液滴形式分散于另一种液体中。界面膜具有一定的强度，对分散相液滴起保护作用。当把低和高HLB值的乳化剂混合使用时，它们在界面上吸附形成“复合物”，定向排列紧密，具有较高的强度，从而能很好地防止聚结，增加乳状液的稳定性。例如，在HLB值较高亲水性较好的阴离子乳化剂十二烷基硫酸钠中加入少量HLB值较低亲油性较好的十二烷醇，就可以得到很稳定的O/W型乳状液。

（二） 分子结构相似

食品乳化剂种类繁多，怎样才能够得到乳化活性很高的复合配方，是在选择乳化剂时重点考虑的问题。目前，对于各种乳化剂之间的相互作用、协同效应，还只能做些定性的解释，还不能从理论上加以定量的讨论，结构相似的乳化剂混合使用时，其协同效应比较明显：尤其当一种乳化剂是另一种乳化剂的衍生物时，将这两种乳化剂混合使用，往往能取得令人满意的效果。原因是分子结构相似亲油基相同的复合乳化剂在界面上吸附后形成的界面膜为一混合膜，乳化剂分子的定向排列紧密，所以强度较大，稳定持久。

（三） 离子互补

根据亲水基团在水中的性能，乳化剂可分为阴离子、两性离子和非离子型等。磷脂是食品添加剂中唯一被确认和许可的两性乳化剂，一般而论，非离子乳化剂的乳化能力较强，是一类相当好的乳化剂。在生产实践中，阴离子乳化剂有其独特的优点。将阴离子乳化剂和非离子乳化剂混合使用，比只用非离子乳化剂效果更好，乳化活性和表面活性会得到长时间的稳定。另外，阴离子乳化剂价格比较便宜，利于降低生产成本。

四、 产品开发

在乳状液制备过程中，需要投入能量以提高各种特性。一般用机械法或乳化剂。要形成适宜的乳状液就要选择两种平衡的能量来源。机械能投入越多所需乳化剂就越少，相反，投入较少的机械能就需要较多的乳化剂来降低表面张力。在研究配方时，参考乳化剂与乳状液的关系，在所有阶段最好的方法是试验室小试、中试及与小试类似的制取试验。

产品技术开发试验的程序如下。

（1）根据可溶性组分基因，使之溶解在水溶液或非水溶液中。

（2）根据所需乳状液类型近似计算所需 HLB 值。

（3）用给定 HLB 值低的一些 HLB 乳化剂和高 HLB 乳化剂，计算它们的混合值，根据乳状液的最终作用选择阳离子或天然乳化剂。试验时，配方设计师应采用比所需要浓度更高一些的乳化剂（如油相的 10% ~30%）。

（4）如果需要用加热方法溶解油性组分和油溶性乳化剂，保持组分中最高熔点的 5 ~10℃以上，直到完全溶解到油里为止，最高的适宜温度是 70 ~80℃。

（5）水溶性组分（除酸和盐外）溶解到水中。如果配方中含有酸和盐，留一些水等到最后加入。

（6）如果加热油相，则水相加热要比油相高 3 ~5℃。

（7）在适当的机械搅拌下，将水相加入到油相里，并用螺旋桨搅拌制得 W/O 乳状液，在这个过程中。慢慢加入水直到 W/O 型乳状液发生转相为止。根据透明度和黏度降低确定转相点，然后快速加入水，最终制得均一的 W/O 型乳状液，最后转入均质器中进行均质。

（8）如果需要加入酸或盐，先将它们溶解于水中，然后加入到冷却的乳状液中。

（9）乳化剂的溶解度对乳化浓度制备很重要。通常需要在一定时间和温度范围内浓度是均匀的。在储存环境中，乳化剂一直溶解在乳状液里。通常可用辅助乳化剂来提高乳化剂的溶解性，也可用不同的溶剂作为偶合剂或共溶剂，常用的有丙二醇和水。

先检验初始配方的特性，而不是对初次试验得到产品的稳定性。如果配方不够稳定，可以加入：①较多的乳化剂；②用较高 HLB 值的乳化剂；③用较小 HLB 值的乳化剂；④不同乳化剂的混合物。如果合适，以下就是对乳化剂更严格的选择，如果不合适，在制备过程中就要对一些原料组成进行调整。

要选择好的乳化剂，配方设计师应该考虑：①确定所需 HLB 值；②确定乳化剂最好的化学类型。选择好的乳化剂，包括控制试验的稳定性、物理组分、化学组分和便于用户加工。根据最终产品的用途，确定所达到的稳定性。

第四节　乳化剂的应用

一、　在人造奶油中的应用

（一）人造奶油与乳化剂

人造奶油定义的确定已经超过一个世纪，并且认为与天然奶油是相似的，也就是说，1单位人造奶油中至少有80%是脂肪。根据这个定义，脂肪含量低于这个水平的就不是人造奶油，但可以认为是涂抹脂、低脂食品或其他。现在情况变得复杂了，如含有四分之三脂肪、一半脂肪和脂肪含量 *X*% 等术语的情况也经常出现。一般地说，四分之三的脂肪是指脂肪百分比为60%～62%，一半脂肪为39%～41%。减脂食品的脂肪含量范围为41%～62%，低脂肪或少脂食品脂肪含量在39%以下。总体而言，有一个普遍的共识即涂抹脂产品，无论是天然奶油、人造奶油还是其他奶油，都必须有10%～90%的脂肪含量。

人造奶油被分类为油包水（W/O）型乳液。一种W/O乳液的特征在于其具有水相作为分散相，分布在脂肪或油相这样的连续相中形成液滴。通常情况下，人造奶油中的脂肪含量与奶油相当，均为80%，水分含量最大为16%，其余4%是蛋白质、乳化剂、盐、香料、色素和维生素等辅助成分。

乳化剂广泛使用在所有类型的人造奶油或涂抹脂产品中，通过减少脂肪和水相之间的界面张力，以稳定该液体乳液。乳化剂保证了良好、稳定的水相分散体系，从而保证了人造奶油或涂抹脂产品良好的功能性以及整体保存性能的均匀。不同类型的人造奶油需要不同的乳化剂，这个标准必须满足。在油炸人造奶油中，水滴尺寸和分布的控制可以最大限度地减少飞溅，而这个难题往往阻碍了油炸奶油的应用。在减少脂肪的涂抹脂中，水分含量高于零售的人造奶油，因此乳化剂主要用于固定水分，从而确保形成稳定的脂肪涂抹脂。考虑到应用的目的，全脂人造奶油和工业中蛋糕用人造奶油均需要该乳化剂赋予其良好的搅打特性。因此，确保蛋糕面团混合物具有良好的体积和均匀的结构是对乳化剂必不可少的要求。蛋糕生产的配方、面粉的类型以及加工的方法均会对人造奶油中乳化剂类型的选择有影响。唯一不变的是，分散相水液滴会包裹在作为连续相的油脂相中。

W/O型乳状液的稳定性是动力学过程，而不是热力学过程，即该系统在热力学上是不稳定的。如果该系统的热力学稳定，乳液通过离心分离后会自发重组。然而，经验表明除非再施加外力，离心分离后乳液会倾向于维持原状。事实是当将乳液分离成两个截然不同的相时，这是其自然条件下最稳定的状态，并会随着时间的推移继续朝着这个状态发展。因此，一个稳定的乳液几乎是一个矛盾体系，发生相分离的系统重组会受到严重的阻碍，这在产品的保质期内是很难察觉的，即使这要经历几年的时间。

人造奶油和涂抹脂体系可以使用的乳化剂范围很宽，由于脂肪含量降低并已归入低脂涂抹脂范围，那么作为水相的稳定剂也是必需的。乳化剂考虑作为第一位，我们可以选择蒸馏单、二和三甘油酯、聚甘油酯、乳酸酯、柠檬酸酯、聚甘油脂肪酸酯、丙二醇单硬脂酸酯和山梨糖醇酐三硬脂酸酯等。

蒸馏单甘酯来源于精炼和市售的食用油，如葵花籽油、棕榈油、菜籽油、大豆油和动物油脂。蒸馏单甘酯一般为一种多用途乳化剂。乳化剂是通过降低脂肪和水之间的界面张力来稳定含水的乳液系统的。同时防止充气和水合系统的脱水收缩，以及促进其他成分掺入脂肪。人造奶油在油状态时还可以使聚结现象降到最小。选择不同的乳化剂，可以改变产品质地，减少蜡质般的不爽口感。

单、二甘油乳酸酯是由完全或部分氢化的植物油与乳酸上一个或几个羟基基团反应而产生的。与人造奶油本身相比，它的功能更倾向于最终的应用。加入乳酸酯会减少奶油和蛋糕面糊搅打所需的时间，并且能提高搅打程度和泡沫整体的硬度。乳酸酯也会改善烘焙蛋糕屑的坚硬度。

柠檬酸单甘油酯、柠檬酸甘二酯主要用作卵磷脂的替代品。由于柠檬酸酯的作用，脂肪和固体部分互相融合，能形成平滑、均匀、易调理的溶液体系。柠檬酸酯还是人造奶油的抗飞溅剂。为了应用方面需要，可以着重考虑可混合脂的种类和人造奶油或涂抹脂所需的条件，从而选择合适乳化剂。

（二） 在人造奶油中的作用效果

80%的传统人造奶油是一种非常稳定的产品，并不需要大量的乳化过程来保持所需的结构；无论是甘油一酯、甘油二酯、卵磷脂、柠檬酸单甘酯或乳酸单甘酯及二酯均可使用。人造奶油的性能很大程度上取决于乳化剂体系。当脂肪含量降低到整体的60%以下时，乳化剂的存在则是保持乳液稳定、均匀、并使得到的产品性能符合应用要求的先决条件。当脂肪含量为40%时，就需要其他成分（亲水胶体）来进一步稳定水相，这些物质与乳化剂一起发挥作用。当生产低脂肪含量的产品时，需了解产品的应用范围，以便选择正确的乳化剂。为了保持产品的货架期，通常会添加抗氧化剂来阻止自然条件下就会发生的品质劣变。对于微生物污染，主要通过创造人造奶油的结构使之对微生物具有抗击能力，其举措应与获得产品最佳性能、口感、质构特性所需的条件一并实施。

1. 应用于蛋糕、奶油的人造奶油

人造奶油应用于馅料和酥皮糕点等生产时，均需要有空气渗入其中。这就需要人造奶油在使用的温度下起作用，并将渗入的空气保留在蛋糕面糊的结构内。同时，人造奶油应防止面筋网络长链结构的形成，从而确保最终产品的松脆性。

脂肪混合物需要在较宽的温度范围内具有稳定性，但必须确保人造奶油足够柔软，以便于使用，同时保证其容易分散于蛋糕面糊中，并赋予最佳的稳定性。在烘焙过程中由于稳定化的效果，胶化淀粉与蛋白质基质胶黏结在一起，从而使蛋糕最终的结构单元固定化。在面糊制备过程中，脂肪的稳定作用类似于润滑剂的作用，包裹在面粉颗粒表面，从而防止面粉颗粒进一步形成面筋网络结构。

稍坚硬的人造奶油可用于制作曲奇和饼干，其充气性能也不能忽视。椰子油和棕榈仁油良好的搅打特性是公认的，但容易发生水解酸败现象，进而导致其生产的人造奶油和最终产品出现令人不快的风味。现代精炼技术的进步已能够克服这一缺陷。

近些年来，随着低脂肪产品的出现，产品的脂肪含量可降低到原料的40%。蛋糕用人造奶油整体的脂肪含量也趋向于降低。然而，减少脂肪含量便会增加水分含量，从而会降低搅打性能和蛋糕的烘烤性能。因此，要添加其他成分来控制水分并充当脂肪的替代物。根据要求可选亲水胶体以稳定水相，并可使制作的蛋糕与含 80% 脂肪系列标准品具有相似的体积和内部颗粒结构。

为了实现上述的条件，通常选择复合乳化剂来使人造奶油达到最佳的性能，并根据人造奶油性能的需要来调整复合乳化剂的成分。一些典型的复合乳化剂见表3 – 18。

表 3 – 18　不同产品人造奶油乳化剂组合类型及其用量

应用	乳化剂组合	剂量
蛋糕用人造奶油	聚甘油酯 + 全饱和蒸馏单甘酯	0.5% ~1.0% +0.2% ~0.5%
	乳酸酯 + 全饱和蒸馏单甘酯	0.5% ~1.0% +0.2% ~0.5%
	丙二醇酯 + 全饱和蒸馏单甘酯	0.5% ~1.0% +0.2% ~0.5%
含砂糖搅打奶油用人造奶油	全饱和蒸馏单甘酯 + 聚甘油酯	0.1% ~0.2% +0.5% ~1.0%
	全饱和蒸馏单甘酯 + 乳酸酯 聚甘油酯或乳酸单甘酯/乳酸甘二酯	1.0%
含糖浆蛋糕用人造奶油	不饱和蒸馏单甘酯	0.5% ~1.0%

当人造奶油与砂糖一起搅打时，推荐使用全氢化蒸馏单甘酯与聚甘油酯或单 – 二甘油乳酸酯复合使用。这样的复合可以保证蛋糕中具有良好的乳油体积。但是，当人造奶油与糖浆或糖水一起搅打制作奶油时，建议使用不饱和单甘油酯，以保持奶油所需的结构。通常情况下，相对较高的碘价（90 ~ 100gI/100g）会有较好的效果，因为它会影响体系的流动性和乳化/分散的稳定性。低碘价的单甘酯或甘油二酯制备的奶油，会产生紧密的乳胶，并限制其充气量，更适合用于蛋糕配方。

2. 酥皮用人造奶油

对酥皮用人造奶油的要求与蛋糕用人造奶油完全不同。制作酥皮包括将面团铺开，然后在面片表面适量铺上一层薄薄的人造奶油，从没有涂抹奶油一侧将面团薄片卷起来，滚成圆形并压成薄片。重复多次卷折和滚压过程，直到面团与人造奶油形成大量相间的层状层。整个过程称为“压层”。也有人将人造奶油打碎或切成块混在面团中；用一整块/片泡芙奶油包裹在面团上，然后压层；加入超过薄层面团三分之二的人造奶油，卷起来成型使面团/脂肪层达到分离，然后按照上述的方法“压层”。人造奶油的主要功能是将面团分层，产生一种片层状质地的糕点。人造奶油的每一层均匀且无断层，所以人造奶油能否承受剧烈的拉伸和卷折是极其重要的，也就是说它的结构需具有很好的塑性。用于人造奶油的脂肪混合物，必须具有良好的可塑性，其中通常含有棕榈油、牛油、改性猪油，固液脂肪含量的平衡使其在很宽的温度范围内具有理想的可塑性。

用来稳定酥皮人造奶油的乳化剂，是通过减少水和脂肪相之间的界面张力来稳定液体乳状胶体。此外，乳化剂在脂肪冷却、揉捏、存储过程中对脂肪结晶也发挥作用，使人造奶油达到最佳的可塑性水平。很大的加工压力是酥皮制作过程中特有的工艺，有时可高达 100Pa 的压力。通过优化处理，乳化剂能够通过协助保护、稳定水滴而保持可塑性，它们提高乳液在烘烤过程中的热稳定性。用于酥皮生产人造奶油的所用乳化剂推荐如表 3 – 19 所示。

表 3-19　推荐用于酥皮的人造奶油混合乳化剂和剂量

混合乳化剂	剂量
单甘酯或二甘酯与甘油聚酯	0.5% ~1.0%
全氢化单甘油酯	0.5% ~1.0%

3. 工业馅料

馅料是指基于脂肪的馅料，例如那些在饼干、蛋糕、快餐棒或瑞士卷中添加的。这种馅料要么通过注射到已烘焙好的产品中，要么简单地涂布产品表面。一种好的馅料必须是容易加工且通常在室温下稳定，具备在存储时的塑性质构，而且在口中快速熔化。因此混合脂为了满足这些需求，必须严格平衡固体和液体脂肪之间的比例。它必须在沉积后即快速结晶，从而使另一个要放置在其上的饼干不会将馅料挤压到外侧。这样的脂肪基馅料分为三个主要类别，即含 20% ~40% 脂肪的标准脂肪馅料；室温下稳定的含 20% ~40% 脂肪的充气馅料；牛奶基础充气馅料，脂肪含量为 20% ~35%。每一类都有特定的乳化剂需求。

脂肪含量 20% ~40% 的标准脂肪馅料是最简单的，基本上由脂肪和糖组成，其质地可以通过添加乳化剂来提高，可以使用不饱和蒸馏单甘酯。通过使用乳化剂可以形成一种更柔和、均匀的馅料，这样的质构可以将空气保留其中。

对于脂肪含量为 20% ~40% 的充气馅料，它在室温环境下应该是稳定的。推荐使用乳酸甘油单酯和甘油二酯与柠檬酸甘油单酯和甘油二酯的混合乳化剂。乳酸酯能疏松组织并使空气进入低脂肪馅料，同时提高馅料的稳定性和柔和度，还可以减少所需的搅打时间。柠檬酸酯类能调整脂肪相中的固体、糖部分，使馅料具有光滑、易加工、均匀的特性。脂肪含量 20% ~35% 的奶基充气馅料，其内部也渗入有空气，而且以其清淡、蓬松的口感为特点。由于含水量较高，它们通常被存储在冷藏温度，但只是这样还不够，需通过添加不饱和蒸馏甘油单酯和甘油二酯与乳酸酯基乳化剂来获得稳定的乳状液并防止水分分离。通过加入亲水胶体来稳定水相，除了赋予最终馅料的稳定性和可塑性之外，亲水胶体还可增加黏度并使水相扩大。

4. 低脂肪涂抹脂

减脂和低脂涂类抹脂脂肪含量分别为 60% 和 40%。减脂类体系应用于上述的产品领域；低脂类产品几乎全部应用于涂抹面包。

因为其脂肪含量比已经讨论过的系统低很多，所以该体系需要乳化剂的量则更多，使乳化剂在水相稳定化方面发挥的作用也越来越大。一种稳定的低脂涂抹脂前处理是形成小的水滴和稳定的乳液。体系中的其他组分，如乳蛋白可导致形成更易挥发的乳液，促进风味的释放。但它们也使得水分分散的控制更为困难，最终导致货架期缩短。因此建议使用乳化剂时不仅要考虑产品脂肪的含量，而且也要考虑蛋白质的含量。其实所用脂肪混合物的柔和度也必须加以顾及。同时还必须考虑当地水的硬度，因为其中含有某些亲水胶体。

对于脂肪含量为 60% 的涂抹脂，由菜籽油或大豆油中得到的饱和蒸馏单甘酯，只需 0.4% 的剂量便可满足稳定性和液滴尺寸的要求。对于不含蛋白、脂肪含量为 40% 的涂抹脂，推荐使用 0.5% 从植物得到的不饱和蒸馏单甘油酯。如果含有蛋白质，使用 0.5%

大豆油或菜籽油基饱和蒸馏单甘酯，或者0.5%棕榈油基蒸馏单甘酯，0.5%大豆油基饱和蒸馏单甘酯和0.1%～0.2%聚甘油蓖麻醇酯的混合物。对于不含蛋白质、脂肪含量为2 0%的涂抹脂，使用1.0%不饱和蒸馏单甘酯，或者0.5%的不饱和蒸馏单甘酯与0.4%的聚甘油蓖麻醇酯混合。含有蛋白质、脂肪含量为20%的涂抹脂，使用0.6%的不饱和蒸馏单甘酯与0.4%的聚甘油蓖麻醇酯。尽管这些组合都是相当典型的，但也应根据实际情况进行优化组合。

在低脂涂抹脂的应用中，由于有高含量的水和蛋白，宜于使用聚甘油聚蓖麻油酸酯（PGPR），因它具有特殊的水结合力特性，从而使体系获得必要的乳液稳定性和水分分散特性。根据欧盟指令95/2/EC，PGPR（E476）允许用于脂肪含量41%的低脂涂抹脂中，最大剂量应低于0.4%。

对于那些用于煎炸食品的减脂体系，建议使用各种不同的乳化剂，从而使乳液本身可以达到理想的稳定性。飞溅问题常困扰着减脂体系的应用，故要严格控制水滴的大小以防止飞溅。这些体系的脂肪含量被限制在约60%～70%，以获得良好的煎炸效果。降低油炸体系的脂肪含量其实不太可行，因此，用脂肪含量60%的油炸体系一般是复合乳化剂。因为单一乳化剂难以满足上述的要求。因此，推荐使用柠檬酸酯与饱和蒸馏单甘酯的组合，或者其他植物基乳化剂与卵磷脂的组合。

提及减脂和低脂体系时，说明其质构和控制其脂肪相结晶是非常重要的。理想口感的质构，其稳定的脂肪结晶形式应为β'，而不是β型，而脂肪结晶一般会向β型转变，在产品货架期内，通过添加山梨醇酐硬脂酸酯（STS）可以制止或者完全阻止这种趋势。由于其不规则的形状，STS可以防止脂肪分子旋转90°向着β型转变。通常情况下，STS添加量在0.5%左右。

低脂体系的另一个问题是溢油现象。可以用比常温高的温度下稳定晶格的方法来防止或减少这种现象的发生。可以通过使用高熔稳定剂来实现，添加剂量由预期防止油分离程度来决定。当然，较高的出油倾向需要较高剂量的高熔点稳定剂。推荐使用植物脂肪、乳化剂的混合组合，使用剂量为1%～2%。

低脂体系的水相需特别注意，因为只使用乳化剂不足以达到所要求的稳定性，这不仅仅是因为存在水分含量的问题，而且还有脱脂乳蛋白（酪蛋白）或乳清的影响。蛋白质的作用是形成更为松散、开放的乳液体系、提高风味的释放，同时也会出现副作用，即乳液稳定性降低。因此，便需要其他的稳定剂：亲水胶体。明胶由于其特殊的熔化特性，其相关的应用已做了很多研究，现代的趋势是找到明胶的替代物，首选便是果胶和藻酸盐，二者可以单独或组合使用。

当用亲水胶体来控制水相时，理想的预期是确保在涂抹脂生产过程中，水相和脂肪相具有相似的黏度。如果能实现，就会获得一种稳定、均匀，没有水相分离（脱水收缩）的低脂涂抹脂产品。为使水相和脂肪相具有类似的黏度，可以通过选择亲水胶体的类型和剂量，以及蛋白质的类型和剂量，并考虑使用一些较软的脂肪混合物。

二、 在糖果油脂中的应用

（一） 在糖果巧克力中的应用

乳化剂作为一种功能性添加剂，用于巧克力和糖果等甜食产品，在加工和储存过程中有显著优势。乳化剂在甜食产品中显示多种功能性：在含有分散油相的产品（焦糖、太妃糖等）中，乳化剂有助于形成小的油珠；还有润滑作用，使其在加工和食用时更加爽口；在咀嚼的泡泡糖中，乳化剂作为胶基的增塑剂，并在咀嚼过程中产生水化反应；在连续脂肪的甜点，巧克力和产品外衣中，乳化剂可调控黏稠度，影响脂肪结晶，作为开化的抑制剂，减缓脂质相的多晶型转化等。

乳化剂在甜食中可使水油界面结合，形成一个稳定的、无限期的平衡状态。这些相界面有相互抵制的自然趋势，最终形成两个不同的界面。这种分隔形成不同界面的趋势是不受欢迎的，必须通过不同加工技术的恰当融合，以及仔细选择合适的乳化剂来加以控制。另外，即使这种趋势在生产食品时是受欢迎的，它还必须耐受加工过程中的强力和满足消费者对货架保质期、风味、外观和质地的要求，这些品质的实现大多依赖于产品中应用的乳化剂类型和添加剂量。

乳化剂在一些甜食中可作为表面活性剂。这时，乳化剂起的作用是改善食品连续相的状态而产生特性或增益，这在甜食中最常见的例子是巧克力中卵磷脂可降低产品黏性并提高其加工方便程度和加工性能。

多种乳化剂也已经应用于甜食产品，其中包括卵磷脂和改良卵磷脂（例如 YN 和磷酸甘油酯）、单硬脂酸甘油酯、聚甘油酯（包括聚甘油聚蓖麻油酸，PGPR）、山梨聚糖酯、聚山梨醇酯、甘油一酸酯产生的乳酸和酒石酸、乙酰化单甘酯、蔗糖酯和丙二醇单酯。所有这些化合物都有一个共同的特点——适合作为乳化剂，因其具有亲脂性和亲水性的双亲性。

在巧克力基和糖基糖果的加工性能和功能中，乳化剂都起着重要作用。通常，卵磷脂、PGPR、甘油单酯和甘油二酯是在甜点中使用的主要乳化剂。糖果乳化剂的作用包括如下。

（1）乳化和控制油分　乳化剂能减少液滴尺寸；稳定焦糖、软糖、奶糖和耐嚼糖果等产品的脂肪滴。

（2）润滑和降低黏性　在加工和消费过程中，乳化剂能减少各种甜点（牛轧糖、咀嚼糖、饴糖等）的黏性。

（3）增塑和水合作用　在口香糖中，乳化剂能软化胶基并在咀嚼时提高丸状的水化程度。

（4）控制黏度　在巧克力和复合涂层中，少量的卵磷脂和 PGPR 等乳化剂能降低屈服应力和塑性黏度，并控制其流动性。

（5）晶体改性和抑制起霜　在复合涂层中，乳化剂在加工过程中能改善脂肪的结晶，并能延缓起霜的进程。

（6）方便脱模　乳化剂喷涂到加工设备上可以防止粘连；使糖果容易脱模。

（二） 在糖果巧克力中的作用效果

1. 巧克力和复合糖衣中的乳化剂

乳化剂在巧克力和复合糖衣中的使用是必不可少的。生产巧克力，主要使用卵磷脂和 PGPR，而在复合糖衣中使用着许多其他的乳化剂。在多数情况下，在巧克力和糖衣中，乳化剂可对流动性进行控制。增加低水平（约 1‰）的乳化剂可以降低黏度值，这可以达到脂肪增加的效果（例如可可脂），就此意义而言，乳化剂可以节约巧克力的生产成本。不同乳化剂对流动特性的影响各异，理解这些影响的产生机制很重要，因为据此可优化其应用。

巧克力和复合糖衣是在一个连续油相的固体颗粒的分散体。固体颗粒是由糖粒，乳状固形物和可可粉组成。巧克力和复合糖衣含有30% ~35%脂肪（其余多为颗粒），不同的巧克力和复合糖衣的脂肪含量存在差异。巧克力中的脂肪是可可脂，可直接从可可豆得到，而在复合糖衣中，脂肪主要来自植物油。巧克力和复合糖衣还含有少量水分（约0.5%），是通过糖或其他固体成分间接得到的。这些固体颗粒和水分，造成巧克力和复合糖衣偏离牛顿黏度行为。当固体颗粒相互对流时，对彼此亲水表面有摩擦，由此产生内部摩擦。由所施加的剪切速率变化（非牛顿行为）而导致明显的黏度变化。

黏度是巧克力和复合糖衣使用中的一个非常重要的考虑因素，因为它们总是用来形成一个没有缺陷、气泡或覆盖有薄膜外衣的糖果。糖衣的流变学行为取决于连续流体（脂肪和脂溶性成分）的特性和分散微粒相的性质。分散相的体积（质量的粒子），其大小和分布，以及它们的形状和表面特性，都对巧克力和糖衣的流变行为产生影响。

熔化的巧克力和糖衣是非牛顿流体，具有剪切变稀行为。当剪切速度增加时，巧克力的黏度增加。当在更高搅拌和输送速度下，巧克力变稀薄。巧克力的流变性能依据卡森定性［式（3-16）］。

$$(\sigma)^{1/2} = (\sigma_o)^{1/2} + (\eta_c)^{1/2}(\dot{\gamma})^{1/2} \tag{3-16}$$

式中 σ——剪切强度；

σ_o——卡森屈服力；

η_c——卡森塑性黏度；

$\dot{\gamma}$——剪切速度。

巧克力的流变性质由卡森参数、塑性黏度 η_c、屈服力 σ_o 等定义。塑性黏度指一旦液体巧克力开始移动可保持其流动的力；而屈服力是指使液体巧克力开始大幅移动的力。塑性黏度和屈服力往往结合为一个单一的值，称为表观黏度。然而，这种简化由于具有相同的表观黏度的巧克力可以有不同的屈服力和不同的塑性黏度，会导致细节缺失。此外，对屈服力和塑性黏度的独立控制往往需要对特定的任务进行设计。

糖衣可以通过增加可可脂或植物油的混合程度，更好地控制其流动性，对糖衣来说可可脂和植物油都是很昂贵的成分，因此很少考虑使用，更好的方法是添加表面活性剂（如卵磷脂或PGPR）来降低糖衣的黏度。塑性黏度和屈服力可以通过特定的表面活性剂的使用而降低，这使巧克力制造商对可可脂的使用有更大的掌握空间。

（1）卵磷脂（PC） 卵磷脂通常是用溶剂萃取法、沉淀法从大豆、葵花籽种子或其油脂精炼副产物中提取的。常见的PC是浅棕色液体，含有约65%的丙酮不溶性磷脂和35%大豆油。大豆磷脂的化学成分见表3-20。丙酮可溶部分主要是大豆油、游离脂肪酸、糖苷和固醇；丙酮不溶性部分主要是磷脂及与磷脂结合的碳水化合物。

表 3－20　　大豆磷脂的组成　　单位:%

成分	含量	成分	含量
大豆油	35	磷脂酰肌醇（PI）	11
磷脂酰胆碱（PC）	18	其他磷脂和极性脂质	9
磷脂酰乙醇胺（PE）	15	碳水化合物（甾醇等）	12

磷脂的表面活性成分是双亲分子，具有亲脂性和亲水性能。卵磷脂（PC）的主要成分（磷脂酰胆碱）的分子结构如图 3－23 所示。磷脂分子的亲水性成分，倾向于在水相中，而两个脂肪酸链是亲脂性的，倾向于在食品脂质相。根据不同的来源，脂肪酸链可能是饱和的（棕榈酸或硬脂酸）或不饱和的（油酸或亚油酸）。巧克力和糖衣中，磷脂分子的亲水性部分定位在亲水性的糖晶体表面，脂肪酸链倾向于连续油相。

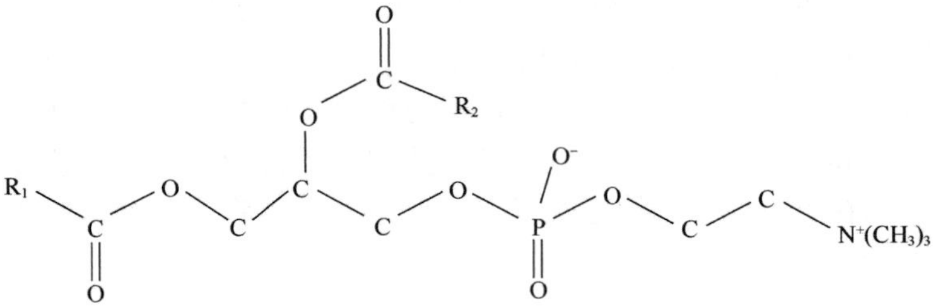

图 3－23　PC 的分子结构示意图

0.5% 的磷脂加入糖衣可以与添加 5% 的可可脂或植物油起到同样的降黏度效果。PC 能使糖衣在低脂肪含量下进行有效操作（图 3－24）。

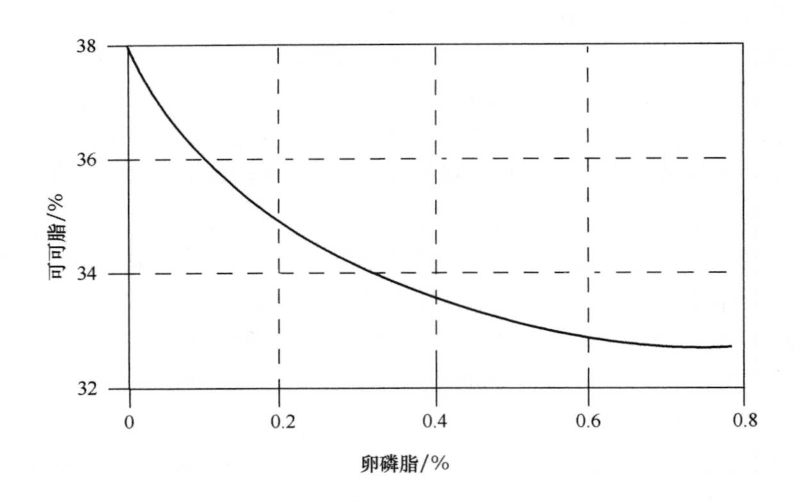

图 3－24　为维持一定黏度不同可可脂中 PC 的添加量

添加 0.6% ~0.8% PC，可使卡森屈服值和塑性黏度减少（表观黏度降低）。值得注意的是，高添加水平会导致表观黏度增加。当 PC 添加量为 0.5%，33.5% 脂肪

(1.1% 水)，巧克力中卡森屈服值开始增加，而在 0.4% PC 添加量，39.5% 脂肪 (0.8% 水) 时，巧克力的卡森屈服值开始增加。这种差异是否是由于脂肪含量和水分含量的差异导致的尚未明确。用过量的 PC 可能也会产生负面效应——巧克力软化和延长结晶时间。这是因为 PC 的化学结构与可可脂或植物油非常不同，它可以干扰油相的结晶过程。

磷脂降低颗粒内部摩擦机制的机理是巧克力和复合糖衣的水分依附于糖颗粒表面，给他们一个糖浆似的、发黏的表面，反过来，这又增加了糖粒之间的摩擦。PC 的加入，磷脂的亲水性官能团附着到糖表面，而亲油基附着到周围的油相。这使粒子更容易互相滑移而黏度降低。通过反相气相色谱研究 PC 在糖晶体界面的行动，在糖晶体表面增加 PC 可增加其表面的亲油性而减少了蔗糖的相互作用。这种影响如图 3-25 所示，PC 的降黏效果只有在含糖配方中才能看到。

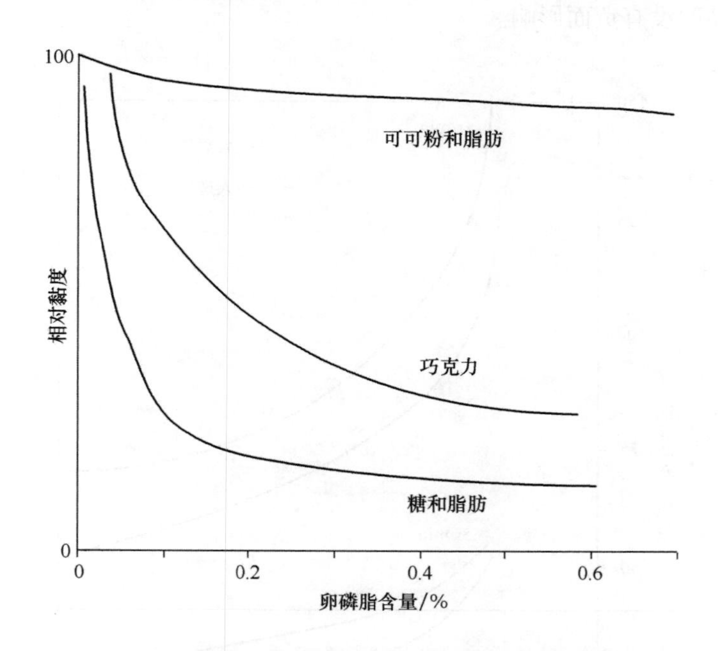

图 3-25　在巧克力中加入可可颗粒和晶糖的比较黏度特性曲线图

液态油中颗粒分散液的黏度是许多参数之一；固体分散物的性质影响黏度，包括分散相体积、颗粒大小和形状、表面特性等参数；再者，所用油的种类和微量杂质水平，尤其是那些油的表面活性参数，可以影响流量特性。对于同样程度的分散相固体颗粒，在不同的油中（无乳化剂添加），黏度是不同的。在脂肪酸的研究中，可可脂的黏度是最低的，而棕榈仁油黏度最高。大豆油和牛奶中的脂肪有中等黏度。PC 的添加总是降低黏度，但在不同油中效果各异。其黏度降低对棕榈仁油最为明显。黏度结果显示与每种油的糖颗粒沉降量的差异相一致。样品具有最高的黏度也有最高的沉降量，表明粒子的吸引力强。沉降量（黏度）的差异也可在油进行活性炭或硅土接触纯化时观察到。一般而论，油脂进行纯化后油较低的沉降量（更少聚集的颗粒沉淀更紧凑），不同脂肪间有一些差异：活性炭和硅土处理的大豆油沉降量都下降；可可脂的沉降量都没有变化；棕榈仁油，硅土处理后沉降量下降，活性炭处理后沉降量增加；乳脂的沉降量经活性炭处理后下降，而用硅土处理后增加。无论用活性炭或硅土处理油脂，都会去除一些杂质（包括水和极性脂质）。沉降量（黏度）变化时分子结构没有变化。

PC 通常是在巧克力或复合制造工艺后期添加，因为早期添加它会在研磨和混合过程中被可可颗粒吸收而失去其有效性。在某些情况下，少量的 PC 在辊炼前辅助磨削过程中加入混合原料，剩下的部分在精炼过程的终端添加，此举能在低脂肪的巧克力或复合糖衣中提供最大的液化度。PC 还具有保护糖衣免受水分和糖粒侵入（这种侵入可能发生在 60℃ 大体积物料的存储过程中）。

（2）人造卵磷脂（人造 PC）　人造 PC 是通过部分氢化的菜籽油（或其他液态植物油）甘油三酯与五氧化二磷酸结合产生磷脂酸，再用氨或烧碱中和产生的铵（或钠）盐。这些表面活性剂通常命名为人造 PC，有时也称 YNPC。它们有中性的风味，有比大豆 PC 对降低巧克力黏度稍大的作用，如图 3－26 所示，它可在比天然 PC 更高的剂量水平上对物料液黏度没有负面影响。

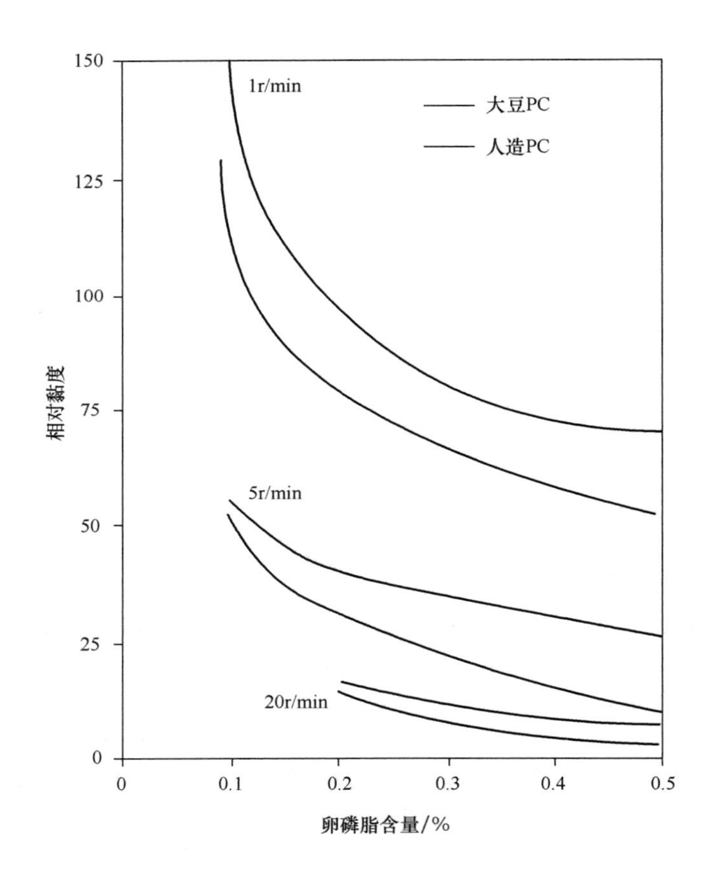

图 3－26　用 Brookfield 黏度仪比较在牛奶巧克力中加入大豆 PC 和人造 PC 在三种剪切状态下的黏度曲线图

YNPC 因水分含量的多少和过热性质降低巧克力或复合糖衣的稠度。与 PC 0.3%、YNPC 0.3%、可可脂 5% 添加到巧克力产生中整体黏度类似（见图 3－27 所示），卡森屈服力显示 YNPC 较其他方式明显较低。YNPC 降低黏度效果在非乳脂糖衣比在含乳糖衣中要低。乳脂外衣比非乳脂外衣的黏度高是由于乳液固形物、脂肪和乳化剂的相互作用的结果。这些相互作用导致其对表面活性吸附与仅含有可可脂或糖的外衣有更高的黏度。

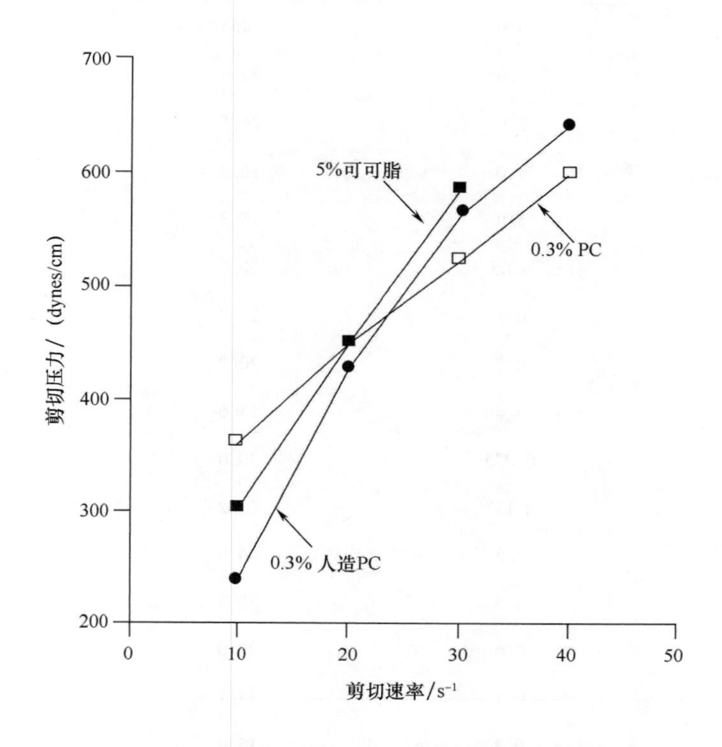

图 3 -27　PC、人造 PC 和可可脂的黏度比较图

（3）聚甘油聚蓖麻油酸（PGPR）　PGPR 是在欧洲和世界其他地方应用于巧克力和复合产业的一种表面活性剂，最近在美国也被批准使用。它在巧克力外衣的黏度性质上有独特的作用，由聚甘油与蓖麻油脂肪酸在真空下进行反应得到，无色、很少或没有气味的、可以自由流动的流体。PGPR 也被认为是巧克力和复合糖衣的一种水分清除剂，防止随着时间的延长糖衣的稠度发生变化。

它的分子结构如图 3 - 28 所示。PGPR 加入巧克力（或复合糖衣）0. 5% 或更少，可以降低糖衣的屈服值几乎为零。这种功能在巧克力成型操作中得以体现。PGPR 添加使巧克力容易流动，甚至形成无气泡的形状而绕着内含物流动。此外，它还能降低巧克力的脂肪含量和其他配方的成本。

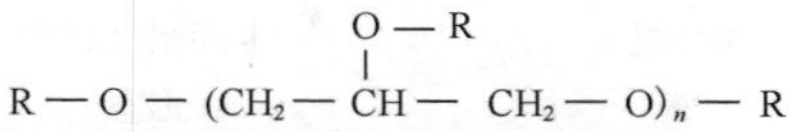

$$R-O-(CH_2-\underset{\displaystyle |}{\overset{\displaystyle O-R}{CH}}-CH_2-O)_n-R$$

图 3 -28　聚甘油聚蓖麻油酸的分子结构图

PC 和 PGPR 添加到 35. 5% 脂肪的牛奶巧克力的典型比较见表 3 - 21 所示。

表 3-21　牛奶巧克力添加可可脂，PC 和 PGPR 所得卡森塑性黏度和屈服值

添加物	添加量 /%	卡森塑性黏度（形态）	卡森屈服值 /（达因/cm^2）
可可脂	0.0	45	110
	1.0	29.8	97
	2.0	26.5	62
	4.0	16.3	58
	5.0	15.3	58
PC	0.05	30.0	79
	0.1	26.7	54
	0.2	20.0	40
	0.4	15.6	37
PGPR	0.075	30.0	86
	0.175	29.2	38.5
	0.3	26.8	22
	0.5	30.5	2.5
	0.6	32.0	2.0
PC + PGPR	0.1	14.1	34
	0.2	13.4	32
	0.3	12.7	29

牛奶巧克力中，通过添加 PGPR 可以减少屈服值到几乎为零。PC 和 PGPR 的结合也可以使塑性黏度降低（表 3-21）。在黑巧克力或半甜巧克力中，PGPR 对塑性黏度影响很小，但 0.5% 的 PGPR 添加量可以降低屈服值（表 3-22）。PC 和 PGPR 在牛奶和黑巧克力中降低屈服应力的最有效的比例为 30% PC 和 70% PGPR。黑巧克力中的PC: PGPR 50:50 时可达最低的塑性黏度值，而牛奶巧克力中 PC: PGPR 为 75:25 时可达最低的塑性黏度。由此可见，屈服应力和塑性黏度可以通过选择恰当的 PC、PGPR 比例来满足特定的用途。

表 3-22　可可脂，PC 和 PGPR 添加到黑巧克力的卡森塑性黏度和屈服值

添加物	添加量 /%	卡森塑性黏度（形态）	卡森屈服值 /（达因/cm^2）
PC	0.3	18.5	155
	0.7	17.1	221
	0.97	14.4	297
	1.3	12.4	285

续表

添加物	添加量/%	卡森塑性黏度（形态）	卡森屈服值/（达因/cm^2）
PGPR	0.0	12.9	199
	0.1	12.5	151
	0.2	14.8	82
	0.5	14.9	13
	1.0	15.9	0

PGPR也适合添加于冰淇淋外衣。另外，PGPR对脂肪相结晶的有益作用使其更容易熟成；提高外衣的质地；使货架寿命更长。

PGPR最大的作用是能减少脂肪。0.5%PC和0.2% PGPR组合使可可脂的用量降低约8%。

2. 巧克力和复合糖衣的抗起霜作用

巧克力和复合糖衣的脂肪起霜是由于脂肪晶体表面的外观引起的。一个起霜的巧克力或外衣的特点是表面光泽开始损失，接着表面呈白色或灰色模糊的外观。产品起霜有很多原因，与不良的加工条件、组成和储存环境相关。

巧克力加工时要确保可可脂形成理想的晶体形式。可可脂有几种不同晶型，其熔点范围为17～35℃，是按稳定性由低到高的顺序增加的，由希腊字母γ，α，β'和β表示。由于晶型的稳定性增加，其熔点也增加。为使巧克力有诱人的光泽，有快速熔化的特点，有必要使可可脂在高熔点时结晶仍然稳定，并有良好的收缩性。质量好的巧克力产品还需要足够的抗起霜货架寿命。巧克力起霜是多种原因造成的。

①巧克力没有正确地进行预处理。结晶时β形结晶种子集中不足，导致巧克力块产生更不稳定的β'形结晶和转变为更稳定的β形式。这种转变使巧克力外衣或巧克力棒将液体脂肪向表面挤压。即使在室温下，巧克力中也含有液体脂肪（可可脂最大固体脂肪含量约为85%），这种液体脂肪在表面以不受控制的方式结晶，成为β，β'型的混合形式，甚至成为α形式。

②巧克力存储时温度变化大，巧克力的部分熔化和再固化而导致霜的形成。此时，不受控制的再结晶发生而产生大量的霜。

③在含有花生或其他坚果等实心夹杂物的成型块状产品中，或有外衣的产品中，中心都含有一定量的软植物油或奶油，这种油可以从中心往巧克力外壳“迁移”而起霜。

④可可脂的晶体结构由βⅤ向βⅥ转换的转变，也可以导致产品起霜。

综上所述，不受控制的结晶负面影响，是产品变色和起霜的根本原因。这种现象也可在其他植物脂肪形成的复合外衣中发生。许多复合外衣脂肪（例如棕榈仁油）在β'多晶型状态下长期稳定，但仍然有可可脂在储存过程中有起霜的可能。

乳化剂还能帮助控制可可脂和其他植物硬脂的结晶速率，无论是在加工过程中还是在随后的存储和分发中，脂质晶体的微观性质无疑对液态油的流动性有影响，控制结晶率可能是抑制起霜的重要机制，另一个可能是通过乳化剂多态转换而延迟和抑制产品的起霜。

（1）山梨醇酐三硬脂酸酯（STS）　STS是一种与预防起霜有关的乳化剂。以2% STS添加到液态的巧克力中可减缓可可脂的结晶速率，从而减少最不稳定的α晶型的含量，生成稳定的β'晶型，再转变为β形式进而防止起霜。此时，STS是晶体改性剂。

STS对晶型从βⅤ到βⅥ转变也有影响。STS在阻止Ⅴ到Ⅵ转型是特别有效的，因此，可在温度循环在20～30℃之间防止起霜。6－失水山梨醇单硬脂酸酯和聚山梨酯60对可可脂预防起霜的功效都只有STS的一半。STS是一种高熔点乳化剂（0～55℃），其结构比大多数其他乳化剂与可可脂中的甘油三酯关系更密切。这是因为它与可可脂熔化结晶过程相似以及它的刚性结构可以生成βⅤ形晶格有关。

STS与可可脂共结晶而成为一种更有效的抗起霜剂。STS将脂肪储存在不太稳定的β'形式中，防止β型转变。有学者也声称，STS在以棕榈仁油为复合外衣的糕点中，作为一种很好的起霜抑制剂和光泽剂，它可以使植物脂肪的β'晶型保持稳定。

在美国不允许STS应用于巧克力生产，但STS可以在复合糖衣中使用，因为它可以使产品外表更美观、更稳定。STS在欧盟国家广泛使用。

（2）去水山梨糖单硬脂酸酯（SMS）和聚山梨酯60　SMS和聚山梨酯60［也称为聚氧乙烯（20）6－去水山梨糖单硬脂酸酯］也能抑制产品起霜（特别是在复合外衣中）。它们没有STS的作用效果好，却是已经被美国认可的食品乳化剂，它们通常联合使用，SMS作为结晶变性剂，聚山梨酯作为亲水基团，以提高唾液和辅助调味料的混熔能力。SMS的熔点54℃，可在高剂量水平加入糖衣中以提高其耐热性。SMS和聚山梨酯60至少可以添加1%到糖衣中，以提高其初始的光泽和抗起霜能力。SMS和聚山梨酯60的最佳组合比例是60:40。这些乳化剂通过单分子层结合到糖或可可颗粒的表面，因此阻止了使液态脂肪向表面并导致起霜的位移运动。

SMS（或Span 60）和聚山梨酯60（或聚山梨酸酯60）也被普遍认为可以降低脂肪结晶和速率；因此，为了形成适当的晶体尺寸，需要时进行合适的回火处理。

3. 用于糖衣的其他乳化剂

单甘酯和甘油二酯也可作为添加剂用于巧克力和复合糖衣的生产，它们常常是以纯化或馏分的产品形式使用。它们可以作为接种剂，特别是在高熔点状态下，譬如作为单硬脂酸甘油酯（GMS）的接种剂。他们通常作为抗起霜剂用于月桂型棕榈仁油复合外衣中，以延长其货架期。常用的剂量是0.5%。氢化的棕榈仁油外衣中加入1%～5%的乳甘油棕榈酸酯作为光泽增强剂可产生好的作用，它主要应用于焙烤食品的外衣。聚硬脂酸甘油酯可以比磷脂更有效地降低脂肪－糖系统的黏度、延缓结晶形成、提高光泽以及使其更好出模。

甘油一酸酯中的乳酸酯也被用在复合外衣中，因其有改善光泽和提高出模的能力。三甘油单油酸酯在复合外衣和巧克力中能提高初始光泽及光泽保持能力。三甘油单油酸酯还可作为一种起泡剂给外衣充气，给其较轻的质地以便用来填装它物。它能改善聚甘油酯、三甘油单硬脂酸酯，八甘油单硬脂酸酯和八甘油单油酸酯，月桂酸和非月桂酸复合外衣的光泽性质。这些乳化剂添加到外衣脂质中的比例可达6%。

聚甘油酯在添加水平为0.4%～0.6%时，可以加速巧克力外衣的成型。单甘酯、甘油二酯、二乙酰酒石酸单甘油酯（DATEM）、乙酰基单甘油酯和丙烯酸甘油单酯形成的复合外衣中，其黏度出现一定程度的下降。添加1.5% DATEM，可以调节巧克力或复合糖衣的黏度并提高脂肪结晶速率。DATEM 添加到全乳脂牛奶、黑巧克力和甜的糖衣中，可使黏度大幅下降。DATEM 还可作为接种剂，加快结晶速度，可得到好的颗粒，使产品具有更好的光泽。

4. 无巧克力甜食中的乳化剂

不像在巧克力或复合糖衣中，糖果的连续相不是液态的，而是糖浆“糖”，是指有营养的糖类甜味剂。正因如此，糖果中乳化剂作用是使少量的亲脂物质分散到糖的模型中起到有益的作用，这种作用包括脂肪球的分散、脂肪球疏水性体现的颜色和气味。

甜食的消费者看重的是食品的“口感”。植物脂肪和乳化剂可以提高结构和增加产品润滑度，以至于达到更好的咀嚼特性。例如，耐咀嚼的糖果中添加少量的脂肪，在加工（用高速设备）和消费（用牙齿）过程中都可以增加润滑度。一种适当的表面活性剂可以提高这种享受，同时还能降低调味料的释放。它们改善甜食的黏度特性和晶体形状。此外，甜食中脂肪扩散程度提高使转移向表面的成分减少，使变质速度延缓。

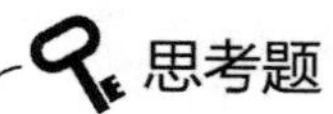

1. 什么是乳化剂的双亲结构？如何进行分类？
2. 列举三例说明乳化剂的功能及其应用范围。
3. 什么是 HLB 值？它在乳化剂的选择中起何作用？

第四章

食品专用油脂的加工工艺与装备

本章知识点

了解食品专用油脂加工过程中涉及的油脂氢化、油脂酯交换、油脂分提改性原理及其工艺与装备。

第一节　油脂的氢化

一、概述

在油脂工业中，油脂氢化是一种将氢加成到天然油脂（甘油三酯）烯键（双键）上的化学反应工艺过程。在改变甘油酯结构和组成的方法中，氢化是唯一应用于油脂制造中的单元过程。其他的方法，除少量酯化法外基本上是分离和（或）精制。

油脂氢化是油脂加工的重要组成部分。饱和程度较低的油脂，在一定条件下，通过加氢而变成饱和程度较高的油脂，即为氢化油（也称硬化油）。由此可见，自然界的所有油脂都可以进行氢化，在工业生产上主要是将液体油经过加氢转化为固体油脂（或半固体油脂）。

在加氢反应的同时会发生了不饱和键的异构化（包括位置异构和几何异构），使氢化反应变得十分复杂。此外，植物油是脂肪酸的甘油酯，在有些脂肪酸中含有一个、两个、三个或更多个不饱和键，每一双键按其在分子中位置和环境的不同，异构化和氢化的速率也不同，致使总的反应难于加氢反应。又由于油脂是由甘油三酯所组成的，脂肪酸在甘油中的位置决定了分子的物理性质，因此大豆油部分氢化至少可产生 30 种不同的脂肪酸，包括经部分氢化的亚麻酸、亚油酸及油酸的顺反异构体等，因而至少可存在 4000 种不同的甘油三酯。

氢化后的油脂，提高了熔点、改进了品质、扩大了用途、便于运输和储存。目前氢化油产品已广泛用于肥皂用油、工业用油及食用油脂工业上，包括将液态油转变为硬脂或塑性脂，把软脂转变成硬脂，提高因氧化或回味而引起油脂变质的抗氧化能力；促使各种油脂之间有高度的互换性。大规模使用氢化技术最明显的效果是使液态油（如棉籽油、大豆油、低芥酸菜籽油及其他植物油和某些海产油）可以充分地代替原先的肉类脂肪，作为烹调、焙烤和煎炸的塑性脂肪使用。

油脂氢化发端于1897—1905年间，当时由Sabatier和Senderens进行的传统研究证实，在简单的设备中，使用镍作催化剂氢化不饱和有机物具有可能性。

事实上，Sabatier的氢化实验只是在气相中进行的，因此这种方法还不能直接用于难以汽化的甘油三酯。1903年Normann获得油脂液相氢化技术的专利。在1906年（或更早），Normann将专利权转移给英国的Joseph Crossfield & Sons公司以后，氢化技术才开始应用于小规模处理鲸油。然而氢化技术的应用在美国得到了广泛的发展，因为美国拥有大量的棉籽油急待加工开发，氢化技术可以将棉籽油变成美国人传统习惯所需的塑性食用脂肪。

1909年美国的Procter－Gamble公司获得Crossfield公司的专利权，并于1911年将其氢化棉籽油制成Crisco牌起酥油投放市场。由于这种新产品在销售经营上具有活力而取得成功，从而引起美国其他厂家的浓厚兴趣。后来法院判决Burchenal专利无效，这才为厂家制造类似产品提供了可能。实际上美国现在每一个起酥油和人造奶油厂家、世界上其他地区大多数人造奶油制造厂以及许多非食用油脂加工厂都在采用氢化技术。

氢化反应需用催化剂，虽然现在有使用如亚铬酸铜等作催化剂的，但工业氢化所用的催化剂基本上由镍组成。少量的铜、氧化铝、铬及其他物质也可掺入镍中起到助催化剂的作用。有时在连续氢化中采用粒状催化剂，但大多数氢化却是采用一种或多种金属经特殊方法制成的粉状催化剂，这些金属粉常用会降低其活性，但在大多数情况下失活是缓慢的，一批催化剂装料后可使用多次。

为了进行氢化反应，必须在适当的温度下，将气态的氢、液态的油及固态的催化剂进行充分的接触。常见的氢化设备是一个密闭的充满氢气的容器，通过搅拌催化剂和油的悬浊液而使反应发生。既促使氢气易于溶解在油中，又可连续更换催化剂表面上的油。氢气和其他气体在油中的溶解度随温度和压力的增加而线性增加。

氢化的速率取决于温度、油的性质、催化剂活性、催化剂浓度和搅拌速度。氢化产物的组成和性质将随被氢化双键的位置以及伴随反应的某些异构化的影响而有所变化，而且更依赖于氢化的条件。

虽然上述情况仅涉及甘油酯的氢化，但氢化方法同样适用于脂肪酸、非甘油酯的酯类及其他不饱和脂肪酸的衍生物。

油脂的氢化可以得到更具氧化稳定性的产品，并可将一般的液态油变成半固态脂或固脂，使之具有符合特种产品要求的熔化特性，以它为基料可制造出众多的产品。要制造出与所需特性一致的产品，必须严格控制反应参数。更应了解的是，在反应性质确定之后，改变反应条件对氢化特性的影响。

二、 氢化的原理

（一） 氢化机制

不饱和碳—碳双键氢化的基本化学反应见式（4－1）。

$$—CH{=}CH— + H_2 \xrightarrow{催化剂} —CH_2—CH_2— \quad (4-1)$$

从其反应式看来似乎十分简单，但实际上反应是极其复杂的。如上述反应所示，只有当三个反应物即液体不饱和油、固体催化剂和气体氢共处在一起时，氢化反应才能进行。

体系的三相——气相、液相和固相一起送入一个带加热及搅拌的反应器中，其间充满加压的氢气。反应发生前氢气必须溶于液相中，因为只有已溶解的氢才是能发生起反应的氢气，然后这种氢通过液相扩散到固体催化剂的表面。一般而论，至少有一种反应物必须被化学吸附到催化剂的表面上，但是不饱和烃与氢之间的反应是经过表面有机金属中间体而进行的。催化剂表面的活化中心具有剩余键力，与氢分子和甘油三酯分子中双键的电子云相互影响，从而削弱并打断H—H 中的σ键和 C═C 中的π键，形成氢—催化剂—双键不稳定复合体（如图 4-1 所示）。在一定条件下复合体分解，双键碳原子加成，生成半氢化中间体，然后再与另一个氢原子加成饱和，并立即从催化剂表面解吸，扩散到油脂主体中，从而完成氢化过程。

半氢化中间体在完成加氢饱和的同时，还可能通过以下三种途径恢复反应产物的原结构或形成各种异构体（如图 4-2 所示）。

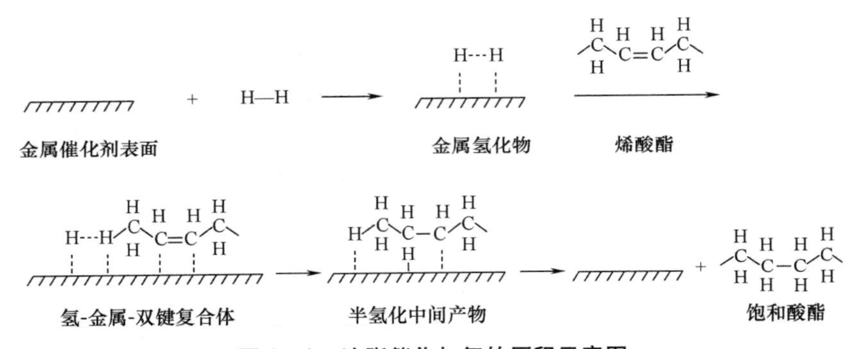

图 4-1　油脂催化加氢的历程示意图

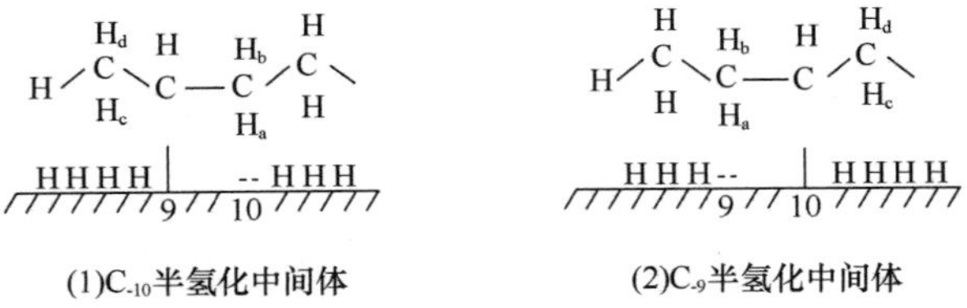

(1)C_{-10}半氢化中间体　　(2)C_{-9}半氢化中间体

图 4-2　氢化过程中异构体形成示意图

（1）若氢原子 H_a 脱氢回到催化剂表面，恢复原双键或解吸，则恢复底物原结构；

（2）若 C_{-10}（或 C_{-9}）上的氢原子 H_b 脱氢回到催化剂表面，则生成反式异构体；

（3）若 C_{-8}（或 C_{-11}）上的氢原子 H_c（或 H_d）脱氢回到催化剂表面，则产生 Δ^8（或 Δ^{10}）位置（或反式）异构体。

通常，多相反应包括以下一系列的步骤：①反应物扩散到催化剂表面；②吸附；③表面反应；④解吸；⑤产物从催化剂表面扩散出去。

脂肪酸碳链的每一个不饱和基团，都能在油脂主体与催化剂表面之间向前或向后移动，这些不饱和基团能被吸附于催化剂表面。被吸附的不饱和基团能和氢原子作用形成一种不稳定的络合物，这就是被部分氢化了的双键。有些络合物可与另一氢原子反应，从而使双键完全饱和。如果络合物不与另一氢原子反应，则氢原子就会从被吸附的分子中脱出，而形成新的不饱和键。无论是饱和键还是不饱和键都能从催化剂表面解吸出去，并扩散到油脂的主体中。这样不仅有一些键被饱和了，而且某些键可被异构化而生成新的位置异构体或新的几何主体异构体。

当多不饱和脂肪酸碳链的一个双键被氢化时，也将发生类似的一系列步骤，同时也发生异构化反应，至少有部分双键被异构成新的位置异构体。一个被亚甲基将两个双键分开的二烯烃在催化剂表面反应时，一个双键被饱和之前第二个双键可能产生共轭化，而已共轭的二烯烃在再次被吸附和部分饱和之前，可从催化剂表面解吸进入油的主体。

如果氢化含有单烯、二烯或多烯的混合物，则在不同的不饱和体系之间将对催化剂表面展开竞争，用简单的数学概率，高度不饱和油脂的一个烯键将优先从油中吸附到催化剂表面上，异构化和（或）氢化，然后解吸并扩散至油的主体中去。只要二烯或多烯在油中的浓度不是很低，它们就会一直被优先吸附，然后单烯才能被吸附并产生反应。因为被氢化油的分子是由混合脂肪酸所组成，所以氢化反应的选择性是很重要的。

（二）选择性

食用油脂工业中，将“选择性”用于氢化反应及其产物时有两种含义。按 Richardson 等人原先定义，选择性是亚油酸转变为单烯酸的转化率与单烯酸转变为硬脂酸的转化率之比，目前一般解释为二烯键转变成一烯键与一烯键转变成饱和键的比率，这也就是所谓的化学选择性，因为它是化学反应速率的比率。选择性的另一含义则用于催化剂。如果说某催化剂有选择性，则它可产生一种在给定碘价（IV）下具有较低稠度和较低熔点的油脂。因为这些描述都没有严格定量的性质，因而选择性的定义有些含糊不清，一些被一部分人称为选择性的催化剂，可能被别人称为其他的名称。由于这两种选择性都不可能以任何精度测出，因而此术语仅可用作相对比较。

1949 年 Bailey 曾提出下列模式，用以测量亚麻籽油、大豆油及棉籽油间歇氢化时，每一氢化步骤的相对反应速率常数。

$$\text{亚麻酸} \begin{cases} \nearrow \text{亚油酸} \searrow \\ \longrightarrow \\ \searrow \text{异亚油酸} \nearrow \end{cases} \text{油酸} \longrightarrow \text{硬脂酸} \qquad (4-2)$$

Bailey 根据式（4－2）认为每个反应均系一级不可逆反应，因此在导出的动力学方程中，将每一种酸基的浓度都表达为时间的函数，经过运算就可得出相对反应速率常数。而亚油酸转变成油酸的反应速率常数与油酸转变成硬脂酸的反应速率常数之比值，即是反应的选择性。如果此比值大于或等于 31，则称为选择性氢化，如果低于 7.5 则为非选择性氢化。然而由于计算反应速率常数十分麻烦，故很少用它来进行定量测定。

因为当一个双键被氢化时，三烯酸（亚麻酸）将产生几种不同的二烯酸（异亚油酸），而这些二烯酸混合物的氢化速率差别甚小，因而可包括在同一项中。此外将 2mol 氢加入亚麻酸中没有发现直接产生油酸，所以可从模式中将并列反应的支路除去；又因为形成的几何异构体和位置异构体几乎具有相同的反应性，故可不再放入模式中。因此，反应模式可被简化为式（4 -3）。

$$亚麻酸\xrightarrow{K_1}亚油酸\xrightarrow{K_2}油酸\xrightarrow{K_3}硬脂酸 \quad (4-3)$$

这是 Albright 1965 年提出的更为简单的反应程序。K_1表示亚麻酸氢化转变成亚油酸反应速率常数；K_2表示亚油酸氢化转变成油酸的反应速率常数；K_3表示油酸氢化转变成硬脂酸的反应速率常数。所谓选择性比或选择性系数（SR），是 K_1/K_2或 K_2/K_3等氢化反应速率之比，也就是用数字来表示的选择性。

运用这样的计算值（K）来计算 SR 是复杂的，必须用计算机进行，但由生成物的对比作图得出的 SR 值则比较简单。如从反应所增加的硬脂酸含量（$S-S_0$）与比值 L/L_0（氢化后亚油酸含量/氢化前亚油酸含量）作图如图 4 -3 所示。

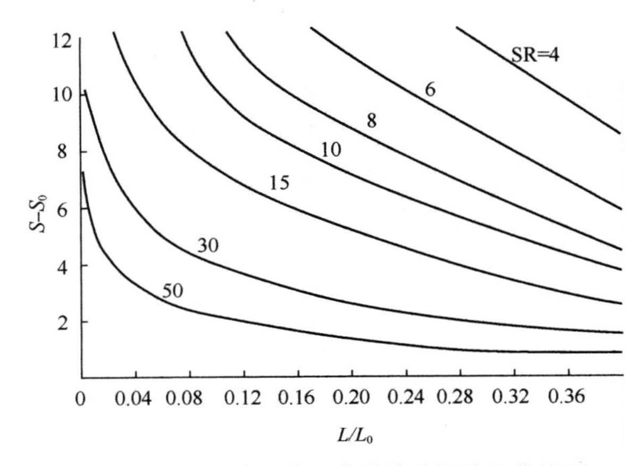

图 4 -3 以脂肪酸的组成计算选择性比曲线图

从图 4 -3 可见，当 L/L_0缓慢降低，而（$S-S_0$）缓慢增加时，即油酸氢化成硬脂酸很少，证明其选择性高，SR 为 50。当 L/L_0缓慢降低，而（$S-S_0$）迅速增加时，则证明选择性极低，如 L/L_0至 0.28，而（$S-S_0$）已增加到 12% 时，SR 为 4。

大多数用于工业氢化条件（34.5 ~345kPa 和 125 ~215℃）下的工业催化剂，其 SR 值为 20 ~80。表 4 -1 为棉籽油在特定条件下，用三种不同的催化剂将其氢化到碘价为 75gI/100g 时的有关数据。由于 SR 不同，三种产品的脂肪酸组成和固体曲线也不同。其中一种产品的硬脂酸最多者，选择性最低，其固体曲线最高而且稍平；硬脂酸最少者，选择性最高。

表 4 -1　　棉籽油氢化到碘价 75gI/100g 的结果　　单位：%

催化剂	1	2	3
棕榈酸	21.8	21.8	21.8
硬脂酸	3.6	4.0	4.8
单烯酸	62.3	61.8	61.4
二烯酸	11.6	11.7	11.3
反式酸	37.8	35.7	36.6
SR	60	50	32

注：棉籽油氢化操作温度 204℃，氢化压力 137.9kPa（表压）。

油脂氢化时脂肪酸的不饱和程度愈大，则氢化速度愈高，例如亚油酸加氢转化到油酸的氢化速度比油酸加氢转化到硬脂酸的氢化速度快 2 ~ 10 倍。当不同程度的不饱和的混合脂肪酸进行氢化时，在混合脂肪酸中的氢化速度差别很大，例如在高温条件下大豆油用镍催化剂进行氢化，亚麻酸、亚油酸和油酸的双键氢化的速度常数比平均值见式（4 –4）：

$$亚麻酸:亚油酸:油酸 = 30:20:1 \tag{4-4}$$

上述的选择性，忽略了在氢化期间形成的所有异构体，亚麻酸可以生成具有两个隔离双键的二烯异构体，这些异构体同单烯一样被氢化，但又将当作二烯来分析，大量的单烯、二烯键位置异构及几何异构，其氢化速率可能也不相同。因为总反应速率常数是氢化期间形成的各种不同异构体的全部氢化速率常数的平均值，所以总反应速率常数在反应期间可能有所变动。

同时，上述所讲的选择性未考虑累积“毒素”对催化剂的影响，因油或气体中的毒素可能改变 SR。当重新使用催化剂时，催化剂的 SR 会发生改变。

（三） 反应级数和反应速率

油脂氢化过程中，很难对整体反应确定准确的级数。在大多数固定压力的条件下，氢化接近于单分子反应特性，其中任何瞬间的氢化速率都大致与油的不饱和程度成正比。然而，由于氢化工艺条件不同，其反应特性各异。

图 4 –4 所示为棉籽油的各种典型的氢化曲线。图 4 –4 中以油脂碘价的对数值对氢化时间作图。当按此作图时，真正的单分子反应，其碘价与氢化时间的关系几乎是一条直线（B 线）。在通常的压力、搅拌、催化剂浓度和中温或低温（低于 150℃）的氢化条件下，常可得到类似于线 B 的曲线。而在较高温度下，氢化曲线的形状类似于曲线 C，因为提高温度，对初期氢化加速的程度比对后期大得多，亦即加速亚油酸转化为油酸，比加速油酸转化为硬脂酸的程度大得多。在曲线 A 的情况下，氢化更接近于线性速率，这种曲线常得自氢化较饱和的油脂，如牛油或棕榈油。当用低压、高浓度催化剂氢化时，有时亦能得到这类曲线，此时氢化速率取决于氢气在油中的溶解速率。曲线 D 表示较高温度下的氢化情况（或所用催化剂的浓度很低，或在反应期间催化剂产生累积缓慢“中毒”的条件下氢化的结果）。曲线 E 表示用一种本身已“中毒”的硫酸镍作催化剂的氢化情况，在其反应的后期催化剂几乎完全失去作用。在催化剂迅速“中毒”时也会得到类似的曲线。其反应的简约模式如式（4 –3）所述为：

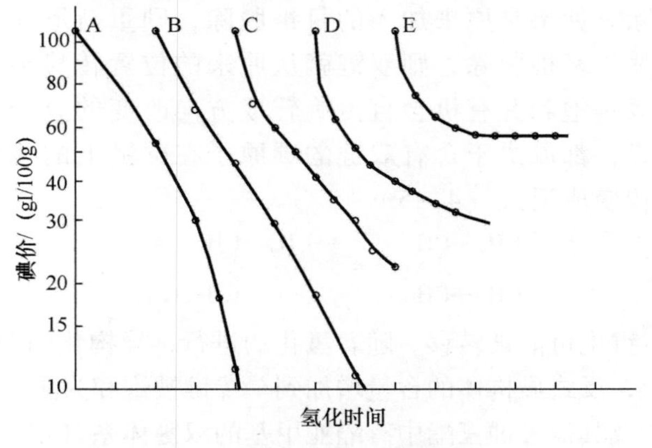

图 4 –4 典型的棉籽油氢化曲线

$$亚麻酸 \xrightarrow{K_1} 亚油酸 \xrightarrow{K_2} 油酸 \xrightarrow{K_3} 硬脂酸$$

这只是氢化反应总体的近似情况。一级反应的反应速率常数可以算出。图4－5所示为实验所得的点，其中氢化大豆油的组成用反应速率常数计算所得，反应速率常数系以实验数据用数字计算机算得，对此反应二者有很好的一致性。由计算所得的速率常数可知，亚麻酸氢化比亚油酸快2.3倍（K_1/K_2），而亚油酸氢化比油酸快12.3倍（K_2/K_3）。

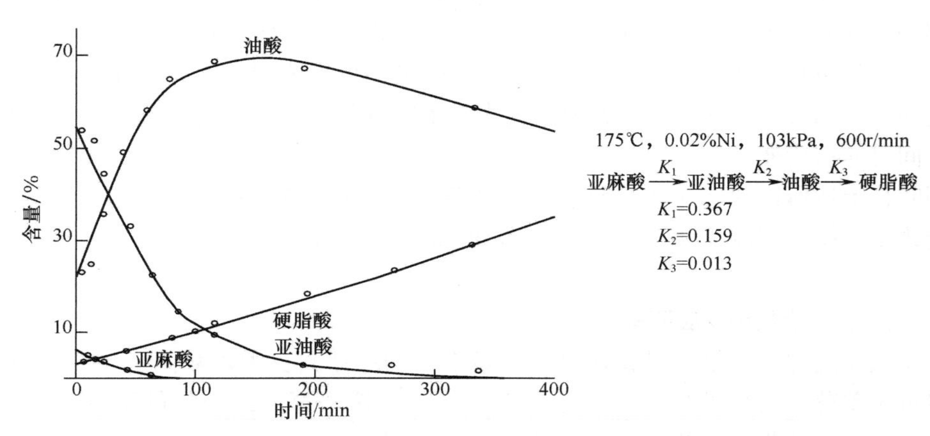

图4－5　大豆油氢化时各脂肪酸随时间变化的曲线图

（四）异构化

油脂氢化过程是在催化剂和氢气存在下，与油脂发生一系列化学反应的总和。当油脂被吸附于催化剂表面时，氢原子结合到不饱和脂肪酸的双键上，即起氢化作用。因此，双键既可被饱和，也可以产生异构化。对于部分氢化油脂的产生，位置异构体及几何异构体二者都有形成，而且均十分重要。

油脂与氢原子反应时，生成位置异构体和几何异构体，基本上均按吸附、表面反应、解吸机理，在催化剂表面形成。当双键被吸附到催化剂表面上时，首先与一个氢原子起反应，由此产生一个十分活泼的中间体，然后另一个氢原子又可加入到相邻的位置上，接着被解吸成一个饱和分子。如果没有一相应氢原子与之反应，则可被催化剂从碳链上脱除一个氢原子。由于在“活化中心”两侧的氢均是活化的，因此两者均可被脱除。如果是原来加入的氢被脱除，则重新形成原来的双键，分子就被解吸。如果是另一氢被脱除，则双键就从原来的位置转移到相邻的位置。一个氢原子添加使部分双键饱和并有机会自由旋转成方向改变的分子几何异构体。不管是形成顺式还是反式，都取决于含有双键的碳原子在碳链上的几何位置。在原来位置上的双键也可能转变成反式（4－5）。

$$\begin{matrix} —CH_2—CH \\ \| \\ —CH_2—CH \end{matrix} \rightleftharpoons \begin{matrix} —CH_2—CH \\ \| \\ CH—CH_2— \end{matrix} \qquad (4-5)$$

在新位置上的双键也可能被转移。随着氢化的进行，异构化的双键倾向于沿着碳链转移到更远的位置上，反式异构体的含量增加到单烯键被饱和为止。

亚油酸、亚麻酸及其他甘油三酯中有隔亚甲基的双键体系（戊二烯结构）中，会经历异构化过程。由于双键之间亚甲基上的氢很不稳定，当戊二烯接近催化剂时，亚甲基上的一个氢原子可被催化剂脱除，从而造成一个双键转移至共轭位置，一个氢原子加入到共轭体系末端的碳原子上。当双键转移时它可以是顺式或反式（反式为主导）。共轭体系被牢固地化学吸附在催化剂表面上，因此它能非常迅速地被氢化成单烯键，然后被解吸，所以保留的双键可能既有顺式也有反式，也可由原来的位置转移到另一位置。例如，顺-9，12-十八碳二烯酸酯氢化得到9、10、11、12顺式和反式的单烯，其中大多数反式都在10、11的双键上。

反式十八碳单烯酸（43.7℃）比顺式十八碳单烯酸（16.3℃）的熔点高很多，但比起饱和的甘油三酯（69.6℃）低很多，在任何给定的温度下，脂肪的固体脂含量取决于这些或其他甘油三酯的分布。在一定温度下，反式与顺式的含量比例是确定氢化油脂熔化曲线斜率的主要依据。

油脂氢化碳链上发生的双键顺式迁移和反式异构体，对氢化油的熔点影响很大，这种情况从表4-2中的数据可知。

表4-2 十八碳一烯酸异构体的熔点

双键位置	熔点/℃	
	顺式异构体	反式异构体
6-7	35	54.0
7-8	14	45.5
8-9	24	52.5
9-10	16.3	43.7
10-11	22.5	52.5
11-12	14.5	44.0
12-13	27.5	52.5

三、影响氢化的因素

油脂氢化过程受诸多因素影响，就其加工条件而言，主要是反应温度、压力、搅拌速度和催化剂浓度。当然，油的种类和催化剂的种类，也对氢化产品有决定性作用。但对于同一类的油脂和催化剂，可根据所需产品的类型来变更反应参数，以求获得更接近所需产品要求的效果。虽然这些反应参数之间互相关联，但为了更好的了解这些条件的影响，对其分别进行讨论。

（一）温度的影响

氢化和其他化学反应一样，反应速率随温度升高而加快。温度对氢化反应速率的影响略小于对一般反应的影响。但是，如果改变其他反应条件（如压力、搅拌等），其影响结果会发生不同程度的变化。

如图4-6所示，实验所用原料是碘价130gI/100g的大豆油，氢化压力（103kPa）及催化剂种类（Ni）和浓度（0.005%）相同条件下，改变反应温度对大豆油氢化反应速率的影响结果。从图4－6中可以看出，碘价达到80gI/100g时，在204℃下氢化，需要65min左右（曲线A），在160℃下则氢化需要将近110min（曲线B）。

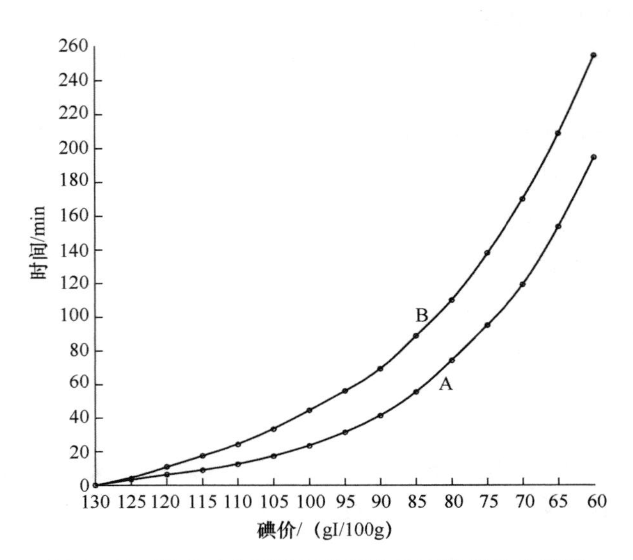

图4－6　温度对大豆油氢化反应速率的影响曲线图

温度对氢化反应速率的影响，是反应过程中的主要因素之一。温度升高增大了氢气在油脂中的溶解度，加快了在催化剂表面的反应，使氢化反应速率加快。

氢化反应是放热反应，一般的植物油氢化时，每降低一个碘价单位能使油温升高1.6～1.7℃。这种氢化热在工业上用于向氢化反应器供热。当反应物被加热到某一温度时就导入氢气，用反应热把反应物加热到氢化过程所需要的温度，以充分利用过程中的热能。

温度对先行的和反式的异构体的选择性有明显的影响。它是两个原因共同作用的结果：①各种氢化反应活化能的不同；②在较高温度下增加反应速度而引起氢的不足。图4－7反映了这一点。图4－7中比较了在160℃（曲线A和C）和204℃（曲线B和D）下氢化时，碘价为70～85gI/100g的固脂熔化曲线。

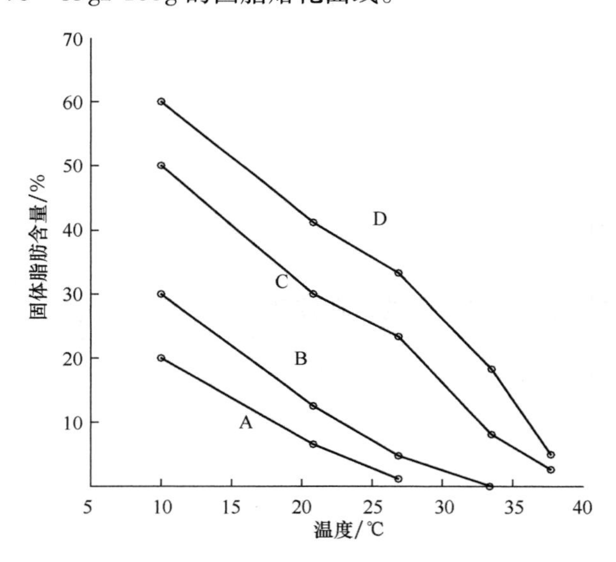

图4－7　反应温度对大豆油固体脂肪含量的影响

曲线A和C在160℃、103kPa、0.005%Ni，A－碘价85gI/100g，C－碘价70gI/100g；
曲线B和D在204℃、103kPa、0.005%Ni，B－碘价85gI/100g，D－碘价75gI/100g

温度对氢化过程中的异构化也有影响。随着反应温度的升高，反式不饱和物的生成量几乎呈直线上升。原因是只提高温度而无其他条件配合，虽然有更多的氢供给到催化剂表面，但因反应极快，催化剂上的氢仍可能部分被耗尽，致使较高温度下异构化成分增加。

（二）压力的影响

大多数油脂氢化是在氢气压力下进行的，氢气压力一般为0.07~0.4MPa（表压），目前国内间歇式氢化压力一般为0.1~0.5MPa（表压），连续氢化（悬浮催化剂）压力为0.5~1.0MPa（表压），氢化压力的变化对氢化油有重要的影响。

氢气在植物油中的溶解度，随压力和温度的升高而增加。对某一指定的油脂氢化过程，在温度、搅拌、催化剂种类和浓度相同的条件下，当压力成倍增加时，溶解在油中的氢气量也成倍增加。例如氢化温度为200℃，表压为0.207MPa的条件下，氢在油中的溶解度为0.216标准升/kg油，而在相同温度下，表压为0.414MPa时，氢在油中的溶解度为0.432标准升/kg油。因此，升高氢化压力，可以加快氢化反应速率。如图4-8所表示压力对处于两种不同温度下豆油氢化速率的影响。

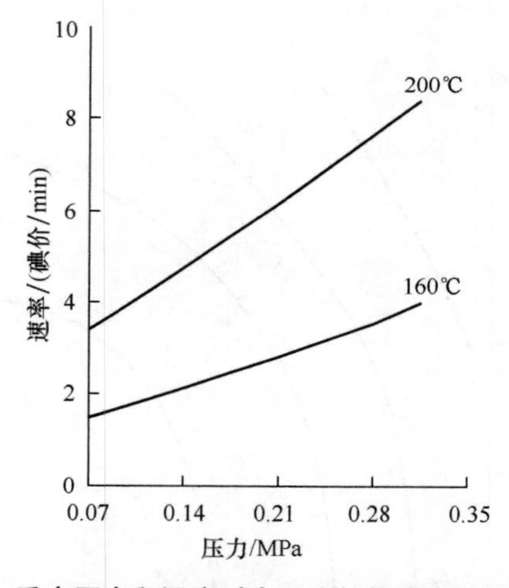

图4-8　反应压力和温度对大豆油氢化速率的影响曲线图

氢化压力对异构化的影响是有限的，在较高压力下异构化增长的速率较小。在低压下，溶于油中的氢并未覆盖催化剂的表面，但在高压下，特别是在低温下，增大压力并不能改变异构体的形成。因为在此条件下催化剂表面已被覆盖，而且压力已高至足以供给为增加氢化速率所需的全部氢气，但不改变异构化的速率。

压力对选择性比（SR）的影响，在较高压力下SR的增长速率，比在较低压力下的增长速率小，这也是由于被溶解的氢在催化剂表面上的浓度，即反应的有效氢所引起。

（三）搅拌的影响

油脂氢化是在液体不饱和油、固体催化剂和气体（H_2）共处时发生的非均相反应。氢化过程包括以下几个阶段——氢在液相中的溶解；已溶解的氢在液相范围内的质量传递；已溶解的氢从催化剂周围液体的边界层向催化剂表面扩散；氢从催化剂粒子外表面向催化剂微孔表面扩散；甘油三酯向催化剂粒子外表面和内表面扩散；反应物分子在催化剂上的化学吸附；在催化剂表面上的化学反应；液体边界层内反应产品在催化剂上的吸附；在液相范围内反应产品的质量传递。

油脂多相氢化不仅包含几个连续的和同时发生的化学反应，而且还包含气体和液体在固体催化剂表面上传入和传出的传质物理过程。因此反应物必须进行搅拌。为了控制温度，搅拌必须使传热均匀。搅拌还应保持固体催化剂在整个反应物中悬浮，以使反应均匀。搅拌的形式可以是机械搅拌，也可以是将具有一定压力的氢以特定的形式连续不断地鼓入液体不饱和油和固体催化剂的混合物中，从而进行搅拌。

在低温氢化过程中，高速搅拌对氢化速率的影响比较小。因为在缓慢的反应速率下高速搅拌已把足够的氢供到催化剂上，这时再增强搅拌已不会改变氢的供应量。但在高温氢化下，氢化速率将随搅拌的变化而迅速变化，所以此时氢气的供应将限制氢化速率。搅拌对反应的选择性比（SR）有很大的影响。如图4－9所示，搅拌速度越高，SR越低，因为如果有足够的氢供应到催化剂表面上，选择性就下降。同样，随着搅拌的增强异构化也减少。

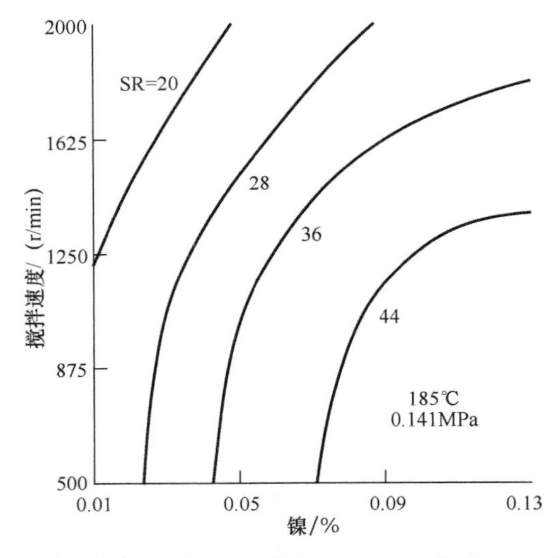

图4－9　搅拌和催化剂对大豆油氢化选择性比（SR）的影响曲线图

（四）催化剂（浓度）的影响

油脂氢化只有在催化剂存在的条件下才能实现。催化剂能引发和加速油脂氢化反应速度，就是说，没有催化剂存在，油脂加氢的反应是不能实现的，在极高的温度和极高的氢气压力下也不能实现。因此，催化剂对油脂氢化不可或缺。

在食用油脂氢化过程中，催化剂的主要功能是加速实现氢加成到油分子的双键上。可是，在油脂氢化时，活性金属催化剂首先与油中能使催化剂失活的物质作用而消耗，直到与油中所有的催化剂毒物作用完全，这称为“临界值影响”。一旦达到这种临界值水平，继续添加催化剂，即继续增加催化剂浓度，会加速反应。然而催化剂浓度可以在很宽范围内变动，在实际生产中从经济上考虑，要求使用最少量的催化剂达到快速反应，这一目的可以通过加速搅拌来实现。

如图4－10所示，是催化剂浓度对大豆油氢化速率的影响。在氢化温度和压力相同时，增加催化剂浓度能使氢化速率相应增加，然而当不断增加催化剂的用量时，氢化速率最终将达到某一数值而不再增加。增加镍催化剂用量可减少反式不饱和物的生成，但影响不大。

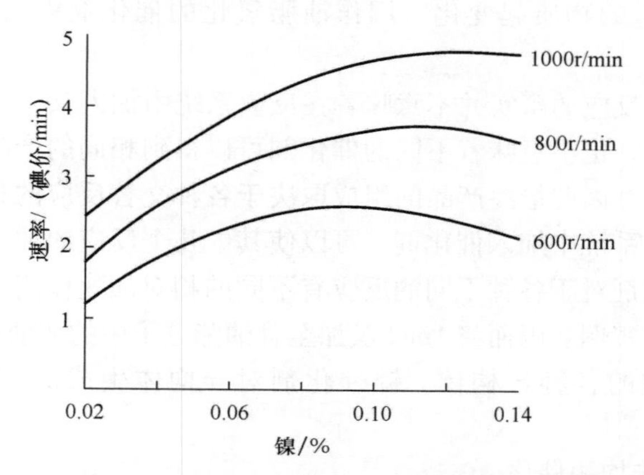

图4－10　催化剂浓度对大豆油氢化速率的影响曲线图

根据活性情况，如果搅拌充分，催化剂浓度对氢化的选择性没有明显的影响。

不同类型的催化剂对氢化的选择性有一定影响。常用的多相催化剂选择性的强弱如式（4－6）。

$$Cu > Co 或 Pd > Ni 或 Rh > Pt \qquad (4-6)$$

选择性大表示其吸附能力强，但其反应速度相应降低。镍催化剂氢化亚麻酸与亚油酸的选择性比约为2～2.3，改变氢化条件并不改变这个比值，显然二烯和三烯也以同样的机理氢化。第三个双键的存在，使三烯中的一个双键比二烯中的一个双键具有双倍氢化的机会。然而，当用亚铬酸铜作催化剂氢化大豆油时，发现亚麻酸的选择性比是8～12。

亚铬酸铜催化剂的作用与镍催化剂有些不同，可以得到更高的亚麻酸选择性比。显然，在催化剂表面上亚铬酸铜催化剂使带三烯的亚麻酸酯共轭化。共轭化后的三烯要比原来亚麻酸酯更容易反应，氢化约加快200倍，因而共轭三烯在产品中不能累积。共轭三烯从催化剂表面上解吸之前已被氢化成共轭二烯。共轭二烯又进一步被还原为单烯，而单烯不会再被催化剂还原为饱和产品，因为用这种催化剂氢化的烯必须含有两个或多个双键。

这种催化剂还能使共轭体系的异构化延伸，而镍、铂或钯并无此特性。异构化可延伸到末端位置，因为在氢化后的产品中发现相当数量具有末端双键的单烯。特别是在低温条件下也有一些共轭二烯残留在油中。异构化反应速率要比二烯氢化为单烯更快。

四、催化理论

（一）概论

1. 催化剂的定义

催化剂是一种能改变化学反应速率的物质，但不影响反应的能量因素，其本身在反应中并不被消耗。恰当地讲，催化剂不能引起反应，而只能加快反应速率。在很多例子中，包括油脂的氢化，没有催化剂存在反应速度几乎为零，因此催化剂是反应系统的必要因素。

催化剂的持久性或自动再生性十分重要。虽然在反应过程中催化剂能和反应物产生暂时的结合，但这种结合是不稳定的。在反应完成时催化剂和反应物必然要分开，回复至催化剂的原来形式。因此催化剂可以不断重复地用于反应，而且用少量的催化剂可以使大量的物质起变化。用作油脂氢化的催化剂镍的用量不超过油脂重量的万分之几。

催化剂不能引起反应的事实并不意味着在反应系统中加入某一种催化剂对于产品的组成没有一定的影响，也不意味着不同的催化剂可以得到相同的产品。在很多情况下反应有很多交替的过程，因此最终产品的组成取决于各种交替反应的相对速度。在很多不同的反应同时发生的系统中加入催化剂，可以使其中几个反应的加速程度大大超过其他反应，而且各种催化剂对于各种不同的反应有不同的相对加速作用。油脂氢化反应就是催化作用这一特性的实例。因而将1mol氢加至甘油酯分子中的亚油酸链上，可能生成油酸，也可能生成油酸的各种异构体。镍催化剂对异构体生成的作用比其他催化剂大得多。

2. 均相催化与非均相催化

均相催化和非均相催化的区别在于：均相催化剂与反应物形成同一个相，非均相催化剂在反应区域内形成独立的相，也就是说非均相催化剂和反应物具有不同的物理状态。非均相催化剂多为固体。

在均相催化中，催化剂均匀地分散在整个反应系统中，以单个分子的形式起作用，因而不存在催化剂物理结构或表面现象的问题。在均相催化系统中，催化剂的作用可以简单地由催化剂的化学组成及其在系统中的浓度来决定。在其他各因素固定的情况下，一定组成的均相催化剂的效果，可以根据其浓度准确的预测。

非均相的固体催化剂与反应物相互作用形成表面化合物提高反应能力。其作用不仅取决于其化学组成，而且在很大程度上还取决于其表面积的大小及性质，以及其表面的亚微观性质，这种情况使这种催化剂的研究及控制十分困难。

非均相催化是一般工业中最重要的，在食用油脂氢化中全部采用非均相催化剂。对油脂氢化均相催化剂目前还没有商业价值，这主要是因为法规和环境的原因，而不是不符合科学规律。法规允许使用均相催化剂，必须能够完全从产品中去除。生物酶催化剂是未来油脂氢化的希望所在。

3. 催化作用与活化能

在特定的温度下，催化或非催化的化学反应都不能在瞬间内发生，这主要是由于分子的能量分配方式所致。在任何瞬间只有少量的反应物分子处于足够高的能量水平。一定反应所需的临界能量称为活化能，可用图4－11中的阻碍反应的势垒高度来表示。

图4－11中（a）为未加催化剂，（b）为加了催化剂。降低的活化能 $\Delta E = E - (E_1 + E_2)$。催化剂的存在改变了反应的历程，降低了反应的活化能，因此可使反应速率加快。化学反应速率式（4－7）

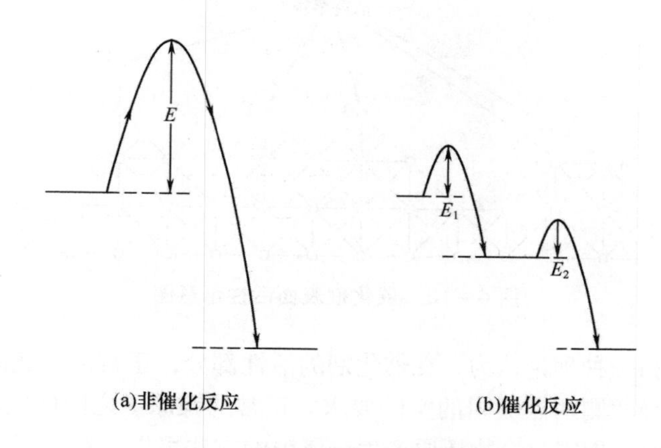

图 4-11　活化能改变示意图

$$v = Ae^{-E_{act}/RT} \tag{4-7}$$

式中　A——频率或指前因子；

T——热力学温度；

E_{act}——活化能；

R——气体常数。

A 看作涉及油分子上不饱和双键氢分子之间碰撞产生饱和双键的可能性。根据式中指数的特征，只要 E_{act} 有微小的改变，对 v 就有很大的影响。若一反应在 300K 下活化能为 209.2kJ（50kcal）活化能降低 10% 可使反应速率增加 4400 倍；即使降低 1% 也可使反应速率增加 2.3 倍。

油脂氢化通过催化剂降低活化能来增加反应速率。在反应过程中催化剂将反应分成两个连续的阶段：催化剂先和反应物结合成不稳定的中间络合物，然后这种中间络合物再分裂成为新的产物及游离的催化剂。形成中间络合物需要的活化能比没有催化剂时需要的活化能低。第二步的 E_{act} 通常比第一步需要的更小。因此，第一步一般决定着反应的速率。

（二）催化剂的结构理论

由于非均相催化是一种表面现象，而活性催化剂的主要条件是具有极大的表面积，这在油脂氢化中是非常重要的。在所有其他因素相同的情况下，催化剂的颗粒愈小其活性愈高。但是分散成胶体状态的金属镍可能毫无催化活性。另外，过小微颗粒的催化剂会造成与油脂的分离发生困难，同时微孔颗粒吸油增多而造成的损失也增大。因此，催化剂的选用要综合平衡考虑，确保油脂氢化产品质量以及氢化操作的可行性。

与非均相催化有关的各种现象可以用“活性点”理论得到解释。这一理论认为催化剂表面上的金属原子，依据其突出于一般催化剂表面的程度，或摆脱其相邻原子互相牵制影响的程度，而具有不同程度的不饱和性。只有很少数高度不饱和性的金属原子，才能和氢及不饱和油脂形成暂时的结合，从而促进氢化反应。每个不饱和金属原子或每个不饱和金属原子团构成一个活性点或活性中心。每个不饱和金属原子的催化活性与其不饱和程度有关（如图 4-12 所示）。

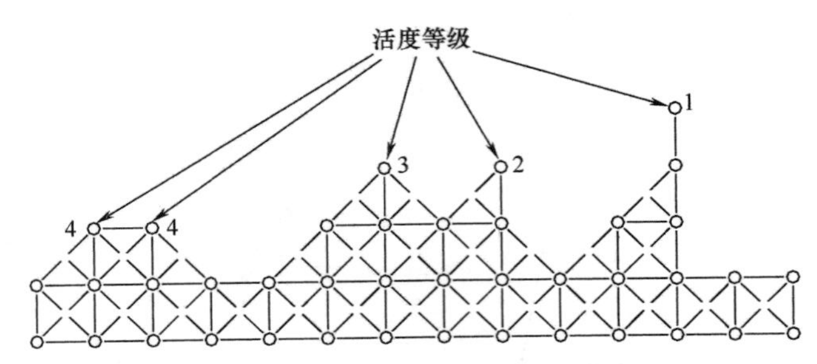

图4－12　催化剂表面活性示意图

催化剂结构的另一种理论认为，在催化剂的活性部分，正常的金属晶格略为扩大，能更精确地适应在双键两侧两点吸附的空间要求。正常的镍原子之间的间隔是0.274nm，比理论最佳值稍小一些，用镍化合物还原产生金属镍的方法可以将镍原子之间的间隔略为扩大。氢化催化剂很少直接用镍来制备，而是首先将镍和其他元素结合，如氧化镍、氢氧化镍、碳酸镍、甲酸镍以及镍铝合金等，然后再将所得的化合物还原，重新得到金属镍。

烯烃类化合物的氢化必然优先产生双键两侧碳原子的两点吸附。这就要求任何具有催化活性的金属空间晶格有一定的间隔。实际上，所有对双键氢化有效的金属（镍、钴、铁、铜、铂和钯）都具有接近于按两点吸附最佳条件计算的原子之间的间隔（0.273nm）。

（三）油脂加氢非均相催化

1. 油脂加氢对催化剂的基本要求

目前，油脂氢化中全部采用非均相催化剂，对其有下列要求。

（1）高的比活性，催化剂在原料中浓度较小的情况下能保证氢化装置具有高的生产能力；

（2）低的加氢温度，可以降低被加氢的原料预热时所消耗的能量；

（3）对催化剂毒物的稳定性和催化剂多次使用允许的机械强度及降低加氢时催化剂的消耗；

（4）用沉淀或过滤方法（用于悬浮催化剂）容易从已氢化产品中分离出催化剂；

（5）具有选择性及在所有氢化工艺条件范围内要求的异构化能力，就是具有在过程的温度，氢气压力，搅拌的强度等可能变动的条件下的选择性和异构化能力；

（6）在催化剂中没有对人体健康有害的组分（如砷、硒、汞、铅等）；

（7）在保证催化剂性能优良的前提下，价格要低廉。

（8）在油脂氢化过程中，应根据产品的具体要求选择合适的催化剂，以及恰当的氢化工艺条件。

2. 催化剂中毒

理论上非均相催化剂的活性是无限长久的。实际上它会失去活性，原因是在反应系统中存在除氢和甘油三酯中双键之外的杂质，催化剂上的金属原子就可能对很多杂质显示活性，与其形成没有活性化合物的催化剂。因此，能使催化剂失活的物质一般称为催化剂“毒物”。即使它们在反应物中的存在是微量的，也会对其催化作用产生很大的影响，因为与反应物相比，催化剂的量总是很小的，而催化剂的活性部分与总的催化剂相比较则是更小的。

根据每个基团与之作用的机理不同，把对催化剂有副作用的杂质分成毒物、抑制剂和失活剂。毒物，例如硫、溴与镍的化学反应；抑制剂如磷脂、碱炼皂脚进入催化剂的微孔中；失活剂如水和二氧化碳（它们可在一定的温度和真空条件下除去）。

（1）气体中的毒物　对镍催化剂最“致命”的毒物是气态硫化物，如硫化氢、二硫化碳、二氧化硫、氧硫化碳等。这些化合物主要来自油脂氢化时所用的氢气（即氢气的纯度不高），它们很容易被镍催化剂吸附，并使催化剂产生不可逆的中毒。因此，制备高纯度的氢气，对油脂氢化的成功是很重要的。

认识衡量催化剂中毒。例如0.5～1.0g的硫可使100g活性较差的催化剂镍中毒；而活性强的催化剂中每100g镍吸附3.0～5.0g硫，基本上失去活性。在油脂氢化时催化剂表面上的氢，与硫化物中的硫相互作用，硫被释放出来会与催化剂表面上的镍反应，有碍于镍吸收和离解氢的能力，降低了催化剂的总活性。

除了上述硫化物之外，在油脂氢化中最易使催化剂中毒的是一氧化碳。一氧化碳来源于不纯的氢气，与硫化物相比一氧化碳被吸附的速度较慢，而且对催化剂的中毒是可逆的。中断氢化并在适当的真空（约8.466×10^4Pa）下不断搅拌反应物，可排除一氧化碳，使催化剂恢复原有的活性。

存在于氢气中的其它杂质气体，如二氧化碳、氮气及甲烷均不是催化剂的毒物。但在一般的间歇式氢化反应釜中，当反应进行时，这些气体会积累在氢化器的顶部空间，从而稀释了氢气，降低反应速率。氢气中的少量水蒸气和氧没有毒性，但水蒸气能引起游离脂肪酸的生成。氧的存在则会引起油脂氧化，对产品质量有害。

（2）油脂中的毒物　所有天然油脂都含有能抑制氢化的物质，其量大小和种类多少，取决于天然油脂的来源：植物、陆地动物和海产动物。在同种类中变化也很大。大豆油和菜籽油含有磷脂，而棕榈油很少；菜籽油相对于其他植物油含有较多量的硫（主要以硫代葡萄糖苷或其降解产物形式存在），以致对氢化有显著影响，而大豆油基本上没有；甚至同一种油脂，如菜籽油，其硫、磷和叶绿素含量变化也很大，这种变化是由种子的品种、生长气候或处理方法所引起。因此，油脂氢化时对能抑制氢化的油脂中的毒物是很复杂的。

知道原料杂质对油脂氢化的负面影响已很长时间了，早在1918年，就有人在氢化上试验了各种物质。最近，定量地研究了大量的催化剂毒物对氢化速率的影响，毒物包括游离脂肪酸、皂、硫、磷化合物、溴化合物、氮化合物、氢过氧化物、醛、酮酸、羟基酸、环氧化物和氧化多聚物等。发现能使催化剂显著中毒的物质是硫、磷、溴和氮，表4－3展示了研究的结果。

表4－3　各种物质的催化剂中毒结果

毒物	1mg/kg的毒物失活催化剂镍的百分数/%	一般来源
硫	0.004	菜籽和海产
磷	0.0008	大豆和菜籽
溴	0.0013	海产
氮	0.0014	陆地动物和海产

实际加工时已观察到每千克油中几毫克的磷对催化剂的用量也有显著的影响，例

如：3mg/kg 磷将增加 50% 的催化剂用量。图 4 - 13 所示为硫含量增加对牛油脂肪酸氢化的影响情况。

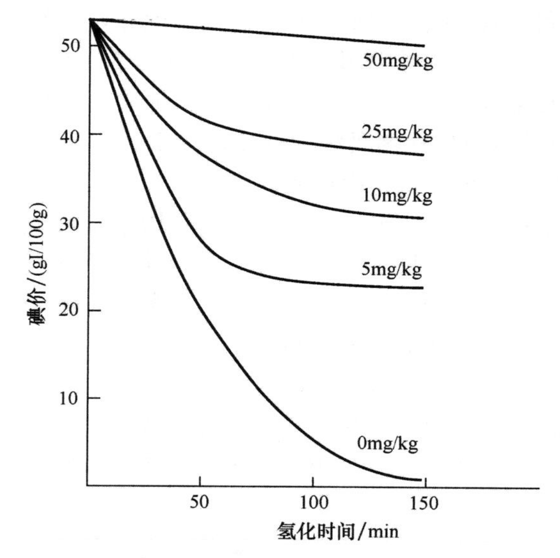

图 4 - 13　硫对牛油脂肪酸氢化的影响曲线图

除硫和磷之外，过氧化物、铁和 β - 胡萝卜素对氢化速率也有负面影响。碱炼脱酸的油脂中残存的钠皂和其他金属皂是非常突出的催化剂毒物。因为肥皂很容易被用过的、活性很差的催化剂吸附，因而在氢化碱炼后的猪脂等油脂时，常需要在加入新鲜催化剂之前，先以用过的催化剂对油脂进行预处理。

总之，天然油脂中含有很多能抑制氢化的物质，在氢化之前应经过严格的前处理，（即经过严格脱胶、脱酸和脱色，使待氢化油中的毒物限制在最低量，保证氢气的高纯度），以确保氢化顺利进行和氢化产品的高质量。

（3）中毒对催化剂活性以外的其他性质的影响　部分中毒的催化剂除活性受到影响外，其他的特性也受到影响。如向待氢化的脱臭大豆油中分别添加 10mg/kg、8mg/kg、4mg/kg 的磷，并氢化到碘价 67gI/100g 时，反式异构体的含量分别为 49%、41% 和 32%，其熔点和固脂含量也受到一定影响。特别是硫中毒的催化剂能使氢化油中产生大量的反式异构体。部分失去活性的催化剂和新催化剂相比，用它生产的氢化油中，或是饱和酸相同异油酸较高，或是异油酸相同饱和酸较高。

第二节　油脂的酯交换

一、　化学法酯交换

采用化学法酯交换改变脂肪酸在甘油三酯分子中与甘油结合的排位（简称分子重排），需要加热及碱性催化剂，这种脂肪酸的重排可定向或随机进行。

随机化学法酯交换符合概率定律，在不同的甘油三酯分子之间，脂肪酸无选择性地重排，最终达到平衡。定向酯交换即在反应过程中，分离出高熔点的硬脂组分，不断地改变反应溶液中存留油相的组成。定向与随机酯交换终端产物的物化特性比较如图4－14所示。

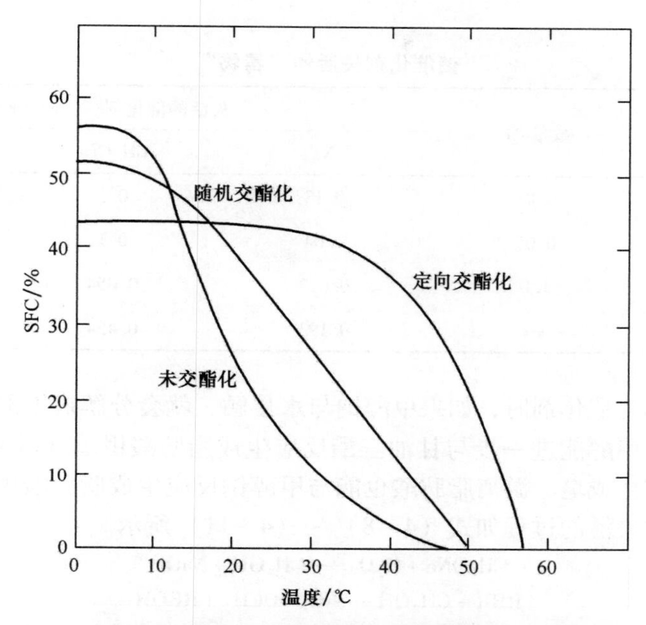

图4－14　随机和定向酯交换对棕榈油固脂曲线的影响图

时至今日，随机酯交换使用已经很普遍，而定向酯交换仅用于特殊情况。化学法酯交换常用的催化剂是碱金属（如钠、钾和它们的合金）以及醇碱盐（如甲醇钠或乙醇钠），普遍使用的催化剂是甲醇钠或乙醇钠见表4－4。

表4－4　催化剂及其使用条件

催化剂类型	浓度/%	温度/℃	时间/min
碱金属 Na，K，Na－K	0.1～1	25～270	1～120
醇盐 CH_3ONa，C_2H_5ONa	0.1～2	50～120	5～120
NaOH，KOH	0.5～2	150～250	90
NaOH 混合物＋甘油	0.05～0.1＋0.1～0.2	60～160	30～45
金属皂 硬脂酸钠	0.5～1.0	250	60
金属氢化物 NaH，$NaNH_2$	0.2～2	170	3～120

碱金属的氢氧化物（如氢氧化钠）很少使用，因为它们的活性低，使用时需很高的

温度。

为了使催化反应顺利进行，反应物必须达到一定的质量标准，这种标准取决于所使用的催化剂类型。当使用碱催化剂时，由于油脂中的非甘油三酯成分会破坏催化剂活性，因此油脂需要严格的精制，因为油脂中的水分、游离脂肪酸和过氧化物均可使催化剂失活，见表4－5。

表4－5　使催化剂失活的“毒物”

毒物类型	数量/%	失活的催化剂/（kg/t 油）		
		Na	CH_3ONa	NaOH
水分	0.01	0.13	0.3	—
脂肪酸	0.05	0.04	0.1	0.07
过氧化物	1.0	0.023	0.054	0.04
总计	—	0.193	0.454	0.11

使用甲醇钠作为催化剂时，如果甲醇钠与水接触，就会分解成甲醇和氢氧化钠。在催化剂的存在下，甲醇能进一步与甘油三酯反应生成脂肪酸甲酯（醇解）。氢氧化钠也能与甘油三酯反应生成皂。游离脂肪酸也能与甲醇钠反应生成脂肪酸甲酯，从而破坏催化剂活性。催化剂失活的过程如式（4－8）～（4－11）所示。

$$CH_3ONa + H_2O \longrightarrow CH_3OH + NaOH \tag{4-8}$$

$$RRR + CH_3OH \longrightarrow RCOOCH_3 + RROH \tag{4-9}$$

$$RRR + NaOH \longrightarrow RCOONa + RROH \tag{4-10}$$

$$CH_3ONa + RCOOH \longrightarrow RCOOCH_3 + NaOH \tag{4-11}$$

因此，在添加催化剂之前，油脂的中和干燥是必须的。在高温及真空条件下干燥、预脱色也可减少过氧化物，从而催化剂的活性。

化学酯交换是符合概率定律的一种加工操作。在与甲醇钠反应中形成脂肪酸甲酯和皂。在油脂中添加 1mol 甲醇钠，产生 1mol 脂肪酸甲酯以及 1mol 皂。按照该结果，酯交换后油中甘油一酯和甘油二酯含量增加，从而影响油脂的得率，因为高温脱臭会除去几乎所有的单甘酯和少量的甘油二酯。

催化剂的添加量在加工中至关重要，添加量不当，可能发生物料乳化而使反应难以进行。

催化剂失活能终止反应。在生产中通常以添加水（湿法失活）或酸（干法失活）来终止反应的进行。添加的酸多为磷酸或柠檬酸。

具有高选择性的新的化学催化剂正在研究之中，其目的是使化学法酯交换反应变得更加多效。

二、 酶法酯交换

甘油三酯分子在脂肪酶存在下发生的脂肪酸位置重排称酶法酯交换。

酶法酯交换是利用酶作为催化剂进行的酯交换反应。与化学法相比，酶法酯交换有独特的优势——专一性强（包括脂肪酸专一性、底物专一性和位置专一性）；反应条件温和（常温下即可发生反应）；环境污染小；催化活性高，反应速度快；产物与催化剂易分离；催化剂可重复利用；安全性能高等。

用于油脂脂肪酶的种类不同，其催化作用也不同。根据催化的特异性，可将其分为三大类——非特异性脂肪酶；1，3－特异性脂肪酶；脂肪酸特异性脂肪酶。酶法酯交换反应的机理是以酶法水解反应为基础。当脂肪酶与油脂混合、静置后，可逆反应开始，甘油酯的水解及再合成作用同时进行，这两种作用使酰基在甘油分子间或分子内转移，而产生酯交换的产物。在水含量极少的条件下（但不能绝对无水），能限制油脂的水解作用，而使酯交换反应成为主要反应。

不同种类的脂肪酶，催化油脂酯交换反应的过程与产物各异。使用非特异性脂肪酶作为油脂酯交换反应的催化剂，其产物类似于化学酯交换所获得的产物。1，3－特异性脂肪酶催化甘油三酯的 *sn*－1，3 位。脂肪酸特异性脂肪酶对甘油酯分子上特异性的脂肪酸产生交换。

（一）酶法酯交换反应机理

由于油脂工业的脂肪酶的种类不同，其催化作用也不同。人们常根据催化的特异性，将其分为三大类。包括非特异性脂肪酶（Nonspecific lipase）、1，3－特异性脂肪酶（1，3－Specific Lipase）、脂肪酸特异性脂肪酶（Fatty Acid Specific Lipase）。脂肪酶既可用于油脂的水解也可应用于油脂的酯交换反应中。酶法酯交换反应的机理是建立在酶法水解反应的基础之上的。当脂肪酶与油脂混合静置，可逆反应开始，甘油酯的水解及再合成作用同时进行，这两种作用使酰基在甘油分子间或分子内转移，而产生酯交换的产物。在水含量极少的条件下（但不能绝对无水），限制油脂的水解作用，而使酯交换反应成为主要反应。以下列出了脂肪酶催化油脂醇解反应的机理。

不同种类的脂肪酶催化油脂酯交换反应的过程与产物（均不包括旋光异构体）也不同。

1. 非特异性脂肪酶催化酯交换反应

（1）甘油三酯为酰基供体的酯交换产物如图 4－15 所示。

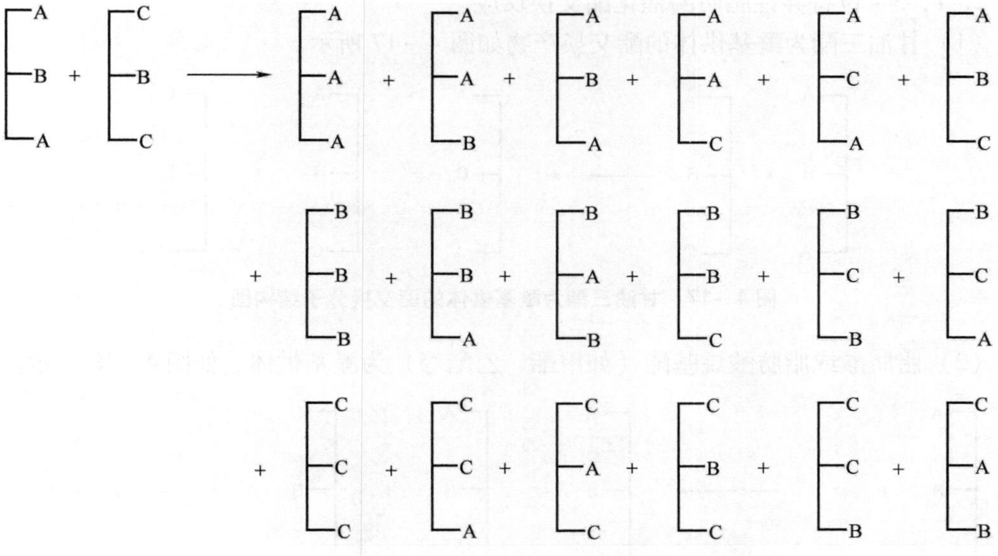

ABA + CBC → AAA + AAB + ABA + AAC + ACA + ABC
+ BBB + BBA + BAB + BBC + BCB + BCA
+ CCC + CCA + CAC + CBC + CCB + CAB

图 4－15　甘油三酯为酰基供体的酯交换产物分子结构图

（2）脂肪酸或脂肪酸烷基酯（如甲酯、乙酯等）为酰基供体，其酯交换产物如图4－16所示。

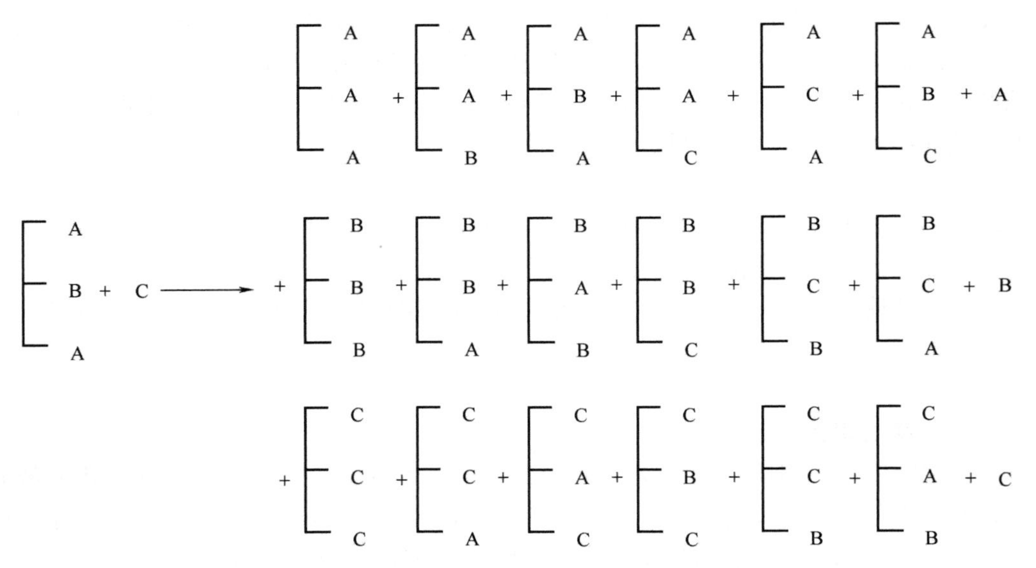

图4－16　脂肪酸或其烷基酯为供体的酯交换产物分子结构图

从图4－15 和 图4－16 可以看出，使用非特异性脂肪酶作为油脂酯交换反应的催化剂，其产物类似于化学法酯交换所获得的产物。

非特异性脂肪酶对甘油酯作用的位置无特异性，此种脂肪酶在含水量高的情况下，将甘油三酯分解为游离脂肪酸和甘油，仅有少量的中间产物（如甘油一酯、甘油二酯）存在。产生非特异性脂肪酶的微生物有 Candida cylindracae、Corynebaacnes、Staphylococcus aureus 等。该酶还适用于脂肪酸的生产，可取代传统的高压高温水解法，可以达到节省能源、减少污染之目的。

2. 1，3－位特异性脂肪酶催化酯交换反应

（1）甘油三酯为酰基供体的酯交换产物如图4－17 所示。

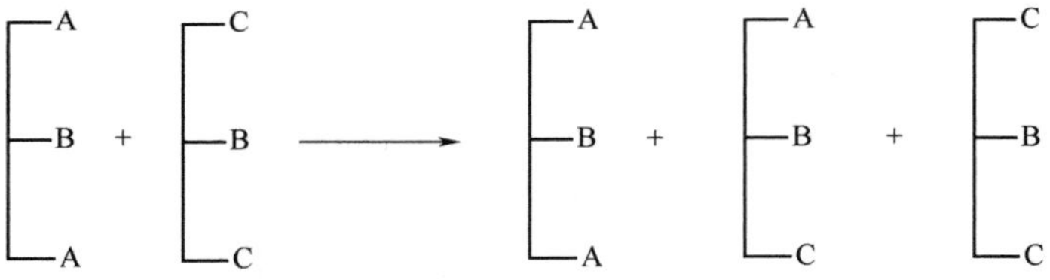

A B A + C B C ——→ A B A + A B C + C B C

图4－17　甘油三酯为酰基供体的酯交换分子结构图

（2）脂肪酸或脂肪酸烷基酯（如甲酯、乙酯等）为酰基供体，如图4－18 所示。

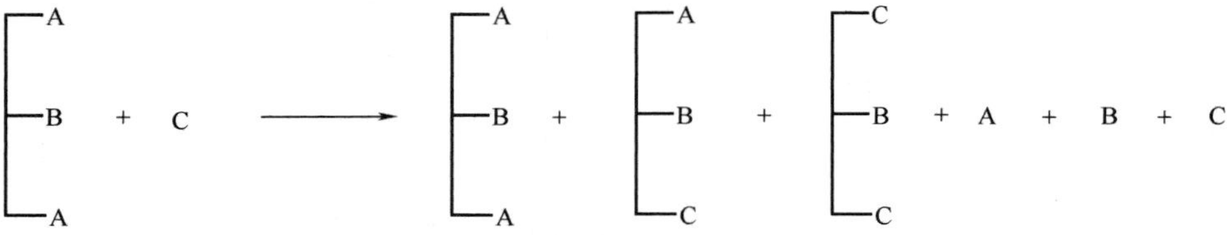

A B A + C ——→ A B A + A B C + C B C + A + B + C

图4－18　脂肪酸或其烷基酯为供体的产物图

使用1，3－特异性脂肪酶催化酯交换反应，若不考虑副反应，酰基转移仅限制于*sn*－1和*sn*－3位置，所产生的甘油三酯混合物是化学法酯交换反应无法得到的产物。

但是脂肪酶催化油脂酯交换反应过程中，会伴随着水解及酰基位移等副反应，致使产物不单一，其主要的副反应过程如图4－19所示。

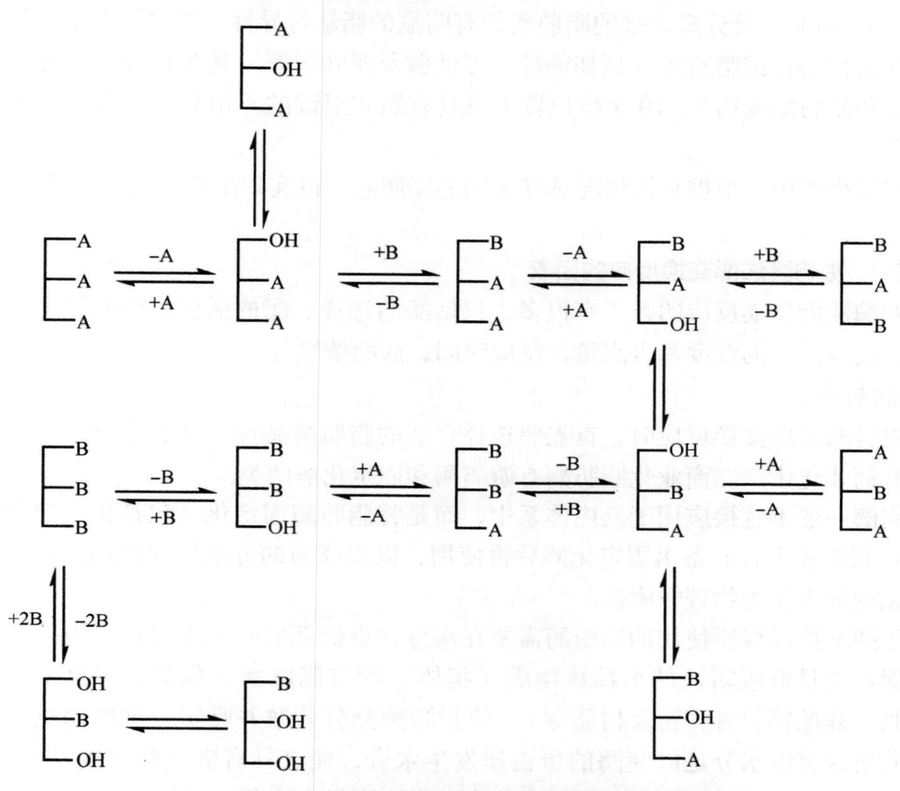

图4－19　酯交换过程中的水解和酰基位移反应过程图

从图4－19可以看出：1，3－特异性脂肪酶催化甘油三酯的*sn*－1，3位，其产物包括游离脂肪酸（FFA）、1，2（2，3）－甘油二酯及2－甘油一酯。因为甘油二酯（DG）及甘油一酯（MG）不稳定，尤其是2－甘油一酯极不稳定，易进行酰基转移而产生1，3－甘油二酯及1（3）－甘油一酯。因此，使用此种酶时，要严格控制反应条件，反应时间也不宜过长，否则会产生许多不希望得到的副产物。产生1，3－特异性脂肪酶的微生物有Pseudomonas fluorescens，Thermomyces ibadanensis，Fumicorra ranuginosa，Rhizopus delemar，R·japonicus，R·niveus，R·arrhizus，Aspergillur nigar，Mucor javanicus，M·miehei，Candida deformans等；动物的胰脏内所具有的胰脂酶及米糠的解脂酶等也属于这类特异性脂肪酶。

（3）脂肪酸特异性脂肪酶催化酯交换反应对脂肪酸A及B的催化，如图4－20所示。

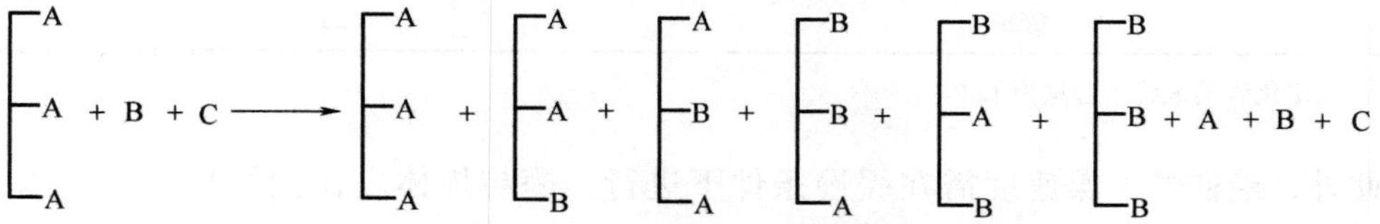

A A A + B + C ⟶ A A A + A A B + A B A + B B A + B A B + B B B + A + B + C

图4－20　脂肪酸A及B与甘油三酯的酯交换结果图

甘油三酯和游离脂肪酸的混合物可作为脂肪酶的催化基质，在此条件下特定的游离脂肪酸与特定的酰基互换，产生新的甘油三酯。

脂肪酸特异性脂肪酶对甘油酯分子上特异性的脂肪酸产生解离、交换。大部分的微生物胞外（脂肪）酶（extra – celluar microbial lipase）对中性油的脂解特异性较弱，由 Geotrichum candidia 所分离出来的脂肪酶却有明显的脂解特异性，即对第九个碳位置含有顺式双键结构的长链脂肪酸（例如油酸、亚油酸及亚麻酸等）优先解离，而对于甘油三酯中的饱和脂肪酸及第 9、10 个碳位置上不具有顺式双键的不饱和脂肪酸，其解离速度非常缓慢。

在实际生产中，根据具体情况选择不同的脂肪酶，以实现生产符合要求的产品。

（二）影响酶法酯交换反应的因素

影响酶法酯交换反应的因素有很多，包括酶的选择、酶的活性、酶的固定化，原料的性质，反应体系的温度和含水量，反应时间，底物浓度等。

1. 脂肪酶

在进行酶法酯交换反应时，首先要选择合适的脂肪酶品种。目前应用广泛的脂肪酶一般均有商业化生产。商业化脂肪酶有游离酶和固定化酶两类。

游离酶一般不直接应用于反应体系中，而是将脂肪酶固定化（包括化学键合、物理吸附等）到担体上，制备出固定化酶后再使用，以提高酶的分散性和使用次数。最常见的固定化酶的方法为物理吸附法。

由于酯交换反应所使用的脂肪酶需要在水分含量极低的状态下进行，因此要使用具有很强保水力且低吸附性的小颗粒物质（担体）固定脂肪酶（例如：硅藻土、纤维粉末、硅胶、硅酸钙、骨头粉及树脂等），使脂肪酶充分分散并吸附于这些物质上，而且这些物质所含有的水分足以使酶的蛋白质发生水合，使之具有催化酯交换反应的功能，这些小颗粒的直径以 2mm（25 目筛）为佳。若使用保水力低的玻璃粉则有不易活化脂肪酶的缺点。若使用高吸附性的活性炭，可能将脂肪酶的酯交换活性中心遮蔽而不利于酯交换反应的顺利进行。

固定化酶的干燥方式也有选择性，使用冷冻干燥虽可使脂肪酶分解活性保持良好，但对于酯交换反应活性不利。另外，干燥速度越慢对酯交换反应活性的保持越有利，如表 4 – 6 所示。

表 4 – 6　干燥对固定化酶与活性大小的关系

干燥方式	酯交换活性（K_a）
–23℃，80Pa 冷冻干燥	3.0
800Pa，4h	3.2
1067Pa，20h	12.7
2000Pa，96h	28.5

注：固定化酶的最终水含量为 1.4%。

此外，最初的干燥速度需在缓慢条件下进行。酶与担体之比例视担体的保水力而定，一般为 2∶1 ~ 1∶20。固定化酶的制备过程比较简单，可将丙酮、酒精或甲醇等有机溶剂与担体混合，并加入适当pH的缓冲溶液，再将脂肪酶加入后搅拌2～48h，使脂肪酶沉降于担体表面，然后干燥备用（一般干燥至含水量1.4%左右）。另外，也可通过不添加有机溶剂的方式来制备固定化脂肪酶。其活性越高，越有利于酯交换反应的进行。

2. 原料的性质

酶促法酯交换反应对原料的要求虽然没有具体的标准，但是在实际操作中发现：磷脂、皂、过氧化物及水分等都会影响反应的速度和程度，有的物质甚至会引起脂肪酶的部分失活或完全失活。因此，低水分、低酸价、低过氧化值、低皂及低胶质的原料油脂，是酶促酯交换反应顺利进行的必要条件。

3. 反应条件

不同的脂肪酶的最佳使用温度、反应时间、副反应（主要指水解及酰基位移）发生情况等均不同，例如固定化猪胰脂酶在催化乌桕脂、油茶籽油等酯交换制取类可可脂时的使用温度为40℃，反应时间为60h；而丹麦生产的Lipozyme IM脂肪酶的使用温度为50℃，反应时间15h。因此，在应用脂肪酶催化酯交换反应过程中要筛选出最佳的反应条件，得到所希望的产品。

三、 酯交换终点的测定

酯交换反应终点的测定方法，可以根据反应特性选用。对于酯－酯交换反应，可采用的方法如下。

1. 熔点法

测定反应前后的熔点是使用最早、也是最快的一种控制酯－酯交换反应的方法。表4－7列出了一些油脂酯－酯交换反应前后熔点的变化。通常，酯交换后，单一植物油的熔点上升；动物脂（如猪油、牛油等）以及富含饱和脂肪酸的植物油（如椰子油、棕榈油等）熔点变化不大；熔点差别明显的油脂混合物，经酯－酯交换反应，熔点下降。

表4－7 随机分子重排作用对油脂及其混合物的熔点的影响

油脂	熔点/℃		油脂	熔点/℃	
	反应前	反应后		反应前	反应后
大豆油	－8	5.5	乳脂	20	26
棉籽油	10.5	34	10%深度氢化棉籽油＋60%椰子油	58	41
优质牛油	49.5	49	烛果油	43	63.5
优质汽蒸猪油	43	43	25%三硬脂酸甘油酯＋75%大豆油	60	32
棕榈油	40	47	50%深度氢化猪油＋50%猪油	57	50.5
牛油	46.5	44.5	15%深度氢化猪油＋85%猪油	51	41.5
椰子油	26	28	25%深度氢化棕榈油＋75%深度氢化棕榈仁油	50	40
可可脂	34.5	52			

2. 膨胀法

酯－酯交换反应前后 S_3 与 S_2U 含量的变化通过固体脂肪含量（或指数）反映出来。图4－21所示为随机酯－酯交换对可可脂的作用。可可脂是一种具有鲜明熔化特征和陡峭的 SFI（固体脂肪指数）曲线的油脂，因随机酯交换，生成高熔点甘油三酯，使之在高温下（50℃）仍有一定量的固体脂，所以在口中不能完全熔化，且熔点范围增宽，SFI 曲线变得平坦。

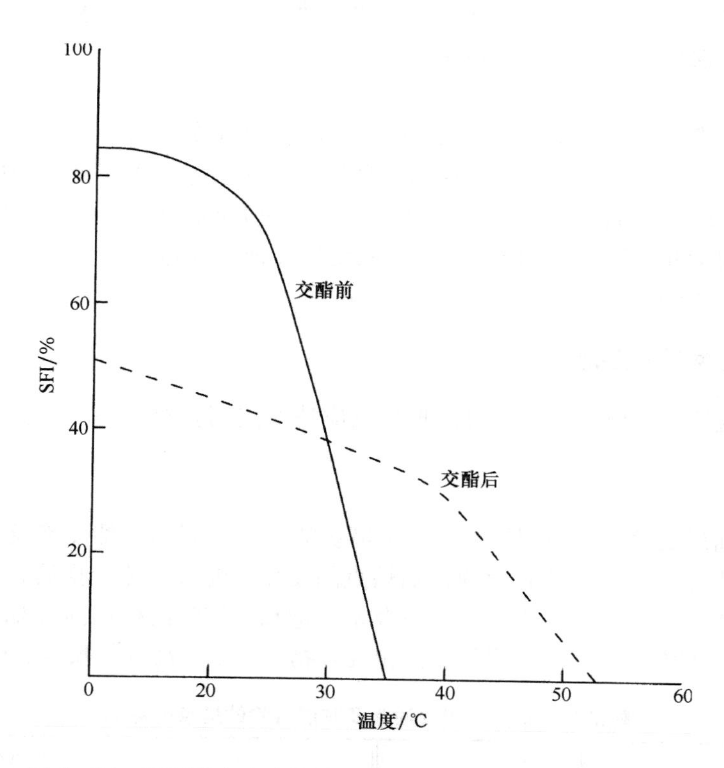

图 4－21　可可脂在交酯化前后的固体脂肪指数变化曲线比较图

膨胀法应用于控制反应终点的更多实例列于表 4－8。膨胀法的缺点是费时费事，因此快速测定固体脂肪含量的核磁共振技术颇受人们青睐。

表 4－8　交酯化反应前后 SFI 值的变化

油脂	反应前			反应后		
	10℃	20℃	30℃	10℃	20℃	30℃
可可脂	84.9	80	0	52.0	46	35.5
棕榈油	54	32	7.5	52.5	30	21.5
棕榈仁油	–	38.2	80	–	27.2	1.0
氢化棕榈仁油	74.2	67.0	15.4	65	49.7	1.4
猪油	26.7	19.8	2.5	24.8	11.8	4.8
牛油	58.0	51.6	26.7	57.1	50.0	26.7

续表

油脂	反应前			反应后		
	10℃	20℃	30℃	10℃	20℃	30℃
60%棕榈油+40%椰子油	30.0	9.0	4.7	33.2	13.1	0.6
50%棕榈油+50%椰子油	33.2	7.5	2.8	34.4	12.0	0
40%棕榈油+60%椰子油	37.0	6.1	2.4	35.5	10.7	0
20%棕榈油硬脂+80%轻度氢化植物油	24.4	20.8	12.3	21.2	12.2	1.5

3. 甘油三酯组成分析法

由于酯－酯交换反应中发生变化涉及甘油三酯的分子结构，因此，任何直接分析甘油三酯组分的方法都可以用于反应终点的检测，这些方法包括薄层色谱法、气相色谱法、质谱及胰脂酶水解等。

（1）薄层色谱法（TLC）　硝酸银 TLC 法较为实用，如纯甘油三酯 POSt 在钠催化作用下，120℃时交酯化，SU_2/S_2U 显示 45min 反应即达到平衡（表 4－9）。

表 4－9　POSt 酯－酯交换过程中 SU_2/S_2U 的变化

反应时间/min	SU_2/S_2U	反应时间/min	SU_2/S_2U
5	0.01	20	0.47
7	0.023	30	0.49
10	0.18	45	0.50
15	0.40	60	0.50

（2）气相色谱法（GC）　基于碳数的多少，GC 能有效地分离甘油三酯。GC 谱图的改变显示出甘油三酯组成的变化。棕榈仁油酯－酯交换前后甘油三酯的组成见表 4－10。GC 分析得到的甘油三酯组成十分近似于随机分布的计算值。

表 4－10　甘油三酯的碳原子数分析（GC 法）

甘油三酯的碳数	棕榈仁油/%	交酯化棕榈仁油/%	随机分布计算值/%
36	21.1	16.4	16.8
38	16.2	16.2	14.7
40	9.6	12.7	14.9
42	9.2	18.6	19.3
44	6.8	10.4	10.5
46	6.8	10.4	10.5

（3）质谱法　质谱法可以提供甘油三酯混合物相对分子质量分布情况。天然可可脂（CB）和随机酯交换可可脂的分析如图 4－22 所示。在随机化过程中，POP 和 POSt 甘油三酯含量明显降低。该方法速度快，也适用于高不饱和的玉米油、大豆油、葵花籽油及红花籽油等的测定分析。

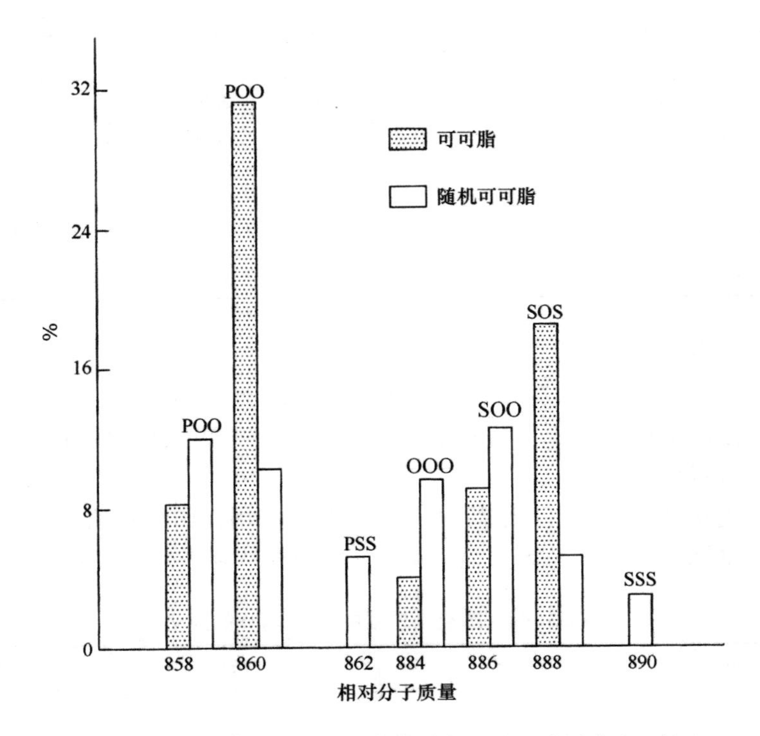

图 4-22　可可脂及随机化可可脂甘油三酯组成质谱表示结果

（4）胰脂酶水解　胰脂酶只水解甘油三酯 *sn*-1 位和 *sn*-3 位上的酰基，并产生 2-单甘酯。若 2-单甘酯的脂肪酸分布相同于整个随机反应油脂，则反应混合物可被视作达到随机化平衡状态。猪脂和随机化猪脂的分析结果如表 4-11 所示。猪油的总脂肪酸组成显然不同于 *sn*-2 位分布的脂肪酸，*sn*-2 位主要分布着软脂酸（>60%），随机化使猪油脂肪酸组成与 *sn*-2 位的脂肪酸分布相同。

表 4-11　　猪脂及随机化猪脂的胰脂酶水解

脂肪酸	脂肪酸含量			
	猪脂	猪脂的 *sn*-2 位	随机化猪脂	随机化猪脂 *sn*-2 位
16：0	24.8	63.6	23.8	24.2
16：1	3.1	6.4	2.9	3.3
18：0	12.6	5.0	12.2	12.0
18：1	45.0	16.5	47.2	47.4
18：2	9.8	5.4	4.4	3.3

检测反应终点的方法还有冷却曲线、示差量热扫描和 X-射线衍射及偏正光显微镜观察等。

第三节　油脂的分提

一、概述

纯净的天然油脂是多种甘油三酯的混合物，其性能往往不能直接适用于各种用途，这使其使用价值受到影响。如在人造奶油、起酥油的加工中，为了使产品具有一定的贮藏稳定性，要求产品中的不饱和脂肪酸含量，尤其是二烯以上的不饱和脂肪酸含量低一些；而对于色拉油，则要求在低温下澄清透明，所以对固体脂肪有一定的限制。因此，人们设想能对天然油脂混合物进行分离的“分提”工艺。

利用各种饱和度甘油三酯的熔点不同，可实现对油脂的大体分级，使油脂做到物尽其用。天然油脂的甘油三酯大体上分为四大类，即三饱和型（GS_3）、二饱和单不饱和型（GS_2U）、单饱和二不饱和型（GSU_2）及三不饱和型（GU_3）。各种不同甘油三酯的熔点如表4-12所示。虽然各种甘油三酯的性质有差异，但这种差异性并不明显。因此要将各种甘油三酯精细地逐一分离，在技术和工艺上仍有很大困难。目前的工业生产工艺尚未实现甘油三酯中所有组分的分离，仅限于熔点差别较大的固态脂和液态油的分提。

表4-12　各种不同甘油三酯的熔点

甘油三酯种类	熔点/℃	常温时形态	甘油三酯种类	熔点/℃	常温时形态
SSS	65	固体	SOO	23	固体
SSP	61	固体	POO	16	液体
SPP	60	固体	SOL	6	液体
PPP	55	固体	SLL	1	液体
SSO	42	固体	PLO	-3	液体
SPO	38	固体	PLL	-6	液体
PPO	35	固体	OOO	6	液体
SSL	33	固体	OOL	-1	液体
SPL	30	固体	OLL	-7	液体
PPL	27	固体	LLL	-13	液体

注：S为硬脂酸，P为软脂酸，O为油酸，L为亚油酸。20℃为常温。

二、分提机理

工业上油脂分提的工艺都分为结晶和分离两部分，即使油脂冷却析出晶体，然后进行晶、液分离，得到固态脂和液态油。

（一）甘油三酯的同质多晶体

同一种物质在不同的结晶条件下具有不同的晶体形态，称为同质多晶现象。不同形态的固体结晶称为同质多晶体。同质多晶体之间的熔点、密度、膨胀及潜热等性质是不同的。

高级脂肪酸的甘油三酯一般有 α、β'、β 三种结晶形态（特殊情况下，有的仅有两种结晶形态，而有的则超过三种），其稳定性为 $\alpha<\beta'<\beta$。另外，在快速冷却熔融的甘油三酯时会产生一种非晶体，称为“玻璃质”。由于 α、β'、β 三种晶型所具有的自由能不同，其物理性质各异。甘油三酯三种晶型的主要特征的定性比较见表 4－13。

表 4－13　甘油三酯三种晶型的重要特征

类型	形态	表面积	熔点	稳定性	密度
α	六方结晶	大	低	不	小
β'	正交结晶	中	中	介稳定	中
β	三斜结晶	小	高	稳定	大

由表 4－13 可见，同一甘油三酯的不同晶型具有各自不同的物理特性。

（二） 互溶性

不同甘油三酯之间的互溶性取决于它们的化学组成和晶体结构，它们可以形成不同的固态溶液。结晶分提的效率不仅取决于分离的效率，也受固态溶液中不同甘油三酯互溶性的影响。晶体的形成与油脂的相特性有关。

相平衡是结晶过程的理论基础。利用图形来表示相平衡物质的组成、温度和压力之间的关系以研究相平衡，这种图称为相图，又称为平衡状态图。根据固液平衡相图可以了解固态溶液的互溶性。

（三） 结晶

1. 结晶过程

溶质从溶液中结晶出来，要经历两个步骤：首先产生微观的晶粒作为结晶的核心，这些核心称为晶核；然后晶核长大，成为宏观的晶体。无论是微观晶核的产生或是要使晶核的长大，都必须有一个推动力，这种推动力是一种浓度差，称为溶液的“过饱和度”。由于过饱和度的大小直接影响晶核形成过程和晶体生长的快慢，这两个过程的快慢又影响着结晶产品中晶体的粒度及粒度分布，因此，过饱和度是考虑结晶问题时的一个极其重要的因素。

图 4－23 中的 *AB* 线为普通的溶解度曲线，*CD* 线代表溶液过饱和而能自发地产生晶核的浓度曲线（超溶解度曲线），它与溶解度曲线大致平行。这两条曲线将（浓度－温度）图分割为三个区域——在 *AB* 曲线以下是稳定区，在此区中溶液尚未达到饱和，因此没有结晶的可能。*AB* 线以上为过饱和溶液区，此区又分为两部分，在 *AB* 与 *CD* 线之间称为介稳定区，在这个区域中，不会自发地产生晶核，但如果溶液中已加入晶种（在过饱和溶液中人为地加入少量溶质晶体的小颗粒），这些晶种就会长大；*CD* 线以上的是不稳定区，在此区域中，溶液能自发地产生晶核。若原始浓度为 *E* 的溶液冷却到 *F* 点，溶液刚好达到饱和，但不能结晶，因为它还缺乏作为推动力的过饱和度。从 *F* 点继续冷却到 *G* 点后，溶液才能自发地产生晶核，越深入不稳定区（如 *H* 点），自发产生的晶核越多。过饱和度是影响晶核形成速率的主要因素。

在过饱和溶液中已有晶核形成或加入晶种后，以过饱和度为推动力，晶核或晶种将长大。晶体的生长过程由三个步骤组成——待结晶的溶质借扩散穿过靠近晶体表面的一

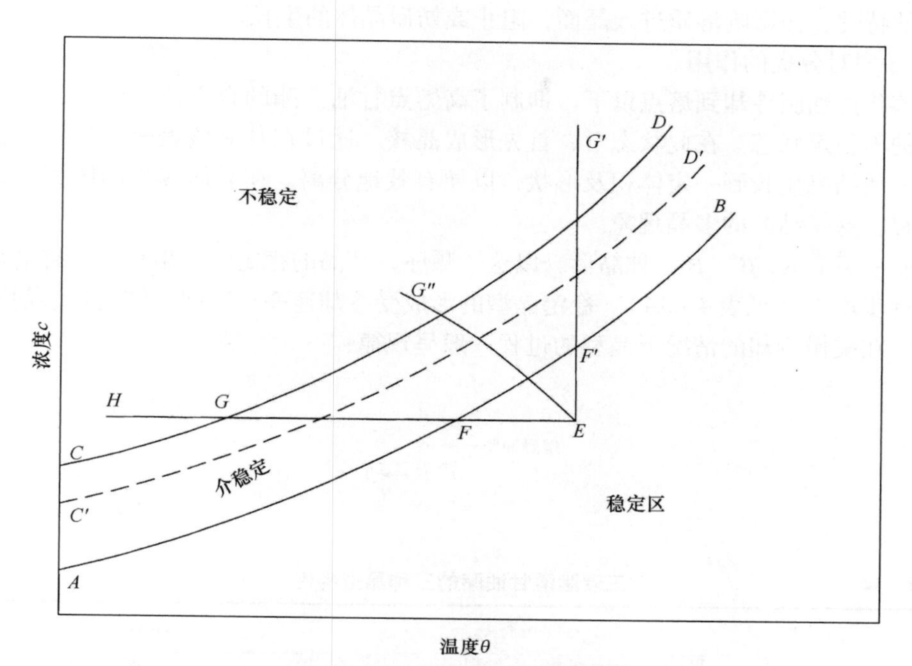

图4－23　溶液的过饱和与超溶解度曲线图

个静止液层，从溶液中转移到晶体的表面，并以浓度差作为推动力；到达晶体表面的溶质进入晶面使晶体增大，同时放出结晶热；放出的结晶热借传导回到溶液中，结晶热量不大，对整个结晶过程的影响很小。成核速度与晶体生长速度应匹配。冷却速度过快，成核速度大，生成的晶体体积小，不稳定，过滤困难。

加晶种的油脂缓慢冷却结晶情况如图4－24所示。由于溶液中有晶种存在，且降温速率得到控制，溶液始终保持在介稳状态，晶体的生长速度完全由冷却速度控制。因为溶液不致进入不稳区，不会发生初级成核现象，能够产生粒度均匀的晶体。

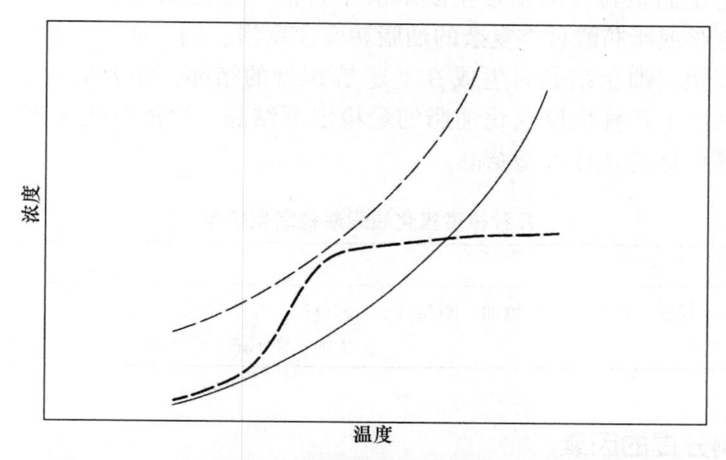

图4－24　冷却及加晶种时油脂的过饱和与超溶解度曲线图

一些表面活性物质（如磷脂、甘油一酯及甘油二酯等），通过改变溶液之间的界面上液层的特性，而影响溶质进入晶面，阻止或妨碍晶体的生长。

2. 晶型对分提的作用

将熔化的油脂冷却到熔点以下，抑制了高熔点甘油三酯的自由活动能力，变成过饱和溶液的不稳定状态。在此状态下，首先形成晶核。通过在其晶核表面逐步供给甘油三酯分子，使结晶生长到一定体积及形状，以便有效地分离。在晶体成长的固相内，还发生相转移，这是结晶的多晶现象。

油脂一般有 α、β'、β 三种晶形，以这个顺序，结晶的稳定性、熔点、熔解潜热、熔解膨胀逐步增大（见表 4－14）。稳定晶型的形成受冷却速率、时间、纯度及溶剂等因素的影响，在缓慢冷却的情况下晶型的过程一般呈规律：

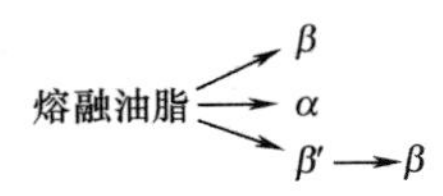

表 4－14　　三硬脂酸甘油酯的三种晶型特性

特性	晶型		
	α	β'	β
熔点/℃	55	64	72
熔化焓/（J/g）	163	180	230
熔化膨胀/（cm^3/kg）	119	131	167

同质多晶体的相转移是单向性的，即 $\alpha \to \beta' \to \beta$，而 $\beta \to \beta' \to \alpha$ 不会发生。油脂结晶速率以 $\alpha > \beta' > \beta$ 的顺序。有机溶剂能够降低油脂的黏度，使甘油三酯分子的动作变得容易，能够在短时间内生成稳定的、易过滤的结晶。将油脂急冷固化，首先生成 α 结晶，不稳定晶型向稳定晶型转变的快慢主要取决于甘油三酯的脂肪酸组成及分布。一般而论，脂肪酸碳链长或脂肪酸种类复杂的油脂转变速度慢；同一碳链长度、甘油三酯结构对称的转移速度快。油脂结晶时生成 β 型还是 β' 型的结晶，主要取决于油脂的结晶习性。表 4－15 列出了几种极度氢化油脂的最稳定型结晶。固液分提工序，需要晶粒大，稳定性佳，过滤性好的 β' 或 β 型结晶。

表 4－15　　几种极度氢化油脂最稳定型结晶

β' 型	β 型
棉籽油、棕榈油、菜籽油、青鱼油、鲱鱼油、鳗鱼油、沙丁鱼油、牛油、奶油	大豆油、红花籽油、葵花籽油、芝麻油、花生油、玉米油、橄榄油、椰子油、棕榈仁油、猪油、可可脂

三、影响分提的因素

1. 结晶温度和冷却速率

甘油三酯中的脂肪酸碳链较长，在冷却过程中会产生过冷现象（即结晶温度较比固脂的凝固温度低）。

在油脂结晶过程中，应控制冷却结晶的速率。当油脂经冷却从过饱和到形成晶核，如果冷却速率太快，则会形成许多的晶核，使体系中的黏度增大，分子的运动受阻，影响结晶的长大，不利于结晶固脂与液体油的分离，从而影响分提产品的质量。

另外，冷却速率往往与所采用的工艺路线有关。一般干法分提降温应慢，而溶剂分提等则降温速率可快一些。实际生产中，结晶温度和降温速率可采用冷却试验求得冷却曲线来指导生产。

2. 结晶时间

甘油三酯中的脂肪酸碳链较长，因发生过冷，使体系的黏度增大，从而使晶格形成的速度变慢，故油脂结晶需要一定的时间。

结晶时间主要与体系的黏度、多晶性、甘油三酯最终稳定晶型的性质、冷却速度及设备结构等有密切的关系。

3. 搅拌速度

在油脂冷却结晶过程中，冷却搅拌主要起强化传质和传热的作用，即将体系中的热量快速地传递到冷却介质中，使体系中的油脂得到冷却。同时，随着温度的下降，油脂黏度增大，体系中分子运动速率减小，结晶的速率会下降。因此，通过适当的搅拌能强化传质和传热的效果。但搅拌速度不宜太快，否则会使结晶体被打碎，影响分离效果。一般用 10r/min 左右为宜。

4. 辅助剂

在油脂分提中，所用的辅助剂有溶剂、表面活性剂、助晶剂等。溶剂的加入不仅降低油脂体系的黏度，而且增加了体系中液相的比例，增加了饱和度高的甘油三酯的自由度，从而加快结晶的过程，有利于得到易过滤的晶体，也能提高分提后产品的质量也提高。

在油脂结晶分提中，可加入表面活性剂，因为脂晶体系是多孔性的物质，在其微孔中及表面吸附着一定数量的液体油，用常规的方法难以除去这些液体油。但当加入表面活性剂的水溶液后，会使脂晶体的毛细孔润湿，从晶体中分离出来，同时使脂晶体表面由疏水性转变成亲水性而转移至水相，从而使固脂与液体油得到很好的分离。为使乳化体系具有一定的稳定性，但稳定性不能过高导致不易分离，所以常添加一定数量的电介质。

在油脂结晶中，也可加入结晶促进剂，如羟基硬脂精、固脂等，以诱发晶核的形成，促进晶体的成长。

5. 输送及分离方式

在油脂冷却结晶后，要使结晶体与液体油得到很好的分离，输送及分离的形式也非常重要。输送时要尽量避免紊流剪切力的产生，最好采用真空或压缩空气输送。

过滤分离时的压力也不宜过大，否则晶体受压易堵塞滤布的孔眼，使过滤困难。（近年来发展了新的高压膜式过滤机，其操作压力可达 3MPa）。一般过滤的操作压力在 0.4～0.8MPa 范围内。

6. 油脂的种类及其品质

不同的甘油三酯，其脂肪酸组成上各异，因此在其形成稳定性晶型及分离的难易程度上也有差异。通常能形成β型晶体的油脂，（如棕榈油、棉籽油、米糠油等）所形成的晶体易分离，花生油的结晶体为胶束状而无法进行固液分提。

油脂中的一些杂质，也会对结晶和分离产生影响。主要有胶质、游离脂肪酸、甘油二酯、甘油一酯及过氧化物等，它们会影响冷却结晶时体系的黏度，增加饱和甘油三酯在液体油相中的溶解度，延缓晶体的形成及晶型的转化等，从而降低分提效果及产品质量。

四、 分提过程及产品质量控制

多种分析方法都可以用来检测油脂分提组分的性质，以及控制分提过程的相行为。这些方法大多是 AOCS 标准方法或是 IUPAC 油脂及其衍生物分析的标准方法。如表 4－16所示。

表 4－16　　油脂分提常用的分析方法

	分析方法	AOCS 方法的编号		分析方法	AOCS 方法的编号
物理特性	固体脂肪含量	cd 16b－93	化学特性	碘价	
	固体脂肪指数	cd 10－57		韦氏法	cd 1－25
	熔点			气相色谱法	cd 1c－85
	毛细管法	cc 1－25		脂肪酸组成	
	威利法（Wiley）	cc 2－38		气相色谱法	ce 1－62/ce le－91
	滑点测定法	cc 3－25		甘油三酯组成	
	滴点	cc 18－80		气相色谱法	ce 5－86
	浊点	cc 6－25		高压液相色谱法	ce 5b－89/ce 5c－93
	冷却试验	cc 11－53		过氧化值	cd 8－53
				色泽	cc 13－e－92

碘价（IV）是不饱和程度的一种衡量标准。在分提过程中，饱和度高、熔点较高的甘油三酯富集在固相中，而更多的不饱和甘油三酯在液态油中。当碘价作为分离过程的界限时，碘价的变化也是一种分离效果的衡量标准，固体脂的得率可以通过 IV 的变化求得：

$$\text{固体脂得率}(\%) = \frac{(IV_{\text{液体油}} - IV_{\text{原料油}})}{(IV_{\text{液体油}} - IV_{\text{固态脂}})} \times 100 \qquad (4-12)$$

另外，通过用高压液相色谱（HPLC）或气相色谱（GC）测定甘油三酯和脂肪酸组成，通过脂肪酸组成（%）也可用来计算油脂的碘价：

$$IV = 0.95 \times C_{16:1} + 0.86 \times C_{18:1} + 1.732 \times C_{18:2} + 2.616 \times C_{18:3}$$

浊点和冷却试验从另一方面反映结晶分提的效果，它们主要用来表征分提的液体组分的性质。浊点是测定油脂在设定的冷却条件下结晶开始的温度；冷却试验是在一定时间、一定温度下液体组分阻止晶体形成的抵抗能力的量度。

通常用熔融特性（即熔点/滴点）来表示固态脂组分的性质。然而，这些参数仅能给出一种熔化终结的温度标记，无法表示熔融过程的行为。由膨胀计测得的固体脂肪指数（SFI）和由核磁共振法（NMR）测得的固体脂肪含量（SFC），可以对不同油脂的固相特性进行更为量化的描述。由于 SFC 方法具有较高的精确度和使用的方便性，更为油脂工厂和科技工作者所青睐。NMR 法也能用于分提过程中对油脂结晶行为的定量分析。

第四节 加工工艺与装备

一、 氢化工艺与设备

（一） 氢化工艺

油脂氢化工艺分间歇式和连续式两类。根据设备及氢和油脂接触方式的不同可分为：循环式间歇氢化、封闭式间歇氢化、塔式连续氢化及管道式连续氢化工艺。其操作的主要过程如图 4－25 所示。

催化剂
↓
待氢化油→预处理→除氧脱水→氢化→过滤→后处理→成品氢化油

图 4－25 油脂氢化工艺流程

1. 预处理

主要除去待氢化油中的一些杂质，（包括水分、磷脂、皂、游离脂肪酸、色素、含硫化合物以及铜、铁等金属离子）。这些物质的存在会降低催化剂的活性，从而妨碍油脂氢化反应的进行。所以，一般要求待氢化油的杂质含量应低于下列指标：磷 2mg/kg；硫 5mg/kg；水分 0.05%；游离脂肪酸 0.05%；皂 25mg/kg；POV 0.25mmol/kg；茴香胺值 10；铜 0.01mg/kg；铁 0.03mg/kg；色泽：R1.6、Y16（133.33mm）。

2. 除氧脱水

经预处理后的油脂原料，在贮藏及运输等环节会使油脂中夹带水和空气。水分的存在会影响催化剂的活性，而空气存在会因空气中氧气能使油脂发生氧化反应，故油脂原料一般需在真空条件下除氧脱水贮藏及运输。

3. 氢化

经除氧脱水后的油脂加入事先准备好的催化剂浆液混合物，经升温、通入氢气进行加成反应。当温度升至氢化反应控制的温度时，开启冷却水，以维持反应温度。反应时间则根据反应终点来确定，而终点常以 IV 来定。氢化反应的条件一般为：温度 150～250℃、催化剂浓度 0.01%～1.0%、氢气压力 0.1～0.5MPa。氢化时每降低 1IV 每 1t 油消耗 0.9m^3氢气，反应速度为每分钟降低 1.5IV。

测定碘价来控制生产终点比较繁琐，从时间上看有时来不及。通常可采用一些间接的方法来判断，主要有：预先绘制碘价下降与时间的关系曲线，根据时间来确定终点的碘价范围；可通过氢气的消耗量来确定终点；根据氢化时释放出的热量来确定终点，因为每降低 1IV，放出 117～121kJ 热量，或每降低 1IV 能使油温上升 1.6～1.7℃；根据折光指数的下降值来判断终点。

4. 过滤

将反应混合物冷却至70℃进行过滤（以防高温下油脂发生氧化）。过滤时一般在过滤机中需预先涂上硅藻土，以尽量除去氢化油脂中的催化剂。

5. 后处理

为了除去氢化油中残留的微量催化剂及氢化油的不良风味，需要进行后处理。后处理包括脱色和脱臭。此时的脱色并不是脱除油脂中的色素物质，而是通过加柠檬酸与金属镍等产生络合物，达到脱除催化剂残留物的目的。一般操作条件为：温度100～110℃、时间10～15min、残压6700Pa。另外，在油脂氢化过程中，由于油脂中脂肪酸链的断裂、醛酮化、及环化等作用，使氢化油带有一种特殊的氢化油气味，脱除的操作条件与脱臭相同。

内循环氢化单元操作的不同工艺介绍如下。

（1）间歇式充氢的加氢氢化系统　间歇式内循环氢化工艺是传统的一种氢化工艺，其工艺流程如图4－26所示。

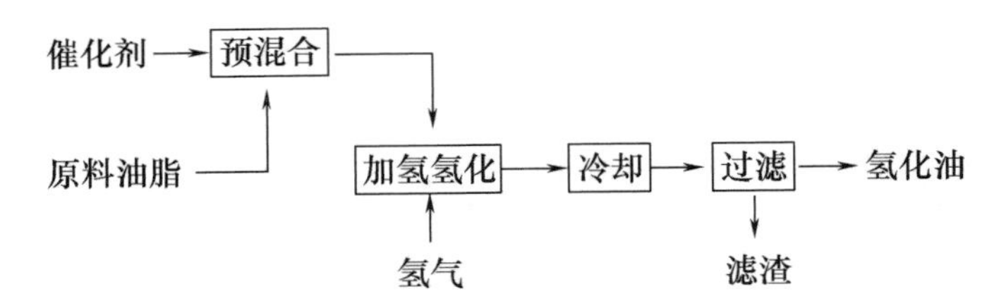

图4－26　间歇式内循环氢化工艺流程图

经过预处理的待氢化原料油脂分别计量后一部分送入预混合罐与催化剂预混合，混合物温度在80～120℃，搅拌速度80～120r/min，催化剂浓度30%，催化剂用量根据待氢化油脂的品质、催化剂的活性等因素决定，一般用量0.02%～0.1%（以整个待氢化油脂重量为基准），混合均匀后进入氢化反应器；其余大部分待氢化油脂直接送入氢化反应器。

待氢化油脂（含预混合物料）进入氢化反应器之前，先将氢化反应器抽成真空状态，并维持9.48×10^4Pa的真空度。在升温过程中、加氢前也要保持真空状态一段时间，以便在达到高温前除去油中的空气及水分，以免影响氢化时氢气的纯度，而导致氢化反应速度减慢、氧化分解等副反应的加剧。当加热盘管中的蒸汽把这批物料加热到所需的操作温度时，即停抽真空，将氢气通入反应器，并通过补充加氢维持所需的压力。氢化时，压力一般控制在0.2～0.5MPa，反应温度180～200℃（终温），不超过220℃，氢化反应时间根据原料油脂的品种及氢化油的用途（或碘价降低数）确定。当氢化反应完成后，停止加氢气。将上部空间的氢及积累的杂气通过阻火器放入大气，再将反应器抽成真空，盘管中通冷却水，油温降至70～90℃后破真空。

经冷却降温的物料由输送泵先送到预涂层罐，在此与一定量的过滤助剂混合均匀，再泵入压滤机过滤，最初滤出的混浊油应返回预涂层罐，待滤液清澈后送至后处理工段进行后脱色（必要时进行脱臭处理）。

间歇式内循环加氢化工艺操作中，氢气的非反应损耗取决于氢化结束时从氢化器上部空间放空的氢气量及氢气的泄漏量。在设计和操作良好的工厂中，氢气的非反应损耗不超过反应所需氢气的3%～5%。

氢化的主要设备采用有机械搅拌的反应器，其他辅助设备按工艺要求进行配置。

间歇式内循环氢化工艺有如下特点：①因为物料经过脱气和脱水，故可防止油脂氧化和水解；②能控制反应，能确保产品的均一性（整个反应在一定的恒温下进行，被油吸收的氢气量易于从氢气供应罐的压力降来确定）；③选择性的范围较广，决定选择性的因素不仅依赖于温度，亦依赖于操作压力在较大范围上的变动；④设备较简单，投资小且易于维修。

（2）间歇式外循环的氢化工艺　间歇式外循环的加氢氢化工艺与间歇式充氢的加氢氢化工艺的主要区别在于氢化时的加氢方式不同。后者氢气在反应器内部循环，只有在它卸料或放氢时，从设备排出；前后在反应过程中有大量过剩的（未反应的）氢气从反应器内连续地排出，经分离、冷却、洗涤等过程最后与补充的新鲜氢气一起再送回反应器中。其他工艺操作基本相同。

（3）连续氢化工艺　在现代食用油脂生产中，脱胶、脱酸、脱色、脱臭和包装均是连续和半连续的，因此油脂连续氢化也是人们所期望的，它将使制造厂最经济地使用空间、劳动力和能源。

根据催化剂和油脂接触方式，连续氢化工艺分为：悬浮催化剂连续氢化工艺；固定床催化剂连续氢化工艺。

①悬浮催化剂的连续氢化系统。

图4－27所示为具有悬浮催化剂的油脂连续氢化工艺设备流程。氢化的主要设备是悬浮催化剂加氢反应塔，根据工艺需要反应塔可以是一只、两只或多只串联组成的一组氢化反应器（该工艺中采用了两只）。

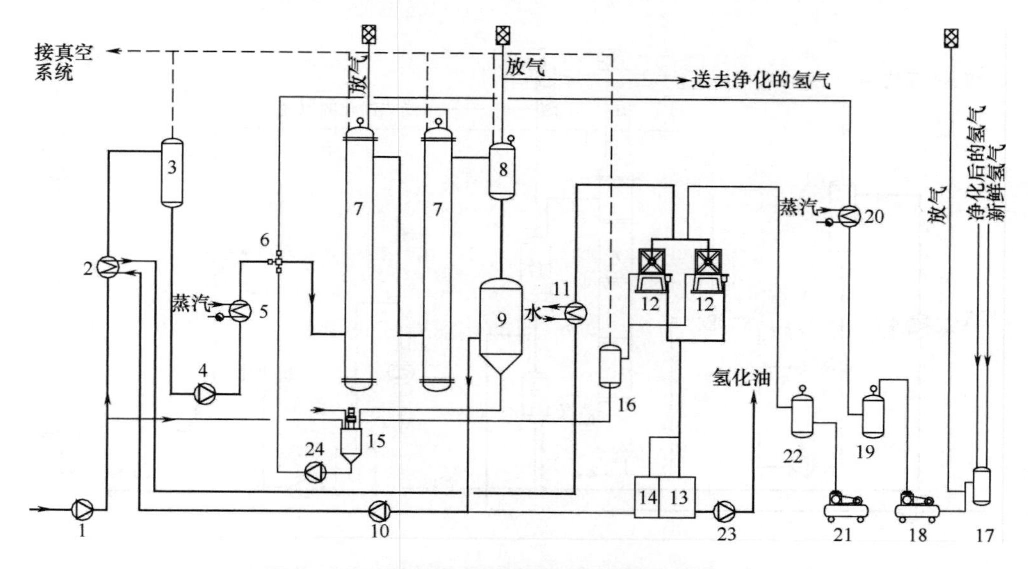

图4－27　具有悬浮催化剂的油脂连续氢化工艺

1—输油泵　2—热交换器　3—析气器　4、10、23、24—泵　5—预热器　6、17—混合器　7—反应塔　8—分离器　9、16—收集罐　11—列管式冷却器　12、22—集气罐　13、14—收集槽　15—混合罐　18、21—空压机　19—高压集气罐　20—列管式加热器

由图4-27可见待氢化油脂计量后由输油泵（1）经热交换器（2）送入析气器（3），在真空状态下脱除溶解在油脂中的空气（在油中水分偏高时也可以进一步脱水），控制进入析气前油脂的温度为100~120℃；然后用泵（4）送经预热器（5）至混合器（6），在这里油脂、催化剂和氢气按照工艺要求的比例进行混合，混合均匀的物料进入第一只氢化反应塔（7），并依此进入其后的反应塔。油脂在预热器（5）内的预热温度一般控制在180~220℃，（最高不超过240℃）；所用氢气的表压一般为0.2~0.6MPa，（最高不超过1MPa）。

氢化油从最后的反应器上部与氢气和催化剂一起通过分离器（8），压力降低，氢化油进入收集罐（9），再用泵（10）经热交换器（2）和列管式冷却器（11），把油温降至70~90℃后进入压滤机（12），分离氢化油和催化剂。

过滤后的氢化油汇集在收集槽（13、14），再由泵（23）送往后处理系统或作为成品油储存。空压机（21）经集气罐（22）和（12）将催化剂送入收集罐（16），然后送入（15）。

新鲜的和已净化的氢气混合物从混合器（17）用空压机（18）经高压集气罐（19）和列管式加热器（20）送入混合器（6）。氢气在分离器（8）中分离出来后进入氢气的净化系统循环使用。

新鲜催化剂在混合罐（15）与待氢化油脂（或氢化油）混合后送入混合器（6）。

循环使用的催化剂首先在压滤机（12）底板上待氢化油脂或氢化油稀释卸入混合罐（15）内，在氢化油收集罐（9）内沉淀的催化剂，间歇地卸入混合罐（15）内。

②具有固定床催化剂的连续氢化工艺。

图4-28所示是具有固定床催化剂的油脂连续氢化工艺流程图。

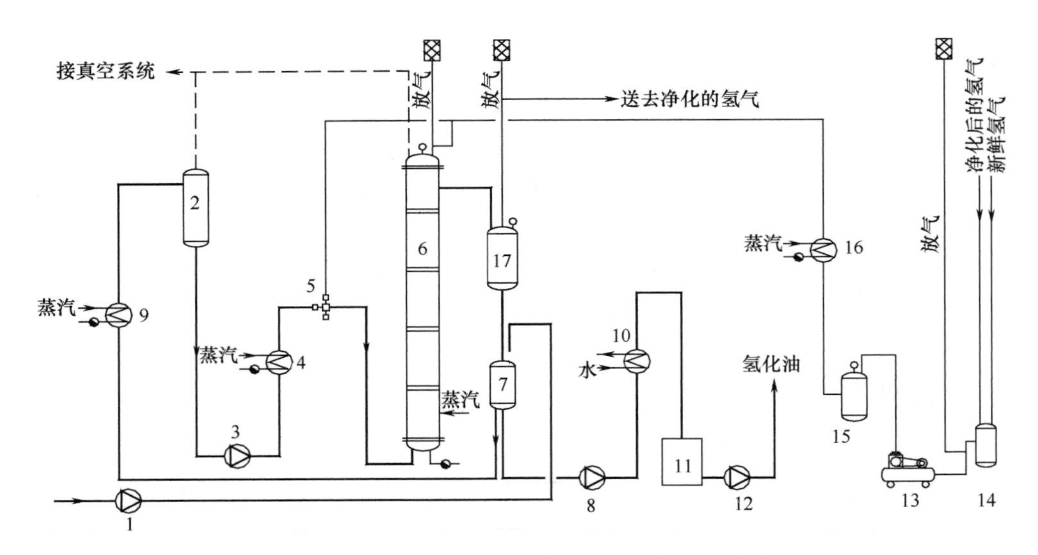

图4-28 具有固定床催化剂的油脂连续氢化工艺流程图

1、3、8、12—泵 2—析气器 4—预热器 5、14—混合器 6—反应塔 7—热交换器 9、16—加热器 10—冷却器 11—暂存罐 13—空压机 15—集气罐 17—分离器

待氢化油脂计量后由泵（1）经热交换器（7）和加热器（9）送入析气器

(2)，在真空状态下脱除溶解在油脂中的空气（在油中水分偏高时也可以进一步脱水)，控制析气前油脂的温度100～120℃；然后用泵（3）经预热器（4）至混合器(5)，新鲜的和已净化的氢气混合物从混合器（14）用空压机（13）经高压集气罐(15）和列管式加热器（16）送入混合器（5)。混合均匀的物料进入氢化反应塔(6)。油脂在（4）内的预热温度一般控制为180～220℃（最高不超过240℃)；所用氢气的表压一般为0.6～1.6MPa。反应后的氢化油经分离器（17）气-液分离后，在热交换器（7）中与待氢化油脂进行换热。氢化油由泵送至冷却器（10）和暂存罐（11)，最后由泵（12）送出后处理系统或经冷却器冷却后作为成品储存。

采用悬浮或固定床催化剂的连续氢化时氢气的供应量超过氢气消耗量的6～10倍。

固定床催化剂的连续氢化工艺，氢化油不需要过滤除去催化剂，使操作更加简便。但固定床催化剂随着使用的进程其催化活性逐渐降低，因此，在使用1～3个月后直接在反应塔内进行再生或更换新的催化剂。该氢化工艺适合于催化剂毒物含量极低的油脂氢化。

（二）氢化设备

随着油脂工业的不断发展，油脂氢化技术越来越引起人们的重视，产品也越来越多。由于油脂氢化是在液体不饱和油、固体催化剂和气体（H_2）发生的非均相反应，因此对氢化反应设备也提出相应的设计要求，如催化剂与待氢化油脂的均匀混合，氢气与油脂、催化剂的充分接触，氢化反应温度、反应压力等操作条件的可调性；操作的安全性；有效的气密性等。同时还要兼顾到设备制造的可行性和经济性。

根据原料油脂在氢化反应器内的运动状态，氢化设备分间歇式氢化和连续式氢化两种类型。一个完整的氢化系统（或氢化车间）是由氢化主要设备和辅助设备组成。

氢化反应器是氢化单元操作的主要设备，包括有机械搅拌的反应器（氢化反应釜)、环路文丘里反应器、塔式反应器（氢化反应塔）等。

1. 有机械搅拌的反应器（氢化反应釜）

常规的氢化反应釜（图4-29）是一只装有转速为100～120r/min搅拌器的立式罐。设备的总容积根据产量的大小确定；在釜体的底部装有一个或多个环形氢气鼓泡器，内外两侧设有两组数量不等、直径为1～2mm的氢气喷孔，用来均匀地分布氢气。搅拌装置采用涡轮搅拌器，可以分散喷入的氢气气泡，使氢气通过料层缓慢地上升至顶部空间，增加氢气与其他物料的接触面积，延长相互作用时间，同时也有利于固体催化剂在反应体系中的均匀分散。氢气鼓泡和搅拌的协调作用有效地提高氢化反应速率。沿釜体内壁周向设置4～6组蛇管热交换器，用以物料的加热和氢化产品的冷却。釜体的上下封头均采用受压均匀的曲面封头（球形封头、椭圆封头或碟形封头)，在上封头或釜体上设置检修孔和供料、排料接管以及安全阀、温度计、压力表等接管。

图4-30是改进型搅拌装置的氢化反应釜。该设备的外形与常规的氢化反应釜相类似，其区别主要是搅拌装置的不同，它是采用套筒式螺旋搅拌器，螺旋转动能产生下压的轴向力，使物料向下运动，在套筒上端入口处设置挡板，使物料形成许多涡流，涡流

连续地使油脂带着釜体顶部的氢气进入套筒，通过套筒向下运动。这种搅拌器的转速为200～300r/min。在食用油脂工业以及其他类似的应用中，已证实这种轴向螺旋混合器的效果良好。

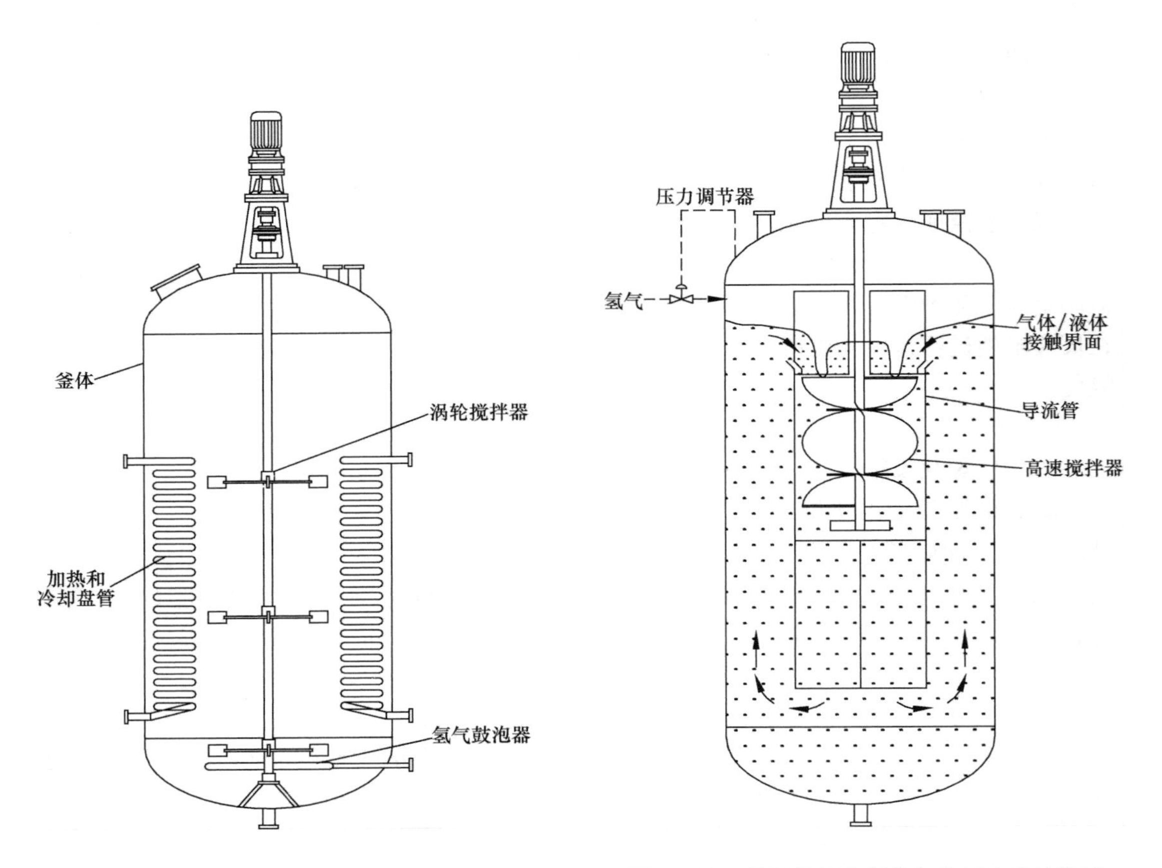

图4－29　常规氢化反应釜结构图　　图4－30　带螺旋混合器的氢化反应釜结构图

图4－29和图4－30氢化反应釜是间歇式氢化工艺的主要设备，间歇式氢化操作物料的进出是间断性的，亦即物料在氢化反应釜内反应时，主物料相对于工艺系统的其他工序是静态的，而氢化反应釜内部由于强烈的搅拌作用，使油脂、催化剂和氢气在整个反应体系内浓度均衡，操作易于控制，产品质量容易保证。

2. 环路文丘里反应器

环路文丘里反应器如图4－31所示。它使用一种文丘里管原理的喷射型混合喷嘴，在氢化反应过程中，物料由一台输送泵强制循环，并以一定压力通过文丘里喷射型混合喷嘴使周围氢气随着液体一起喷射，结果使油脂、催化剂和吸入的氢气强烈地混合。环路文丘里反应器虽然与带有机械搅拌装置的氢化反应釜不同，但其效果是相同的，即它能增加氢气在油中的溶解数量。实践证明这种设计对食用油脂氢化的效果良好，所以也是间歇式氢化工艺的主要设备之一。

3. 悬浮催化剂加氢反应塔

图4－32为早使用的悬浮催化剂加氢反应塔，塔径与塔高比为1：10～20。塔体的

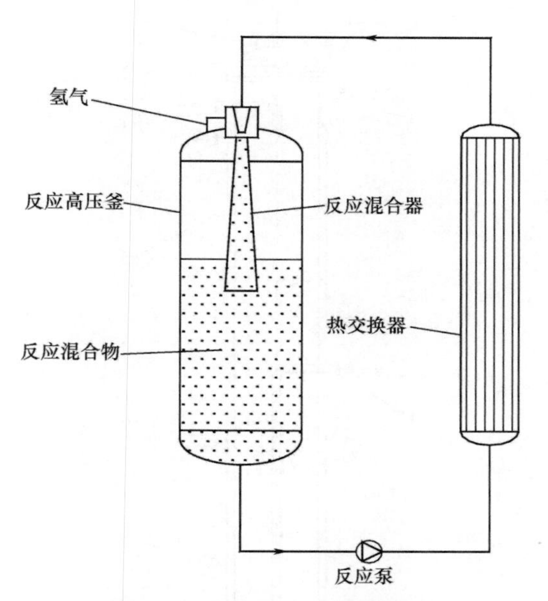

图 4－31　环路文丘里反应器

上部为冷却段，在其外设冷却用夹层，用来冷却已反应的物料；下部为反应段，在其外设加热（或保温）用夹层，用来调节氢化反应温度；在上、下封盖或釜体上设置供料、排料和真空接管以及安全阀、温度计、压力表等接管；在塔内连续氢化反应时间一般为 10min 左右，反应速率可以高达每分钟降低碘价 25～30gI/100g。

待氢化油脂、氢气及催化剂的混合物从接管（11）进入加氢反应塔的下部，由接管（3）排出。反应压力为 1MPa，温度为 180～240℃。反应过程中需要补充的氢气从底部封头的接管（9）（也供停车时卸料用）压入。在连续氢化成套装置中，用该塔作为氢化的主要设备时，根据原料和产品的具体要求，可采用单塔氢化工艺，也可以采用多塔串联工艺。

待氢化的油脂从反应塔的下部进入从上部排出。从理论上讲，在塔式反应器内液流的运动不伴随物料纵向和径向的混合，称为完全（理想）位移的反应器，理论上这样的反应器内原始物质所有的质点停留时间是一样的，并且等于液流经过反应区的时间，而反应物的浓度沿着反应器从下向上逐渐降低，那么，在完全（理想）位移的反应器内可以保证所有液流原料具有同样的化学转化程度。事实上，在氢气强烈鼓泡的条件下，塔式反应器应处在完全位移反应器和完全混合反应器之间的过渡状态。所以，在产量和设备一定的前提下，也存在产生部分物料短路和部分物料滞留现象，影响氢化产品质量。

另一种氢化反应塔，塔体内设置一系列的固定挡板，将其分成许多反应室，每一反应室有一固定的涡流搅拌器。每一反应室用一块距搅拌轴四周只有很小间隙的水平挡板盖着，因此有效地减少了反应室之间的物料返混（部分物料短路和部分物料滞留）现象。氢化反应塔使油脂连续氢化反应更能均衡地进行。

4. 固定床连续催化加氢反应塔

所谓固定床催化剂加氢反应塔，其外形与图 4－32 所示的悬浮催化剂加氢反应塔基本相似。固定的催化剂装在带有底孔的圆筒形篮里，如图 4－33 所示。带孔底的圆筒形

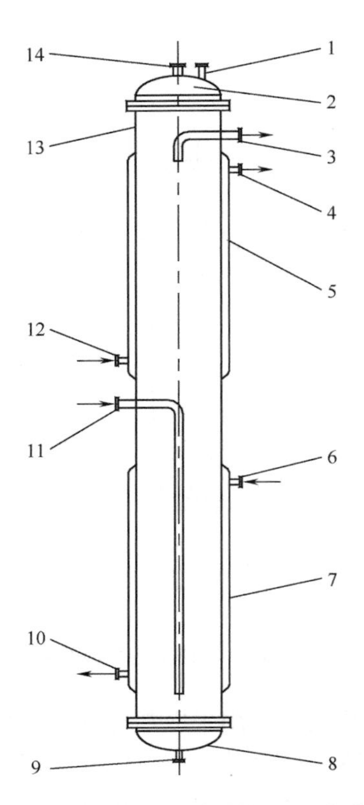

图4－32　悬浮催化剂加氢反应塔

1—放氢管　2—上封头　3—氢化油出管　4—冷却水出管　5—冷却夹套　6—蒸汽进管
7—加热夹套　8—下封头　9—补氢或卸料管　10—冷凝水出管　11—原料进管
12—冷却水进管　13—塔体　14—真空管

篮在塔内的安装高度为6～7m，在催化剂上面气体空间的高度为1～1.5m。待氢化油脂及氢气从塔的底部进入反应塔，氢化油从靠近塔顶部的出口管排出。

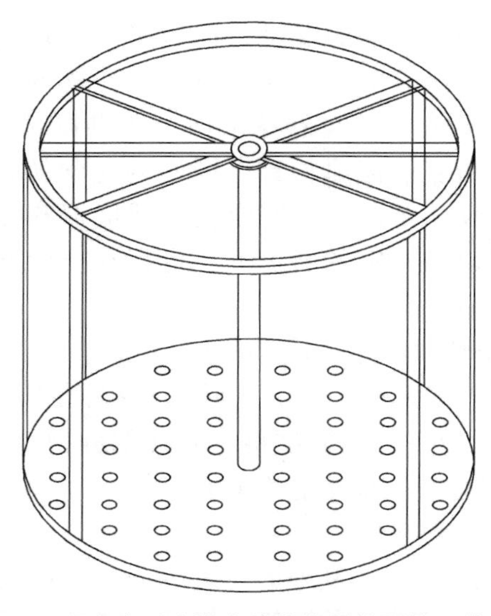

图4－33　固定床反应塔中放催化剂的圆筒形篮结构图

在连续氢化成套装置中，用该塔作为氢化的主要设备时，根据原料和产品的具体要求，可采用单塔氢化工艺，也可以采用多塔（一般为两塔或三塔）串联的催化剂工艺。

固定床催化剂加氢反应塔，其特点是油脂氢化反应过程中催化剂在塔内是相对静止的，而且是一次性的，也就是说，待氢化油脂和氢气的混合物料在流经塔内固定床催化剂时发生反应，而后从塔顶排出，氢化油不需要过滤除去催化剂，使操作更加简便。固定床装备的主要缺点是原料中的杂质累积在催化剂上，使催化剂逐渐中毒或失活，影响反应速率和选择性。实际生产中，需根据原料的品质和产品的要求，定期更换催化剂。由此导致使该装备的应用受到限制。

如何进一步降低氢化原料中的杂质含量、优化氢化装备的设计、减少催化剂用量、降低生产消耗等问题，是油脂氢化装备深入、持久的方向。

二、酯交换工艺与装备

（一）化学法酯交换工艺与装备

化学法酯交换反应工艺前文已经介绍。虽然连续加工工艺具有许多优点，但在实际生产中，多数化学法酯交换生产仍是采用半连续式工艺，究其原因，主要是半连续式生产工艺的投资相对较低。化学法酯交换工艺的主要设备如下。

（1）反应器　为了使少量的催化剂和酸在油脂中得到有效的混合，需要剧烈的搅拌。有两种基本类型，如图4－34所示。

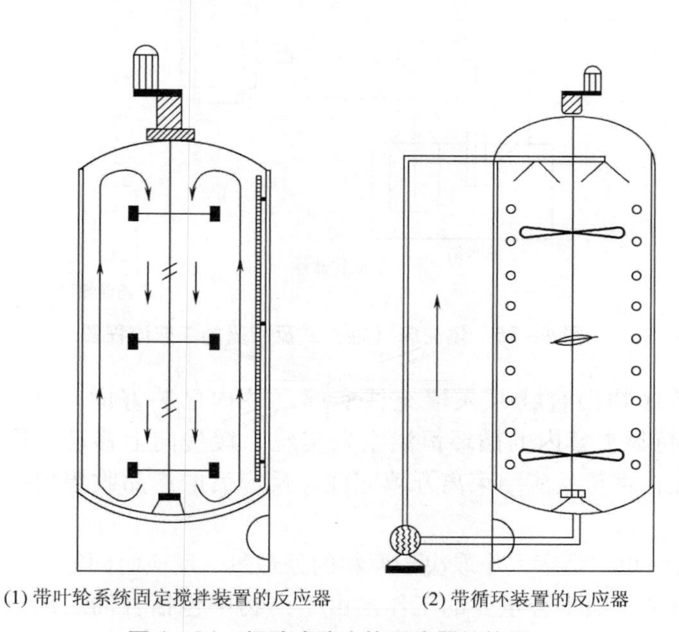

(1) 带叶轮系统固定搅拌装置的反应器　　(2) 带循环装置的反应器

图4－34　间歇式酯交换反应器结构图

（2）催化剂定量装备　大多数催化剂对水非常敏感。因此，对催化剂需要妥善贮存。通常催化剂是经预先定量后放在特制的小圆桶中，并由人工加入反应器。因为反应器是在减压条件下操作，在定量催化剂的小圆桶和反应器之间安置一中间狭槽，以防止空气和水分进入。创新的工艺装备已配置了自动粉末定量装置，以减少人工定量出现的误差。

（3）后脱色过滤装备　在后脱色加工工艺中，往往用箱式或板框式过滤机，现在越来越多地被高级的立式或卧式罐箱式过滤机所替代。在美国用的是卧式箱式过滤机，而欧洲采用立式箱式过滤机。

（二）酶法酯交换工艺与设备

1. 酯交换工艺

脂肪酶催化酯交换反应常用的工艺有两种，一是间歇式工艺，二是连续式工艺。

2. 酯交换装备

间歇式反应器是将固定化酶与底物溶液一起装于反应器中，于一定温度下搅拌反应至符合要求为止。同时采用离心或（和）过滤将固定化酶从产物溶液中分离出来。该反应器的应用相当广泛，设备简单，反应时不产生温度梯度和浓度梯度。但在反应反复回收过程中固定化酶易损失；处理量也比较小。

连续反应器包括连续流搅拌罐反应器、填充床反应器、流化床反应器以及膜反应器等。不同种类的连续式反应器具有各自的特点。图4－35所示是填充床（柱）式反应器的工艺流程示意图。

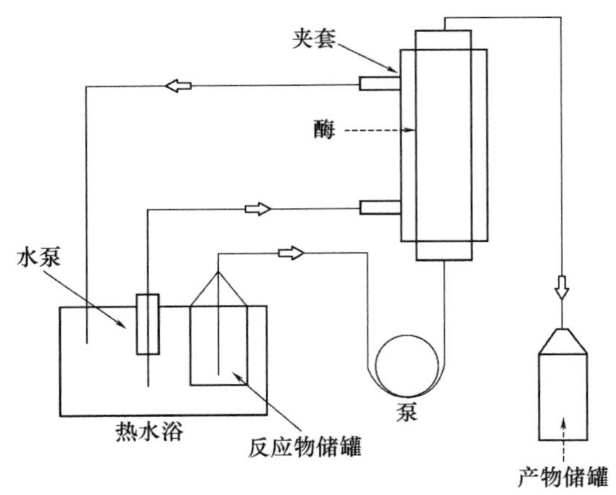

图4－35　填充床（柱）式反应器的工艺流程图

经保温后的底物混合物泵入填充柱底部（柱内已装好固定化酶），底物在柱内（柱内温度的保持靠夹套内的循环恒温水来实现）缓慢向上移动，移动过程中酶不断地催化底物反应，直至反应结束离开填充柱。反应后的产品收集到产品储罐内待分离使用。

反应柱的截面积、高度大小取决于原料的处理量、反应时间等。

产物的分离是一项十分重要的工作。由于产物中包括甘油三酯、甘油二酯、甘油一酯、游离脂肪酸甚至脂肪酸烷基酯（如甲酯）等，使分离工作变得十分复杂。目前应用于实验室及小规模化酶法酯交换产品分离的主要方法有——薄层色谱法、柱层析法、高压液相色谱法、溶剂（如乙醇）的低温结晶法、分子蒸馏法以及超临界 CO_2 萃取法等。

三、 分提工艺与装备

（一） 分提工艺

1. 干法工艺

干法，即常规法，是指在分提过程中不添加任何其他物质，直接进行油脂的冷却、结晶和分离的工艺过程。一般分间歇式和半连续式工艺。半连续式工艺实际上是由间歇式结晶和连续式过滤组成的工艺。目前，工业化干法分提大多数是半连续式工艺，其中Desmet和Tirtiaux的工艺设备最负盛名。一些相似的工艺设备如Oiltek和Krupp也已经商品化。虽然各个公司的工艺及设备会有所不同，但其分提的基本原理是相同的，只不过是工艺特点有差异。

在结晶前，首先将油加热至70℃全部熔化，然后泵入结晶器中，根据冷却曲线（图4－36）进行冷却，使物料温度缓慢冷却到40℃，在40℃以下维持4h。然后降温至20℃，维持6h后，将冷却结晶的物料输送到膜式过滤机中进行过滤分离，其滤压力为0.4～0.8MPa。

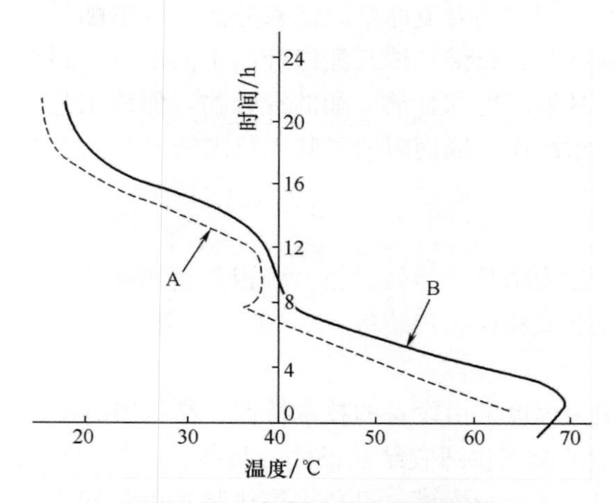

图4－36　棕榈油的冷却曲线图

2. 溶剂分提法

溶剂分提法是在油脂中加入一定数量的溶剂后进行冷却、结晶、分离的工艺方法。由于在油脂中添加了一定数量的溶剂，从而降低了体系的黏度，使结晶时间缩短，易于过滤，分提效率高。溶剂分提的主要优点是分提效果好，分提得率和成品的纯度都比较高。

产生这些优点的原因，主要是无论哪种工艺都不可能从固体相中除去所有的液体部分，因为部分的液体总是会包裹在固体中，而在添加溶剂的混合物中，液体部分由相当大的溶剂所组成，溶剂能阻止液体油的吸附，从而降低固体相中的液体油含量。

溶剂分提工艺的生产成本和投资成本较高，而且溶剂的使用存在着生产安全问题。所以采用溶剂分提工艺的工厂从事的大多是特殊脂肪（如可可脂代用品）的生产。

在溶剂分提工艺中，常用的溶剂有正己烷、丙酮及异丙醇等。

3. 表面活性剂法

当油脂经冷却结晶后，添加表面活性剂的水溶液，使结晶的固脂润湿，并在液体油中呈分散状态，然后采用离心机分离的工艺称为表面活性剂分提工艺。此工艺主要包括冷却、结晶、表面活性剂润湿、离心分离、水洗及表面活性剂回收等工艺过程。

常用的表面活性剂为十二烷基磺酸钠，其添加量为0.2%～0.5%。同时还需添加1%～3%的硫酸镁或硫酸铝等电介质。将表面活性剂和电介质加入与油量相等的水中，配制成表面活性剂的水溶液。该溶液一般分两次加入——首先将20%的表面活性剂溶液经冷却后加入结晶塔中，以促进形成稳定型的晶体；余下的80%经冷却后加入结晶后的物料中，进入离心机分离，得到液体部分和含表面活性剂溶液的固体脂部分。

4. 超临界流体萃取法

超临界流体萃取工艺分离甘油三酯是基于甘油三酯在超临界流体中的溶解度差异。许多试验的结果已证明，用超临界流体萃取法来分离甘油三酯是可行的，如乳脂能被分离成富含短碳链、中碳链和长碳链甘油三酯组分的不同馏分。超临界流体萃取工艺同样可用于分离甘油三酯、甘油二酯和甘油一酯的混合物。但该工艺生产成本高，且技术复杂，尤其是萃取设备需耐高压，因而阻碍了其大范围的工业化应用。

（二）分提装备

分提装备按其功能分为结晶、养晶、固、液相分离和硅藻土处理等装备。按工艺过程的连贯性又可分为间歇式和连续式装备。

1. 结晶器

油脂结晶的速率很大程度上由设备的技术特性、结晶器的换热方式所决定。

结晶塔（罐）是给油脂提供适宜结晶条件的装备。一般间歇式的称结晶罐，连续式的称结晶塔。前者结构类似于精炼罐，只是将换热装置由盘管式改成外夹套式；罐体直径相对减小的同时增加了罐体的高度，搅拌速度要调整到适宜于晶体成长。后者如图4－37所示。

结晶塔的主体由若干个带夹套的圆筒形塔体和上、下碟盖组成。塔内有多层中心开孔的隔板。塔体内设有搅拌轴，轴上间隔地装有搅拌桨叶和导流圆盘挡板。搅拌轴由变速电机通过减速器带动，转速根据结晶塔内径大小控制在3～10r/min。搅拌使塔内油脂缓慢地对流，有利于传热和结晶。各个塔体上的夹套由外接短管相互连通，通入冷却水与塔内油脂进行热交换，使之冷却结晶。塔内的隔板和搅拌轴上的圆盘挡板，引导着油流的路线，可防止产生短路，并能控制停留的时间。

2. 养晶罐

养晶罐是为结晶成长提供条件的装备。间歇式养晶罐与结晶罐通用。连续式养晶罐的结构如4－38所示。

养晶罐主体是一带夹套的碟底平盖圆筒。罐内通过支撑杆上装有导流圆盘孔板。置

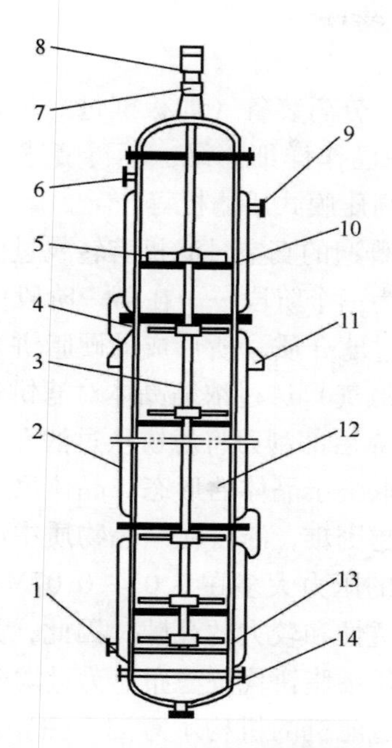

图 4－37 连续式结晶塔结构图

1—进水口 2—夹套 3—轴 4—圆盘 5—桨叶 6—进料口 7—摆线针轮减速器
8—电机 9—出水口 10—孔板 11—支座 12—塔体 13—下轴承架 14—出料口

于轴上的桨叶式搅拌器，由变速电机通过减速器带动，搅拌速度根据养晶罐内径大小可控制在 3～10r/min，对初析晶粒的油脂作缓慢搅拌。夹套内通入冷却剂维持养晶温度，促使晶粒成长。罐体外部装有液位计，以掌控流量，确保养晶效果。

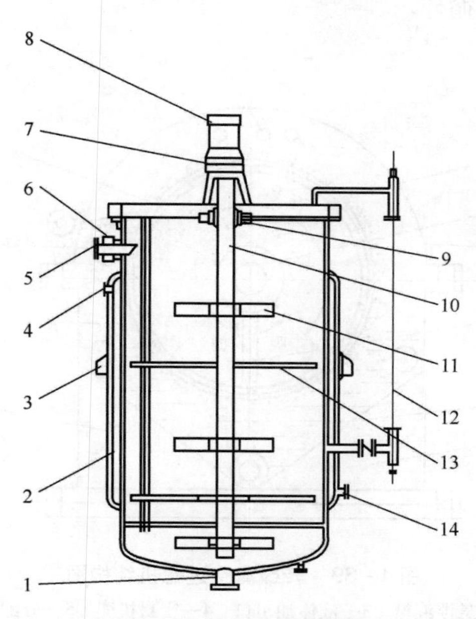

图 4－38 连续式养晶罐

1—出油管 2—夹套 3—支座 4—出水管 5—进油口 6—视镜 7—减速器
8—电机 9—轴承 10—轴 11—桨叶 12—液位计 13—孔板 14—进水管

3. 分离设备

分提工艺使用的传统过滤、分离装备（如板框过滤机、立式叶片过滤机、碟式离心机等），在油脂精炼工艺装备中已作详细介绍，不再赘述。在油脂分提工艺中分离装备还有创新的真空吸滤装置以及高压膜式压滤机等。

（1）真空过滤机　使用最普遍的真空过滤机有转鼓过滤机和带式过滤机，这两种装备都是连续式的。真空过滤分为三个阶段——在第一阶段中，液相或油相通过吸力透过固体层和过滤介质，使晶体在过滤介质（所形成的硬脂饼）上被浓缩。第二阶段，通过空气流（对氧气敏感的产品用氮气）透过浓缩晶体对滤饼进行干燥。最后阶段，借助空气（或氮气）流逆向流动或依靠后部刮刀将滤饼从过滤介质上卸除。

过滤速率及分离效率主要取决于晶体的形态。晶体尺寸分布范围越广，晶体层越不致密，从固脂中分离液体油就越困难，滞留在结晶物质中的液体油越多。由于抽滤压差受到限制（工业用真空过滤机的压力大多在0.03～0.07MPa之间），真空过滤机通常安装的滤布或滤带具有较高的渗透性和较大的孔隙，因此，为减少晶体透过过滤介质，需要较大尺寸的结晶。有时可利用硬脂饼代替滤布作为过滤介质使用。

图4－39所示为转鼓真空过滤机的机构示意图。主要由机座（1）、密封机壳（4）、转鼓（6）、卸饼机构（刮刀）（11）和分配头（5）等组成。由于转鼓壁内外压力差的作用，液体油透过过滤介质吸入滤室，经分配头由液体油出口排出。悬浮液中的固体脂颗粒被截留在介质表面形成滤饼。当转鼓载着硬脂饼进入沥干区，继续依靠负压沥干所含的液体油。硬脂饼进入卸渣区后，分配头（5）向滤室通入压缩空气，使硬脂饼与滤布松离，并由刮刀将硬脂饼卸入输送机。卸饼后的滤室继续回转至再生区，由压缩空气（或蒸汽），吹落堵塞在滤布孔眼中的颗粒，使滤布获得再生。每个滤室经过一个周期后，即可进入下一个过滤循环。

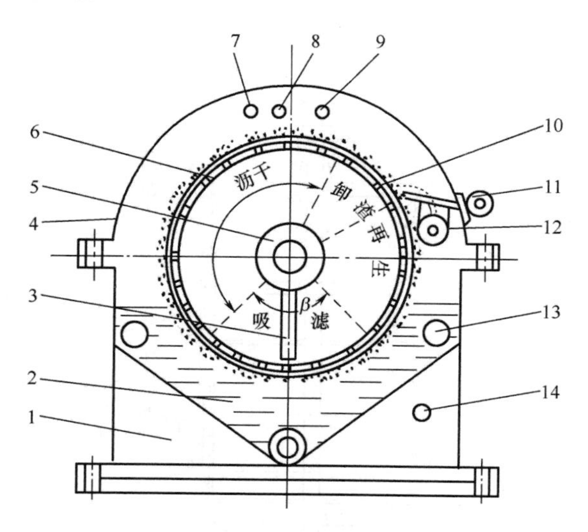

图4－39　转鼓真空过滤机结构图

1—机座　2—悬浮液槽　3—液体油出口　4—密封机壳　5—分配头　6—转鼓
7—预涂管　8—洗涤液管　9—真空管　10—滤布　11—刮刀　12—硬脂饼输送机
13—悬浮液进口　14—冷却液进口

（2）高压膜式过滤机 膜压滤机由一系列滤板柜组成，通过液压活塞使它们形成一体，可用的过滤表面比真空过滤机大得多。充满滤室后被浓缩的硬脂晶体，通过膨胀的膜进一步的挤压在一起，可以使残留的液相更好地除去，从而得到较多液体油。采用较高的压力，使晶体结构变化对分离的影响不太敏感。膜压滤机过滤是一半连续过程，过程可分为连续的两个步骤——过滤和挤压。装砌过滤机后，滤浆被压入滤室，大部分游离的油从滤浆中分离，再接下来的是膜板间对浓缩的晶体进行机械挤压，目的是将包裹在固体物内的油挤压出来。然后，过滤机被打开，滤饼靠重力卸出，如图 4 -40 所示。

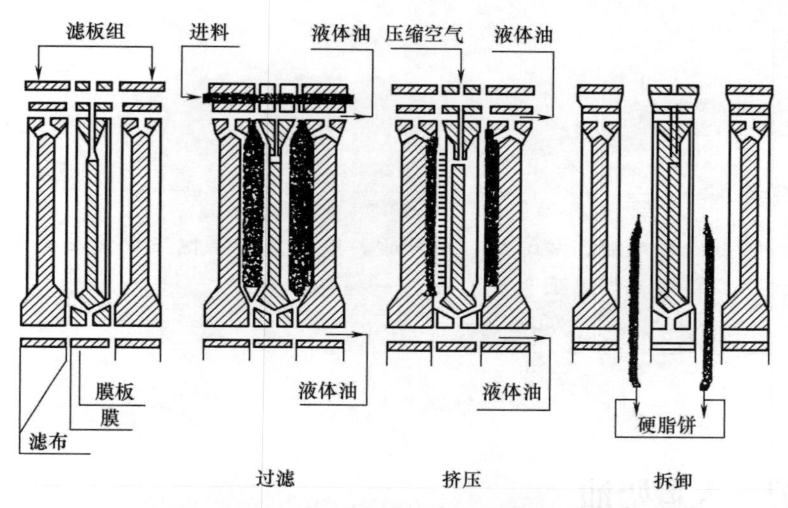

图 4 -40 高压膜式过滤机工作过程示意图

相对于真空过滤机，膜压滤机的优点在于——较高的分离效率、较强的耐晶体形态变化的能力、较好的保护油脂不受氧化的性能；过滤快；能耗低。提高了分离效果，因此硬脂具有碘价较低（即饱和度高），高熔点以及较陡的固体脂肪曲线（SFI）等特性。所得到的液相质量比真空吸滤的更高。相对于连续式此压滤的缺点只是半连续的。

液体在脂晶内有内聚力，因此，利用任何商业分离技术都不可能将固相中的液相完全除去。与真空吸滤相比，膜式压滤机除去固相中的液体更为有效，这主要是由于变化着的高压的施加。一台标准膜压滤机操作压力达到 0.6MPa 时，棕榈油中液体油量增加 10%（计算液体油部分），比真空吸滤的得率高。

思考题

1. 简述油脂氢化改性的原理及影响因素？
2. 简述油脂酯交换改性原理及主要装备？
3. 简述油脂分提改性原理及影响因素？

第五章

食品专用油脂产品

本章知识点

重点学习人造奶油、起酥油、糖果脂、煎炸油及其他主要食品专用油产品的定义、功能特性、加工工艺及装备。

第一节　人造奶油

天然奶油已有4000多年的历史，而人造奶油的历史只有100多年。19世纪后期（普法战争）时期，欧洲缺少奶油，人们迫切需要找到一种奶油的代用品。法国拿破仑三世发出悬赏招募人才，法国化学家Hippolyte Mege Moures将除去硬质的牛脂作为原料油脂，然后添加牛奶进行乳化、冷却，于1869年成功地制造出奶油的第一代代用品——人造奶油。由于普法战争，法国很贫困，人造奶油在法国没有发展起来，而在荷兰、丹麦及英国人造奶油生产日渐兴旺，后来在美国、前苏联、德国取得很大发展。20世纪50年代初，日本的人造奶油工业也取得较快发展。之后，印度、巴基斯坦、巴西、加拿大及澳大利亚等也发展很快。

近年来，发现动脉硬化、高血压等疾病与动物脂肪中的胆固醇有关，因此人造奶油一跃成为受欢迎的产品，加上食品工业因加工的需要提出的某些要求，天然奶油不能满足，因而人造奶油已不仅是奶油的代用品，某些性能还优于天然奶油。人造奶油注重营养价值和风味，其产量早在1957年就赶上天然奶油，之后就一直遥遥领先。目前，人造奶油小部分是家庭用，大部分是工业使用。我国人造奶油的生产起步较晚，1984年产量为772t，大部分用于食品工业。1990年后从国外引进了数套人造奶油和起酥油的生产线。随着人民生活水平的提高和饮食的多样化，人造奶油的需求产量得到了较大幅度的增加。

一、 定义、 标准与分类

（一） 人造奶油的定义、 标准

人造奶油在国外被称作Margarine，这一名称从希腊语珍珠（Margarine）一词转

化而来，是根据人造奶油在制作过程中流动的油脂放出珍珠般的光泽而命名的。

各国对人造奶油的最高含水量的规定以及奶油与其他脂肪混合的程度上存在差别，影响了国际间的交易。为此，联合国 FAO、WHO 联合食品标准委员会制订了统一的国际标准。附录中列出了我国人造奶油专业标准和日本农林标准。

1. 国际标准定义

人造奶油是可塑性或液体乳化状食品，主要是油包水型（W/O），原则上是由食用油脂加工而成。这种食用油脂不是，或者主要不是从乳中提取的。根据以上条文，人造奶油具有三个特征——具备可塑性（或液态乳化状）；为 W/O 型乳状液；乳脂不是主要成分。

2. 中国专业标准定义

人造奶油系指精制食用油添加水及其他辅料，经乳化、急冷捏合成具有天然奶油特色的可塑性制品。

3. 日本农林标准定义

人造奶油是指在食用油脂中添加水等乳化后急冷捏合，或不经急冷捏合加工出来的具有可塑性或流动性的油脂制品。

从上述标准可见，油脂含量一般在 80% 左右，这是人造奶油的主要成分，也是传统的配方。近年国际上人造奶油新产品不断出现，其规格在很多方面已超越了传统规定，在营养价值及使用性能等方面超过了天然奶油。

（二） 人造奶油的种类

人造奶油可分成两大类：家庭用人造奶油和食品工业用人造奶油。

1. 家庭用人造奶油

这类人造奶油主要在饭店或家庭就餐时直接涂抹在面包上食用，少量用于烹调。市场上销售的多为小包装产品。

目前国内外家庭用人造奶油主要有以下几种类型。

（1）硬型餐用人造奶油　即传统的餐用人造奶油，熔点与人的体温接近，塑性范围宽，亚油酸含量 10% 左右。

（2）软型人造奶油　这类人造奶油的特点是含有较多的液体植物油，亚油酸含量在 30% 左右，改善了低温下的延展性。杯装软型人造奶油的亚油酸含量为 28% ~53%，多不饱和脂肪酸（PUFA）与饱和脂肪酸（SFA）的比率为 1.6∶1 ~3.3∶1。软型人造奶油通常要求在 10℃ 以下保存时不过于软化。由于营养方面的优越性，其产量日益扩大，目前日本的软型人造奶油已占家庭用人造奶油的 90% 以上。

（3）高亚油酸型人造奶油　这类人造奶油含亚油酸 50% ~63%，与一些植物油中的亚油酸含量相当。植物油之所以具有降低血清胆固醇的功能，是因为天然顺 - 顺式亚油酸的作用，因此要尽量减少家庭用人造奶油中的异构酸。对于反式异构酸是否有害，学者多两种不同的意见，但比利时、德国、瑞典、芬兰等正在研究开发不含反式酸的人造奶油。

因为亚油酸含量高，氧化稳定性就会降低（在营养学上，亚油酸的摄取也需与维生素 E 平衡），所以这类人造奶油必须添加维生素 E、BHA 等辅料以确保质量安全。

（4）低热量型人造奶油　近年来，发达国家由于油脂摄取量过多而影响健康，希望减少食物中油脂的含量。美国首先生产出含油脂40%及60%的低热量型人造奶油，随后日本和欧洲一些国家也生产低热量型人造奶油，但规格各有不同。国际人造奶油组织提出的低脂人造奶油的标准方案中规定——脂肪含量39%～41%，乳脂1%以下，水分50%以上。

低热量型人造奶油在外观、香味和口感方面与普通人造奶油没有区别（仍属W/O型），由于水分多于油分，因此不可能用普通人造奶油加工所使用的简单乳化方法。由于水分高，为了防腐，不添加乳和其他蛋白成分，而添加山梨酸等防腐剂。油分的配料与软质人造奶油类似。

（5）流动型人造奶油　除了上述可塑型人造奶油外，还有流动型人造奶油。它是以色拉油为基础油脂，添加0.75%～5%硬脂肪等成分乳化而成。其特点是在4℃和33℃的温度范围内，SFI几乎没有变化。

（6）烹调用人造奶油　主要用于煎、炸、烹调，特点是加热时风味好、不溅油、烟点高。

2. 食品工业用人造奶油

食品工业用人造奶油是以乳化液型出现的一类产品，它除具备起酥油所具有的加工性能外，还能够利用水溶性的食盐、乳制品和其他水溶性增香剂改善食品的风味，还能使制品呈现具有魅力的橙黄色。日本的食品工业用人造奶油的产量几乎是家庭用人造奶油的2倍，增长率超过起酥油。

（1）通用型人造奶油　这类人造奶油属于万能型，一年四季都具有可塑性和酪化性，熔点一般都较低。美国注重可塑性，在基料油脂中添加4%～8%的硬脂肪作增塑剂。日本注重口溶性，增塑剂用量很少。通用型人造奶油有加盐和不加盐的两种。油脂的熔点越低，盐味的感觉越强烈。因此在冬天，盐分的添加量较小。

（2）专用型人造奶油

①面包用人造奶油：这种制品用于加工面包、糕点和作为食品装饰，其稠度比家庭用人造奶油硬，要求塑性范围较宽，吸水性和乳化性要好。若要使面包带有奶油风味和防止老化，需在制品中添加香料及2%～3%的甘油一酸酯。

②起层用人造奶油：这种制品比面包用人造奶油硬，可塑性范围宽，具黏性，用于烘烤后要求出现薄层的食品生产。

③油酥点心用人造奶油：这种制品比普通起层用人造奶油更硬，配方中使用较多的极度硬化油。例如：用25%棉籽极度硬化油和75%的大豆油配合；或用精制牛油42.5%、大豆油42.5%和15%的极度硬化油配合。

（3）逆相型人造奶油　一般人造奶油是油包水型（W/O）乳状物，逆相人造奶油是水包油型（O/W）乳状物。由于水相在外，水的黏度较油小，加工时不粘辊，延展性好，这些优点在加工糕点时获得好评。即使使用硬质油脂作原料，其硬度也不及普通人造奶油，硬度不受气温变化的影响，可塑范围很宽。要制造17%的水包80%以上油脂的人造奶油，可把蔗糖酯溶于水中，使其浓度达6%以上，然后滴入配合油，经均质机等充分乳化后，流入容器使之冷却固化。

（4）双重乳化型人造奶油 这种人造奶油，是一种 O/W/O 乳状物。由于 O/W 型人造奶油与鲜乳一样，水相为外相，因此风味清淡，受到消费者的欢迎，但容易引起微生物侵蚀，而 W/O 型人造奶油不易滋生微生物而且起泡性、保形性和保存性好。这种制品是先以高熔点油脂和水制成 O/W 型乳状液，再将此乳状液和低熔点的油制成 O/W/O 型乳状液。因为高熔点油脂为最内层，低熔点油脂为最外层，水层介于二者之间，因而 O/W/O 型人造奶油同时具备 W/O 和 O/W 型的优点，既易于保存，又清淡可口，无油腻味。

（5）调合型人造奶油 调合人造奶油是把人造奶油同天然奶油调合在一起，使其具有人造奶油的加工性能和天然奶油的风味，奶油的配合比率为 25% ~50%，用于糕点和奶酪加工，属于高档食品用油脂产品。

二、 品质及影响因素

（一） 人造奶油的品质

1. 延展性

延展性是人造奶油最为重要的品质之一，它与产品的风味同等重要。在实用的温度下，固体脂肪指数（SFI）为 10 ~20 的产品具有最佳的延展性。用来评价脂肪物质硬度的标准方法是采用锥形针入度计法。对某些产品而言，也许硬度测定值与 SFI 值之间的相关性不是很好，因为除了固脂含量之外，由于加工过程造成的晶体网络同样也会影响产品的流变性。针入度值是用标准锥体 5s 内锥入产品内距离的单位数来表示的，一个距离单位为 0. 1mm。可以把针入度值换算成硬度指数或屈服值。在对天然奶油、人造奶油制品的食用延展性能的测评中，作为温度函数的延展性与针入度有关：当屈服值达 30 ~60kPa 时，产品具有最佳的延展性。

2. 油的离析

当人造奶油晶体不能长久保持足够的粒度，或不能捕获所有液态油时，就会发生油的离析，即包在产品外部的包装物被油浸渍，甚至会从包装纸中渗出来。当用铲车盘存或装卸产品时，包装盒（箱）被一个个堆垛而导致受压，油就会离析出来。把一定形状和重量的人造奶油样品放在一只金属丝网上或一张滤纸上，然后置于 26. 7℃温度下 24 ~48h，通过测定油渗过金属丝网或渗到滤纸上的重量的方法来测评油的离析程度。

3. 口熔性与稠度

高质量的餐用人造奶油放在舌头上会迅速熔化，人的味蕾马上就可以觉察到风味物和盐从水相中释放出来，这样吃起来就毫无油腻和蜡感。对于家庭用人造奶油，熔点一般为 32 ~33℃，夏季熔点可略高些（34 ~36℃）。

人造奶油的稠度必须满足冷藏温度下的涂抹性、室温（20℃）下的可塑性以及口温下的迅速熔融性。10℃、21℃和 33. 3℃下的 SFI 是品质设计的依据。SFI 在 28 以下的人造奶油，延展性好。SFI 在 30 以上时，制品变硬，失去延展性。33. 3℃时 SFI 低于 3. 5 的制品，口熔性好，大于 3. 5 的制品口熔性差。软质人造奶油 10℃时的 SFI 一般为 21 ~32。一些典型人造奶油制品的 SFI 见表 5 -1。

表5-1　典型人造奶油制品的固体脂肪指数（SFI）

制品类别	固体脂肪指数（SFI）				
	10℃	21℃	26.7℃	33.3℃	37.8℃
硬质	28	16	10	2	0
中稠度	20	13	9	2.5	0
软质	11	7	5	2	0.5
流体	3	2.5	2.5	2	1.5
餐用	29	17		3	0
面包用	29	18		13	5
起层用	25	20		17	14
膨化食品用	26	24		21	17

4. 结晶性

人造奶油要求脂肪晶型是β'型，所以基料油脂应选择能形成β'晶型者。当主体基料油脂为β晶型油品时，配方中必须掺有一定比例的β'型硬脂。也可按0.5%～5%的比例添加甘二酯或失水山梨醇二硬脂酸酯等抑晶剂，延缓β结晶化。

5. 涂抹性

家庭用人造奶油的涂抹性是消费者高度关注的性能之一。在通常使用温度下，产品的SFI值在10～22消费者较为满意。涂抹性要求高的制品，则要求在4.4～10℃范围内固脂有合适的含量。

6. 口感与外观

高质量的餐用人造奶油在口腔内应具有清凉感。水相的风味和盐（咸）味应立即被味蕾感觉到。33.3℃下SFI低于3.5只是基本的口熔性要求。良好的口感要求制品在10～26.9℃范围内有陡峭的熔化曲线，脂晶颗粒微细，结晶热能很快被吸收。乳状液滴细小均匀或者用乳化剂形成稳定的乳状液，都会影响风味成分和盐（咸）的释放速度。固相颗粒微细和乳状液滴直径1～5μm占95%、5～10μm占4%、10～20μm占1%的制品具有良好的口感。

制品的外观与脂晶、乳状液滴的粒度、乳化剂和着色剂的选用有关。固相脂晶粒度大的制品，不仅有砂粒状的外观和渗油倾向，而且在口熔时有胶状或蜡状感觉。β-胡萝卜素在油中的溶解较慢，添加时需粉碎成2～5 μm的粒度。油相和水相组分必须通过合适的乳化剂充分混合，构成粒度组成合理的细微乳状液滴。乳状液滴粗的制品不仅影响制品的结构稳定性，而且会使制品色泽不匀或形成渗水的不雅外观。

7. 风味

制品的风味取决于风味剂的合理配方、固液相组分的颗粒度、制品pH以及所有组分的分散度等因素的综合协调效果，需通过优选设计才能获得风味诱人的产品。

8. 营养性

人造奶油的营养功能取决于维生素和PUFA的含量，以及PUFA与SFA、MPFA的比例等多种因素。强化维生素A、维生素E是通过色泽调整和作为抗氧化剂，分别添加β-胡萝卜素和维生素E来实现的。

摄取富含亚油酸的植物油，能有效防止由血清胆固醇引起的动脉硬化、高血压和心脏病等疾病，而饱和脂肪酸会削弱亚油酸的这一功能。

（二）影响品质的因素

人造奶油的上述品质与基料油脂的选择和组成、辅料的选用以及加工工艺有关。

1. 基料油脂的种类与组成

基料油脂的品质必须达到或超过国家二级油（高级烹调油）标准。家庭用人造奶油基料油脂要求富含亚油酸，然而某些富含亚油酸的植物油脂往往不具有稳定的β'晶型。基料固脂的晶格性质是影响人造奶油结构稳定性的主要因素。β'型晶体结构由非常微细的网络所组成，具有很大的表面积，能束缚液相油水液滴，如果基料油脂有强烈的β-化倾向，则已形成的β'型晶体，在某些储存条件下会转化为β晶型，从而使人造奶油组织砂粒化，严重时导致液相油滴渗出、水相凝聚。因此，当主体基料为β晶型类油脂时，须通过添加β'型硬脂或抑晶剂（甘油二酯等）来阻止或延缓β型结晶化的进程。

基料油中的固、液相比例是构成塑性的基础条件。人造奶油制品中的液相部分包含水相，因此，制品结构稳定（保形）性所要求的稠度有别于基料油塑性稠度。

家庭用人造奶油是直接食用的油脂制品。稠度范围需适应常温下的保形性、体温下的口熔性以及低温下的涂抹性。

2. 辅料的选用

人造奶油是油水乳化性塑状制品，其外观、口感、风味与天然奶油的逼真程度受蛋白质、乳化剂风味、香料剂等辅料的直接影响。蛋白质（乳制品）除了增加风味外，奶的固体物还能螯合金属离子，提高制品的氧化稳定性。如果人造奶油配方中没有蛋白质，乳化系统和加工方式又不改变，则制品风味和盐的释放将会受到抑制。

乳化剂是制品稳定的重要因素，是行业用制品乳化功能特性的保证。在制品煎炸过程中能起到防溅的作用。不同制品需要相应的乳化剂。

风味香料剂的正确选择和合理使用，能使制品产生天然奶油似的芳香风味。发酵乳、脱脂乳的馏分以及合成香料对制品风味的影响除品质和添加量外，制品组织紧密度、脂肪熔融特性、pH 和盐的浓度都会影响香味的感觉速度和浓郁度。

制品中的不饱和酸、重金属、水相以及蛋白质容易导致制品品质劣变，所以需要添加抗氧剂、金属络合剂和防腐剂以延缓或抑制劣变的发生。

色素的合理选用与配方影响制品的外观。色泽失真的制品会影响食欲或面、点食品的外观品质。盐、谷氨酸钠、维生素等辅料的不合理配方则会损害制品的风味。

3. 加工工艺

人造奶油中固相脂晶的粒度与分散度是构成塑性的另一基础条件。相同 SFI 的基料油脂通过不同的加工工艺可获得不同的脂晶粒度与数量，从而影响制品的塑性和结构稳定性。采用急冷捏合的工艺，能使脂晶粒度小，数量多，乳化基料分子内聚力大，塑性强，制品质硬。反之，脂晶粒度大，数量少，制品质软。脂晶数目过少的制品，固、液相比例满足不了塑性条件，就不可能形成塑性结构。

此外，加工工艺还会影响脂晶和辅料的分散度。分散度差时，制品的塑性结构、口感、风味都会受到不良影响。

三、 基料和辅料

（一） 基料油脂

最初人造奶油的原料油脂，是指牛油经分提得到的软质油，后来采用猪油。随着油脂精炼、加工技术的进步，目前人造奶油的原料油脂多种多样，尤其是近年来使用的植物油比例增大，这是人造奶油发展的一大特点。

1. 基料油脂种类与品质

人造奶油基料油脂的原料比较广泛，包括动物油、植物油以及它们的氢化或酯交换改性油。随着人们保健意识的加强，以植物油为主体基料已成为当今人造奶油生产的主流趋势。常用的原料油脂如下。

动物油脂——牛油、猪油。

氢化动物脂——鱼油、牛油及猪油氢化产品。

植物油——大豆油、棉籽油、玉米油、花生油、椰子油、棕榈油、棕榈仁油、葵花籽油、菜籽油、米糠油以及红花籽油等。

氢化植物油——植物油脂的选择性氢化产品。

酯交换改性动物油——改质猪油、改质羊油或牛油。

上述动、植物油及其改性产品，均须经过严格的精炼，其品质除符合国家二级油或国家一级油标准外，茴香胺值（PAV）、过氧化值（POV）、重金属和微生物应低于极限允许值。所有基料油和基料脂都应是新鲜加工产品。

2. 基料油脂组成

（1）固相基料　人造奶油的固相基料包括“结构硬脂”和主体原料油脂的氢化产品（氢化基料脂）。“结构硬脂”指的是用以增加制品塑性和形成 β' - 晶型结构的氢化硬脂。一般选用甘油三酯结构复杂的原料油脂经深度氢化而成。“氢化基料脂”指的是动植物油经过选择性氢化加工而成的具有不同稠度范围的氢化产品。通过不同的氢化手段可获得不同稠度的氢化基料脂（表 5 - 2）。

表 5 - 2　人造奶油典型大豆油氢化条件及氢化基料脂的特性

	项目	1	2	3	4
氢化条件	初始温度/℃	148.9	148.9	148.9	148.9
	氢化温度/℃	165.6	176.7	218.3	218.3
	压力/MPa	0.11	0.11	0.11	0.04
	镍用量/%	0.02	0.02	0.02	0.02
特性	碘价/（gI/100g）	80 ~ 82	106 ~ 108	73 ~ 76	64 ~ 68
	凝固点/℃	—	—	23.9 ~ 25	33 ~ 33.5
	10℃ SFI 值	19 ~ 21	最高 4	36 ~ 38	58 ~ 61
	21.1℃ SFI 值	11 ~ 13	最高 2	19 ~ 21	42 ~ 46
	33.3℃ SFI 值	0	0	最高 2	最高 2

（2）液相基料　液相基料包括基料配方中的液体油脂和氢化基料中的液相部分。一

些大宗植物油脂可选作液相基料，餐桌用、特别是健康型家用人造奶油液相基料，一般多选用富含亚油酸的精制植物油脂。液相基料选用黏度较大的油品有益于制品结构的稳定。

流体人造奶油制品，一般以一级油或二级油为主体基料，添加0.75%～5%硬脂组成基料油脂，在4～32℃范围内SFI基本无变化。制品因有水相，硬脂的结晶不同于起酥油，要求形成β'型晶体结构。

几类人造奶油基料油脂的组成如表5－3所示。

表5－3 几类人造奶油基料油脂的组成

制品类别	方案	基料油脂	熔点/℃	比例/%
以氢化植物油为主的家用人造奶油	1	氢化花生油	32～34	70
		椰子油	24	10
		液体油	—	20
	2	氢化棉籽油	28	85
		氢化棉籽油	42～44	15
	3	氢化葵花籽油	44	20
		氢化葵花籽油	32	60
		液体油	—	20
	4	氢化菜籽油	42	10
		氢化菜籽油	32	38
		牛脂	46	10
		液体油	—	42
家用软型人造奶油		氢化大豆油	34	40
		氢化棉籽油	34	20
		红花籽油	—	20
		大豆一级油	—	20
食品厂糕点用人造奶油		氢化大豆油	35	30
		氢化鱼油	34	50
		大豆一级油	—	20
食品厂面包用人造奶油		氢化大豆油	34	30
		氢化鱼油	34	30
		氢化棕榈油	50	5
		猪脂	—	20
		大豆一级油	—	15
通用型人造奶油		棕榈油＋氢化棕榈油		45
		椰子油		25
		葵花籽油		20
		大豆油		10

（二）辅料

1. 水

人造奶油是可以直接食用的含水油脂制品。制品配方中的水必须是纯净水或经过严格处理（杀菌消毒、深层过滤、脱除金属离子等）符合卫生标准的直接饮用水。

2. 蛋白质（乳成分）

蛋白质是人造奶油的重要辅料，它对制品的影响除了增加风味外，奶的固形物还能螯合制品中的金属离子，提高制品的氧化稳定性。蛋白质还是 W/O 型制品风味释放助剂。牛奶、脱脂奶以及喷雾干燥乳清是常用的蛋白源。发酵乳可强化制品风味，但需要空间和时间，因此，已被脱脂乳所取代。现在人造奶油生产多使用喷雾干燥乳清蛋白，并以酪朊酸钾增补。脱脂奶粉的添加量一般为 0.5% ~2.0% （或水相的 2% ~10%）。大豆蛋白仅用于禁食某些成分而不采用乳制品的产品。蛋白质是制品乳状液不稳定的因素之一，生产低含脂量制品时需要特别注意其添加量。

3. 乳化剂

乳化剂能降低油相和水相的表面张力，形成稳定的乳状液，从而确保制品结构稳定，阻止储存期间渗油或水相凝聚。乳化剂还具有抗食品老化和防溅剂的功能。

乳化剂根据其对油相和水相亲和性的强弱值（HLB）而具有不同的乳化功能，亲油性能大于亲水性能的（HLB 值 3 ~6）乳化剂易构成 W/O 型乳化液，反之 HLB 值 7 ~18 的乳化剂则构成 O/W 型乳化液，亲油、亲水性能相近的乳化剂，则具有双重乳化功能。常用的乳化剂有卵磷脂、硬脂酸单甘酯及蔗糖单脂肪酸酯等。行业用制品根据用途可参考起酥油加工，选择适合的乳化剂。硬脂酸单甘酯是 W/O 型乳化剂、蔗糖单脂肪酸酯能构成 O/W 型乳状液，而卵磷脂则具有双重乳化功能。一般制品卵磷脂的用量为 0.1% ~0.5% ，单甘酯的用量为 0.1% ~0.3% 。为了获得理想的乳状液，一般需通过功能试验优选两种或两种以上的乳化剂。

4. 调味剂

调味剂指的是使制品具有天然奶油风味的添加剂，主要是食盐。食盐既是调味剂，又具有防腐功能。餐用人造奶油几乎都添加食盐，添加量一般为 1% ~3% ，有时还适量添加谷氨酸钠（0.01% ~0.1%），以圆润柔和盐味。硬质制品用盐量偏上限，软质制品则偏下限，冬季用盐量为 1% ~2% ，夏季为 2% ~3% 。

糖可降低水分活度，有助于防腐，还可满足甜食者的需求，常用于小包装制品。

5. 保鲜剂

保鲜剂指的是防止制品氧化、诱发异味、发生霉变，保持新鲜的一些添加剂、金属络合剂和抗微生物剂等。

（1）抗氧化剂　抗氧化剂的作用是防止油相的氧化劣变，多数植物油基料人造奶油制品，由于残存天然抗氧化剂的量已接近起保护作用的水平，所以一般不添加抗氧化剂，但富含亚油酸或动、植物油混合型人造奶油制品，均添加抗氧化剂。常用的抗氧化剂有维生素 E、BHA、BHT、TBHQ 和 PG 等。柠檬酸用作增效剂。一般维生素 E 浓缩物用量为 0.005% ~0.05% ，BHT 等合成抗氧剂用量不超过油脂量的 0.02% ，增效剂用量为 0.01% 左右。

（2）金属络合剂　金属络合剂的作用是使制品中的铜、铁等重金属钝化，从而有效地防止因降解而发出的异味，常用的金属络合剂有柠檬酸、柠檬酸盐和 EDTA 等。

（3）抗微生物剂　人造奶油存在着微生物污染繁殖的条件，因此仅有食盐和柠檬酸等的辅助防腐作用尚不能完全阻止微生物对制品的污染，一般需要添加抗微生物剂。常用的抗微生物剂有山梨酸、安息香酸、乳酸、脱氢乙酸、苯甲酸及其钠盐等。添加量一般为：山梨酸、安息香酸或脱氢乙酸 0.05%，乳酸 0.2% 以上，苯甲酸或其钠盐 0.1%。pH 影响防腐剂的防腐功能，一般无盐制品 pH 宜保持 4～5，加盐制品 pH 为 5～6。

6. 风味香料剂

为使人造奶油制品具有天然奶油的风味，通常加入少量具奶油味和香草味的合成香料来代替或增强乳成分所具有的香味。可用于仿效奶油风味的香料有几十种，它们的主要成分是丁二酮、丁酸、丁酸乙酯等。在制品中的浓度一般为 1～4mg/kg。

另外，乳化液的紧密程度和脂肪的熔融特性，对香味的感觉速度和浓郁度也会产生影响，盐分的浓度和 pH 也影响风味的平衡，因为它们影响各种风味成分的分配系数。

7. 着色剂

人造奶油一般勿需着色，但为仿效天然奶油的微黄色，有时需加入少量着色剂。主要的着色剂有 β－胡萝卜素和柠檬黄，其次还有含有类胡萝卜素的天然抽提物：胭脂树橙、胡萝卜籽油、红棕榈油等。若用胭脂树橙和姜黄抽提物的混合色素，比单独用胭脂树橙的效果更佳。

8. 维生素

天然奶油含有丰富的维生素 A 和少量的维生素 D，为提高人造奶油的营养价值，需加入维生素 A（用加入 β－胡萝卜素或维生素 A 酯来代替）。强化人造奶油制品维生素 A 量要求不低于 4500IU/100g 油，维生素 D 一般不作规定，添加与否任选。维生素 E 通常作为抗氧化剂加入。

（三）人造奶油配方

人造奶油配方是根据产品的要求、原料、辅料的供应以及其他多种因素确定的。一些典型的配方见表 5－4～表 5－8。

表 5－4　典型大豆油人造奶油配方

项目		硬质1	硬质2	软硬质	软质包装
基料	一号基料	–	60	–	–
油脂	二号基料	42	–	–	80
组成	三号基料	20	25	–	–
/%	四号基料	38	15	50	20
	液体大豆油	–	–	50	–
固体脂肪	10℃	27～30	28～32	20～24	10～14
指数	21.1℃	>17.5	16～18	12～15	6～9
	33.3℃	2.5～3.5	1～2	2～4	2～4

表 5-5　典型的人造奶油和涂抹脂的配方

成分	在成品中的含量/%		
	80%脂型	60%脂型	40%脂型
油相：			
液态大豆油、部分氢化大豆油混合	79.884	59.584	39.384
大豆磷脂	0.100	0.100	0.100
大豆油型单二甘酯（最大Ⅳ5）	0.200	0.300	—
大豆油型单甘酯（最大Ⅳ6）	—	—	0.500
维生素 A、棕榈酯 - β 胡萝卜素混合	0.001	0.001	0.001
油溶性香精	0.015	0.015	0.015
水相：			
水	16.200	37.360	54.860
明胶（250 目）	—	—	2.500
喷雾干燥乳清粉	1.600	1.000	1.000
盐	2.000	1.500	1.500
苯甲酸钠	0.090	—	—
山梨酸钾	—	0.130	0.130
乳酸	—	调至 pH5	调至 pH4.8
水溶性香精	0.010	0.010	0.010

表 5-6　低脂涂抹人造奶油的基本配方

成分	产品类型（脂肪含量）						
	60%	40% 仅含水	40% 水加稳定剂	40% 低蛋白含量	40% 蛋白含量更高	20% 基于 EPO 420135A2	10% 水包油基于 EPO 29856 1A2
脂肪含量/%	59.5	39.5	39.5	39.5	39.5	19.6	10.0
乳化剂/%（蒸馏单甘酯）	0.4（IV55）	0.6（IV80）	0.6（IV80）	0.5（IV55）	0.6（IV55）	0.4（IV55）	—（IV55）
卵磷脂/%	0.1	0.1	0.1	—	—	0.1	—
β-胡萝卜素/（mg/kg）	4	3	3	3	4	5	5
风味物（维生素含量）/%	0.02	0.01	0.01	0.01	0.01	0.01	0.01
水（盐）（若需要用乳酸调至 pH4.8~6.2）	39.0	59.8	59.3	57.4	51.7	69.7	86.3
明胶/%	—	—	—	1.5	2.0	5.0	3.0
增稠剂/%	—	—	0.5	—	—	3.5[c]	9.0[c]
脱脂乳粉/%	1.0	—	—	1.0	—	—	—
酪蛋白钠盐/%	—	—	—	—	6.0	1.5	1.5
山梨酸钾/%	—	—	—	0.1	0.1	0.1	0.1
风味物/%	—	0.01	0.01	0.02	0.1	0.1	0.1

表 5－7　　人造奶油的典型配方

用料	用量/%	用料	用量/%
基料油脂	80～85	奶油香精	0.1～0.2mg/kg
水分	15～7	脱氢乙酸	0～0.5
食盐	0～3	固形乳成分	0～2
硬脂酸甘－酯	0.2～0.3	胡萝卜素	微量
卵磷脂	0.1		

表 5－8　　含 40%脂肪的低脂涂抹人造奶油的典型配方

组成	配料	用量/%
油混合物	氢化植物油 植物油	37～40
乳化剂	单甘酯和甘二酯 卵磷脂 聚丙三醇酯	0.25～1.0
色素	β－胡萝卜素（包括维生素 A 和维生素 D） 胭脂树橙	0.001～0.005
风味物质	黄油萃取物 有机酸 酮 酯	100～200mg/kg
稳定剂	麦芽糊精 明胶 改性淀粉 藻朊酸钠	1～3
防腐剂	山梨酸钾 山梨酸	0.1～0.3
含蛋白源的水	酪乳 脱脂乳 乳清 酪蛋白酸盐 大豆蛋白	50～60
盐	食盐	1～2
酵母培养物	S. Cremoris S. Diacetylactis S. Leuconostoc	微量
氢氧化钠	—	0.1
钠－氢	酸度调节剂	0.1～0.4
柠檬酸三钠	酸度调节剂 缓冲液	0.1～0.4

四、生产工艺

（一）生产工艺流程

1. 工艺流程

人造奶油的生产工艺流程如图5－1所示。

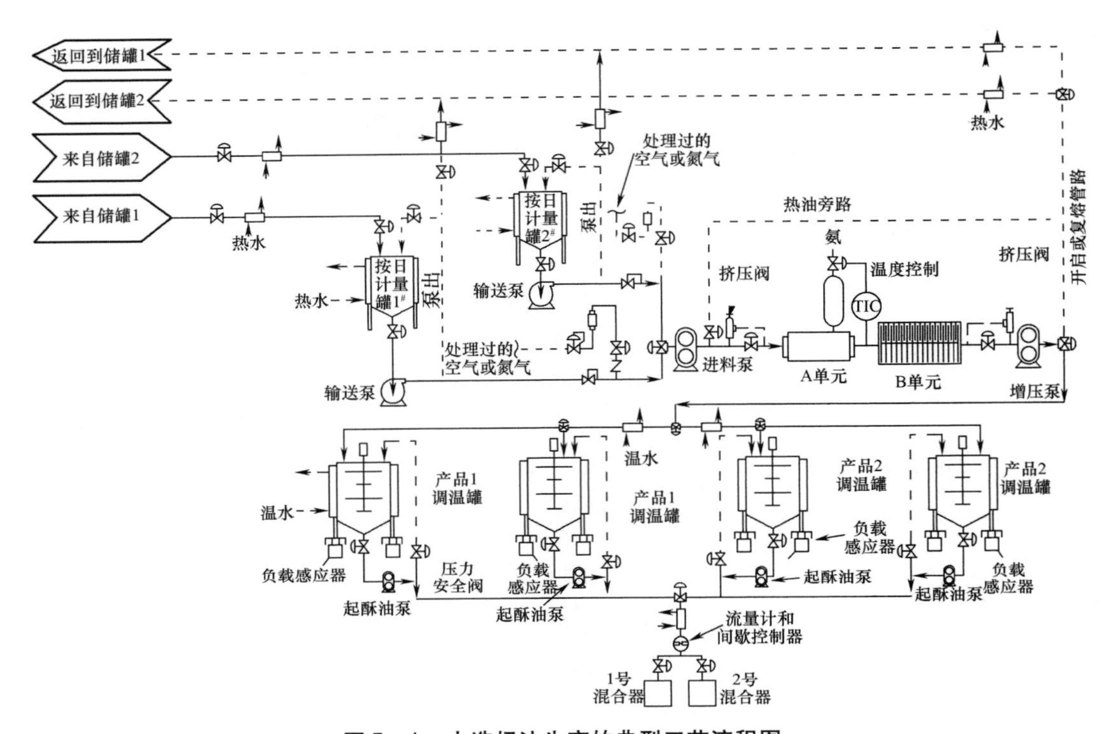

图5－1 人造奶油生产的典型工艺流程图

2. 生产要点

（1）基料油混合　按制品设计的稠度将定量基料固脂和基料液油混合。油溶性辅料同时加入。基料油及油溶性辅料的混合可间歇作业后，储存于基料油罐中待用，也可通过多缸定量泵、静态混合器连续混合。混合调合温度为60℃左右。

（2）油相、水相混合乳化　水相辅料混合后须经巴氏消毒储存于4～10℃中间罐备用，尽量随用随配，储存时间不得超过8h。油、水相混合温度为60℃左右（或高于熔点温度2～3℃）使晶核完全熔化。混合过程必须充分搅拌，使所有组分充分分散，构成液滴粒度适宜、结构稳定的乳状液，冷却至30～40℃后转入塑化生产线上带有搅拌的中间罐。乳化过程也可通过多缸定量泵、静态混合器、换热器等实行连续化作业。

（3）冷却结晶　预冷至30～40℃的乳状液由高压泵以2.1～2.8MPa的压力输入急冷机（A单元）冷却结晶。人造奶油乳状物料的急冷过程有别于起酥油乳状物料的冷却过程。一般通过A单元的多台串联，于该过程中完成结晶化或部分结晶化，急冷机出口温度为10～15℃。由于急冷机的急冷和激烈的机械剪切作用，固相组分形成晶核样的微细脂晶。通过冷却速度和剪切强度调整稠度。

（4）捏合均质　工业用和软质人造奶油一般须通过捏合均质机（B 单元）打碎 A 单元已形成的网状结构，使微细脂晶成长、转型，重新构成塑性结构，以拓展稠度范围。由于脂晶转型放出的结晶热和机械剪切热，捏合均质过程中物料温度略有回升。

（5）静置调质　静置调质的工艺作用是通过静置调温完成晶型转化，并通过静置管内的挡板或孔板设置调整至适宜的稠度，以便于成形包装。

（二）典型人造奶油制品的生产

人造奶油生产传统的间歇作业的工艺，已被现代连续的生产工艺所取代。不同制品的连续加工过程主要区别在于冷却结晶和捏合调质过程。几种典型制品的生产介绍如下。

1. 硬质人造奶油

硬质人造奶油加工过程如图 5－2 所示。

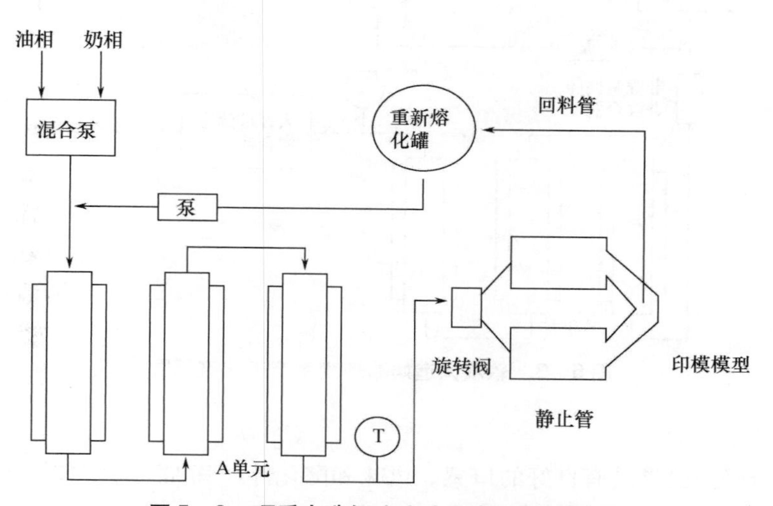

图 5－2　硬质人造奶油连续生产工艺流程图

如果制品采用装匝包装机包装，需在静置管前衔接一个小混合机调整稠度，以便于包装和得到较软的制品。对于易于过冷的基料油脂（例如棕榈油含量高），为了避免制品包装后硬化，可于 A 单元之间串接一个低速捏制机（B 单元），以延缓结晶过程。

硬质人造奶油采用常规的 A—B 单元急冷捏合工艺，往往形成致密的晶体结构，影响制品稠度和风味的释放。为了提高制品的感官质量，可对 A—B 单元常规工艺进行如下改革：

（1）受控预结晶法　将部分或全部油相基料在与水相辅料混合乳化前导入一个预冷器（P—C），使高熔点组分预先析出晶核，然后再与冷却至 4～10℃的水相辅料混合乳化，进入急冷捏合系统。

（2）晶种植入法　将一部分 A 单元出来的冷却乳状液返回到 P—C 或第一 A 单元乳状液入口，通过植入晶种调整脂晶粒度。

（3）水相辅料部分滞后乳化法　油相基料预先与 25% 水相辅料混合乳化，经 A 单元急冷后进入混合器与其余 75% 冷却了的水相辅料混合乳化后，进入捏合调质机。

（4）双重乳化法　将50%油相基料与全部水相基料混合乳化后，通过冷却器在17℃下使高熔点组分析出晶核，导入第一预冷器（P—C）使晶核长大，然后与其余50%油相基料一起进入第二预冷器，进而导入急冷捏合系统。

2. 软质人造奶油

软质人造奶油加工过程如图5－3所示。为了适量充满包装容器，软质人造奶油在包装前要求易于流动，一般不设置静置管，而采用一个大容量混合机调质软化，使制品不致在包装容器内过分结晶而脆化。对于固脂含量低的基料油脂，混合机可衔接于A2－A3单元之间，以避免过度结晶而影响制品涂抹性能。

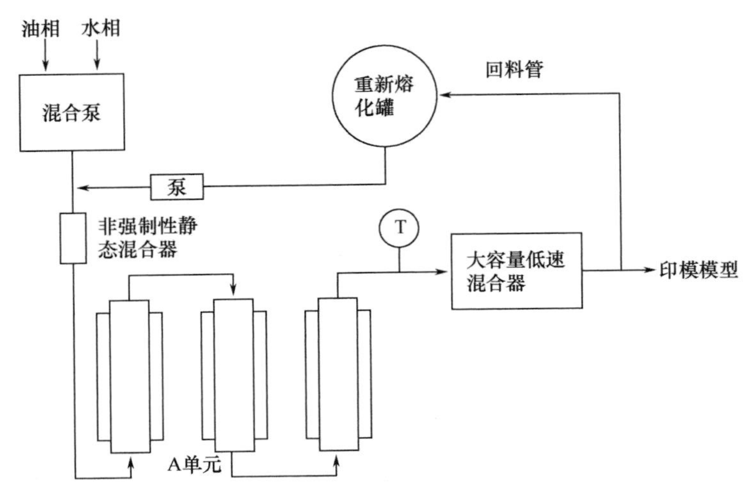

图5－3　软质人造奶油连续生产工艺流程图

3. 搅打人造奶油

搅打人造奶油要求具有良好的口感、风味和酪化性。其加工过程如图5－4所示。

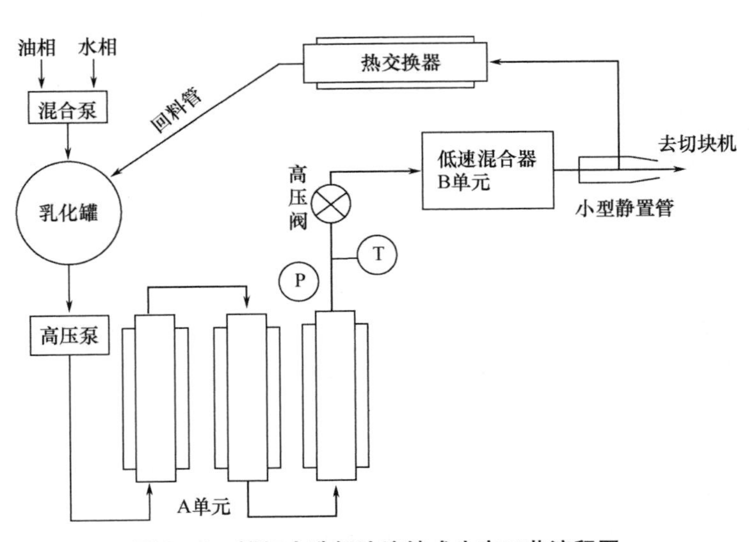

图5－4　搅打人造奶油连续式生产工艺流程图

搅打人造奶油含有33%的氮（体积计），超含量制品可达50%。氮气一般在A单元前或之间通入。充填器前设置的高速混合器，可确保氮气在制品内的均匀分布。

4. 流体人造奶油

流体人造奶油可采用软质制品生产设备进行加工。为了确保悬浮体系稳定，油相基料冷却后需静置5h以上，再与水相辅料混合乳化，继而导入急冷捏合系统。也可借加入5%（体积计）的氮均布于乳状液内而达到体系稳定。

5. 低脂人造奶油

低脂人造奶油又称节食人造奶油，是一类为防止油脂摄取过量的消费者设计的餐用制品。其外观、口感风味与普通人造奶油无区别，属W/O型制品，一般含油量为40%左右。由于水相大于油相，乳化工艺有别于普通制品。由于水相多，为了防腐，不添加乳成分和其他蛋白成分，而添加山梨酸和安息香酸等防腐剂。

低脂人造奶油加工工艺与流体型制品相似，但在制备乳状液时，要求油相和水相温度一致，而且要缓慢混合。由于高内相乳状液的黏度高，需要强烈搅拌以确保均质。乳化时要避免空气混入。低脂乳状液对管道压力和冷却速率较为敏感。一般油相基料多采用高液体油和低SFI的基料脂。低脂人造奶油的包装温度通常高于普通制品，其生产流程如图5-5所示。

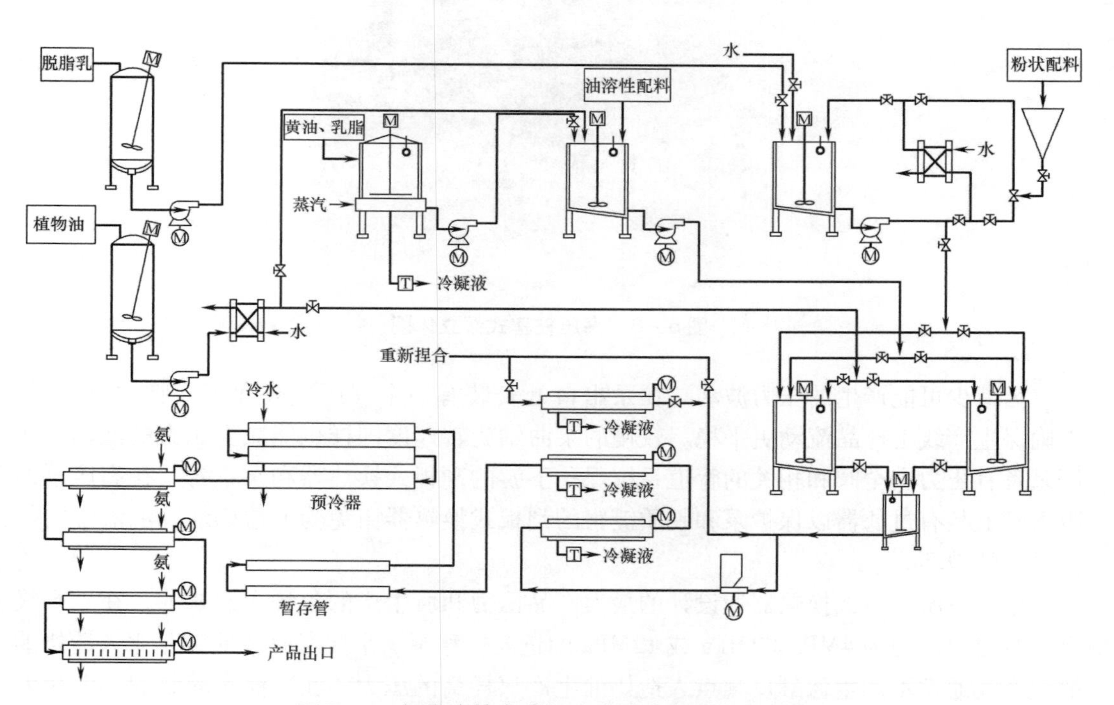

图5-5　低脂涂抹人造奶油连续生产工艺流程图

五、相关产品的加工装备

生产线的选择对于人造奶油的生产十分重要。对于生产线上的每个装备，必须考虑各种人造奶油的特征，以确保整条生产线有足够的生产能力。

除了必需的乳浊液制备设备（如处理罐、板式换热器和离心泵）外，人造奶油生产中的关键设备如下。

（一） 高压进料泵

人造奶油生产中使用的高压柱塞泵如图 5 -6 所示。

图 5 -6 高压柱塞式泵立体图

为减少可能产生的压力波动，在泵出口处安装有一个气压式或弹簧式脉动阻尼器。以确保生产线上产品流动更平稳。较慢的泵曲轴旋转速度同样也能减少压力的波动。高压泵备有压力安全阀和相关的管道系统保护下游的刮板式换热器和泵本身。在高压泵的吸入管上装有过滤器以保护泵和硬质镀铬的刮板式换热器筒免受人造奶油乳浊液中的任何异物的破坏。

根据下游刮板式换热器所设计的最大产品压力和所生产的各种人造奶油，在生产线上安装出口压力为 4MPa、7MPa 或 12MPa 的正向位移泵。半液态灌装的工业化人造奶油的生产线通常不产生像酥皮糕点人造奶油生产那样高的压力。在半液态灌装的工业化人造奶油或起酥油的生产中，常用齿轮泵作为高压正向位移泵的替代物。齿轮泵能产生 2. 6 ~3. 3MPa 出口压力。

（二） 高压刮板式换热器

用于人造奶油生产的刮板式换热器如图 5 -7 所示。图 5 -7 描述了基于 A 单元的轴视图和冷却组件的剖视图的刮板式换热器的设计和操作。轴上装有四排错开的刮刀，环状间隙在 9 ~ 17mm 间变化。

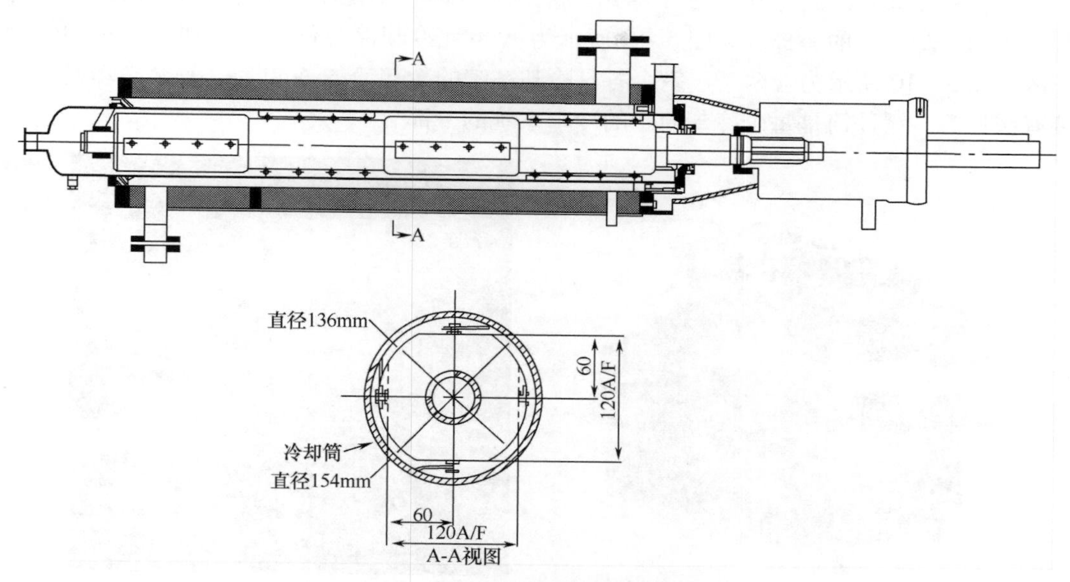

图 5－7　刮板式换热器结构图

刮板式换热器（A 单元）是人造奶油生产的中心设备。在其中可完成初始冷却、过冷和随后的诱导成核和结晶。A 单元必须有足够的灵活性以适应不同产品类型和生产条件的变化。

刮板式换热器有一个或多个水平放置的热交换组件。组件中的冷却筒用工业纯镍或钢制造，以确保较高的传热效率。冷却筒用绝缘的含冷却剂（通常是氨或氟利昂 22）的外夹层包围。操作过程中装有可自由移动刮刀的旋转轴连续不断地把硬的镀铬的冷却筒内表面刮干净。由轴高速旋转产生的离心力把刮刀推向筒壁。筒壁与刮刀间的环形间隙为 3 ~ 22mm（典型的是 5 ~ 17mm）。人造奶油乳浊液通过轴与筒壁间的空隙时，由于刮刀的刮削作用和轴的高速旋转，不断和快速地从筒壁上刮下已结晶的产品薄片，并与温度更高的产品重新混合。这使被结晶产品在准确的温度控制下快速成核并进一步乳化，产生较高的总传热系数并均匀冷却人造奶油乳浊液。

轴的旋转速度在 300 ~ 700r/min 范围内。轴上装有二、四或六排刮刀，这些刮刀通过特别设计的销固定在轴上。

通过冷却筒时结晶的产品中固脂含量快速增加。同样，产品的黏度随温度下降相应地增加。在此过程的某一点上达到临界轴速。超过此速度，不能得到额外的混合，高速度旋转轴所需的功率比快频率刮削筒壁所获得的热传递还要大。

为了防止结晶产品在轴上黏结，轴通入温水循环以确保轴表面一直干净。通常在靠近推力/轴支承部件的某一点泵入温水，根据轴的内部构造在靠近水进口处排出。在发生短暂的堵塞后，此水循环系统也是有用的，因为温水有助于熔化凝固的产品，因而有利于 A 单元的重新启动。

冷冻系统和刮板单元如前所述，用于人造奶油加工的刮板式换热器，使用直接膨胀的冷冻剂如氨和氟利昂 22。由于冷冻剂的表面汽化，其传热速率很高。

大多数供应商提供每个冷却筒组件中带有各自冷却系统的 A 单元。图 5 – 8 所示为含四个各具冷却系统的冷却筒的 A 单元。每个冷却筒上方装有缓冲筒。缓冲筒是每个冷却筒中的冷却系统的一部分。图 5 – 9 所示为 A 单元冷却筒组件中的冷却系统是如何操作的。图 5 – 10 所示为含两个、六个各具冷却系统的冷却筒的 A 单元。每个冷却筒上方装有缓冲筒。缓冲筒是每个冷却筒中的冷却系统的一部分。

图 5 – 8　四筒 A 单元立体图

图 5 – 9　六筒 A 单元立体图

图 5 – 10　两筒①、六筒②A 单元立体图

（三）捏合单元

脂肪的结晶需要时间。这段时间由结晶器，或称为捏合单元（或 B 单元）提供。它们是圆筒壁内装有杆（Dpins）（固定杆）和转子上装有杆（旋转杆）的大直径圆筒。固定在同心转子上的杆以螺旋形排列，与筒壁上的固定杆相啮合。捏合单元既可安装在多筒 A 单元的冷却筒间也可安装在 A 单元之后。捏合单元在旋转轴上杆的搅动下让人造奶油乳浊液有充分的时间结晶。

捏合单元装有调质水的加热夹套，还装有调质水的内置水加热器和循环泵。可防止产品在筒壁上凝结和在捏合中更好地控制产品的温度。所释放的结晶潜热和机械功，使捏合单元中产品的温度升高了2℃或更多。

通常捏合单元筒内产品体积为每筒35～105L。市场上有同一支撑架上装三个捏合筒的B单元。每个捏合筒通常装有各自的固定或可变速度的驱动装置，从而在人造奶油的加工过程中具有更大的灵活性。图5－11所示为三种捏合单元的照片。图5－12所示为一种捏合单元的结构。

图5－11　三种捏合单元的立体图

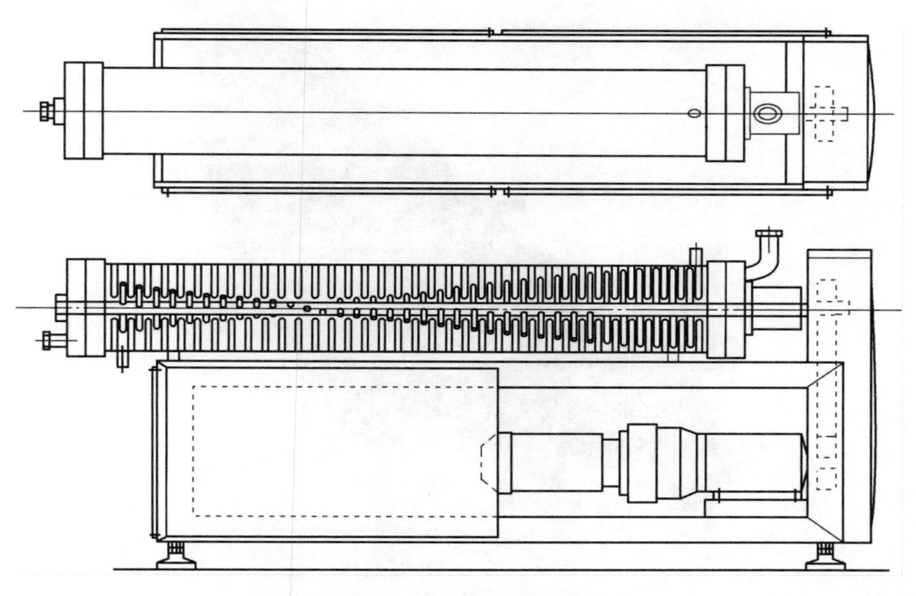

图5－12　一种捏合单元的结构图

（四） 休止管

当生产的人造奶油做条状或块状包装时，通常用一个休止管直接与包装机械相连，使产品有足够的时间达到包装所需的硬度。

在生产条状包装的餐桌用人造奶油时，产品通过A单元的一个冷却筒和一个可能位于冷却筒间的中间捏合单元（B单元），从A单元出来后，进入与包装机械直接相连的休止管。

与桶装的软质餐桌用人造奶油生产中的最后捏合单元相比，中间捏合单元中的产品体积更小。限制产品捏合程度的目的是——首先使产品不是太软，使之能在条状自动包装机械中处理；其次是防止人造奶油的水相分散成极细小的细分状态，以利于产品风味释放。对餐桌用人造奶油（与软质人造奶油相比有更高的脂肪含量）而言，过强的捏合作用可能使产品具有一种不良的油腻的稠度。太油腻的稠度使包装材料与产品相黏，给消费者造成不好的产品印象。

人造奶油通过高压进料泵的压力强制通过休止管。休止管内装有筛或带孔的板给予产品最小程度的捏合作用，从而保证产品具有最优的结晶和塑性。

用于餐桌用人造奶油或类似产品的休止管由长度为450～900mm带凸轮的部件组成。这使休止管内产品体积的变化与固化的人造奶油的物理特性相一致。餐桌用人造奶油生产中的休止管的直径为150～180mm。酥皮糕点人造奶油生产中的休止管直径在300～400mm。这些休止管中带凸轮部件的长度约1000mm。酥皮糕点人造奶油生产中的休止管的体积比其他产品生产中所使用的要大，使产品有足够的时间来形成酥皮糕点人造奶油所需的特定的稠度。人造奶油生产中使用的休止管的照片见图5－13。

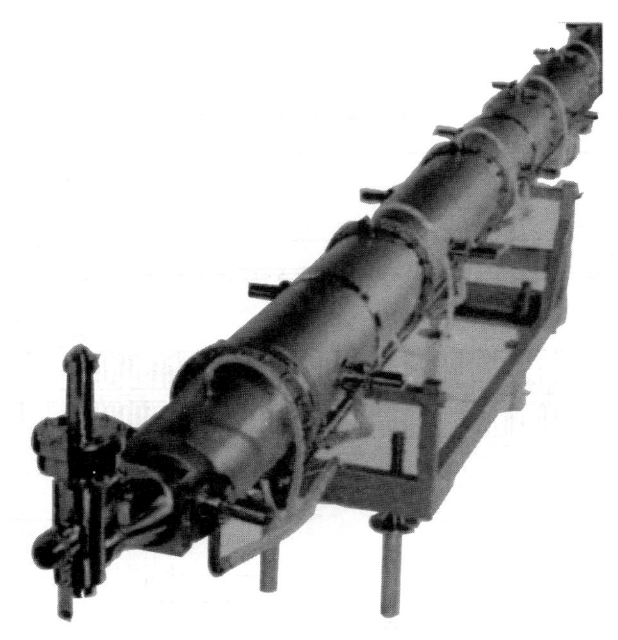

图5－13 休止管照片

可以使用两个并列的休止管。当其中的一个装满产品时，一个由马达驱动的旋转阀自动地把产品切换到另一个休止管。第一个休止管内的产品保持静止直至第二个休止管内充满产品。

休止管的结构包括所需的入口接头，带凸轮的部件，筛或带孔的板和出口连接法兰用于与包装机械直接相连。产品通过料斗系统进入包装机械时，休止管装有出口挤出喷嘴。休止管装有夹套用于温水循环，以减少人造奶油与每个零件不锈钢表面间的摩擦。可防止产品的沟流并且降低高压进料泵所需的总的出口压力。

图 5－14 所示为酥皮糕点用人造奶油生产中使用的不同尺寸规格的休止管。

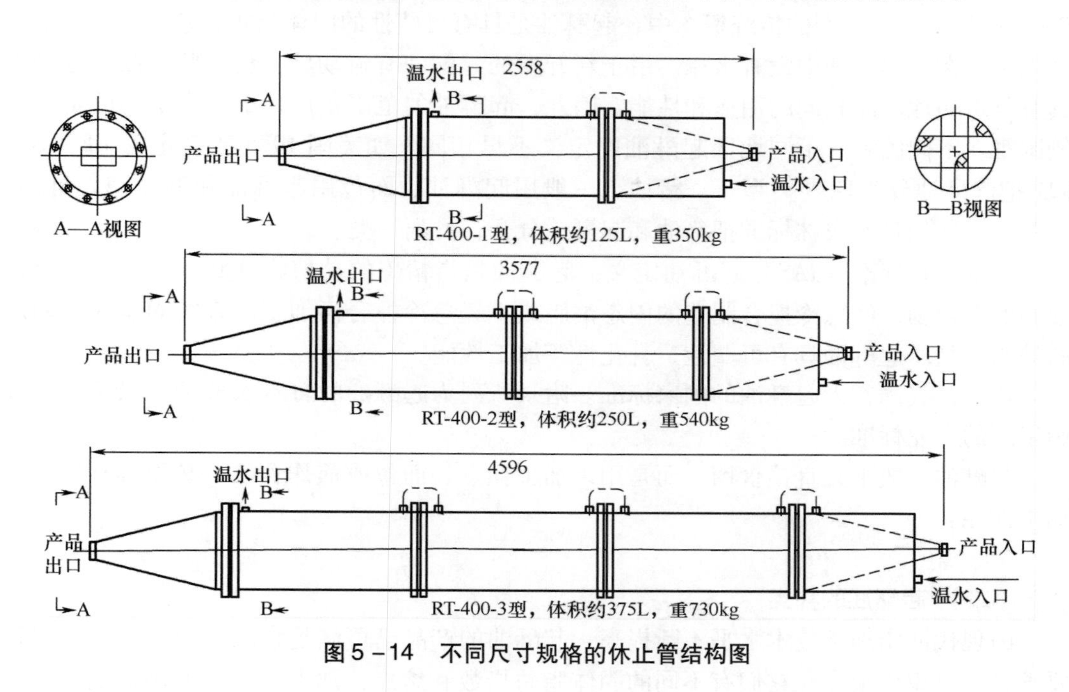

图 5－14　不同尺寸规格的休止管结构图

第二节　起酥油

起酥油是 19 世纪末在美国作为猪油代用品而出现的。因为猪油具有独特的风味和起酥性能，在常温下便能够用来和面，加工面包及其他点心，因而很受欢迎，用量很大。为了弥补猪油数量的不足，人们曾用牛油的软脂部分来作为猪油的替代品。1860—1865 年，美国的棉花栽培很兴旺，于是人们将棉籽油和牛油的硬脂部分混合起来，作为猪油的代用品，这便是历史上最早面世的起酥油。1910 年，美国从欧洲引进了氢化油技术，此技术通过氢化，把植物油和海产动物油加工成可塑性脂肪，使起酥油生产进入一个新的时代。用氢化油制的起酥油加工的面包、糕点性能比猪油加工出的面包、糕点更好。猪油的酪化性差，在饼干中分布不均匀，猪油的稠度稍软，且随猪饲料种类的不同而变化，猪油还容易氧化劣变。因此，猪油逐渐被起酥油所取代。日本起酥油生产是在 1951 年从美国引进急冷机后开始的。我国的起酥油生产始于 1980 年。

一、 定义、 标准与种类

（一） 起酥油的定义、 标准

起酥油（Shortening）是从英文短（Shorten）一词转化而来的。意思是用这种油脂加工饼干等产品，可使制品酥脆可口，因而把具有这种性质的油脂称作“起酥油”。把这种性质称为起酥性。

起酥油不是国际上的统一名称。在欧洲，不少国家称之为配合烹调脂（Compound Cooking Fat）。在人们的传统概念中，起酥油是具有可塑性的固体脂肪，它与人造奶油的区别主要在于起酥油中没有水相。由于新开发的起酥油有流动状、粉末状产品，这些均具有与可塑性产品相同的用途和性能。因此，起酥油的范围很广，给一个确切的定义比较困难。不同国家、不同地区起酥油的定义不尽相同。如美国1975年制定的EE－S－321把起酥油分为四种类型——猪油、一般用起酥油、面包用起酥油和油炸型起酥油。有些国家，如日本农林标准把猪油和起酥油分开，另列一类。

日本农林标准（JAS）起酥油定义：起酥油是指精炼的动植物油脂、氢化油或上述油脂的混合物，经急冷捏合制造的固态油脂或不经急冷捏合而加工出来的固态或流动态的油脂产品。起酥油具有可塑性、乳化性等加工性能。

目前，我国暂无起酥油的国家标准。附录所列为起酥油的日本农林标准以及上海油脂工厂的企业标准。

起酥油一般不宜直接食用，而是用来加工糕点、面包或煎炸食品，必须具有良好的加工性能。

（二） 起酥油的种类

因现代油脂加工技术水平不断提高，起酥油的产品已可满足食品工业及生活上多种要求，所以规格很多。它们有不同的固体脂肪指数和熔点，加上有不同的添加剂，大约有几十种起酥油。它可以从多种角度进行分类。

1. 从原料种类分类

①植物性起酥油；②动物性起酥油；③动植物混合型起酥油。

2. 从制造方法分类

（1）全氢化型起酥油　原料油全部用经不同程度氢化的油脂所组成，其氧化稳定性特别好。因其不饱和脂肪酸含量较低，这对全氢化型起酥油营养价值有些影响，而且全氢化型起酥油价格较高。

（2）混合型起酥油　氢化油（或饱和程度高的动物脂）中添加一定比例的液体油作为原料油。这种起酥油的可塑性范围较宽，可根据要求任意调节，价格便宜。因其含有部分不饱和脂肪酸，氧化稳定性不如全氢化型起酥油。

（3）酯交换型起酥油　由经酯交换的油脂作为原料制成。此种起酥油保持了原来油脂中不饱和脂肪酸的营养价值。

3. 从添加剂分类

（1）非乳化型起酥油　不添加乳化剂，可用作煎炸与喷涂。

（2）乳化型起酥油　添加乳化剂，可用于加工面包、糕点、饼干焙烤。

4. 从性能分类

（1）通用型起酥油　万能型，应用范围广。为扩大塑性范围，可根据季节调整起酥油的熔点，冬季为20℃左右，夏季为42℃左右。如需用乳化剂，添加0.5%左右的单甘酯或卵磷脂。这种起酥油主要用于加工面包、饼干等。

（2）乳化型起酥油　含乳化剂较多，含10%～20%的甘油一、二酯。其加工性能较好，常用于加工西式糕点和配糖量多的重糖糕点。用这种起酥油加工的糕点体积大、松软、口感好、不易老化。

（3）高稳定型起酥油　可长期保存，不易氧化变质。全氢化起酥油多属于这种类型。其AOM值在100～150h，适于加工普通饼干、椒盐饼干及煎炸食品。

5. 从性状分类

（1）可塑性起酥油　这是开发最早，也是目前应用最广的起酥油。

（2）液体起酥油　同其他产业一样，糕点、面包产业也朝着自动化、大型化方向迅速发展。因用在糕点面包加工的油脂具有可塑性，使连续化供料存在问题。为此液体起酥油应运而生。

①液体起酥油的分类：液体起酥油是指在常温下可以进行加工和用泵输送，贮藏过程中固体成分不会析出，具有流动性和加工特性的食用油脂。它可分成三类。

a. 流动型起酥油：油脂为乳白色，内有固体脂的悬浮物；

b. 液体起酥油：油脂为透明液体；

c. O/W乳化型起酥油：含有水的乳化型油脂。

②液体起酥油的性状

a. 流动性：油脂的流动性是糕点、面包连续化生产过程中计量、输送所不可缺少的特性。一般将黏度控制在6Pa·s以下。美国将温度范围控制在15.5～32.2℃，日本规定在10℃以上具有流动性。因而固体脂含量在15℃左右时为10（最大15）。

b. 稳定性：液体起酥油是以液体油为基础的油脂，添加固体脂和乳化剂加工而成。这些成分不会相互分离。

c. 加工性：加工性与可塑性对于糕点加工同样重要，合适的固体成分和乳化剂在优良的加工性能中起着举足轻重的作用。

（3）粉末起酥油　粉末起酥油又称粉末油脂，是在方便食品发展过程中产生的。粉末油脂中含油脂量为50%～80%，也有的高达92%。

在油脂中加入蛋白质、胶质或淀粉等使之成为乳化物，然后喷雾干燥使形成粉末状态。其特点是油脂粒子被胶体物质所包裹，与外界气体隔开，因而流动性好、可以长期保存，便于包装和运输。粉末油脂可以添加到糕点，即席汤料和咖喱素等方便食品中使用。

二、功能特性及影响因素

起酥油能使制品酥脆、分层、膨松、保湿的能力称为“功能特性”。起酥油的功能特性包括可塑性、起酥性、酪化性、乳化性、吸水性、氧化稳定性和油炸性。对其功能特性的要求因用途不同而重点各异。其中，可塑性是最基本的特性。

（一）可塑性

起酥油在一定温度范围内具备塑性物质的特征，拥有一定稠度的性质称之为可塑性。保持塑性的温度范围称塑性范围。塑性范围宽的起酥油可塑性好，便于涂布、面团延展性好，制品酥脆。脂肪的可塑性可粗略地用稠度来衡量。稠度合适的塑性脂肪才具有良好的可塑性。影响可塑性的因素主要有如下几点。

1. 基料油脂固、液相比例

基料油脂中固脂与液体油的比例是构成塑性的首要条件。固相低于5%不呈塑性，高于40%～50%则形成坚实结构。起酥油固、液相比例一般控制在10%～30%。可塑性好的起酥油最佳固、液相比例为15%～25%。基料油中固脂含量的测定方法有固体脂肪指数（SFI）法和核磁共振法（NMR）。NMR测得的结果是固脂的绝对含量（SFC）。SFC与基料油脂稠度关系的研究不及SFI。故目前多以SFI衡量基料油脂的固脂含量。表5－9为猪油和起酥油在不同温度下稠度与固体脂肪含量的关系。

表5－9　可塑性脂稠度和固体脂肪含量的关系

温度/℃	猪油		全氢化起酥油	
	微针入度 mm/10	固体脂肪含量/%	微针入度 mm/10	固体脂肪含量/%
50	—	0	—	0
45	—	0.5	—	2.6
40	—	2.0	—	5.7
35	—	4.5	336	9.4
30	378	10.5	212	12.6
25	137	21.0	101	14.0
20	105	26.0	45	19.7
15	73	29.0	24	21.7
10	41	32.0	16	27.8
5	—		—	31.4

SFI是随温度变化而变化的，在配料时应注意，若需要在使用温度下有适当硬度的起酥油，就必须选择有适当的SFI的原料油脂。

2. 固脂甘油三酯结构及液相油脂黏度

起酥油固脂的晶体结构影响起酥油的稠度。不同品种的油脂有不同的稳定晶型。起酥油与人造奶油一样期望获得β'型结晶。β'型脂晶较β型细小，在相同SFI下，基料油中固相颗粒多，总表面积大，因而能扩展起酥油的塑性范围，使其外表光滑均匀并具有乳化能力。脂肪酸碳链长短不整齐的甘油三酯稳定的晶型是β'型，当基料固体脂肪中含有稳定的β'晶体甘油三酯时，整个固体脂肪都会形成稳定的β'晶体。反之，则形成不稳定的β型晶体。

基料油脂中液体油脂的黏度与起酥油的稠度呈正相关系，从而也直接影响其可塑性。基料油脂的熔点也影响起酥油的稠度。甘油三酯种类少和各种甘油三酯熔点相近的油脂（如椰子油、可可脂），塑性范围窄，稠度受温度变化的影响大，不宜选作基料油脂，因此，基料油脂多选甘油三酯组成复杂的油品，熔点范围一般为10～65℃。

3. 固体脂晶的粒度与分散度

基料油中固相脂晶的粒度与分散度是构成塑性的另一基础条件。塑性脂肪中固相脂晶的颗粒细度要求细至重力与分子内聚力相比，重力可忽略不计；固相脂晶间的空隙要求小至液相油滴不致流动或渗出，使基料油中的组分通过分子内聚力结合在一起。脂晶粒度小，固相总表面积大，分子内聚力大，起酥油稠度大，塑性范围宽。反之，则可塑性范围窄。

脂晶的粒度和分散度与起酥油加工条件有关。过冷、急速冷却和激烈搅打捏合的加工条件，可产生众多的脂晶核、阻止晶核之间的内聚、长大，促使脂晶核在基料油中的均匀分布而形成整体组分的内聚结构而获得稳定的塑性。

4. 添加剂与熟化处理

起酥油加工过程中，过冷却析出的 α 晶型向 β' 晶型转化需要一定的时间和温度条件，当起酥油离开充填包装生产线后，结晶化（晶型转化）仍在继续。当 α 晶型释放出结晶热后才转化成 β' 晶型。如果晶型转化阶段，不能提供结晶热的温度条件，将使过冷效果保持延续性。反之，如果使产品处于稍高于 α 晶体熔点温度（稍低于充填温度）下进行熟成处理，则 α 晶型能顺利转化成 β' 晶型，并在缓慢转化过程中脂晶的粒度得到调整，使产品获得稳定的塑性范围。

起酥油加工中一些添加剂（乳化剂、抑晶剂）能延缓（阻止）基料油脂中固脂 β 结晶化，使产品稠度得到保证。

（二）起酥性

起酥性是指烘焙糕点具有酥脆爽口的性质。它是各类饼干、薄脆饼和酥皮的主要性质。起酥油以膜状一层一层地分布在烘焙食品组织中，起润滑作用，使制品组织酥松。一般而论稠度合适、可塑性好的起酥油起酥性也好。过硬的起酥油在面团中呈块状，使制品酥脆性差。反之，过软的起酥油在面团中呈球状分布，使制品多孔、粗糙。

油脂的起酥性用起酥值表示，起酥性与起酥值呈负相关，即起酥值小的起酥性好。表 5 - 10 列出了几种油脂的起酥值。从表中可以看出，椰子油及椰子油氢化油等可塑性差的油脂，起酥值大，起酥性也差；猪油等可塑性好的油脂，起酥值小，起酥性也好。但猪油经氢化后起酥性降低（起酥值升高）。

表 5 - 10　　几种油脂的起酥性

油脂	熔点/℃	起酥值
猪油		<60
50% 猪油 +50% 起酥油（牛脂:大豆油 =8:2）		约 70
氢化猪油（1）	34.8	约 82.7
20% 猪油 +80% 起酥油（牛脂:大豆油 =8:2）		约 85
氢化猪油（2）	42.9	约 97.7
鲸油为主体的混合型起酥油	—	112.4
牛脂为主体的起酥油	37.4	119.5

续表

油脂	熔点/℃	起酥值
起酥油（牛脂：大豆油=8：2）		120.0
起酥油（菜籽）	39.4	123.0
起酥油（棉籽）	44.0	126.2
氢化猪油	49.2	127.5
椰子油	24.0	127.9
椰子油氢化油（1）	27.3	134.8
人造奶油（棉籽）	35.3	140.2
椰子油氢化油（1）	35.0	155.2

对于某种特定烘焙制品，能覆盖粉粒表面积最大的油脂具有最大的起酥性。影响起酥性的因素有以下几个方面。

（1）脂肪的饱和度越高，起酥性越好；

（2）脂肪的用量越大，起酥性越好；

（3）固体脂肪指数合适的，起酥性好；

（4）其他辅料及其浓度合适的，起酥性好；

（5）混合程度剧烈的，起酥性好。

（三）酪化性

酪化性是把起酥油加到混合面浆中，高速搅打，使面浆体积增大，这是因为起酥油裹挟了空气，并使空气变成了细小的气泡造成的。油脂的这种含气性质就叫酪化性。酪化性可用酪化价（CV）表示。100g 油脂中所含空气的体积（mL）即为该油脂的酪化值。

起酥油的酪化性要比奶油和人造奶油好得多。加工蛋糕如果不使用酪化性好的油脂，则不会产生大的体积。起酥油的酪化性取决于可塑性。基料油组分、甘油三酯结构及其工艺条件都是影响酪化性的因素。图 5－15 和图 5－16 所示为加工条件对酪化值的影响。

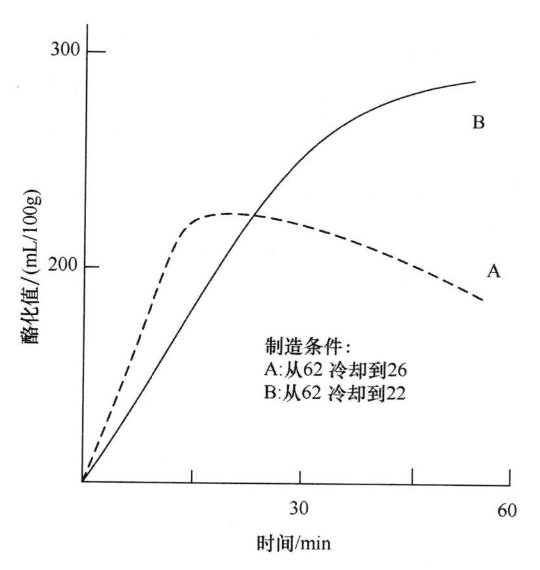

图 5－15　冷却温度与酪化值的关系图

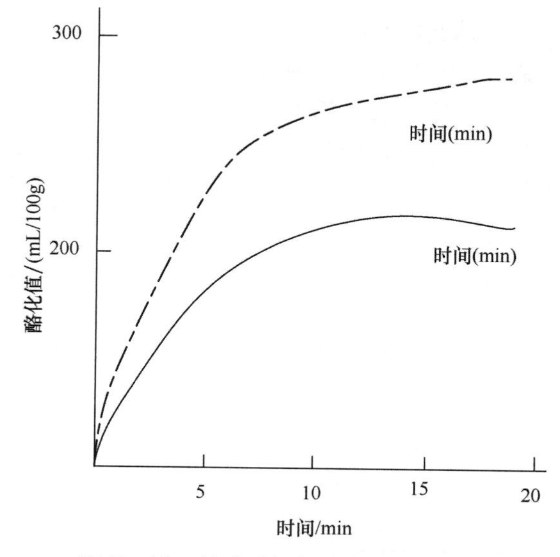

图 5－16　熟成时间与酪化值的关系图

（四）乳化分散性

蛋糕面团是O/W型乳浊体，奶、蛋、糖和面粉共溶于水相，起酥油在乳浊体中的均匀分布直接影响面团组织的润滑效果和制品的保鲜能力。尽管固脂乳化性优于液体油，但不足以使其在水相中分散均匀，因此，糕点起酥油一般都添加乳化剂，以提高油滴的分散程度。

乳化性能影响蛋、糖的起泡能力，适量添加起泡剂可以减少乳化性的负面影响。

（五）吸水性

起酥油属可塑性物质，因此即使不使用乳化剂，也能吸收和保持一定量的水分。起酥油的吸水性取决于其自身的可塑性和乳化剂添加量，油脂经氢化可增加吸水性，例如在22.5℃左右，几种不同类型起酥油的吸水率如下：猪油、混合型起酥油为25%～50%；氢化猪油为75%～100%；全氢化起酥油为150%～200%；含单、二甘酯的起酥油为≥400%。

吸水性对加工奶油糖霜和烘焙糕点有着重要的功能意义，它可以争夺形成面筋所必需的水分，从而使制品酥脆。

（六）氧化稳定性

一般油脂在烘焙、煎炸过程中，因天然抗氧化剂的热分解或本身不含天然抗氧剂（猪脂），所以烘焙、煎炸制品的抗氧化性差、货架寿命短。起酥油基料油通过氢化、酯交换改性、或添加了抗氧剂使不饱和程度降低，从而提高了起酥油氧化稳定性。起酥油的氧化稳定性不一定代表烘焙制品的储存稳定性，因此，在设计起酥油氧化稳定性时，需根据起酥油的用途而有所区别，例如，椒盐饼干等制品由于没有含糖糕点烘焙形成的氨基酸和糖反应物的保护，需使用AOM > 100h的高稳定性起酥油才能确保产品的预期货架寿命。

（七）煎炸性

起酥油的煎炸性包括风味特性和高温下的稳定性。应能在持续高温下不易氧化、聚合、水解和热分解，并能使制品具有良好的风味。起酥油的煎炸性，与基料油脂饱和度、甘油三酯脂肪酸碳链长短、消泡剂以及煎炸条件（温度、煎炸物水分、油渣清理和油脂置换率）等有关。

三、原料和辅料

（一）基料油脂

一些大宗的植物油脂和陆地、海洋动物油脂以及它们的氢化或酯交换产品，都可用作起酥油的基料。这些油脂都必须经过严格的精炼，使其符合二级油的品质。

1. 基料油脂组成

（1）液相油脂　起酥油基料油脂中液相油脂应选择一些氧化稳定性较好，以油酸和亚油酸组成为主的油脂。为了调整一定的稠度范围，应选择一些黏度稍大的食用油脂。液相油脂包含基料固脂中的液相部分。

（2）固相油脂　基料油脂中的固相油脂是起酥油功能特性的基础，应选用能形成β'晶型的硬脂。脂肪酸碳链长短不整齐的甘油三酯和甘油三酯组成较复杂的动植物油脂，都可通过氢化加工成基料脂或直接选作基料油固相。

棕榈油、猪脂和牛脂是天然起酥油的基料脂。它们也可以与棉籽油、菜籽油和鱼油等配合，通过极度氢化加工成凝固点为58～60℃的硬脂，进而用于起酥油基料配方。一些大量液体植物油和海产动物油可根据起酥油稠度设计的要求，通过选择性氢化加工成一定凝固点的氢化固脂用作基料油脂。甘油三硬脂酸酯富集的硬脂不宜作为基料固脂。

2. 基料油脂的稠度

基料油脂的稠度主要取决于基料油固、液相组分的合理调整。不同起酥油制品的功能特性不同，其稠度不同。固态（塑性）类起酥油稠度设计的原则是：固液相油脂比例必须满足塑性条件，液态起酥油的稠度设计以构成固相脂晶在液相油脂中的稳定悬浮体为基准。

考虑塑性起酥油基料油脂稠度时，固相部分应选用能形成β'脂晶、甘油三酯组成较复杂的油脂，当选用猪脂或β晶型氢化大豆油、葵花籽油和椰子油时，需掺合一定比例β'晶型硬脂，以便通过β'脂晶的诱导促使全部固脂晶体β'化。

除某些专用起酥油（涂抹料）需要陡峭的熔化曲线外，一般用途是糕点和糖霜塑性起酥油的基料油脂，常温下应呈塑性固体状态，在21～27℃下有合适的稠度，在较高和较低的温度下稠度变化不大，其碘价应在25～29gI/100g之间。

如前所述，起酥油等塑性脂肪的稠度以SFI值表示。塑性起酥油SFI值在15～25。SFI值超过25属硬（脆）起酥油，SFI值低于15起酥油太软，而SFI值介于15～22的起酥油具有较宽的塑性范围。

流体起酥油基料油脂稠度设计时，固相部分应选用能形成β'脂晶的油脂。使其脂晶粒度符合悬浮颗粒特征。基料油中固相脂肪含量一般为5%～10%，其熔点范围应能确保18～35℃温度下悬浮基料稳定，SFI值为6～8。

基料油脂的稠度通过氢化基料油（表5－11）、氢化硬脂、动物脂肪以及液体植物油的合理配方进行调整。几种典型的起酥油制品的稠度和基料油脂组成见表5－12。

表5－11　　大豆起酥油的氢化基料油脂

项目			Ⅰ	Ⅱ	Ⅲ	Ⅳ
氢化条件	开始温度/℃		148.9	148.9	148.9	140.6
	氢化温度/℃		165.6	165.6	165.6	140.6
	压力/MPa		0.11	0.11	0.11	0.28
	催化剂镍用量/%		0.02	0.02	0.02	0.02
分析数据	终点碘价/（gI/100g）		83～86	80～82	70～72	104～106
	固体脂肪指数	10℃	16～18	19～21	40～43	<4
		21.1℃	7～9	11～13	27～29	<2
		33.3℃	0	0	9～11	0

表 5－12 典型起酥油制品的稠度和基料油脂组成

类型		熔点/℃	固体脂肪指数（SFI）					基料油脂		
			10℃	21.1℃	26.7℃	33.3℃	40℃	基料油脂组成/%	碘价/（gI/100g）	熔点/℃
通用型	1	51.1	22～24	18～20	12～14	13～15	10～12	豆油基料：88～89 硬脂：11～12	83～88 1～8	—
	2		24～27	18～20		12～14	6～8	豆油基料Ⅱ：92～93 硬脂：7～8	80～82 1～8	—
	3		28	23	22	18	15	大豆氢化油：85～90 棉油硬脂：10～15	80	58
稳定型		42.7	44	28	22	11	5	大豆氢化油：95 棉油硬脂：5	70	—
煎炸型		39～42	41～44	28～30	20～25	12～14	2～5	豆油基料：97 硬脂：3	70～72	
面包用	1	37.8	27	16	12	3.5	0	大豆氢化油：20 大豆氢化油：80	55 86	44.0 30.0
	2		—	—	—	—	—	大豆氢化油：20 大豆一级油：20 氢化鱼油：60	—	34.0 35.0
	3		—	—	—	—	—	氢化大豆油：40 猪脂：10 棕榈油：30 大豆色拉油：20	—	34.0
冰淇淋用		—	—	—	—	—	—	氢化椰子油：20 精制椰子油：80	—	35.0
流体型起酥油	1	34	6	6	6	6	—	精制花生油：50 氢化花生油：50	90 8	—
	2	41	8	8	7	7	8	液体植物油：90～95 硬脂：2～10	>100 <10	—

续表

类型	熔点/℃	固体脂肪指数（SFI）					基料油脂		
		10℃	21.1℃	26.7℃	33.3℃	40℃	基料油脂组成/%	碘价/（gI/100g）	熔点/℃
液体起酥油	—	—	—	—	—	—	液体植物油：82～98 乳化剂（亲油亲水型）：8～18	>100	—
猪脂		27	19	12	3	2	—	—	-37.8℃以下
改质猪脂	—	25	11	9	8	3	—	—	-37.8℃以下
氢化猪脂	—	38	30		15	10	—	—	35～49
液牛脂	—	28	14		2	0	—	—	—

3. 基料油脂的配合

为使起酥油具有较宽的塑性范围，需采用不同熔点的油脂配合。其配比依据产品的要求来确定。最广泛应用的是控制其固体脂肪指数，也有的是控制熔点、冻点、浊点、折射率和碘价。此外，还必须考虑原料油脂的晶型，几种油脂比配后，制备塑性起酥油时使之能形成β'型结晶，制备液体起酥油时，使之能形成β型结晶。

（二） 辅料

起酥油使用的添加剂有乳化剂、抗氧化剂、消泡剂、氮气等，根据产品要求，有时还添加香料和着色剂。

1. 乳化剂

乳化剂是具有较强表面活性的化合物，能降低界面张力，增强起酥油的乳化性和吸水性，能在面团中均匀分布，强化面团，防止面包硬化，保持水分，防止老化，还有利于加气，稳定气泡，提高起酥油的酪化性，增大面包的体积，并能节省起酥油。常用的比较安全的乳化剂有以下几种。

（1）单甘酯　其添加量为0.2%～1.0%。

（2）蔗糖脂肪酸酯。

（3）大豆磷脂　一般不单独使用，多与单甘酯或其他乳化剂配合使用。在通用型起酥油中，与单甘酯合用时其用量为0.1%～0.3%。

（4）丙二醇硬脂酸酯　通常是丙二醇与一个硬脂酸酯化而成。它与单甘酯混用时具有增效作用，多在流动型起酥油中使用，用量为5%～10%。在液体（透明）起酥油中，最佳浓度为10%～12%。

（5）山梨醇脂肪酸酯　它具有较强乳化能力，在高乳化型起酥油中用量为5%～10%。

表5-13中列出了常用于起酥油的乳化剂。

表 5-13　常用起酥油的乳化剂

乳化剂名称	应用的制品	乳化剂名称	应用的制品
单甘酯	R, M, C, B, S, I	环氧单甘酯	B
甘油二酯	R, M, C, B, S, I	无水山梨醇单硬脂酸酯	M, C
磷脂	B	聚山梨醇酯 60	R, M, C, B, S, I
乳酸单甘酯	M, C	聚甘油酯	C, I
硬脂酰乳酸钙	B, S	琥珀酸单甘酯	B
硬脂酰乳酸钠	B, S	硬脂酰富马酸钠	B, S
丙（撑）二醇酯	B, S, I	蔗糖酯	C, B, S
二乙酰酒石酸单甘酯	B	硬脂酰乳酸酯	M, C, B

注：R-零售起酥油；M-糕点混合粉；C-糕点；B-面包及面包卷；S-甜食品；I-糖霜及夹心。

2. 抗氧化剂和增效剂

氢化植物油起酥油比相同碘值的动物油起酥油稳定，这是因为前者含有天然抗氧化剂维生素 E 达 0.1%，故后者应添加抗氧化剂或者与前者混合，使维生素E含量达 0.03%，使用时配成在植物油中的浓度为 30% 的维生素 E 浓缩物加入油中。对于亚油酸含量较高的植物性起酥油，也需要添加抗氧剂。

常用的抗氧剂除了维生素 E 外，还有合成的酚类抗氧剂 BHA、BHT、PG 和 TBHQ。它们可按 0.01% 单独使用，也可按 0.02% 混合使用（可增效），但需注意的是应根据起酥油的用处和抗氧剂的特点选择合适的抗氧剂。例如 PG 虽然有较强的抗氧化能力，但其热稳定性差，在烘烤和煎炸温度下很快就失效，并且在水分存在的情况下，与铁结合生成蓝黑色的结合物，故不适于烘烤和煎炸的起酥油。BHA 和 BHT 对植物油，尤其是高亚油酸起酥油的抗氧化能力弱，但其热稳定性好，适于烘烤和煎炸用起酥油，高温下 BHA 会放出酚的气味，因此，它常常是少量地与其他抗氧剂混合用于烘焙油和煎炸油。

起酥油常用的抗氧化剂的增效剂有柠檬酸、磷酸、抗坏血酸（维生素 C）、酒石酸及硫代二丙酸等多元酸。

3. 消泡剂

食品炸制过程中为安全计，煎炸用起酥油中要添加 0.5 ~3.0mg/kg 的硅酮树脂作为消泡剂。

4. 氮气

氮气呈微小的气泡状分散在油脂中，使起酥油呈乳白色不透明状。起酥油的氮气含量为每 100g 含约 20mL 氮气。氮气还有助于提高起酥油的氧化稳定性。

四、 生产工艺

（一） 基本工艺过程

起酥油加工工艺分间歇式和连续式。间歇式工艺由于制品外露，卫生条件不及密闭连续式生产工艺。

除液体和粉末起酥油外，起酥油加工过程都包括——基料配比混合、乳化、预冷、塑化、充填包装和调质等，其工艺流程如图 5-17 所示。

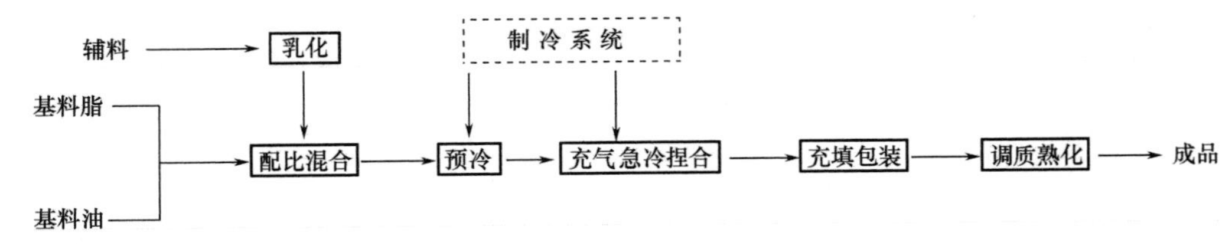

图 5 - 17　起酥油加工工艺流程图

不同类型的起酥油，其加工过程不同，主要区别在于塑化工段。连续式塑化工艺流程如图 5 - 18 所示。采用如图 5 - 19 所示的塑化流程可以缩短制品熟化的时间。

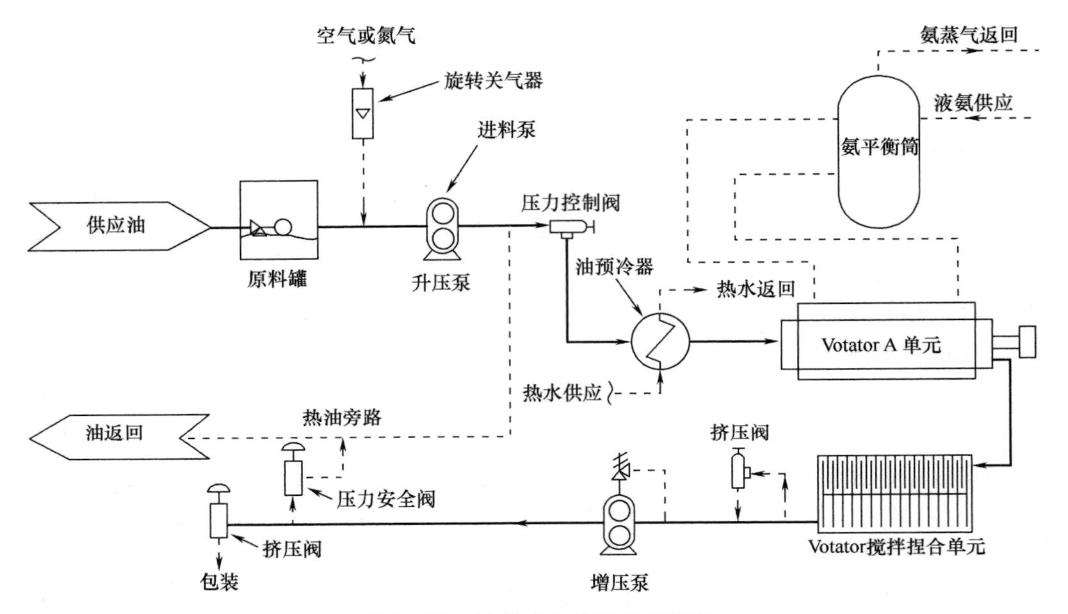

图 5 - 18　连续式塑化工艺流程图

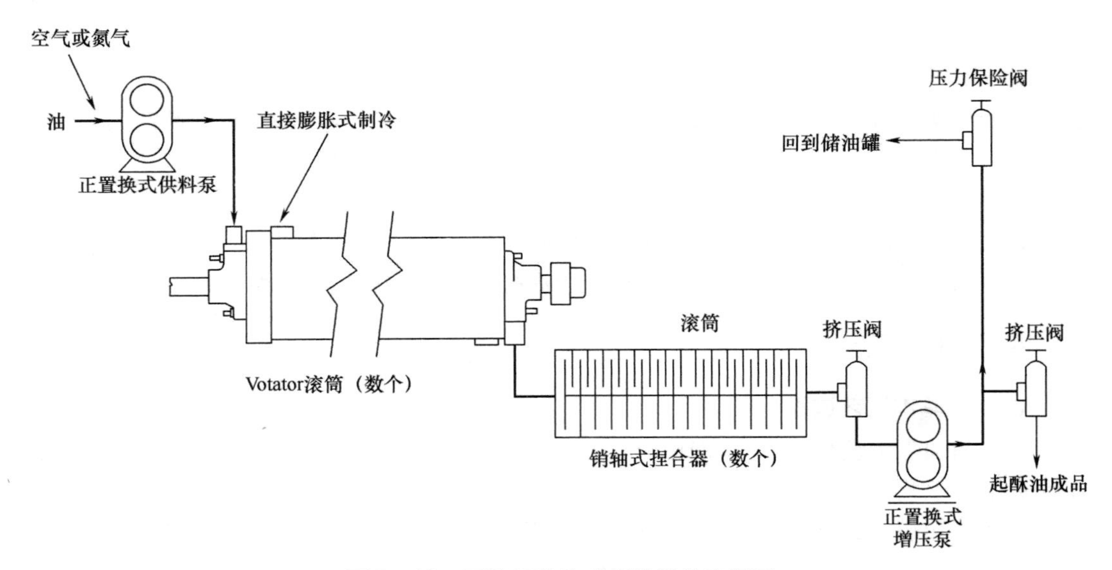

图 5 - 19　可缩短熟化时间的塑化流程图

（二）可塑性起酥油的生产工艺

可塑性起酥油的连续生产工艺如图 5－20 所示。

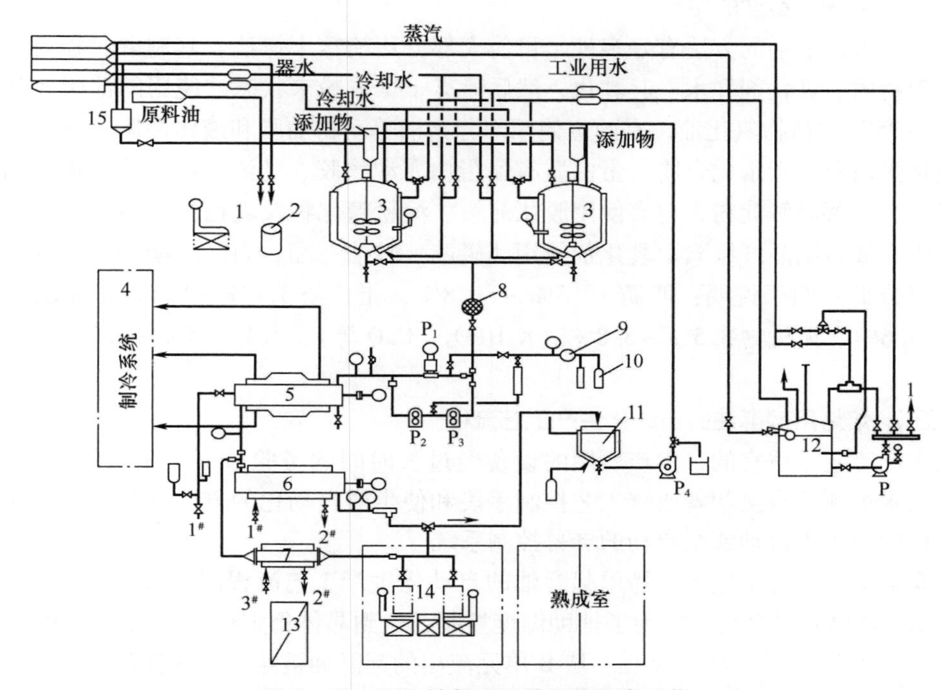

图 5－20　可塑性起酥油的连续生产工艺

可塑性起酥油的连续生产工艺包括原辅料的调合、急冷捏合、包装、熟成四个阶段，具体过程如下：原料油（按一定比例）经计量后进入调合罐。添加物在事先用油溶解后倒入调合罐（若有些添加物较难溶于油脂，可加互溶性好的丙二醇，帮助其分散）然后在调合罐内预先冷却到 49℃，再用齿轮泵（两台齿轮泵之间导入氮气）送到 A 单元。在 A 单元中用液氨迅速冷却到过冷状态（25℃），部分油脂开始结晶。然后通过 B 单元连续混合并在此结晶，出口时 30℃。A 单元和 B 单元都是在 2. 1～2. 8MPa 压力下操作，压力是由于齿轮泵作用于特殊设计的挤压阀产生的。当起酥油通过最后的背压阀时压强突然降到大气压而使充入的氮气膨胀，使起酥油获得光滑的奶油状组织和白色的外观。刚生产出来的起酥油是液态的，充填到容器后不久就会变成半固状。刚开始生产时，B 单元出来的起酥油质量不合格或包装设备发生故障，可通过回收油槽回到前面重新调合。该工艺流程中的主要设备与人造奶油生产通用。

（三）液体起酥油的生产

液体起酥油的品种很多，制法不完全一样，大致有以下几种。

（1）最普通的方法是把原料油脂及辅料掺合后用 Votator 的 A 单元进行急冷，然后在贮存罐存放 16h 以上，搅拌使之流动化，然后装入容器。

（2）将硬脂或乳化剂磨碎成细微粉末，添加到作为基料的油脂中，用搅拌机搅拌均匀。

（3）将配好的原料加热到65℃使之熔化；慢慢搅拌，徐徐冷却使形成β型结晶，直到温度下降到装罐温度（约26℃）。

（四）粉末起酥油的生产

生产粉末起酥油的方法有好多种，目前大部分用喷雾干燥法。其制取过程是：将油脂、被覆物质、乳化剂和水一起乳化，然后喷雾干燥成粉末状态。使用的油脂通常是熔点在30～35℃的植物氢化油，有的也使用部分猪油等动物油脂和液体油脂。使用的被覆物质包括蛋白质和碳水化合物。蛋白质有酪蛋白、动物胶、乳清、卵白等。碳水化合物是玉米、马铃薯等鲜淀粉，也有使用胶状淀粉、淀粉糖化物及乳糖的，还有的专利介绍使用纤维素或微结晶纤维素。乳化剂使用卵磷脂、甘油一酯、丙二醇酯和蔗糖酯等。粉末油脂成分举一例子说明：脂肪79.5%～80.8%，蛋白质7.6%～8.1%，碳水化合物4.1%～4.6%、无机物3.5%～3.8%（K_2HPO_4、CaO等）、水分1.5%～1.7%。

（五）焙烤用起酥油的自动化生产工艺流程

在生产工艺是适宜的，生产所用的设备经过长时间的考验被证实是可靠的情况下，最近的技术革新是直接朝着改善工艺控制手段和使生产自动化的方向进行。目前起酥油生产线已配备了半自动或全自动的屏幕控制系统。

图5－21表示的是生产焙烤用起酥油的自动化生产工艺流程图。加工过程的核心是标准的A、B单元联合装置。为了辅助温度控制，达到晶体稳定化和产品灵活化等目的，在B单元后面增加了一台C单元。从B单元流出的起酥油被送入有搅拌的夹套式调温罐中进行保温熟化，为应用做好准备。根据需要，调温罐内的起酥油经计量器计量后直接

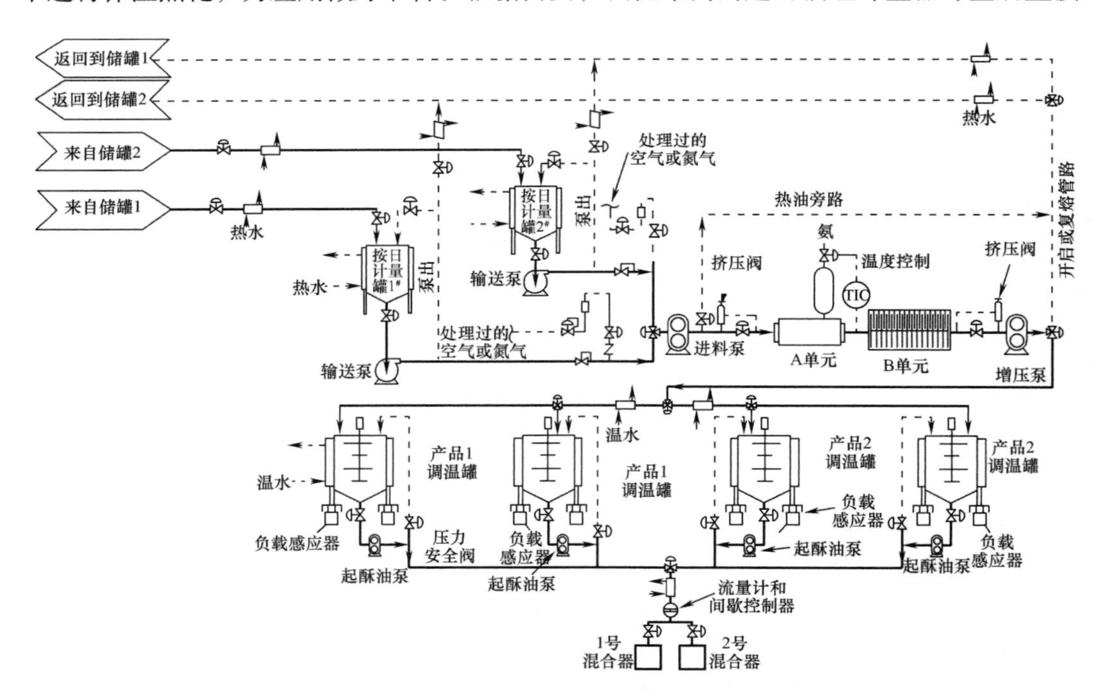

图5－21　生产焙烤用起酥油的自动化生产工艺流程图

提供给用户。一种可编程序的逻辑性控制系统（PLC）连续不断地监控调温罐内产品的液位。按照所需，用与罐内物相一致的物料去增补满每一只调温罐。配方的每一次变更，PLC 系统都会发出自动排空的指令，以免发生混料的现象。有一个便利产品用户的通讯中心，它可以转述用户对产品任何反常情况的反映，并有一块图形化的控制板，可以用来显示设备的当前状态。图 5－22 分别是焙烤用起酥油 Votator 装置中的典型控制柜、PLC 系统和图形化显示器的照片。

设备状态和生产联合控制系统同样具有累计、储存和出示生产记录的能力。许多被记载下来的有特征的资料可以根据要求，提供数据报表或规律变化图。当然还包括利用屏幕来显示和重新设置控制生产的工艺参数值以及报警器处于的状态。

图 5－22　PLC 系统和图形化显示器的照片

五、 起酥油生产设备

产品可以达到的最大稠度取决于配方中的油脂成分、加工过程、凝固所用的设备和工艺参数以及产品在使用之前储存的条件。正确配制的流态混合物，只有在所用设备提供了可控的冷却、结晶和捏合等工艺条件下，方可转变为可塑的固体。在某种意义上，这些塑性和结晶的理论是否被采纳和实施，我们可以通过对工业生产设备的审视加以辨别。

（一） Votator 的刮板式换热器

就急冷食用油脂而言，刮板式换热器是最为通用的设备。Votator 生产第一台刮板式换热器是在 20 世纪 20 年代初期，由此 Votator 变成了这一类设备的同义词，并且有许多刮壁式换热器目前都被统称为 Votator。

图 5－23 是一套两台圆形滚筒器的 Votator 加上一组重力式液氨致冷系统的设备

照片。刮板式换热器的主要结构见图5－24，图中表示的是换热器横剖面图。每一只滚筒器通常是由直径为152mm，长度为1829mm的空圆筒形管组成。这圆管的外套管是可走冷冻盐水，或者可走像液氨那样的致冷剂直接膨胀汽化来达到致冷的目的。当配制好的熔融油相流过此管时会被冷却，安装在通物料的圆管内部的中心轴用一台电动机驱动。在这种“变异”轴两端装有机械密封垫圈，而且在轴上装有可动式刮刀，当轴旋转时，刮刀刮擦换热器内表面，除去筒壁上的产品层使其始终保持清洁。每一根变异轴上，沿着轴的整个长度，交错式安装着两列长152mm的刮刀。这种交叉排列的刮刀装置的混合效果要比老式的刮刀排列成一排的常规设备更好。所有的人造奶油和起酥油的冷却单元都装备了变异轴和旋转式联合器，联合器和热水循环系统相连，以防固脂堆积在旋转轴上。标准轴的直径为119mm，转速为400r/min左右。为了某种特殊的应用，可以使用直径更大一些，或较小一些，装有三四排排列成行或交错排列刮刀的设备。

起酥油生产设备是用碳钢制成的。因为人造奶油的水相有高腐蚀性，并且在清洁加工中，需要用化学法清理所有的生产设备，所以生产人造奶油的设备中，换热器的材质为镀铬的工业纯镍，并且所有和产品相接触的表面用不锈钢。

图5－23　SLS182型Votator装置

（二）Votator的搅拌捏合单元

通过直接膨胀致冷换热器的有效冷却，使产品处于过冷状态，料温大大低于它结晶的平衡温度，为结晶做好了准备。一种过冷的油脂混合物在无搅拌和无机械捏制的条件下凝固，将形成一种很硬的晶体网，并且这种产品的可塑性范围很窄。对硬质人造奶油

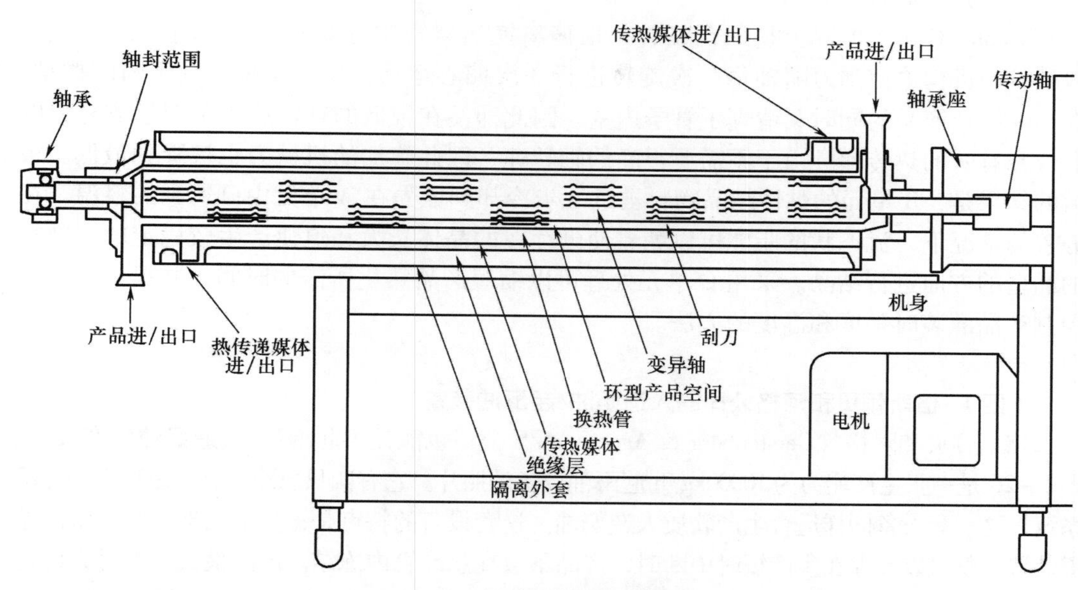

图 5 - 24　换热器横剖面图

的配制而言，上述结果也许是一种希望获得的品质，但对于那些要求具有特殊质地和可塑性的产品而言，我们可以采用机械捏制过冷态的结晶脂体的方法来改善产品的延展性和可塑性。一般情况下，这种脂体在机械捏制条件下所需的结晶时间为 2 ~ 5min。Votator 为了这个目的，研制出一种特殊的设备——搅拌捏合单元。

图 5 - 25 所示的是一台 Votator 捏合单元，即通常称为“B 单元”的横剖面视图。根据产品以及物料滞留时间，我们可以采用的 B 单元的尺寸范围为：直径 76 ~ 457mm，长度 305 ~ 1372mm，所有尺寸的设备都包含一根直径相当小的轴，轴上从头到尾都安装着搅拌用的销轴。在走物料的圆筒体内壁上焊了许多销轴，当轴旋转时这些销轴与中心轴四周的销轴相互啮合。在结晶初期，通过 B 单元完成机械捏合，把结晶潜热均匀地释放出来，并形成一种细小和离散的晶粒均匀地分散在整个物料中的产物。对起酥油而言，标准轴的转速为 100 ~ 125r/min，物料在 B 单元中的滞留时间为 2 ~ 3min。加工人造奶油时，物料的滞留时间一般较短并且可变，搅拌转速较高些。虽然 B 单元中物料料温将会上升，但是通常 B 单元没有冷却用的外夹套管。生产人造奶油时，采用有外夹套管的 B 单元，可以用热水去有效帮助筒体内物料熔化和保持设备的清洁。起酥油生产用的 B 单元可以用碳钢制造，但人造奶油生产用的设备部件需要用不锈钢制造。

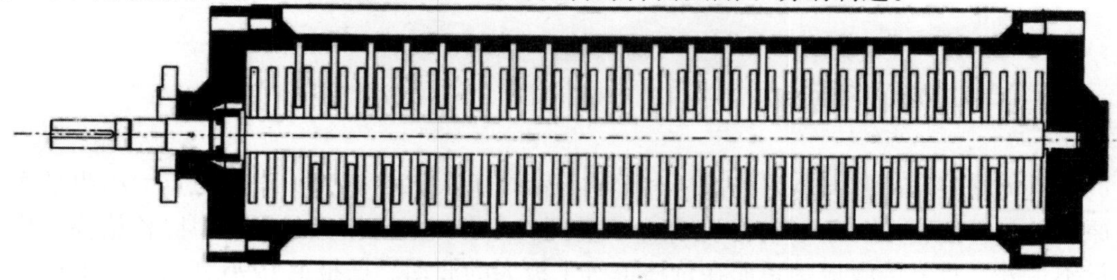

图 5 - 25　Votator 搅拌捏合单元

（三） Votator C 单元

Votator C 单元实际上是一台装着一根偏离换热器管中心 6mm 的变异轴的 A 单元。这种偏心机构迫使刮刀随轴每一次旋转进行一次偏心运动，而且这种连续不断的摆动，在不断捏合产品的同时又清理了管子内壁。因此即便在很低的轴转速下也能形成充分的混合和有效的热传递。由于不需要很高的轴转速，因此施加的机械力也被降到最低。最后的结果是，B 单元的黏性结晶物料被进一步冷却到原先在 A 单元中已达到的料温。在静置的情况下，流态状的脂体可以朝着使已存在的晶体长大和迫使产生较稳定的、独特的晶型的方向进行结晶。采用 C 单元处理可以缩短产品熟化所需的时间，并提供了一种控制产品灌装时黏度和温度的方法。

（四） 格斯顿贝和阿格公司的人造奶油/起酥油装置

格斯顿贝和阿格（Gerstenberg & Agger）A/S 公司也能提供起酥油/人造奶油生产设备。图 5－26 是一张生产能力为 10000kg/h 起酥油设备的照片。它有四只急冷管、二组独立的冷却系统，这一套设备同样适合生产软质人造奶油。这套设备的特点是：只采用唯一的一组落差罐装置，就可以确保在生产短时中断时，产品不会在急冷管内冻结。产品最大压力可允许达到 8MPa，高效的急冷管外侧有波纹，内表面镀铬处理。采用碳化钨加工的机械产品密封垫圈，并且每根急冷管都有各自的制冷系统。这种换热器装有特殊的浮动式刮刀。

图 5－27 是一张生产能力为 4000kg/h 的生产奶油松饼用人造奶油的整套设备的照片。它配有六组急冷管、三组独立的致冷系统，操作压力最大额定值为 18MPa 和有一种“牛头狗”式的刮刀装置。

图 5－26　起酥油设备的照片

图 5－27　人造奶油的整套设备的照片

第三节　糖果脂

巧克力糖果产品具有良好的风味与食感，故广为人们所喜爱。作为巧克力糖果的主要原料——可可脂（Cocoa Butter）却由于受到产量与气候等因素的影响，除价格高、供应量不足外，且常因收成关系而在价格上有了极大的波动。据报道 1996 年可可脂的国际市场价格为 3.08 美元/kg，相当于普通食用油脂价格 5～10 倍。尽管如此，以可可脂为原料加工出的巧克力等食品仍然是全世界人们所喜爱的食品之一。以英国为例，目前其巧克力糖的年销售额已超过57.5亿美元，远远高于面包、牛奶、新闻纸等的销售额。为了满足口腹之欲及成本的降低，广大科技工作者为此已付出了艰辛的努力，利用较普遍、便宜的油脂原料，采用各种改性技术如氢化、酯交换、分提等制备出具有与天然可可脂物理性质相似的替代品。

一、天然可可脂

天然可可脂是制备巧克力糖果的最佳油脂原料，它是从可可豆中提取得到的。

（一）可可豆

可可树是高大热带森林中的低矮树种，一般树高7～10m，树干直径为30～40cm。一棵树每年约可生长20～30个可可果（Cocoa Pod），可可果一般生长170天后成熟，成熟鲜果长18～19cm，重500g左右，果壁重占全果实76%，果实含水量86.6%。经发酵和干燥后的种子称为可可豆（Cocoa Bean）。成熟了的可可果实，其种籽的含油达30.6%，果壳和果肉含油量极少。一株可可树每年约可收获干可可豆860～1260g。可可树种植5～8年开始结果，12年以后进入旺产期，生长寿命一般为50年，长的可达百年，是一种多年生经济作物。

可可豆的收获量差异较大，最低产量每亩约200kg，有良好管理可达700～1000kg，最高产量可达3000kg。

热带森林和岛地是可可树最适宜的生长环境。表5－14列出了1990年世界可可豆的分布和产量。

表5－14　世界可可豆的分布和产量（1990年）　单位：万t

主要产地	主要国家	产量
非洲	加纳、尼日利亚、科特迪瓦、喀麦隆、几内亚、刚果等	135.5
美洲	巴西、厄瓜多尔、哥斯达黎加、多米尼加、墨西哥、委内瑞拉、特立尼达、多巴哥、牙买加等	67.8
亚洲	巴布亚新几内亚、马来西亚、斯里兰卡、印度尼西亚等	43.7

可可豆在成为商品以前一般都要经过发酵处理。未经发酵的可可豆不但香气和风味低劣，而且组织结构发育不够完全，缺少脆性。豆肉呈蓝灰色，视为不合格的豆粒。

可可豆的发酵一般采用堆积法实施的。发酵期则视豆的品种而异，一般薄皮豆的发酵期短些，最短为2～3d。西非和巴西的可可豆皮厚，发酵期一般需5～7d。发酵过程中的温度变化要控制得当，起始3天，发酵温度控制在38℃以上，到最后3天，发酵温度应上升到50～51℃。可可豆的发酵过程，是一个复杂的生物化学变化过程，微生物和多种酶参与这一过程的变化。可可豆经发酵处理后，可可果的子叶部分分离，色素细胞碎裂，可可碱和鞣质含量下降，糖转变酸导致含糖量也下降；而果胶含量增加，蛋白质酶解成为可溶性含氮物，由于这一系列的生物化学变化，发酵的可可豆焙炒后，才具有巧克力特有的优美香味。

经过处理后的可可豆可用于加工可可液块、可可脂和可可粉等制品，是生产巧克力糖果等的原料。

(二) 可可脂和可可粉的生产工艺流程

利用可可豆生产可可脂和可可粉的工艺流程如图 5 –28 所示。

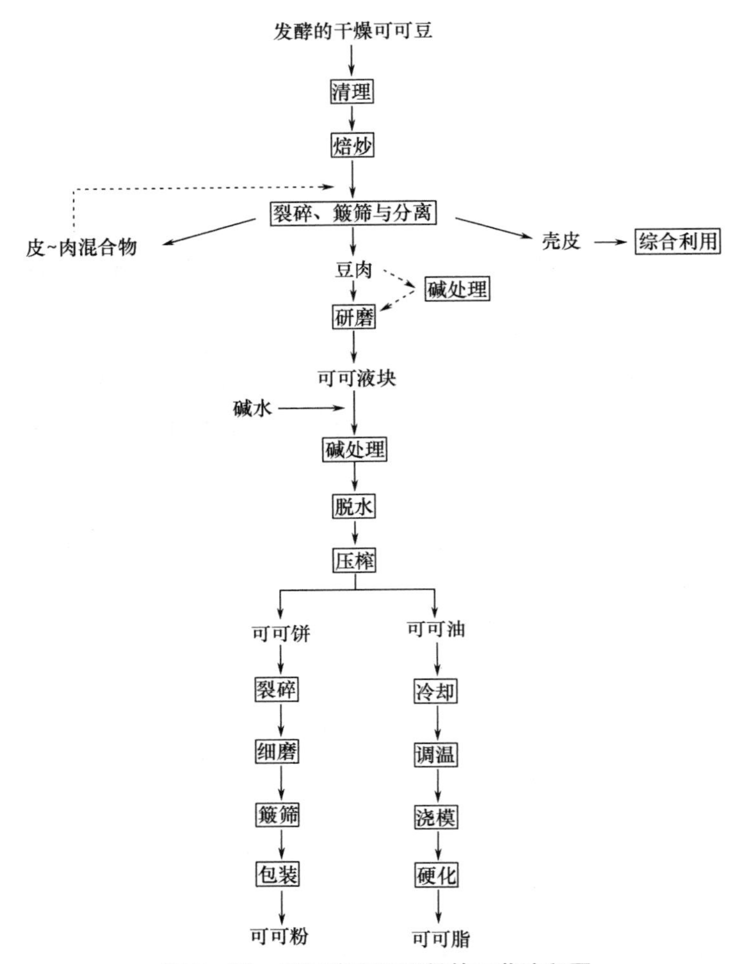

图 5 –28 可可脂和可可粉的工艺流程图

1. 焙炒

发酵和干燥的可可豆经分级和清理后，都经过焙炒处理。焙炒可可豆能产生以下作用。

(1) 增强与完善可可豆应有的独特香味。经焙炒，可可豆的香味有明显改善，显得丰满了。经测定发现焙炒的豆肉有 260 多种酯类、酸类和醇类等芳香化合物，未经发酵的豆子虽经焙炒，也缺少这种浓重香味。因此，有人认为发酵过的可可豆肉存在香味前体，焙炒过程就是把香味前体显现出来的过程。

(2) 使物料产生明亮的色泽。经过焙炒，可可豆从原来的暗棕色变得带有紫红色，同时使油脂从细胞中渗透出来，使褐红色的豆肉产生光亮的色泽。

(3) 经过焙炒，可可豆的组织结构发生改变，细胞内的淀粉受热糊化，可溶程度提高。

（4）焙炒后，豆壳变脆并裂开，有利于在机械作用下使皮与豆肉分离。

（5）去除豆中多余水分。

经焙炒后，可可豆的水分发生变化如表 5－15 所示。

表 5－15　可可豆在焙炒前后的水分变化　单位:%（质量分数）

焙炒过程的变化	豆肉	豆壳	全豆
焙炒前含水量	6.6	1.6	8.2
焙炒前干固物量	80.9	10.6	91.5
焙炒过程的水分损耗	4.6	1.4	6.0
焙炒后的残留水分	2.0	0.2	2.2

另外，焙炒还可以改变可可豆的某些化学组成，使物料具有可塑性。

焙炒可可豆的加工条件主要有三点，即温度、时间和焙炒方式。过去焙炒豆的方式是直接火加热，间歇批量进行，时间长，焙炒温度与程度也较难控制，焙炒豆的品质当然难以完美。新的焙炒方式以间接加热的热空气加热豆子，传动方式既有间歇进行，也有连续进行，均能取得满意的结果。以下实例就是在热空气焙炒的连续焙炒机上进行的，可可豆采用加纳品种，结果如表 5－16 所示。

表 5－16　可可豆焙炒条件

	焙炒温度/℃	焙炒时间/min
黑巧克力	85～110	11～14
牛奶巧克力	110～125	15～20
可可粉	125～130	25～30

2. 簸筛

焙炒后的可可豆经裂碎为片粒，同时又把裂碎的壳皮、胚芽和豆肉分开，这一加工过程为簸筛。簸筛是在簸筛机中进行的。焙炒后的可可豆颗粒饱满，表面开裂，但皮壳与豆肉尚未分离，稍经揉搓或碾轧即可分开。一般分离后的比例为：壳皮 11%～13%；胚芽 1%左右；豆肉 86%～88%。

簸筛的作用原理是利用物质的相对密度不同，利用气流在物体运动过程中将它们分离。

可可豆在焙炒和簸筛过程中有一定的损耗，损耗比例如表 5－17 所示。

表 5－17　可可豆在焙炒和簸筛过程中的损耗

项目	损耗比例
焙炒过程中水分损失	4%
焙炒过程中碎屑损失	0.5%
簸筛过程中去除壳皮	12%
簸筛过程的果肉损失	0.5%～1%
总损耗	17%～17.5%

3. 粗磨

可可豆肉是一种很难磨细的物质。豆肉大小不等，豆肉含有相当数量的纤维素和夹带进去的少量壳皮使物料难以磨细。因此，可可豆磨细一般分阶段进行，第一阶段可先将可可豆肉单独磨成酱体（又称可可液块），称为粗磨（也有称初磨）。第二阶段，可可液块（酱）和其他物料一起再经研磨至巧克力所需的精细程度，称为精磨。较大颗粒的豆肉经粗磨后，其干固物质可磨细至 50～120μm，再经细磨（平均细度≤25μm）可缩短精磨时间。

粗磨设备有很多类型，有盘磨、辊磨、齿磨、球磨和胶体磨，其作用是一致的。一种八辊研磨机具有粉碎和粗磨的双重作用（如图 5－29 所示），结构内由大小不等的八个钢制辊筒组成。物料由料斗内落下，进入第一对最小的带齿纹的转辊，把豆肉辗轧至碎，接着落入中部一组三个辊筒进行初次研磨，最后物料落入底部另一组最大的三个辊筒磨细，酱料流入接收器中。

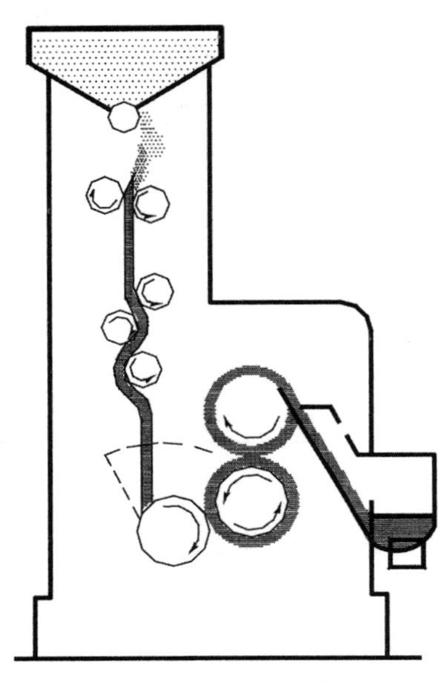

图 5－29　八辊研磨机

4. 压榨

压榨是采用液压机从可可液块中压榨制备可可脂。压榨机的选用可参照有关油脂制备方面的相关书籍。

（三）可可液块

可可液块也被称为可可料、苦料或巧克力液块的。可可豆经过焙炒，去掉外壳就变成可可豆肉。将豆肉研磨就变成浆状可可，在温热状态下具有液体的流散性，冷却后马上凝固成褐棕色的、香味浓重的并带有苦涩味的块状固体。再加热又重复熔化为流体，这样的物料称为可可液快。

可可液块可浇模制成 10～20kg 的大块，外包防潮纸，以免吸湿污染，可可液块是一种半制品原料。

可可液块的脂肪含量一般都超过 50%，大多数在 55% 以上；含水量一般不超过4%。

（四）可可粉

可可液块压榨出可可脂后就成为可可饼，把可可饼进一步裂碎和簸筛就变成可可粉。

由于可可饼中还含有一定比例的油脂，在粉碎过程中，能产生热量而使物料粘结。所以要求在较低温度下以 5 ~8℃的冷风吹经表面予以冷却。然后放置在保温缸内，保持 15 ~18℃，去除水分，最后用筛粉机簸筛后，达到一定程度的细粒，加入或不加入香料，进行密封性包装。

为了提高可可粉在溶液中的分散性，并使其色泽趋于棕红色，一般要在可可酱榨油前加入一定量的碱。常用的碱有碳酸钠、碳酸钾、碳酸镁等，加入量约为 1%，碱液浓度调节为 10%。加碱液时可可酱应保持 70℃，连续保温搅拌 5h，然后提高温度，除去可可酱中多余的水分。酱料温度最高不超过 115℃，如加入碱液后物料最终呈碱性，则可在结束前加入醋酸或酒石酸中和。

可可粉既可作为糖果或其他食品的原料，同时也可直接作为商品出售，如作为商品，应适当调节和完善可可粉的香气，一般可添加香兰素或豆蔻等香料。

可可粉根据其含量的不同，常可分为三种类型。

（1）高脂可可（或称早餐可可）　含脂 22% 以上。

（2）中脂可可　含脂 12% ~22%。

（3）低脂可可　含脂 12% 以下。

可可粉很容易吸收外界空气中的水汽，因而结块成团，丧失其应有的香味。工业上一般采用低脂可可，一是价格便宜，二是在使用时有较大的灵活性。

（五）可可脂（Cocoa Butter）

可可脂又称可可白脱，是从可可液块中压榨提取的一类植物硬脂，液态呈琥珀色，固态时呈淡黄色或乳黄色，具有可可特有的香味。可可脂的主要脂肪酸组成为：棕榈酸 24.2% ~27.0%；硬脂酸 32.6% ~35.4%；油酸 33.8% ~36.9%；亚油酸 2.7% ~4.0%。同羊脂脂肪酸组成十分相似。但是可可脂中的脂肪酸并不按照 1，3 - 随机 -2 - 随机的甘油三酯排列假设来分配（分布）。可可脂的主要甘油三酯是油酸在 *sn* -2 位；棕榈酸和硬脂酸在 *sn* -1，3 位，即 β - POSt + β - POP + β - StOSt 的总量可达 70% 以上。这种特殊的甘油三酯结构，使之具有一般其他油脂无法比拟的物理性质：塑性范围窄，熔点变化范围小，且接近人体温度熔化——即在稍微低于人体的口腔温度时，会全部熔化，残留固脂为 0；凝固收缩易脱模；有典型的表面光滑感和良好的脆性，无油腻感，正是由于这些独特的性能使可可脂广泛应用于巧克力、糖果外衣和点心等食品制造业中。

天然可可脂具有七种不同的结晶形态（见表 5 - 18）。

表 5-18 可可脂的晶型及熔点

晶型	熔点（最终）/℃	平均溶解范围/℃
γ	16~18	4~7
α	21~24	14~23
$\alpha+\gamma$	25.5~27.1	17~27
β''	27~29	12~28
β'	30~33.8	24~32
β	34~36.3	25~35
—	38~41	—

若将其加热熔化后，采用不同的结晶速度，将会产生不同的结晶形态，从而也影响到可可脂的熔点和硬度。

在巧克力糖果制作过程中，如果调温（tempering）工作做得好，则结晶将会形成稳定的β型，而使巧克力产品具有非常良好的光泽、硬度及光泽稳定性，否则将会造成产品硬度不足与光泽不良的情形。表 5-19 为经调温与未经调温处理的可可脂熔点与固体脂肪含量的变化。

表 5-19 调温对可可脂熔点及固体脂肪含量的影响

可可脂	熔点/℃	固体脂肪含量（SFC）/%		
		20℃	30℃	35℃
未经调温	25.6	51.1	7.1	1.3
经调温	33.2	69.8	42.5	1.3

天然可可脂在最稳定的结晶状态下，熔点约为 32~35℃，此时在 30℃的固体脂肪含量（SFC）尚高达 40%以上，但在 35℃时即能迅速降至 5%以下，因此使得巧克力糖果产品在室温时很硬，但入口即化，即具有口熔性佳及口感清凉的感觉。

二、 可可脂替代品

由于天然可可脂价格高，产量有限，而需求量又大，促使人们去寻找可可脂的替代品（Cocoa Butter Alternatives）。自 20 世纪 50 年代以来，生产者已利用氢化、酯交换、分提等各种加工技术将其他普通而且廉价的食用油脂加工成具有与天然可可脂在物理特性方面相类似的替代品来取代天然可可脂。目前，世界上可可脂代用品种类繁多，概括起来可分为两类。

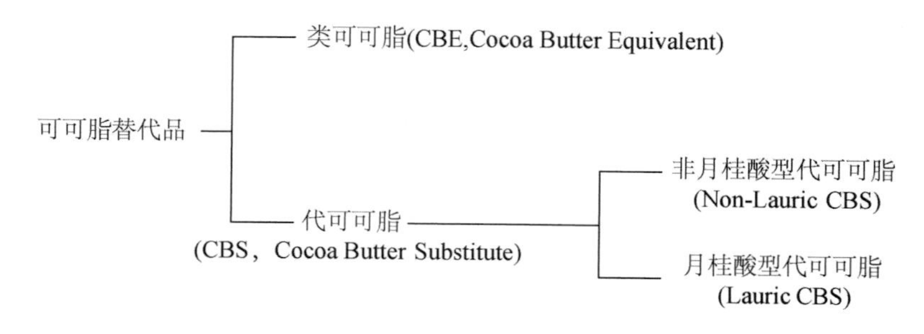

（一） 类可可脂

天然可可脂具有尖锐的熔点、陡峭的 SFI 曲线以及 100% 的 β 型稳定结晶等特性，这主要是由于其一油酸二饱和酸的对称型甘油三酯含量占主要成分（75% 以上）所导致的。因此，可以通过制备与天然可可脂的化学结构（主要指甘油三酯）的一致性来生产可可脂代用品之一——类可可脂（Cocoa Butter Equivalent，CBE）。

类可可脂又称作人造可可脂，是指甘油三酯组分和同质多晶现象与天然可可脂十分相似的代用脂。因此，其塑性、熔化特性、脱模性等都十分相似，可以与天然可可脂完全相溶。

类可可脂的生产可以采用直接提取、分提以及生物技术改性等方法来实现。

1. 制备类可可脂常用加工技术

某些油脂如棕榈油（palm oil）、牛油树脂（shea nut oil）、以立泼脂（illipe）、沙罗脂（sal）等其甘油三酯组成中含有相当多类似于天然可可脂的组分，可以通过分提加工来提高对称型甘油三酯的含量，然后再根据比例要求调制成与天然可可脂相似或相同的产品（当然也可以根据情况直接配制），此类产品即为类可可脂产品。表 5 - 20 即为棕榈油等油脂及其分提物的对称型甘油三酯的组成与含量。

表 5 - 20　　几种油脂的对称甘油三酯含量

油脂	对称型甘油三酯含量（摩尔分数）/%				
	β - POP	β - POSt	β - StOSt	其他	对称型总量
可可脂	12	34.8	25.2	2.2	74.2
棕榈油	25.9	3.1	微量	1.3	30.3
棕榈油的中间分提物	56	10	1	—	67
牛油树脂	0.3	6.4	29.6	微量	36.6
以立泼脂	6.6	34.3	44.5	—	85.4
沙罗脂	2	11	36	—	49
Sal 硬脂	2	13	43	—	58
乌桕脂	82.6	微量	微量	—	83.5

注：P = 16 : 0；O = 18 : 1 ω9；St = 18 : 0。

2. 利用生物技术制备类可可脂

由于与天然可可脂相似的油脂资源有限，另外其甘油三酯结构及相关的物理性质与天然可可脂还有一定的差异性，为了得到脂肪酸组成、甘油三酯结构以及同质多晶现象等都与天然可可脂十分相似的类可可脂产品，生物技术改性制备类可可脂技术也应运而生。1991 年 Sridhar 等人用印度产的植物脂（如 Sal，Kokum，mahua，dhupa，mango）作底物进行酶促酯交换改性处理，所得到的产物在总脂肪酸组成、*sn* - 2 位脂肪酸组成以及甘油三酯结构等方面均类似于天然可可脂；Chong 等人和 Bloomer 等人利用棕榈油的中间分提物进行酯交换研究，发现产物的 HPLC 图和 DSC 图均十分类似于天然可可脂，是一种很好的可可脂代用品；随后利用含 80% β - POP 甘油三酯组分的乌桕脂制备类可可脂也得到了证实等；同时有关酶促油脂改性制类可可脂也有不少专利报道。另外，日本

Fuji 和英国 Unilever 等十多家公司已经利用微生物酶的酯交换技术半工业化生产类可可脂。因此，无论从理论还是从实践方面来看，利用1，3－位专一效果好的脂肪酶催化适宜的原料油脂（主要成分是 *sn*－2 位富含油酸的甘油三酯）生产类可可脂是可行的，其反应机理可以简单表示如下：

P-O-P + St ⇌(1,3-位专一性脂肪酶) P-O-P + P-O-St + St-O-St + P + St

St-O-St + P ⇌(1,3-位专一性脂肪酶) P-O-P + P-O-St + St-O-St + P + St

O-O-O + P + St ⇌(1,3-位专一性脂肪酶) P-O-P + P-O-St + St-O-St + O-O-O + P + St + O

利用生物技术制备类可可脂扩大了原料的选择范围，从而也使规模化生产类可可脂成为可能。但是，酶法酯交换制备类可可脂的反应过程中伴随着水解及酰基位移反应（具体情况见“酯交换”章节），使副产物增多，从而增加了分离的难度。另外，目前已经商品化的1，3－位专一性脂肪酶的价格很高，也是导致类可可脂的生产成本大大提高的原因之一。因此，有关生物技术制备类可可脂技术有待于进一步研究。

3. 类可可脂在巧克力制品中的应用性能

由于类可可脂的甘油三酯组成与天然可可脂相似或完全相同，因此类可可脂所表现的物理特性（如结晶特性等）也与天然可可脂相同，且能以任意的比例与天然可可脂相溶（compatible），图5－30是类可可脂与天然可可脂在不同比率下其固体含量变化情况。

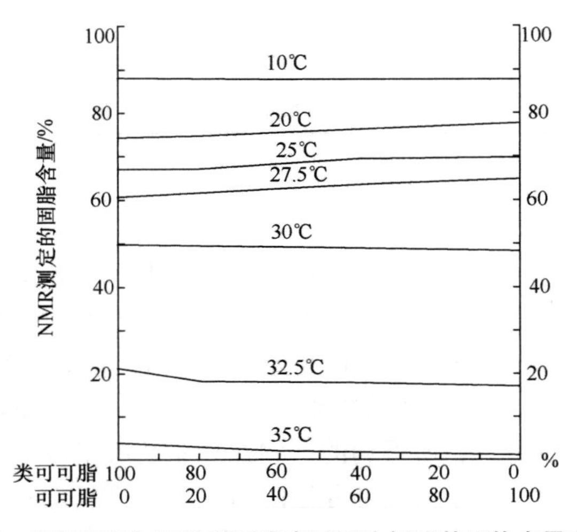

图5－30　类可可脂与天然可可脂在不同比例下其固体含量变化情况

在生产巧克力制品中，类可可脂的应用不受工艺技术的限制（二者的工艺技术相一致)。由类可可脂所制的巧克力，在黏度、硬度、脆性、膨胀收缩性、流动性和涂布性方面，达到了可以乱真的地步，尤其在30~35℃两者几乎完全一致（图5-31为类可可脂与天然可可脂在不同温度下固体脂肪指数的比较）。类可可脂巧克力的口味类似天然可可脂巧克力，口感同样香甜鲜美，无口糊感。因此，类可可脂在食品工业（特别是巧克力制品）中应用日益增加。

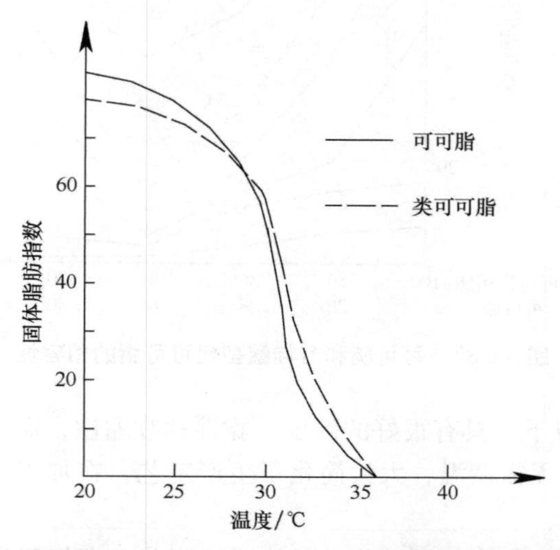

图5-31　类可可脂与天然可可脂在不同温度下固体脂肪指数的比较

（二）代可可脂

代可可脂（Cocoa Butter Substitute，CBS）能迅速熔化的人造硬脂。其脂肪酸及甘油三酯组成与天然可可脂完全不同，而在物理特性上，接近于天然可可脂。熔化曲线也与天然可可脂相似，在20℃时都很硬，到25~35℃都能迅速熔化。由于甘油三酯结构不同于天然可可脂，所以它们与天然可可脂的相溶性很差。代可可脂可采用不同类型的原料油脂进行加工制造。目前，常见的有以下两种类型：月桂酸型代可可脂和非月桂酸型代可可脂。

1. 月桂酸型代可可脂

这类代可可脂是利用月桂酸系列的油脂，如椰子油、棕榈仁油等，采用氢化、酯交换、分提等工艺过程制备而成的。月桂酸型代可可脂具有与天然可可脂相似的熔点、SFI曲线等物理特性，在品质上以经分提处理的为佳，如图5-32所示。由于其甘油三酯组成与天然可可脂完全不同，并且由于甘油三酯是由相当量的短碳链脂肪酸（如月桂酸）组成，因此这类代可可脂与天然可可脂的相溶性非常差，最多不超过6%（图5-33）。

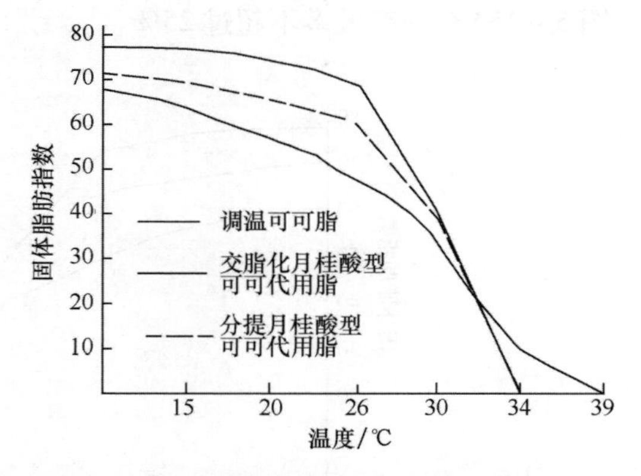

图5-32　可可脂和月桂酸型代可可脂的固体脂肪曲线

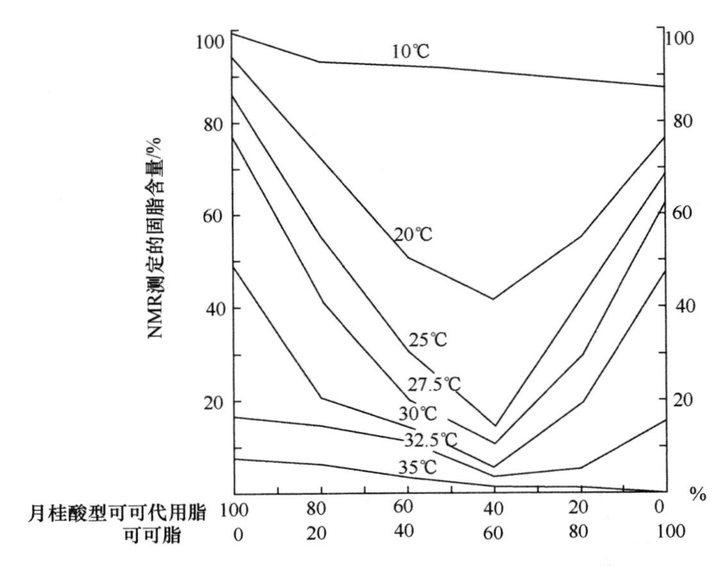

图5-33 可可脂和月桂酸型代可可脂的相容性

此类产品在20℃以下，具有很好的硬度、脆性和收缩性，而且具有良好的涂布性和口感。在制作巧克力时无需调温，大大简化了生产工艺。在加工过程中，结晶快；在冷却装置中，停留时间短。

但是，由于该产品由相当的短链脂肪酸构成，因此，在加工生产时必须防止水分等的污染，以免造成产品发生水解而产生皂味等刺激性气味。另外，若在天然可可脂中掺入的量过多，会造成巧克力硬度降低，产品易产生冒霜发花，味道清淡，熔点范围变宽，最终的巧克力有蜡状感等。

2. 非月桂酸型代可可脂

这类代可可脂主要利用非月桂酸类的液体油如大豆油、棉籽油、玉米油、菜籽油等采用氢化（深度或选择性）以及分提等工艺制备而成。它们也具有与天然可可脂相近似的熔点、SFI曲线等物理特性（图5-34）。在品质上也以经过分提处理后的较佳。但是由于此类产品的甘油三酯组成与天然可可脂完全不同，因此与天然可可脂的相溶性就较差（图5-35），一般最多不超过25%。

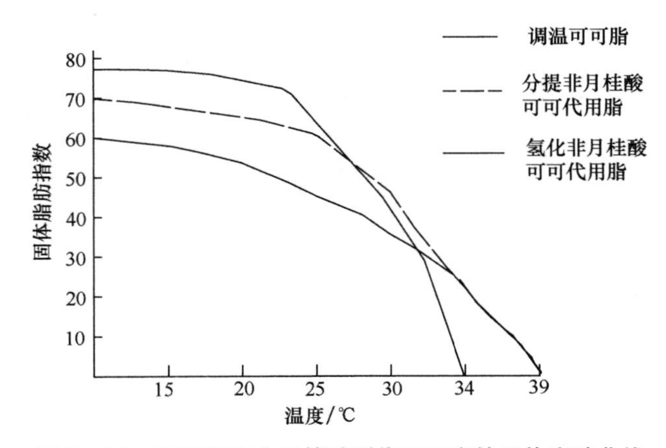

图5-34 可可脂和非月桂酸型代可可脂的固体脂肪曲线

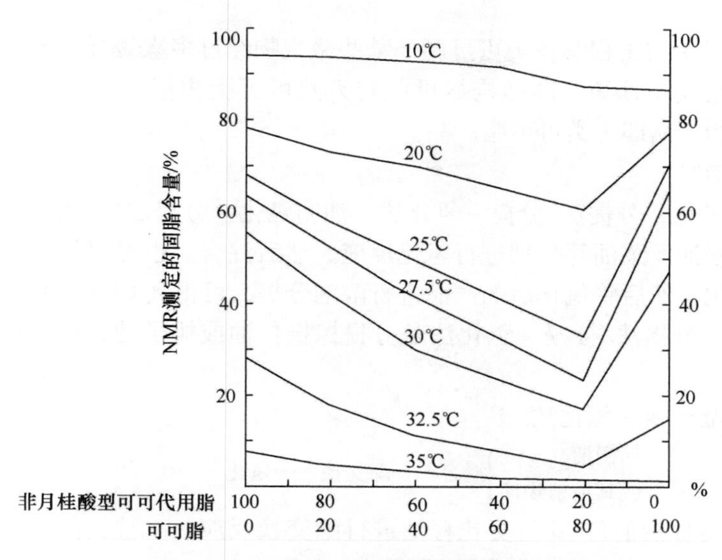

图5－35　可可脂和非月桂酸型代可可脂的相容性

非月桂酸型可可代用脂中对称型甘油三酯并不多，因此在巧克力糖果产品制造中可不经调温处理。非月桂酸型可可脂生产中也没有产生刺激性气味如皂味，和天然可可脂相溶性优于月桂酸型代可可脂，耐热性好。

因为非月桂酸型代可可脂熔点范围宽，口内熔化较慢，所以制成巧克力有蜡状感，结晶时收缩性小，脆性较差。

总之，无论是月桂酸型或非月桂酸型代可可脂，虽然都具有与天然可可脂很多物理特性方面的相似，但是其化学结构则相差很大，使代可可脂与天然可可脂相溶性差；从另一方面讲，由于代可可脂不存在同质多晶现象，也使之制备巧克力制品时，不需调温处理，从而简化了工艺过程。

近几年资料表明：类可可脂的价格约为天然可可脂的70%；代可可脂的价格约是天然可可脂的50%。

（三）可可脂替代品的生产技术

可可脂替代品可以通过氢化、分提、酯交换三大工艺来完成。

1. CBE的制取

CBE一般可以通过单一的分提、萃取工艺或者酶促酯交换工艺来制得。

（1）油脂溶剂分提法　油脂溶剂分提法把芒果油碱炼、脱色后，在精炼油中按丙酮比油为7∶1～9∶1的比例加入丙酮，稍加热使其溶解，接着将混合油冷却至10℃保持4h，使结晶析出。在真空下过滤出结晶固体，再用少量丙酮（10℃）洗涤滤出固体。此法是分别从固液两部分回收溶剂。此过程生产的固体部分可作类可可脂使用。

（2）酶促油脂改性技术　酶促油脂改性技术是将一定种类的油脂（如棕榈油的中间分提物等）加入一定量的酰基供体（如硬脂酸或其甲酯、甘油三酯等），加热溶解后，加入少量1，3－位专一性脂肪酶催化酯交换反应，得到的产物进行分离，其甘油三酯成分为类可可脂产品。

（3）利用微生物工程制备类可可脂　某些微生物经过多次诱导变异，使其体内合成油脂的脂肪酸组成及甘油三酯结构尽可能与天然可可脂相似，然后直接压榨或萃取菌体，得到的油脂产品即为类可可脂产品。

2. CBS 的制取

（1）油脂氢化 - 分提法/分提 - 氢化法　油脂氢化 - 分提法/分提 - 氢化法是将棕榈油、豆油、棉籽油及菜油等分别进行氢化反应，然后混合。也可以先将它们按一定比例混合后，再氢化。然后将氢化后的产品进行溶剂分提，可得到 CBS 产品。

油脂氢化 - 分提法/分提 - 氢化法是分提棕榈仁油或椰子油，然后进行氢化也可制得 CBS 产品。

（2）油脂酯交换 - 氢化法

棕榈油
或其他植物油 } 混合⟶酯交换⟶氢化⟶代可可脂

例如，30 份棕榈油与 70 份葵花籽油进行酯交换反应，水洗去除催化剂，脱色、脱臭制成酯交换油脂，将该油脂氢化后得到 CBS 产品。

（四）天然可可脂中 CBS、CBE 的检测技术

由于天然可可脂的价格比 CBS、CBE 高，而且在某些国家是法定不允许将 CBS、CBE 掺入天然可可脂中制造巧克力产品，因此，检测巧克力中的 CBS、CBE 的存在与含量是十分必要的。

天然可可脂中若掺有月桂酸类可可代用脂是比较容易检测出来的，可以依据皂化值（SV）、Reichert - Meissl 值、总脂肪酸组成、*sn* - 2 位脂肪酸组成的变化来判断，并可以定量分析出其掺入量的多少。天然可可脂中若掺有非月桂酸型代可可脂，其皂化值与 Reichert - Meissl 值的变化是不明显甚至是不存在的，因此，也就无法采用这种方法分辨出来。但是可以通过测定油脂的总脂肪酸以及 *sn* - 2 位脂肪酸组成与天然可可脂的差距情况来判断其中掺入量的多少；有时通过差示扫描量热法（DSC）、高压液相分析其甘油三酯成分等也可以定性地判别出天然可可脂中是否有 CBS 成分。

天然可可脂中掺入 CBE 的检测技术是一直困扰油脂科学界的难题，因为 CBE 与天然可可脂有着十分惊人的相似，包括油脂的总脂肪酸组成、*sn* - 2 位脂肪酸组成、甘油三酯结构与组成、SFI 曲线、冷却曲线以及一些理化指标等。所以，采用上述鉴别 CBS 的方法是不可能鉴别出 CBE 的存在。不过，Gegiou 等人于 1985 年公布了一种检测巧克力中 CBE 含量的技术。检测过程为：先将巧克力中的油脂提取出来并将其皂化，分离出不皂化物成分进行 GC - MS 分析。天然可可脂与 CBE 中的 4，4′ - 二甲基甾醇（又称三萜醇）的构成成分如 α - 香树素、β - 香树素、丁酰鲸鱼醇、羽扇醇等含量有较大差异，特别是 α - 香树素。例如荷兰生产的 Coberin 牌类可可脂中的 α - 香树素占 4，4′ - 二甲基甾醇总量的 48%；而在天然可可脂中却检测不出。因此，通过测定构成巧克力油脂不皂化物的 4，4′ - 二甲基甾醇中 α - 香树素的含量，可以定量分析出巧克力中的 CBE 含量。

三、 巧克力糖果的组成及生产

（一） 巧克力的基本组成

巧克力制品类型、品种和等级很多，不同巧克力制品的组成复杂而多变化，现只将几种常见巧克力基本组成列于表5－21、表5－22、表5－23中。

表5－21　深色巧克力基本组成　单位:%

原料组成	苦巧克力	半甜巧克力	甜巧克力	深色巧克力
可可液块	67～72	44～50	35～40	35～40
可可脂	—	10～12	14～16	16～18
砂糖	30～35	32～42	40～50	40～50
总脂肪量	35～38	33～35	34～36	36～38

表5－22　牛奶巧克力基本组成　单位:%

原料组成	中档	高档	涂层用
可可液块	10～12	11～13	10～12
可可脂	22～28	22～30	22～30
砂糖	43～55	40～45	44～48
乳固体	10～12	15～20	13～15
总脂肪	30～38	32～40	35～40

表5－23　特色巧克力基本组成　单位:%

原料组成	Ⅰ	Ⅱ	Ⅲ
可可液块	8～10	8～10	8～10
可可脂	26～32	26～32	26～32
砂糖	36～38	34～38	38～40
全脂乳粉	5～10	15～20	5～10
脱脂乳粉	15～20	5～10	15～20
橘子香精	适量		
红茶		适量	
咖啡浸膏（香油）			适量
卵磷脂	适量	适量	适量

从上述表中可以看出，巧克力中可可脂的含量为30%～40%（可可液块中可可脂含量为55%左右）。因此，巧克力也因其所含脂肪比例远远高于其他糖果而被称作多脂糖果（Fatty Candies）。

（二） 巧克力的生产工艺流程

巧克力的生产工艺流程如图5－36所示。

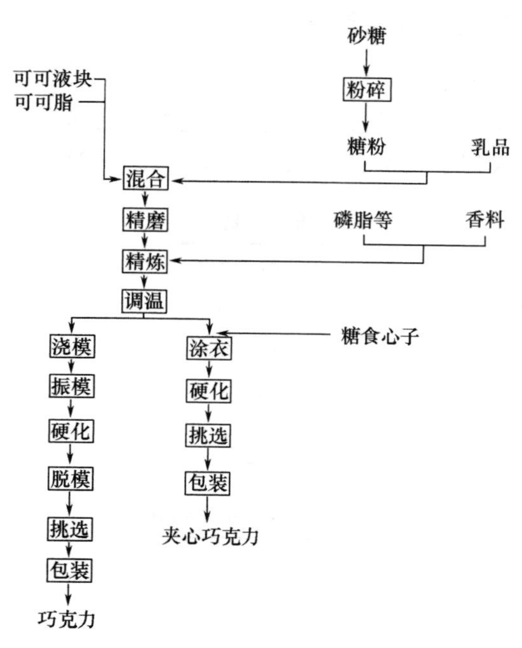

图5－36 巧克力的生产工艺流程

（三） CBS、 CBE在巧克力中的应用情况

丹麦、英国、爱尔兰等国家CBE可以合法取代天然可可脂总量的15%（即占巧克力总重约5%）而应用于巧克力制品中；在瑞士，CBE仅可以应用于糖果外衣（coating）制品中；但是在美国、日本、加拿大和其他部分欧洲国家对巧克力的定义非常严格；只有全部以天然可可脂制作的巧克力糖果产品才可以标示为“Chocolate”（巧克力）。而对于那些全部以CBE或大部分以CBE为原料所制得的较高级产品，则标示为“Supercoating”（高级涂层）或“Compoundcoating”（混合涂层）；至于以CBS为原料制成的产品，则仅能标示为“Confectionery”（糖果）。

（四） 各种油脂原料制成的巧克力糖果品质比较

以不同种类的油脂原料制成的巧克力糖果品质也有差异性，如表5－24所示。

表5－24 各类油脂制成巧克力糖果品质的比较

巧克力品质	油脂原料					
	天然可可脂	CBE	氢化的非月桂酸型代可可脂	分提的非月桂酸型代可可脂	酯交换的月桂酸型代可可脂	分提的月桂酸型代可可脂
风味	非常好	非常好	差	好	好	非常好
口感	非常好	非常好	差	可	好	非常好
组织	非常好	非常好	差	可	好	非常好

续表

巧克力品质	油脂原料					
	天然可可脂	CBE	氢化的非月桂酸型代可可脂	分提的非月桂酸型代可可脂	酯交换的月桂酸型代可可脂	分提的月桂酸型代可可脂
脱模性	非常好	非常好	差	好	好	非常好
光泽	非常好	非常好	可	好	好	好
氧化稳定性	非常好	好	好	好	非常好	非常好
需否调温	需	需	不需	不需	皆可	皆可
与天然可可脂相溶性		完全互溶	有限度	≤25%	≤6%	≤6%
价格		非常贵	便宜	中等	便宜	中等

天然可可脂制备的巧克力糖果的各项指标都是最佳的，CBE 是很优秀的可可脂替代品，CBS 相对来说也就差一些。

总之，巧克力糖果之所以好吃，是因为除了具有芳香浓郁的风味，还有清凉、入口即化的特殊食感。而这种食感是其中的 30% ~40% 的具有特殊结构油脂原料提供。因此，对巧克力糖果的生产者而言，所使用油脂的品质好坏将直接表现在其产品（巧克力等）的品质上。

巧克力糖果用油种类很多，每类油脂均有其特殊的物理化学性质。只有对其特殊性质有所了解，才有可能制造出品质良好的巧克力糖果。

第四节　煎炸油

煎炸食品在世界范围内深受人们喜爱。尽管证据显示在人类重新发明使用煎炸操作之前，其已经使用很长时间，但是煎炸这一食品加工方法首次使用的时间和地点是很难确定的。在煎炸过程中，食品如蔬菜、肉制品或水产品等直接与热油接触，食品表面产生金黄色至深棕色等色泽并产生喜爱的煎炸风味。

煎炸可以在家庭、餐馆以及大的工厂中进行，在家庭和餐馆中大多使用平锅煎炸或浅锅煎炸。在这一过程中在长柄平锅或煎炸平锅中加入薄层油，食品在这层油中完成煎炸操作。在餐馆中也使用批量煎炸，将食品在金属篮中再放入热油中，当煎炸完成将金属篮从热油中移走。大规模的快餐食品煎炸是在批量或连续煎炸的深度煎炸锅中进行的。在批量煎炸锅中，食品加入到大平底锅中，油在底部被加热或是通过外部加热器加热，后者油连续循环到煎炸锅中并通过搅拌装置进行搅拌，前者通常采用人工搅拌但是现代化釜中使用机械化搅拌。食品从油中移出并通过离心装置旋转移除表面多余油脂，然后进行调味、包装，从食品表面分离的油可以重复使用。

在连续煎炸中，食品从煎炸锅的一端进入煎炸锅进行煎炸，然后从另一端离开煎炸锅，食品在热油中浸没的时间取决煎炸食品的种类。煎炸油的加热方式与上述的批量煎炸相同有直接加热和间接加热两种。

上述过程生产的食品是完全煎炸并可以直接食用，另外煎炸方法广泛使用于煎炸工业中，即超越－煎炸（par－frying），食品在煎炸过程中部分脱水然后在－20℃温度下速冻，包装后的产品存储在20.6～23.3℃温度下，用冷冻车运输，保证食品在到达目的地时仍然处于冻结状态。食品从冰箱中取出应在没有熔化的情况下立即煎炸。常见的油炸（par－frying）食品有炸薯片、薯条、涂面包屑炸鸡、裹粉或不裹粉的蔬菜、奶酪夹心蔬菜、裹粉奶酪棒等。这些产品给餐馆和食品供应商提供了方便使煎炸过程简便、节省了预处理时间、节约成本。

包装材料和包装方法使煎炸工业化实现了可能，增加了产品的货架期，使其在几星期到几个月的时间内存储、分发、销售而新鲜程度不下降，这对包装的煎炸食品工业具有巨大的推进作用。

油脂在煎炸食品的储藏稳定性方面有重要作用，然而油脂也有氧化的趋势导致产品在储藏过程中产生腐臭气味。使用隔绝氧气、氮气及水分的包装材料对减少油脂的分解增加产品的货架期具有重要意义。

煎炸油应用于世界很多地方，多数时候煎炸油选用当地特殊油脂，随着油脂加工工业的发展煎炸油从毛油发展到精炼油脂。另外，近些年由于运输工具和储藏体系的发展大多数油脂在世界范围使用，消费者可以品尝到不同种类煎炸油生产出的煎炸食品。非本土油料作物在气候、土壤及所有农学条件适宜的地方广泛种植如油料种子、棕榈树等。

尽管不同种类的油脂在世界范围内流通，但是在煎炸食品用油中存在对某种特定油脂的地方性偏爱，例如在美国棉籽油被认为是炸薯片的黄金等级的煎炸油，这是因为在150年前薯片引入萨拉托加、纽约时棉籽油是美国主要的植物油。

同样，墨西哥消费者喜欢芝麻油或红花油做快餐的煎炸油，印度半岛的消费者喜爱花生油做快餐煎炸油，在所有油脂生产国都是偏爱当地原始油脂。在地方煎炸油的选择上，可用和供应充足具有重要作用。例如，墨西哥消费者接受了棕榈油做煎炸油由于其具有好的风味和味道，尽管他们喜爱红花油或芝麻油。这一现象产生的原因是芝麻油和红花油供应短缺以及价格昂贵，而且棕榈油可以在低成本的情况下生产出好的煎炸食品。

一、 煎炸油概述

（一） 油脂在煎炸中的应用

油脂对煎炸食品具有几方面重要作用，赋予煎炸食品消费者喜爱的风味和口感，包括以下几方面：质构、煎炸特有的风味、口感、余味。

正如前面所提到的，煎炸油在家庭、餐馆以及食品加工厂中广泛使用。家庭中的煎炸食品是在处理好后立即食用的，在餐馆中煎炸食品也是在处理好后几分钟的时间被消费。在餐馆或家庭中煎炸油能够提供好的风味和质构就能够被接受，而很少或几乎不考虑煎炸食品的货架期。然而，工业产品要包装、分发，然后销售，其中一些产品需要几星期或几个月才能分发销售，因此这些产品必须保持良好的风味和质构当消费者购买时才能被接受。用于工业煎炸的油脂必须具有良好的氧化稳定性和风味的稳定性才能使产品具有良好的货架期。

用于煎炸工业油脂的选择标准如下：①产品风味；②产品质构；③产品色泽；④产品口感；⑤产品留香；⑥产品货架期；⑦油脂可用性；⑧成本；⑨营养需求。

风味、香味和色泽是消费者选择煎炸食品的首要因素，接下来消费者通过质构、口感、余味来选择煎炸食品，因此上述表中的这五条是消费者接受煎炸食品的重要选择因素。

产品的货架期对于质量和经济是重要因素，所有的产品都要能够在数周或数月内分发及销售，而产品的风味和质构必须在到消费者手中时能够被接受。产品的质构在储藏过程中受吸收的水分影响，这可以通过初始的水分控制以及使用对水分具有良好隔绝作用的包装材料来控制。

油脂的质量及油脂的风味稳定性对煎炸产品储藏中的风味稳定性具有重要作用。

煎炸油的可用性和成本是重要的经济因素。甚至最适的煎炸油如果在大量的数量方面不满足条件那也是不能用于商业煎炸。多数快餐煎炸食品含油20%～40%，煎炸油成本对于工业化煎炸是非常重要的。

快餐食品中的油脂的营养价值变得很重要，为了达到消费者的需求，煎炸油必须满足以下条件：①低饱和脂肪酸；②低亚油酸；③高氧化稳定性和风味稳定性；④非氢化（反式脂肪酸）。

由于改性油脂在供应中是有限的，因此上述条件对于快餐行业是个挑战。

（二）煎炸过程

煎炸是一个复杂的过程，包括了热传递和质量传递，同时也发生了化学反应。在煎炸过程中，热油给被煎炸食品提供了热量，热量使食品内部的水分转变为水蒸气，水蒸气从食品外表面溢出脱离食品（如图5－37所示）。这就是在煎炸过程中可以看到食品表面有大量气泡的原因。气泡在食品加入到热油中的初期开始大量产生，并且直到食品中的水分降到很低才结束。

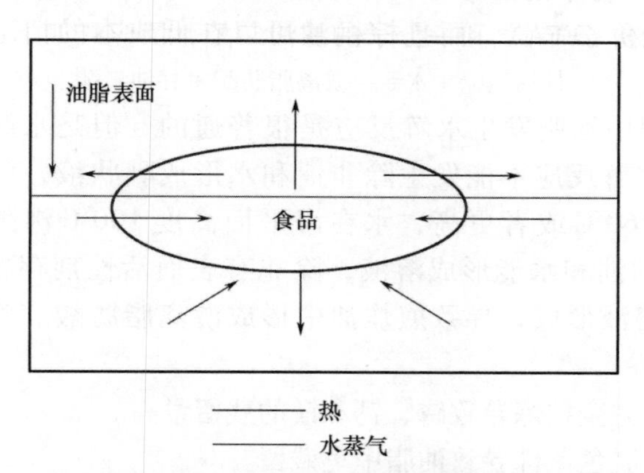

图5－37　煎炸过程中热量和质量转移示意图

食品在煎炸过程中被脱水，同时一些物理变化和化学反应在食品和煎炸油中产生，如下所述。

1. 食品发生的变化

（1）食品失去水分。

（2）食品表面产生深色（有时硬脆）。

（3）煎炸食品形成坚硬的质构（或脆度）。

（4）食品形成煎炸风味。

2. 油中发生的变化

（1）在煎炸食品过程中新鲜油脂发生了分解的过程。

（2）随着煎炸过程进行煎炸食品风味形成。

（3）伴随煎炸风味形成，煎炸油发生了如下化学反应：①水解；②自动氧化；③氧化聚合；④热聚合。

（4）煎炸锅中的煎炸油颜色变深　煎炸油质量和食品风味经历了一个适宜的阶段，之后煎炸油质量和产品风味都开始下降。上述所有的化学反应导致煎炸油分子结构发生变化，不饱和脂肪酸几乎都要受到影响，在煎炸过程中一些有利的和不需要的化合物在油中形成，其中有利的化合物有助于新鲜食品形成良好的风味，有时不需要的化合物也会影响食品的风味。在很多情况下，起初风味很好的煎炸食品在储藏过程中发生油脂的氧化以及产生腐臭气味，这是由于产品中的氧化油脂催化导致食品中的油脂进一步氧化，这种现象在煎炸过程中使用不合格煎炸油的情况下更加显著，当新鲜煎炸油的品质差时这种现象也更加显著，因此煎炸油的氧化稳定性对于包装的煎炸食品达到需要的货架期极其重要。

二、 煎炸过程中油脂发生的化学反应

前文中提到在煎炸过程中油脂发生一些化学反应，包括水解反应、自动氧化反应、氧化聚合反应以及热聚合反应。

（一） 水解反应

在这一过程中，一分子的油脂分子（甘油三酯）与一分子的水反应，释放一分子的脂肪酸，即游离脂肪酸（FFA）和一分子的甘油二酯，反应式如下：

$$\text{甘油三酯} + \text{水} = \text{游离脂肪酸} + \text{甘油二酯}$$

尽管在煎炸过程中油脂发生水解反应是很普通的，但是水解反应的发生必须有表面活性剂存在。水解反应不能发生除非油和水形成乳状液，油和水不相溶除非在高温高压条件下如260℃或者更高，水在海平面高度100℃沸腾，因此在煎炸温度149～213℃下很少的油和水能形成溶液，除非有表面活性剂存在。表面活性剂使得在煎炸过程中油水溶液形成，导致煎炸油中形成游离脂肪酸。煎炸过程中可能的表面活性剂来源包括：

（1）油脂由于不完全精炼导致磷、钙和镁的残留量高。

（2）差的水洗、脱色条件导致油脂中皂残留。

（3）精炼油中甘油二酯、单甘酯含量高。

（4）食品表面的裹粉含有磷酸钠盐或钙盐，这些离子与油中的脂肪酸反应形成皂，皂存在于油中使得油与水乳化从而促进水解反应的进行。

（5）煎炸锅清洗后没有充分用清水冲洗将导致煎炸锅中有皂残留。

（二） 自动氧化

在煎炸过程中，油脂将会发生氧化反应，脂肪酸的氧化在食品表面形成风味物质，对煎炸食品风味有重要贡献的主要是内酯和某些醛，这些物质大多来源于亚油酸的氧化。自动氧化是煎炸过程中发生的主要化学反应，并且在后面煎炸食品的储藏过程中也存在。

不饱和脂肪酸的自动氧化是由自由基引发的，自由基是不饱和脂肪酸暴露在氧气中在铁、镍、铜等金属离子的催化下产生的，脂肪酸分子一端是与甘油三酯分子连接或者是在煎炸过程中煎炸油水解产生的。自动氧化经过如下面所述几个阶段。

1. 阶段1：链引发

金属引发不饱和脂肪酸产生游离烷基自由基，自动氧化反应需要以下条件：

（1）有金属引发物（铁、镍、铜）与不饱和脂肪酸接触。

（2）通常加热可以加速自由基的形成和后面的反应。

（3）磷脂、单甘酯、甘油二酯能够降低油和空气之间的表面张力，在煎炸过程中增加油和氧气的接触，促进自动氧化进行。

（4）在煎炸过程中，钙、镁离子与游离脂肪酸形成的皂同样具有如同磷脂的上述作用，促进煎炸油的自动氧化进行。

2. 阶段2：与氧气反应

游离自由基与氧反应形成过氧自由基（烷氧自由基），在这个反应中氧气存在是必须的，因此当油脂储藏在真空下或者充氮时是不会发生氧化反应的。

3. 阶段3：链传播

在这一阶段，过氧自由基与一分子的不饱和脂肪酸反应，形成一分子的氢过氧化物，释放游离烷氧自由基与氧反应形成过氧自由基，当油中含有亚油酸时这一阶段变得迅速而且更加复杂。

氢过氧化物非常不稳定，分解产生醛、酮、烃、乙醇，而且当氧化反应继续进行时产生更多的产物。实际上，这些反应在油脂的储藏过程中继续进行，氧化反应使油脂产生氧化或者酸败气味。

4. 阶段4：链终止

游离自由基相互也能反应，这发生在体系中没有更多的不饱和脂肪酸存在或者体系中没有更多的氧气存在。

（三） 聚合反应

在煎炸过程中形成的聚合物有两种，包括：氧化聚合产物和热聚合产物。

1. 氧化聚合

氧化聚合产物是在自动氧化的链终止过程中形成，一个分子的甘油三酯在自动氧化过程中分解而甘油三酯部分在脱臭过程中不能去除，它们相互之间发生聚合反应形成二聚体、三聚体或者多聚物。这些氧化聚合物不能总是赋予新鲜煎炸食品风味，然而在产品生产出来后几天内可以察觉到产品的气味，而且可能在食品保质期内产生氧化或者酸败气味。

（1）氧化聚合物是强自由基，当煎炸食品在储藏过程中其发生分解。

（2）一些氧化聚合物分子可能比甘油三酯分子含有更多的氧，当这些氧化聚合物分解时产生游离自由基并且释放氧。

（3）游离自由基和释放的氧导致产品在储藏过程中继续发生氧化反应。

（4）这种现象在包装的煎炸食品中出现，甚至在用可以阻挡氮的包装内充氮也会出现。

（5）这个反应甚至在冻藏时也能发生。

（6）一些研究者称这个反应为隐藏氧化反应。

不正确的精炼过程甚至导致脱臭后的油脂中的自由基含量高，导致煎炸油在煎炸过程中迅速氧化。

2. 热聚合

油脂在加热过程中或氧不存在的情况下发生热聚合反应，热能够使油脂分子或脂肪酸发生断裂，这些断裂的化合物发生相互反应生成的大分子，就是热聚合物。在煎炸过程中持续的高温加热导致热聚合产物含量高。感官评定小组可以在新鲜产品中发现热聚合产物因为其导致煎炸食品产生苦味。

三、煎炸油品质及其影响因素

（一）新鲜煎炸油品质要求

基于上述讨论，煎炸油必须具备以下质量。

（1）氧化稳定性好。

（2）新鲜油中杂质含量低以阻止煎炸过程中的快速水解和氧化。

煎炸油的氧化稳定性主要取决于煎炸油中多不饱和脂肪酸的含量，包括亚油酸和亚麻酸。亚麻酸中含有三个不饱和双键最容易氧化，亚油酸比亚麻酸氧化反应活性低，随着油脂中双键的增加油脂的氧化速率比线性增加快，见表 5－25。

表 5－25　　脂肪酸氧化速率

脂肪酸	相对氧化速率	脂肪酸	相对氧化速率
硬脂酸	1	亚油酸	100
油酸	10	亚麻酸	150

为了提供油脂的最大氧化稳定性，油脂中的亚麻酸的含量必须低，这就是大豆油和卡诺拉油通过氢化将其中亚麻酸天然含量从 8% 降低到低于 2% 的原因。葵花籽油煎炸稳定性低的主要原因是由于其亚油酸含量高，如作为工业煎炸油，其必须经过氢化使其中的亚油酸降低到 35% 或者更低。表 5－26 分析了最常用于工业煎炸的煎炸油。

表 5－26　工业常用煎炸油分析

分析	部分氢化大豆油	部分氢化卡诺拉油	玉米油	棉籽油	部分氢化葵花籽油	棕榈油	煎炸起酥油
FFA/%	<0.05	<0.05	<0.05	<0.05	<0.05	<0.05	<0.05
PV/(meq/kg)	<1.0	<1.0	<1.0	<1.0	<1.0	<1.0	<1.0
IV/(gI/100g)	100(+/−4)	90(+/−2)	118～130	98～118	100(+/−4)	55～58	75～78
熔点/℉(Max)	75	70	–	–	70	75	105～109
AOM（最小量）/h	35	70	16	16	25	60	>100
FAC/%							
C_{14}	–	–	–	–	–	1.0～1.5	–
C_{16}	10	4	11	22	7	39～43	–
C_{18}	5	2	2	2	4	4～5	–
$C_{18:1}$	55	75	20	19	53	40～44	–
$C_{18:2}$	28	12	60	53	35	12～14	–
$C_{18:3}$	<1.5	<1.5	<1.0	<1.0	<1.0	<0.5	–
C_{20}	<1.0	<1.0	<1.0	<1.0	<1.0	<1.0	–
C_{22}	–	–	–	–	–	–	–
$C_{22:1}$	–	<0.5	–	–	–	–	–
反式脂肪酸/%	25	25	–	–	25	–	35
SFI							
50℉	<10	<10	–	–	<10	–	20～26
70℉	<1	<1	–	–	<1	–	18～24
82℉	–	–	–	–	–	–	14～18
92℉	–	–	–	–	–	–	12～16
104℉	–	–	–	–	–	–	4～8

注：FFA－游离脂肪酸；PV－过氧化值；IV－碘价；AOM－活性氧法；FAC－脂肪酸位置；SFI－固体脂肪指数（50℉＝10℃；70℉＝21.1℃；80℉＝26.7℃；92℉＝33.3℃；104℉＝40℃）

如前所述，亚油酸比亚麻酸稳定但远不如油酸稳定，因此，葵花籽油亚油酸含量为65%，不利于工业煎炸产品的货架期。然而液体棉籽油和玉米油适于工业煎炸，尽管其中的亚油酸含量超过50%。葵花籽油中的亚油酸含量比玉米油或者棉籽油高10%～12%，然而这并不能完全解释玉米油或者棉籽油比葵花籽油的氧化稳定性好，AOM值不能完全解释玉米油和棉籽油比葵花籽油有更高的煎炸稳定性。

（二）煎炸油品质的影响因素

表5－27列出了煎炸油必须具备的品质，从中可以看出油脂必须含有较低的游离脂肪酸、过氧化值、共轭二烯、茴香胺值、单甘酯、甘油二酯以及微量杂质如铁、磷、钙、镁。这些参数对煎炸油的品质均有重要影响，除此之外，油脂种子中存在的各种酶影响也较大。

表5－27　　　　新鲜煎炸油推荐物化性质参数

分析	需要值	最大值	AOCS方法
FFA/%	0.03	0.05	Ca 5a－40（97）
过氧化值（PV）/（meq/kg）	<0.5	1.0	Cd－8b－90（97）
茴香胺值（PAV）/AVU单位	<4.0	6.0	Cd－18－90（97）
共轭双烯/%	微量	<0.5	Th－1a－64（97）
极性物质/%	<2.0	<4.0	Cd－20－91（97）
聚合物/%	<0.5	<1.0	Cd－22－91（97）
磷/（mg/kg）	<0.5	<1.0	Ca－12b－92（97）
铁/（mg/kg）	<0.2	<0.5	Ca－17－01（01）
钙/（mg/kg）	<0.2	<0.5	Ca－17－01（01）
镁/（mg/kg）	<0.2	<0.5	Ca－17－01（01）
单甘酯/%	ND	微量	Cd－11b－91（97） Cd－11b－96（97）
甘油二酯/%	<0.5	<0.1	Cd－11b－91 Cd－11b－96
罗维朋红色			Cc－13b－45
大豆油	<1.0	<1.5	
卡诺拉油	<1.0	<1.5	
葵花籽油	<1.0	<1.5	
棉籽油	<3.0	<3.5	
玉米油	<3.0	<3.5	
棕榈油	<2.5	<3.0	
花生油	<1.5	<2.5	
烟点最小/℉	460	－	Cc－9a－43（97）
皂/（mg/kg）	－	0.0	Cc－17－95（97）
风味等级	8	－	Cg－2－83（97）
叶绿素/（μg/kg）	<30	<30	Cc－13d－55（97）

注：商业棕榈油可能含有5%～11%甘油二酯；商业棕榈油或棕榈液油烟点为420℉。

1．脂肪酶反应

在水分存在情况下，种子中的脂肪酶水解甘油三酯产生游离脂肪酸、甘油二酯甚至单甘酯，在油脂脱臭过程中可以去除大部分的单甘酯，但是大量的甘油二酯在脱臭后的油脂中仍然存在。正如前面所述，新鲜油脂中的甘油二酯浓度高则会加速煎炸过程中的水解反应。

2. 脂肪氧合酶反应

在上述条件下，在油料种子储藏过程中，脂肪氧合酶反应导致其中的不饱和脂肪酸氧化。其中存在不同类型的脂肪氧合酶，其中脂肪氧合酶Ⅱ和脂肪氧合酶Ⅳ比其他类型的脂肪氧合酶活性都高。

3. 磷脂酶－D 反应

当油料种子中的水分含量为 14% 或者更高，并且储藏在 45℃或者更高的温度下，此酶能将油料种子中的水合磷脂转变为非水合磷脂。降低油脂中的非水合磷脂需增加碱量或碱出来时间延长，这都将导致精炼油中甘油二酯含量的增加，导致精炼油的氧化稳定性降低。

四、 煎炸油稳定性强化

天然抗氧化剂与合成抗氧化剂一样能够增加食用油的氧化稳定性，大多数普通天然抗氧化剂是生育酚的混合物。油脂中含有生育酚，但不同油脂中生育酚的含量以及种类不同，在油料种子中含有的最普通的生育酚类型为 α、γ、δ－生育酚，这些化合物在油脂的加工、储藏、运输以及后面的煎炸过程中保护油脂不被氧化。生育酚在自动氧化反应中通过与游离自由基反应来终止游离自由基，这就是其被认为是游离自由基淬灭剂的原因。

如前文所述，诸多原因导致精炼油中含有的生育酚比期望值低。在此情况下，在油中添加 γ、δ－生育酚或 γ、δ－生育三烯酚可以显著提高油脂的氧化稳定性，但因其成本高，在商业上并没有实施。合成抗氧化剂的种类很多，如 BHA、PG、EDTA 等，TBHQ 是商业煎炸油中最常用的合成抗氧化剂。由于在煎炸过程中高温和搅动因素，TBHQ 大部分损失，因此有人认为在煎炸油中添加 TBHQ 是没有益处的。然而，不管 TBHQ 在煎炸锅中是否损失，由于在煎炸过程中使用的煎炸油中的游离自由基浓度低，最终产品在储藏和销售过程中保持了油脂良好的风味。很多国家规定了可以使用的抗氧化剂的种类并且规定了其在食品中的最大添加量，快餐公司必须根据当地的法规在食品中使用合成或天然抗氧化剂。

根据 USFDA（美国食品与药物管理局）的规定，如果脱臭之后在油脂添加生育酚和生育三烯酚或者合成抗氧化剂必须在标签中注明。煎炸外表坚硬的食品如炸薯条、酥炸鸡以及其他类似产品都需要使用起酥油。在美国，传统标准的煎炸起酥油是由氢化油制成的，鉴于目前人们对反式脂肪酸危害认识的加深，煎炸型起酥油很多采用酯交换技术生产。

第五节　其他食品专用油脂

一、 婴幼儿配方乳粉用油

婴幼儿是具有特殊营养需求的一类群体。一方面，新出生的婴幼儿由于自身代谢系统尚未完善，营养的摄入要求全面均衡，具有与成人不同的特点；另一方面，婴幼儿处于一生中生长和智力发育最为迅速的时期，并且在这一关键时期营养素摄入的数量和质量将对其未来形成重大影响，关键营养素的缺乏与不足，将造成终生无法挽回的伤害。

因此，考虑到婴儿的消化吸收特点和营养需要，母乳无疑是婴儿最理想的天然食品。WHO 提倡婴儿出生后母乳哺育至少 2 个月，以保证婴儿生长发育、提高免疫力和预防传染疾病。然而，由于工作状况、职业、疾病等方面的原因，母乳缺乏现象非常普遍。为了补充婴幼儿生长发育所必需的营养物质，婴儿配方食品逐渐得到开发。

婴儿配方食品的营养学和临床医学研究至今已有上百年的历史。最初只是简单地在牛乳中添加谷物、豆浆和蔗糖等以增加热量。1950 年儿科医生 HeinzLemke 将乳清粉加到牛乳中以调整乳清蛋白与酪蛋白的比例和增加乳糖，通过添加植物油提高不饱和脂肪酸的比例，形成了新一代以母乳为参照物的婴儿配方乳粉。进入 21 世纪以来，婴儿配方乳粉依然处于模仿母乳化阶段，以母乳为标准，在配方乳粉中添加乳清粉、水解蛋白、低聚糖、植物油、维生素、矿物质、牛磺酸、ARA 和 DHA 等，营养成分尽可能接近母乳。脂肪作为婴儿配方乳粉中的重要配料，也正经历着由脂肪酸组成接近到脂肪结构接近母乳，向无限趋近母乳的方向更进了一步。

（一） 脂肪与婴儿生长发育

脂肪为婴儿迅速生长提供能量，同时又是婴儿身体的重要组成部分。婴儿期（0～12 月龄）是人一生中生长发育最快的时期。一个出生时 50cm 的婴儿至 12 月龄时，身长增加至原身长的 1.5 倍，即 75cm。新生儿脑重约 370g，6 月时脑重达 600～700g。新生儿体内脂肪含量约 11%，4 月龄婴儿体内脂肪质量分数增加到 26%，12 月龄时体脂稍有下降，仍为 23.9%。按每 g 水重计算，婴儿期对能量的需要比成人多2～3倍，每增加 1g 体重需要 20kJ 的能量。婴儿期摄入能量的 15%～23% 用于机体的生长发育。中国营养学会推荐婴儿期前 6 个月脂肪供能比为 45%～50%，后 6 个月为 30%～40%。

亚油酸和亚麻酸是必需脂肪酸，在母乳中的含量较高，而在牛乳中含量较低。必需脂肪酸是儿童生长发育所必需的，对婴儿神经髓鞘的形成和脑的发育有极其重要的作用，并具有维持细胞膜的完整性，维护皮肤的屏障功能，而且有利于婴儿视力的发育。婴儿期是出生后脑发育最快的时期，也是神经髓鞘形成的关键时期，必需脂肪酸缺乏时，会出现大便次数增多、生长迟缓、皮肤损害、头发稀疏脱落等表现。DHA（二十二碳六烯酸）和 ARA（花生四烯酸）是婴儿大脑中枢神经和视网膜发育必不可少的重要物质。必需脂肪酸亚油酸和亚麻酸分别是 ARA 和 DHA 的前体，通过去饱和酶及链延长酶的作用，DHA 和 ARA 在人体内可以合成。孕妇在怀孕的最后 3 个月，这两种脂肪酸尤其是 DHA 大量沉积在胎儿的脑和视网膜上，而且其在脑和眼中的相对含量在出生后的几个月里还会继续增加，所以对处于视力发育和神经发育的婴儿格外重要。

（二） 母乳中脂肪的脂肪酸组成

表 5－28　母乳脂肪与牛乳脂肪的脂肪酸组成比较　单位:%（质量分数）

脂肪酸	母乳	牛乳
$C_{8:0}$	0.20±0.43	1.43±0.36
$C_{10:0}$	1.38±0.27	2.63±0.86
$C_{12:0}$	5.29±1.67	3.16±1.08

续表

脂肪酸	母乳	牛乳
$C_{14:0}$	4.45 ±1.64	11.31 ±2.74
$C_{16:0}$	17.62 ±1.96	28.79 ±3.34
$C_{18:0}$	4.26 ±0.74	11.68 ±1.18
总饱和脂肪酸	33.43 ±5.51	58.97 ±7.16
$C_{16:1}$	2.09 ±0.35	1.39 ±0.55
$C_{18:1}$	34.19 ±3.09	31.05 ±6.57
$C_{18:2}$	26.15 ±5.25	6.77 ±0.99
$C_{18:3}$	2.85 ±0.53	0.81 ±0.09
$C_{20:4}$	0.76 ±0.11	—
$C_{22:6}$	0.41 ±0.11	—
总不饱和脂肪酸	66.57 ±5.15	41.03 ±7.15

母乳中含有约4% ~4.5%的脂肪，其中98%是甘油三酯。母乳中脂肪酸的种类复杂，饱和脂肪酸包括中链、中长链及长链饱和脂肪酸，如月桂酸（5% ~7%）、棕榈酸（20% ~24%），硬脂酸（7.1% ~9%）；单不饱和脂肪酸包括油酸（31% ~38%）、棕榈油酸（2.5% ~3.8%）；*n* -3 多不饱和脂肪酸除含有 α - 亚麻酸外，还含有二十二碳六烯酸（DHA 0.3% ~1.9%）。

最初婴儿配方奶粉中的脂肪主要是全脂奶粉中的牛乳脂肪，但是牛乳脂肪中无论是脂肪酸组成还是脂肪结构，都与母乳脂肪有着显著的差异（见表5 -28）。牛乳脂肪中低碳链的饱和脂肪酸（C_4 ~ C_{10}）质量分数较高，而多不饱和脂肪酸如 $C_{18:2}$ 质量分数较低，其他的多不饱和脂肪酸 $C_{18:3}$、$C_{20:4}$ 和 $C_{22:6}$ 等几乎没有。另外，牛乳中的饱和脂肪酸主要集中在 *sn* -1，3 位上，而母乳中的饱和脂肪酸（主要是 $C_{16:0}$）则大部分在 *sn* -2 位上。

（三）婴儿配方乳粉中的油脂

如前所述，母乳脂肪中饱和脂肪酸（SFA）质量分数显著低于牛乳脂肪，不饱和脂肪酸（TUFA）和多不饱和脂肪酸（PUFA）质量分数显著高于牛乳脂肪。在婴儿配方奶粉中通过添加植物油能消除这些差异。目前．在国内婴儿配方乳粉中所含的油脂来源主要有：①使用单一品种的一级精炼植物油与牛乳脂肪混合；②使用的多种精炼植物油与牛乳脂肪混合；③全部采用植物油脂。涉及的植物油种类有：高油酸葵花籽油、低芥酸菜籽油、大豆油、棕榈油、棕榈仁油、椰子油、葵花籽油、红花油等多种油料（见表5 -29所示）。

表5 -29　婴儿配方乳粉常用植物油脂的脂肪酸组成　单位:%（质量分数）

	高油酸葵花籽油	低芥酸菜籽油	大豆油	棕榈油	棕榈仁油	椰子油	葵花籽油	红花油	玉米油
$C_{8:0}$	ND	ND	ND	ND	2.4 ~6.2	4.6 ~10.0	ND	ND	ND
$C_{10:0}$	ND	ND	ND	ND	2.6 ~5.0	5.0 ~8.0	ND	ND	ND

续表

	高油酸葵花籽油	低芥酸菜籽油	大豆油	棕榈油	棕榈仁油	椰子油	葵花籽油	红花油	玉米油
$C_{12:0}$	ND	ND	ND~0.1	ND~0.5	45.0~55.0	45.1~53.2	ND~0.1	ND	ND~0.3
$C_{14:0}$	ND~0.1	ND~0.2	ND~0.2	0.5~2.0	14.0~18.0	16.8~21.0	ND~0.2	ND~0.2	ND~0.3
$C_{16:0}$	2.6~5.0	2.5~7.0	8.0~13.5	39.3~47.5	6.5~10.0	7.5~10.2	5.0~7.6	5.3~8.0	8.6~16.5
$C_{16:1}$	ND~0.1	ND~0.6	ND~0.2	ND~0.6	ND~0.2	ND	ND~0.3	ND~0.2	ND~0.5
$C_{18:0}$	2.9~6.2	0.8~3.0	2.0~5.4	3.5~6.0	1.0~3.0	2.0~4.0	2.7~6.5	1.9~2.9	ND~3.3
$C_{18:1}$	75~90.7	51.0~70.0	17~30	36.0~44.0	12.0~19.0	5.0~10.0	14.0~39.4	8.4~21.3	20.0~42.2
$C_{18:2}$	2.1~17	15.0~30.0	48.0~59.0	9.0~12.0	1.0~3.5	1.0~2.5	48.3~74.0	67.8~83.2	34.0~65.6
$C_{18:3}$	ND~0.3	5.0~14.0	4.5~11.0	ND~0.5	ND~0.2	ND~0.2	ND~0.3	ND~0.1	ND~2.0

注：ND 为未检测到。

随着公众对婴儿食品健康、安全营养的关注度的提高，婴儿奶粉的生产对油脂原料也提出了更高的要求。为了保证最终乳粉产品的标准化，要求油脂企业供给的专用植物油中亚油酸、亚麻酸两种必需脂肪酸及其它一些脂肪酸所占总脂肪酸的比例在较窄的范围里。通常要求亚油酸的比例范围为“目标值 ±5% 目标值”，亚麻酸的比例范围为“目标值 ±15% 目标值”，对亚油酸和亚麻酸的配比也有严格的要求。单一油种都有具有各自特征的脂肪酸组成，如豆油有较高的亚油酸及亚麻酸含量，低芥酸菜籽油有较高的油酸和亚麻酸，高油酸葵花籽油的主要脂肪酸为油酸，它们的脂肪酸特征均可一定程度的满足配方乳粉的油脂原料要求，但往往单一油种却不能满足全部的脂肪酸要求，并且单一油种的脂肪酸组成总是有较宽的波动范围。所以婴儿配方乳粉专用植物油是通过检测几种原料油的脂肪酸组成，再计算合适的混合比例来实现严格的配比要求。配比根据每一批原料油的波动来调整。自然更精确。

（四）配方乳粉中油脂配料的发展趋势

母乳中甘油三酯的结构为 USU 型，饱和脂肪酸分布在 *sn* -2 位上，不饱和脂肪酸分布在 *sn* -1 和 *sn* -3 位上。植物油中的常见结构是 SUS 型，饱和脂肪酸分布在 *sn* -1，*sn* -3 位上，不饱和脂肪酸分布在 *sn* -2 位上。母乳中最重要的饱和脂肪酸 - 棕榈酸，大约 70% 酯化在甘油三酯分子 *sn* -2 位上，而植物油脂里的棕榈酸是连在 *sn* -1 或者 *sn* -3 位上，这种结构差异对婴幼儿的消化吸收以及新陈代谢有很大影响。容易造成能量流失、钙元素流失，婴儿容易便秘。而 USU 型甘油三酯可以在婴儿体内提高棕榈酸的吸收，增加钙的吸收、提高骨密度，软化婴儿粪便，减少上火等。因此早在 20 世纪 80 年代随着婴儿营养吸收研究的深入，关于棕榈酸主要位于 *sn* -2 位的结构油脂的制备研究已经展开，目前市场上已经出现含 OPO 油脂的配方奶粉，即甘油三酯结构母乳化配方奶粉。

中碳链脂肪酸酯（MCT），又叫新癸酸甘油酯（GTCC，Glyceryl Tricaprylate/Caprate），脂肪酸组成主要为 $C_{8:0}$ 和癸酸 $C_{10:0}$ 和少量的 $C_{6:0}$ 和 $C_{12:0}$。主要来源于椰子仁油、棕榈仁油。MCT 是通过化学方法获得的一种产品，辛酸、癸酸和甘油发生酯化反应，生成辛癸酸甘油酯。由于中碳链脂肪酸较多，MCT 可直接通过门静脉进入血液被吸收，作为能量补充剂食用。在婴儿配方乳粉中，由于MCT的快速产能，使得它能促进生长发育，尤其是对早产婴儿或者营养不良的幼儿有明显效果。

MCT具有极好的氧化稳定性、溶解性和乳化能力，相比天然动物油脂，MCT的脂肪酸链比较短，所以亲水性较高，可用于奶类制品、冷饮、豆奶、固体饮料和液体饮料，易被人体吸收，代谢快，供能迅速，脂肪不累积。与大豆磷脂合用，可使奶粉在冷水中迅速溶解。

此外，婴儿配方食品向更加营养健康、绿色天然以及方便使用的方向发展。例如，特种乳制品，主要以山羊奶、牦牛奶、水牛奶等配方乳粉为主，具有独特的蛋白质及脂肪特点；孕妇营养产品，使婴儿营养延伸到胎儿的阶段，孕期合理营养是胎儿正常发育的保证，营养不良对妊娠结局和母体健康都可产生不利影响；有机婴儿配方产品，从配料的源头做到纯天然高品质，保证产品的安全性及高品质；液态配方乳产品，为哺乳期的妈妈们解决了夜间喂奶、上班工作、外出等困扰。液态配方乳具有与配方乳粉、母乳都相接近的营养素配方，对蛋白、脂肪、矿物质、维生素等都进行了功能性强化。无需冲泡、加热、不加热都可直接饮用，方便外出携带。

二、 植脂鲜奶油

植脂鲜奶油最初是在第二次世界大战期间由美国维益食品有限公司发明并推向市场的，至今已经风靡世界70多年了。其英文名称是Non－Dairy Cream，意思是不含有乳的鲜奶油，故中文名字为植脂鲜奶油。植脂鲜奶油是以植物油脂为主要原料，糖、玉米糖浆、水和盐为辅料，添加乳化剂、增稠剂、品质改良剂、蛋白质、香精等，经乳化、均质和速冻等严格工艺而制作的涂饰和裱花的一种特殊奶油产品。使用时，将其搅打成乳白色膏状物。

植脂鲜奶油是一种多用途的产品，它除了能装饰生日蛋糕，还可广泛应用于烘焙产品中，如蛋糕夹层、蛋糕表面及各类蛋糕装饰裱花、奶油水果冻杯制作、水果奶油沙拉的制作、面包夹心和表面装饰裱花及鲜奶油派的制作等。通常鲜奶油中油脂约占25%～35%，水约占50%～70%。我国的植脂鲜奶油生产起步比较晚，20世纪90年代初，由香港、台湾将植脂鲜奶油传入内地。近十年来，我国食品工业发展迅速，特别是植脂鲜奶油有了长足的发展，但产品在应用上受地域的影响比较大，为了更好地发展植脂鲜奶油，有必要研究生产出适合不同地区、不同温度的通用型植脂鲜奶油产品。

（一） 植脂鲜奶油中油脂的种类与作用

植脂鲜奶油是水包油型乳状液，老化过程中油脂形成结晶。油脂结晶方式显著影响乳状液的去稳定。油脂组成影响固体脂肪含量，进而影响乳状液的稳定性。固体脂肪比例越高，从脂肪球中探伸出来的晶体数量越多，使乳状液更加不稳定。油脂直接影响着部分凝聚的效率，进一步影响着植脂鲜奶油的起泡性和泡沫的稳定性。除此之外，油脂还影响着植脂鲜奶油的黏度。

油脂的种类、熔点和成分对植脂鲜奶油的质构、感官特性和贮藏稳定性有重要作用。不饱和脂肪有使产品起泡性差、泡沫粗糙的缺点，主要使用饱和程度高的氢化植物油，油脂氢化的作用：①使液体油硬化具有一定的可塑性，以保证搅打起泡产品产生的泡沫硬挺、稳定；②减少油脂的不饱和程度；③降低油脂的色度，去除异味。作为植脂鲜奶油的原料，食用氢化油还必须具备一些特殊性能，常温下有可塑性，在体温下能迅速熔化，即口熔性好；不含高熔点成分，即在较高温度下固体脂肪指数的温度梯度较大。脂肪的熔点影响植脂鲜奶油的风味，熔点过高的脂肪有蜡质感。

植脂鲜奶油中适用的植物油脂有椰子油、棕榈油、棕榈仁油或这三种油脂的混合物。这些油脂通过精制或部分氢化达到27～35℃的熔点，使植脂鲜奶油具有与乳脂相似的质构特性。这三种植物油脂和乳脂一样，其饱和 C_{12}～C_{16}脂肪酸的含量相对较高。使用这几种油脂的植脂鲜奶油，大部分脂肪（90%）会在老化过程中结晶。

（二）植脂鲜奶油的生产工艺

植脂鲜奶油根据其配方的不同，有不同的制作工艺，但一般都有着共同性：具体工艺过程为：在蒸汽加温的罐内，熔化脂肪，加入HLB值低的亲油性乳化剂；在蒸汽加温的罐内将水加热，加入蛋白质、糖、稳定剂等辅料的混合物及HLB值高的乳化剂；将油相加入水相中，混合、搅拌、乳化；将乳化后的乳状液经均质、巴氏杀菌后去冷却结晶；将冷却结晶的产品经无菌包装后送入冷库贮藏（图5－38）。

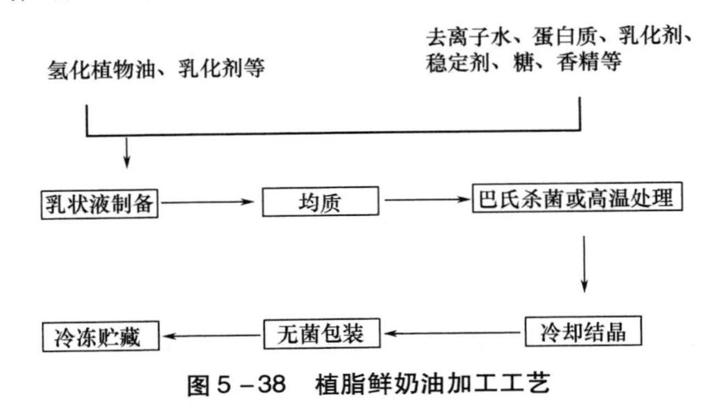

图5－38　植脂鲜奶油加工工艺

（三）植脂鲜奶油与动物奶油的区别

植脂鲜奶油与动物奶油的区别见表5－30。

表5－30　植脂鲜奶油与动物奶油的区别

区别	植脂鲜奶油	动物奶油
成分	20%植物脂肪和少量蛋白质，不含胆固醇	80%以上的动物脂肪，较高的胆固醇
营养价值	发热量低，营养、保健功能高	发热量高，长期食用易得动脉硬化、高血压、冠心病、肥胖症
价格	便宜	昂贵
功能特性	稳定性、发泡性、保型性、保存性好	稳定性、发泡性、保型性、保存性均不如植脂奶油
组织	均匀、细腻、松软有弹性	组织不均匀、不细腻、无弹性
口感	爽口清新、甜而不腻	入口太油腻
香味	加入牛乳香精提香	天然乳香味
颜色	洁白	淡黄色

三、 月饼用油脂

月饼作为我国传统烘烤食品，是古代祭月仪式的贡品之一，后来逐渐演变成为民间馈赠礼品。月饼属于东方食品中的瑰宝，始于唐盛于宋，苏东坡曾用“小饼如嚼月，中有酥如饴”赞誉月饼。现在，人们常把赏月与品尝月饼作为中秋节的象征，暗藏着家人团圆的美好寓意。按产地和特点，月饼可分为京式月饼、苏式月饼、广式月饼、徽式月饼，其中以广式月饼最受人们欢迎。广式月饼色泽金黄、纹缕清晰、油光闪闪、造型精制、不易破碎易于保藏。月饼经历了上千年历史的变化传承，正在被赋予更多的时尚气息与健康元素。科学的发展和工艺技术的进步将更多的食品资源应用到月饼生产中，特别是焙烤新的专用原料、新的加工工艺、新设备、新的保鲜技术和良好操作规范的推广应用，使得月饼在口味、品种、包装样式及保质期等方面都有很大创新发展。

（一） 月饼的烘焙制作

我国的发酵技术起步较早，可以认为月饼的形成起源于发酵。从利用发酵技术制作可蒸可烤的馒头、包子、烧饼（大饼），发展到利用水油“不合”分层，制作成“酥”化的面团，再加入各种馅心，经过烘焙后成为月饼。

月饼是由皮和馅构成。主要原料为小麦粉、食用油（植物油或猪油）、饴糖或糖浆以及名目繁多的馅料。一般包括酥皮、包馅、成型、盖印、烘焙等制作工艺。

过去月饼的烘焙手段极其简单。随着科学技术的进步，烘焙设备发生根本性改变。现代月饼烘焙设备有抽屉式烤箱、通道式烤箱等多种型式，采用电作为热源，调温、控温也向自动化方向发展，产品的产量和质量有了很大的提高。流派的纷呈和工艺的进步为月饼行业产业化打下坚实的基础。

（二） 月饼常用油脂及问题

油脂作为月饼制作的重要原料之一，具有不可或缺的功能特性。油脂在月饼制作中具有润滑作用，会在面筋与淀粉界面上形成润滑膜，利于面筋网络的延伸，增大产品体积。油脂提供了月饼起酥性，油脂覆盖于面粉的周围，由于其疏水性限制了面筋蛋白质吸水，并产生隔离作用，使已形成的面筋不能相互粘合形成大的面筋网络。同时使淀粉与面筋结合困难，降低了面团的弹性和韧性，使月饼表皮松软。油脂的使用还能改善月饼的质构适口性、风味及增加光泽。

通常消费者鉴别品质上乘的月饼都可以做到一目了然。广式月饼达到“皮薄馅亮，油水充足，味道甘美”，就誉为是“香远溢清”的佳品。然而在月饼生产与销售过程中，因油脂选用产生的问题，不能适应月饼的生产工艺特性与月饼的品质特色，势必会造成在月饼品质质量上大打折扣。

常见的现象是，月饼皮方面：用花生油制成的月饼皮子发硬，呈脆性，口感差，包上馅后皮裂露馅，压进模内不易脱模；月饼馅方面：馅心质地粗糙，粘牙，易变质，丧失食用价值。针对上述月饼的主要问题，月饼专用油脂得到大力开发。

（三）月饼专用油脂开发

1. 月饼皮料专用油

月饼皮用油在业内各公司及制造商中，大体上是沿用花生油作为主要原料。但花生油制成的月饼皮容易发硬。在面团和好后稍加静置就呈脆性，月饼皮延展性差，容易在月饼成型过程中发生露馅和粘连模型。

现在很多厂商选用新鲜的植物性油脂，通过特定的加工工序开发出专用的月饼皮油脂，这些月饼皮专用油不仅可以避免花生油的这些缺陷，还可以带来独特的芳香味。

2. 月饼馅芯专用油

月饼馅芯中的油脂，传统用的是猪油，虽然口感好，但保存稳定性差，易变质。目前有些厂商使用人造奶油或起酥油来代替，保存性能虽好，但普遍感到馅心容易变硬，有粒质粗糙感，有的更会产生一种不愉快的气味，使产品档改受到损害。还有一些厂商选用新鲜的植物性油脂，通过特定加工工序制成月饼馅心专用油脂。这些专用油脂不仅具有稳定性好，品质好，保质期长，易操作的优点，而且常具有宜人的香味。

四、 速冻食品用油脂

所谓速冻食品是指食品经过 -30℃ 以下的低温处理，在 30min 内迅速通过 -11 ~ -1℃的最大冰结晶带，食品内 80% 以上的水分变成粒度小于 100μm 冰结晶，且食品的中心温度在 -18℃以下，通过这种工艺得到的冷冻食品。

随着人们生活水平的提高和家庭冰箱的普及，速冻食品在市场上迅速兴起。因其卫生、方便和富有营养，深受人们青睐。同时速冻食品便于工业化生产，市场潜力大，普遍被厂家商家所接受。由于食品速冻技术能最大限度地保持天然食品原有的新鲜程度、色泽风味、营养成分、外观品质与内在质地，是目前公认的最佳食品贮藏技术。食品速冻保鲜加工能降低食品基质中的水分活性，抑制微生物和酶的活性，降低各种化学、生物化学反应的速率，减缓食品的腐烂变质速度，大大延长了食品贮藏保质期。我国的速冻食品起步于 20 世纪 70 年代开发在 80 年代兴起则在 90 年代。当前，国内外市场上出现的速冻食品专用油脂主要用于冷冻调理食品类，如速冻饺子、速冻汤圆、速冻馒头、速冻粽子等。

（一）速冻食品油脂的种类和作用

速冻食品专用油是一类风味类食品用油。外观呈鲜明的淡黄色或白色可塑性固体，其质地均匀细腻、风味良好、无霉变、无杂质。此外速冻食品专用油黏度较大、稳定性较好，可改变速冻食品的结构组织和光泽、改善风味及口感、增强食品营养性等。目前市面上的速冻食品专用油脂主要以通用型人造奶油、起酥油为主。油脂加工企业生产的大都是氢化棕榈油系列的速冻油脂。经熬制的猪油风味好、硬度低，在实际生产中，有很大比例的猪油取代了人造奶油和起酥油而用于速冻食品的制作。

速冻食品专用油脂常用于冷冻面团，作为冷冻面团的配方成分对其产品品质以及储藏稳定性具有重要的作用。由于油脂的疏水性，在面团调制时，可阻止蛋白质的吸水、抑制面筋形成、降低面团的内聚力，使面团酥软、弹性降低、可塑性增强，延缓了冷冻面团的老化，从而对最终产品的质构和品质有起酥或软化的作用。此外，速冻食品专用油脂对冷冻面团焙烤制品的风味、口感、贮存性等也有重要影响。

（二）速冻食品用油存在的问题

我国还没有速冻食品专用油脂的行业标准；产品的结构单调、品种单一、质量良莠不齐、总体水平不高，缺乏个性化、特色化、功能化等真正意义上的专用油脂产品；所采用的猪油加工工艺简易，猪油存在晶粒粗大，产品质量品质较差等问题；氢化植物油营养性、风味性不佳，而且硬度较高会影响口感等。针对以上问题，速冻专用油脂的研究方向应具有针对性，要求产品具有较高的熔点以及良好的稳定性和持水性使其能在营养的基础上最大限度的满足不同客户群体的个性化需求。已有研究表明，氢化植物油和动物油脂（猪油等）按一定比例复配，通过添加水和乳化剂形成类似于人造奶油的油水乳化体系可作为速冻油脂，这样形成的油脂不仅有一定的硬度，同时咀嚼起来无不适的感觉。考虑到氢化油脂在营养方面的局限性，可以采用酯交换技术来生产速冻油脂，但大规模生产的工艺技术还有待油脂工作者的研发。

五、冰淇淋用油脂

冰淇淋是以饮用水、乳品、甜味料、食用油脂为主要原料，加入适当的调味剂、着色剂、乳化剂、增稠剂等食品添加剂，经过混合、杀菌、均质、老化、凝冻工艺，或进行成型灌注，硬化包装等加工而成的体积膨胀的冷冻饮品。

对于冰淇淋用油，在许多国家只允许使用乳脂肪。来源于全脂牛乳、鲜奶油以及奶油的乳制品的乳脂肪是冰淇淋原料中最为昂贵的成分，其使用量受到限制。在我国和世界上许多国家使用较多的植物脂肪来取代乳脂肪，一般说来有人造奶油、起酥油、氢化油、棕榈油、椰子油等熔点在28～32℃的油脂。冰淇淋中油脂的添加量在6%～14%最为适宜。

（一）冰淇淋油脂的种类和来源

（1）鲜奶油　鲜奶油可以根据脂肪球和脂肪乳的相对密度差，采用离心分离法从牛乳中提取。其脂肪含量变化范围在10%～80%，相对密度在0.947～1.017。

（2）奶油　奶油源自牛乳制成的凝固脂肪，约含15%的脱脂乳，为均匀分布的微细分子相对密度在0.865～0.870。在采用奶油制备冰淇淋混合料工艺操作时必须采用较高的温度和较低的均质压力而且以采用未添加盐的奶油为佳。

（3）氢化硬脂　在冰淇淋生产中选用的氢化硬脂，应根据工艺要求的物理特性进行选择性氢化。其通用的规格为：含水量≤0.1%；酸值≤0.1%；重金属含量5mg/kg；过氧化值不超过1meq/kg；AOM值不低于200h。氢化植物硬脂的熔点可根据工艺加工需要而定，随熔点变化碘价和皂化价也相应在一定范围内变动。

（4）起酥油　起酥油具有较好的抗融性，其主要组成为：脂肪质量分数≥99.9%；水分质量分数≤0.10%；游离脂肪酸质量分数≤0.10%。

除此之外冰淇淋生产还可用椰子油、棕榈油、棕榈仁油及其氢化物。人造奶油也是制作冰淇淋的常用油脂。

（5）脂肪替代品　由于脂肪过量摄取对健康的危害，为满足消费者对低脂食品的需求，脂肪代用品已经应用于冰淇淋的生产，如美国国立淀粉与化学合作公司生产的N-oil，荷兰Avebe公司的Paselli AS-2，丹麦Danish糖业加工厂的Nutrio P-Fibre等糖类脂肪代用品。蛋白质类脂肪代用品都是从天然蛋白质原料分离制得，呈分散体系和未聚集状的蛋白质微粒分子。市面上有Simplese、Trailbazer和LITA等产品。近年来美国陆续开发出一些低热无热脂肪酸酯型代脂产品，已上市的有Salatrium、Caprenin和Olestra等产品。Olestra是一种脂肪酸酯型代脂品，属混合蔗糖多酯类产品，是在催化条件下使脂肪酸与蔗糖上的羟基发生酯化反应，在蔗糖的8个羟基上接上6~8个脂肪酸所得到的混合多酯化合物，所用的脂肪酸可以是饱和的，也可以是不饱和的链长10~20个碳或更长的脂肪酸。Olestra的理化特性和在食品中所起的作用与普通油脂一样，可应用于各种食品。

（二）油脂在冰淇淋中的作用

油脂对冰淇淋有很重要的作用，归纳如下。

（1）为冰淇淋提供丰富的营养及热能，因为油脂中含有多种脂肪酸、脂溶性维生素及胆固醇。

（2）影响冰淇淋的组织结构，由于脂肪形成网状结构，可使冰淇淋组织更细腻，结构更紧密。

（3）冰淇淋风味的主要来源，由于油脂中含有许多种风味物质，如脂肪酸、内酯羟基化合物等，通过与冰淇淋中蛋白质及其他原料作用，使冰淇淋风味更具独特性。

（4）增加冰淇淋的抗融性，在冰淇淋成分中，水所占比例相当大，它的许多物性对冰淇淋质量影响也大，一般油脂熔点在14~50℃，而冰的熔点为0℃，因此适当添加油脂可以增加冰淇淋的抗熔性，延长冰淇淋的货架寿命。

六、休闲食品用油脂

休闲食品在中国始于20世纪80年代中期，早期代表商品是西安市“太阳锅巴”，90年代初，随着大量台商在内地投资办厂，以台湾风味为代表的厂商在大陆推出了系列膨化食品，休闲食品开始风靡市场。目前我国休闲食品生产企业仅从所采用的油脂来说基本上都是普通的植物油或通用型工业奶油，无论在提高产品的营养或改善口感上均难以有所提升。休闲食品工业对专用油脂的需求已愈显突出。

油脂在煎炸休闲食品中的基本功能是提供一种传热介质，同时赋予成品风味和所需食用品质。作为浆料和喷涂用途的油脂是无需经受高温煎炸的。尽管如此，它仍需具有高度的稳定性。在煎炸过程中油的抗氧化性和抗水解性对其功能性极其重要，并将有助于高质量休闲食品的生产。为了使煎炸油脂获得尽可能好的性能，诸如油的周转率和煎炸锅的设计等都是需要认真考虑的。正确的维护和保养油的运输、储存设备及煎炸系统也是生产高质量休闲食品所必须的。

对于油脂类型的选择，则要看所生产休闲食品的种类；同时，还需特别注意所需的食用品质。如液态油可生产出表面较油的薯条，小生产商生产的薯条往往代表了地区性的偏好。油脂在休闲食品中可提供丰富多样的食用品质。

1. 油炸土豆片用油

土豆片、土豆膨化制品（用挤压土豆粉糊制备）、玉米筒（用挤压玉米粉糊制备）和相似产品通常消费周期为4～6周。由于煎炸这类食品的煎炸油不强调氧化稳定性，可用棉籽油、玉米油、花生油、葵花籽油、棕榈油、轻度加氢大豆油（碘价105～110gI/100g）、15%～25%棉籽油与75%～85%氢化豆油（碘价105～110gI/100g）混合油来煎炸。美国人最喜欢用棉籽油煎炸，因为炸后食品的外表有光泽。如用碘价70～75gI/100g的部分加氢油煎炸将获得表面干燥的食品。由于豆油最便宜，所以氢化豆油用的最多。

油炸土豆片吸油率为32%～45%。煎炸油的FFA最大为0.5%。油炸土豆片的色泽取决于土豆片的含糖量，含糖量低的色浅。含糖量太高的土豆片需要水洗到较低的含糖量水平方可油炸。含水6%～10%的土豆片，用含水0.5%～0.75%的煎炸油油炸，可获得色浅的油炸土豆片。用来煎炸土豆片的煎炸油不能含硅酮，不然将影响油炸产品品质（不松脆）。

罐装油炸土豆片常用碘价70～75gI/100g的氢化棉籽油油炸。有时用氢化花生油油炸，因为这类产品货架寿命要求较长。油炸漂白的法式土豆制品用氢化大豆油、氢化棉籽油、牛脂或棕榈油作煎炸油。

2. 油炸玉米片用油

常用氢化椰子油（IVI）油炸快餐食品，因为产品很稳定，不需要加抗氧化剂。玉米片以及墨西哥人用来代替面包的未经发酵的玉米饼常用棉籽油煎炸，产品有强烈的风味。

3. 膨化食品用油

如爆玉米筒，可用氢化型人造奶油。爆米花可用部分氢化豆油或椰子油。预先涂在爆玉米花玉米粒外面的一层油，主要是用天然的椰子油（熔点为24.5℃）或棕榈油，油中常添加了大量热稳定性β-胡萝卜素。这层油有利于提高玉米粒的爆破程度，并改善玉米花的色泽。

4. 油炸坚果仁用脂

不能用椰子油来油炸坚果仁，因为椰子油的脂肪酸链较短，黏度低，使油炸果仁不脆。所以常用非月桂酸来油脂来油炸坚果仁。

思考题

1. 人造奶油、起酥油的定义、加工工艺及装备？
2. 可可脂替代品的分类及应用？
3. 煎炸油品质要求及其影响因素？

第六章

食品专用油脂产品的检测与分析

本章知识点

了解食品专用油脂产品检测与分析过程中所涉及的常规特征值分析、分子组成分析、结晶行为分析、热行为分析及机械物性分析方法。

第一节 常规特征值分析

油脂的特征值分析又称“油脂经典分析”。20世纪中期以后，随着仪器科学的进步，油脂分析方法发展迅速。相对经典分析方法而言，现代分析方法兼具精确、快速和信息量大的优点，因此对经典分析方法形成了强劲的冲击，然而时至今日，油脂现代分析并未完全取代经典分析，两者在油脂领域具有同样的重要性。食品专用油脂产品常用的油脂特征值定义见表6-1。

表6-1 食品专用油脂中常用的油脂特征值的定义

特征值	定义
酸值（acid value）	中和1g油脂中游离脂肪酸所需的氢氧化钾的质量（mg）
碘价（iodine value）	100g油脂所能加成碘的质量（g）
过氧化值（peroxide value）	1kg油脂中所含过氧化物的毫克当量数

一、酸值

油脂中的脂肪酸和甘油酯均能与碱发生反应，酸碱反应称为中和，酯碱反应称为皂化，二者反应均生成脂肪酸盐。酸碱中和反应如式（6-1）所示。

$$RCOOH + NaOH \longrightarrow RCOONa + H_2O \qquad (6-1)$$

酸值测定正是基于此酸碱中和反应而进行的。

通过测定酸值（AV）可以得知油脂中游离脂肪酸（FFA）的含量，两者关系如式

（6－2）所示。

$$FFA(\%)=\frac{M\times AV}{56.108\times 1000}\times 100=\frac{M}{561.08}\times AV \tag{6-2}$$

式中　M——FFA 的分子质量。

油脂大多数以 18 碳酸为主，则有式（6－3）。

$$FFA(\%)=\frac{1}{2}AV \tag{6-3}$$

测定油脂的酸值主要采用滴定法，但是对于某些颜色较深的油脂试样，滴定终点难以判定，可采用电位滴定法。AV 的单位表示为：mgKOH/g 油或 KOHmg/g 油。

二、碘价

碘价（IV）反应油脂的不饱和程度，其重要性不亚于现代的 GC 分析。碘价的测定是基于与过量卤素加成（韦氏法 Wijis 是用 ICl，Hanus 法是用 IBr）多余的 ICl 或 IBr 与 KI 反应后成 I_2，I_2再用 $Na_2S_2O_3$标准溶液滴定至终点，反应过程如式（6－4）、式（6－5）、式（6－6）所示。

$$ICl(IBr)+R_1-CH{=}CH-R_2\longrightarrow R_1-CHI-CHCl(Br)-R_2 \tag{6-4}$$

$$ICl(IBr)+2KI\longrightarrow KCl(Br)+KI+I_2 \tag{6-5}$$

$$I_2+2Na_2S_2O_3\longrightarrow 2NaI+Na_2S_4O_6 \tag{6-6}$$

碘价测定受杂质含量、非甘油脂肪酸酯成分及碘液的可靠性影响大，以韦氏法测定时共轭双键不能完全反应，所得 IV 有偏低的可能。

三、过氧化值

过氧化值（PV）代表油脂中所含氢过氧化物的量，氢过氧化物是油脂氧化过程中生成的不稳定中间产物，因此通过检测油脂的过氧化值即可评估油脂的氧化程度。

过氧化值的单位表示为 mmol/kg。

过氧化值的检测原理如式（6－7）所示：

$$ROOH+2CH_3COOH+2KI\longrightarrow ROH+2CH_3COOK+I_2+H_2O \tag{6-7}$$

$$I_2+2Na_2S_2O_3\longrightarrow Na_2S_4O_6+2NaI \tag{6-8}$$

过氧化值（PV）按式（6－9）计算：

$$PV=\frac{1000\times(V-V_0)\times c}{2m} \tag{6-9}$$

式中　PV——过氧化值，mmol/kg；

V——试样所消耗的硫代硫酸钠标准溶液的体积，mL；

V_0——空白试验所消耗的硫代硫酸钠标准溶液的体积，mL；

c——所用硫代硫酸钠标准溶液的准确浓度，mol/L；

m——试样的质量，g。

两次试验结果允许误差不超过 0.2，求其平均数，即为测定结果，测定结果取小数点后一位。

四、熔点

油脂的熔点是指油脂由固态转变为液态时的温度，也就是油脂固态和液态的蒸汽压相等时的温度。测定方法：在特定条件下，将含有凝固脂肪柱的毛细管浸入一定深度的水中，按一定速率加热，观察毛细玻璃管内脂肪柱开始上升时的温度，该温度即为油脂熔点，取三次测定的平均值即为该油脂的熔点。

五、膨胀值和固体脂肪含量

膨胀值是指一定温度下油脂熔化膨胀变化，常以 mL/kg 或 μL/g 表示，有时也用 25g 油脂的熔化膨胀表示，即 μL/25g。测定膨胀值的方法有 IUPAC 法和 AOCS 法，两种方法所用的膨胀计以及测定步骤、计算方法、表示方法均有所不同。

膨胀值的大小反映塑性脂肪中固、液两相的比例，与形成的晶型也有很大关系。塑性脂肪要求呈 β' 结晶，因此在测定过程中要求 0℃下保持 1.5h，在每个温度下至少要稳定 0.5h。对于可可脂类硬脂，结晶要求呈 β 型，因此要求在 26℃下稳定 40h，保证晶型转化完全。

膨胀值以 IUPAC 法测定，常以 D_t 表示，以 AOCS 法测定，常以 SFI 表示。膨胀值的大小均是由总膨胀减去热膨胀进行计算。IUPAC 法测定膨胀值的公式为式（6－10）。

$$D_t = \frac{A_{60} - A_t - W_t}{m} - V_t \quad (6-10)$$

其中 A_{60}—— 60℃时膨胀计读数；

A_t——t℃时膨胀计读数；

W_t——t℃时水及玻璃的膨胀校正值，可由表查出；

m——油脂的质量；

V_t——t～60℃油脂的热膨胀，可由式（6－11）计算：

$$V_t = \frac{1}{25}\int_t^{60}(20.5 + 0.02t)\,dt \quad (6-11)$$

也可由表 6－2 查得。

表 6－2　V_t 数值表

温度/℃	V_t/（μL/g）	温度/℃	V_t/（μL/g）	温度/℃	V_t/（μL/g）
0	50.6	25	29.9	45	13.0
10	42.4	30	25.7	50	8.6
15	38.3	35	21.5	55	4.3
20	34.1	40	17.2	60	0

AOCS 标准方法 SFI 值计算与上述公式类似，但处理方法有所不同。

固体脂肪含量（SFC）是可可脂、人造奶油、起酥油、奶油等非常规测量项目，是反映脂肪在不同温度下的熔融以及硬度的性质指标，对脂肪口感、涂抹性能有显著影响。SFC 取决于脂肪的晶体类型及加工条件等因素，对温度尤其敏感，与结晶速率或预热过程有很大关系。

SFC 最初是采用膨胀计测定（AOCS cd10－57），这个由经验公式得到的 D_t 或 SFI 只是一个指数，并不是塑性脂肪中固体脂肪的含量，同时测定过程繁杂且对操作人员的技术要求很高。根据 D_t 值可由式（6－12）计算固体脂肪含量：

$$固体脂(\%)=\frac{100D_t}{D_{S0}+\alpha t} \tag{6-12}$$

式中　D_{S0}——0℃时总熔化膨胀值，油脂不同，D_{S0}也不同，一般在50～90μL/g，对于人造奶油或起酥油，通常D_{S0}为65；

α——固液两相的热膨胀斜率之差，为0.44μL/（g·℃）；

t——测量时的温度，℃。

在一定范围内膨胀值与SFC的测定结果近似呈现线性关系，当固体脂肪含量超过60%后，则这种关系误差很大。

20世纪60年代以来，核磁共振（NMR）技术的发展，为测定固体脂肪含量提供了一种快速、简便、可靠的新型技术手段。目前，油脂中固体脂肪含量的测定一般采用直接法，具体的操作详见美国油脂化学家协会的官方方法AOCS cd16b－93。

NMR测定固体脂肪含量的原理如图6－1所示。

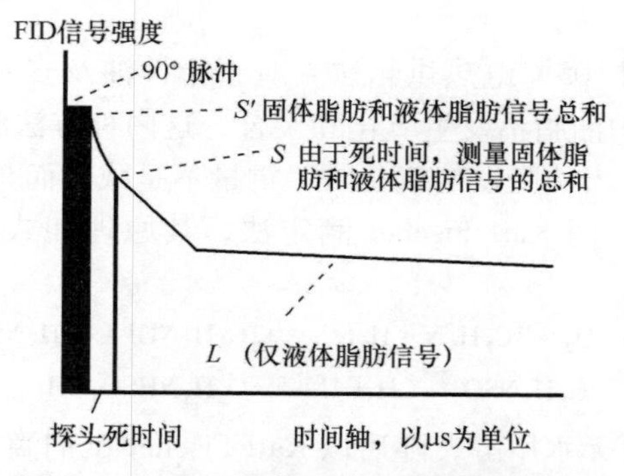

图6－1　NMR固体脂肪含量测定原理图

射频脉冲后测量的NMR信号由两部分组成，一是固体脂肪引起的快速衰减，二是液体脂肪引起的缓慢衰减。脉冲结束后，首先测得的信号来自于固体和液体脂肪NMR信号总和；一段时间后，测得的NMR信号仅来自于液体脂肪（固体脂肪信号已衰减完全），由以上两种NMR信号强度值即可计算出固体脂肪含量。

根据AOCS cd 16b－93中的规定，对于SFC直接测定法，在自由感应衰减曲线上，取两组数据点，其中一组在射频脉冲后中心点在11μs处（固体信号S＋液体信号L，E_{11}），另一组在射频脉冲后中心点在70μs处（只有液体信号L，E_{70}）。

固体脂肪含量（SFC）由式（6－13）进行计算。

$$SFC=\left(1-\frac{L}{S+L}\right)\times100\% \tag{6-13}$$

式中　S——固体脂肪部分的信号强度；

L——液体脂肪部分的信号强度。

在射频脉冲后，在11μs的时间段内固体信号衰减非常快，总信号$E_{11}=S+L$是原始信号（$S'+L$）衰减后的信号，因此测得到的SFC值低于实际值，产生一个仪器误差，为解决这一问题，采用f－因子，即$S'=fS$，使S信号强度恢复到射频脉冲后的信号强度，f－因子由固体脂肪含量标准样品0，30%和70%的SFC样品校正得到。f－因子由式（6－14）计算得到。

$$f = \frac{SFC_{std.}(E_{70} + D)}{(100 - SFC_{std.}) \times (E_{11} \times K - E_{70})} \quad (6-14)$$

式中　$SFC_{std.}$——标准样品的固体脂肪含量；

f——f-因子（该值通常为1.5左右）；

K——k-因子，0%SFC标准样品得到的校正因子（E_{11}/E_{70}），对于0%SFC标准样品，E_{11}、E_{70}值理论上应该相等，在实际中K值一般略大于1.0，它反映了由不均匀的磁场引发的信号衰减；

D——早期脉冲NMR谱仪的二极管检测器的偏置补偿因子，用于补偿模拟接收器仪器上的直流电平，D应该接近于0.0。

固体脂肪含量校正计算按式（6-15）进行。

$$SFC = \frac{fS}{fS + L} \times 100\% \quad (6-15)$$

六、含水率

含水率测定一般采用105℃电热烘箱法，对于干性油及多不饱和油脂则应使用真空烘箱法，并通入N_2以保护油脂不发生氧化和聚合，这两种方法测定结果实际上还包括油脂中挥发性物质的含量。当油脂发生氧化时，重量不是减小而是增加。

完全测定含水量可采用Karl Fischer滴定法，其原理如式（6-16）、式（6-17）所示。

$$I_2 + SO_2 + 3C_5H_5N + H_2O \longrightarrow 2C_5H_5NHI + C_5H_5NSO_3 \quad (6-16)$$

$$C_5H_5NSO_3 + CH_3OH \longrightarrow C_5H_5NHSO_4CH_3 \quad (6-17)$$

首先将油样充分溶于无水甲醇，随后以Karl Fischer试剂滴定至鲜红色，或加入过量Karl Fischer试剂后，以甲醇的标准水溶液反滴至终点。这种方法的缺点在于对低含水率油样测定误差大，同时Karl Fischer试剂对人体有毒害作用。

对于高含水率油样则可采用蒸馏法，溶剂与水形成共沸物，冷凝后二者互不相溶，利用这种性质可以测定油脂的含水率。这种方法的主要优点在于测定结果的准确性不受其它挥发物的影响，也适用于油脂和油脂制品含水率的测定。但该法仅适用于含水率0.5%以上的样品。

第二节　分子组成分析

一、脂肪酸组成的气相色谱分析

在气相色谱（GC）出现之前，脂肪酸的分离分析均采用传统方法：如醇铅分离法（利用饱和酸铅盐不溶于乙醇进行脂肪酸分离）、甲酯真空分馏法、尿素包含分离法、纸色谱分离法、分级冷冻结晶法、逆流分布测定法等。这些方法要求样品量大，分析误差大，操作繁杂，实验周期长。GC尤其是毛细管色谱及气质联用（GC-MS）技术的出现，使得脂肪酸的快速分离和准确分析成为可能，现在GC已成为油脂化学不可或缺的分析技术。

（一） 脂肪酸的衍生化

1. 脂肪酸的甲酯化

脂肪酸，尤其是长碳链脂肪酸（12 碳以上）一般不直接进行 GC 分析，原因为其沸点高，难以汽化，且高温下不稳定，易裂解。因此，在脂肪酸的 GC 分析前，首先应先将脂肪酸进行甲酯化处理。脂肪酸甲酯可由脂肪酸与甲醇发生酯化或反应酯交换（醇解）获得。

甲酯化反应常用的催化剂有酸性催化剂、碱性催化剂和重氮甲烷。

（1）酸催化甲酯化　酸性催化剂常用的有盐酸、硫酸和三氟化硼（BF_3）三种。盐酸一般为加入 5% 甲醇的溶液，硫酸为 1% ~2%（体积分数）的甲醇溶液，BF_3 为 0.12 ~0.14g/mL 的甲醇溶液。盐酸和硫酸的浓度不能太高，否则会造成脂肪酸的双键结构发生变化。BF_3 的货架期很短，即使是冰箱密封存放，使用放置时间较长的 BF_3 时可能会产生怪峰，甚至造成多不饱和脂肪酸损失，因此建议现配现用。对含有特殊脂肪酸（如环氧酸、环丙烯酸）的油脂不宜采用 BF_3 催化甲酯化。

（2）碱催化甲酯化　碱性催化剂常用的有 NaOH、KOH 和 CH_3ONa 等，其中 CH_3ONa 最常用。所用的催化剂均配制成甲醇溶液，浓度为 0.5 ~2.0mol/L，常用 0.5mol/L CH_3ONa 溶液。碱性催化法不适用于脂肪酸的甲酯化，对于酸价高于 2mg/g 的油脂也不宜采用该法，因为此时催化剂易与脂肪酸生成脂肪酸盐而失活。

（3）重氮甲烷甲酯化　重氮甲烷（CH_2N_2）活性很高，可催化甲醇与脂肪酸发生反应生成甲酯。重氮甲烷的醇溶液低温下可放置一段时间，时间过长则易聚合，影响分析结果。

重氯甲烷一般用 *N* - 甲基 - *N* - 亚硝基 - 对 - 甲苯基 - 磺酸胺与醇在碱性乙醚溶液中反应制得式（6 -18）。

$$CH_3C_6H_4SO_2N(NO)CH_3 + CH_3OH \xrightarrow{KOH} CH_2N_2 + CH_3C_6H_4SO_3CH_3 + H_2O \quad (6-18)$$

此法甲酯化反应速率快，不发生副反应，尤其对于多不饱和脂肪酸反应速度很快。但重氮甲烷有剧毒，浓度高时还宜燃爆，操作中应特别注意。

对于乳脂、椰子油等含短碳链脂肪酸较多和含易受酸性化学试剂破坏的特殊脂肪酸（如共轭酸、环丙烯脂肪酸、环丙烷脂肪酸等）的油脂，宜采用碱性试剂或重氮甲烷法，操作过程中应避免进行回流、浓缩、水洗等，以减少甲酯化过程中脂肪酸的损失及特殊脂肪酸结构的变化。

2. 脂肪酸的其它衍生化

有时需要将脂肪酸转化为其他衍生物，而非甲酯，如脂肪酸 HPLC 分析采用 UV 检测仪时，可将脂肪酸转化为芳香酯；脂肪酸 GC - MS 分析时可采用吡咯烷衍生化、甲基吡啶衍生化、4，4 - 二甲基二氢噁唑衍生化（DMOX）等氮杂环衍生化和乙酰化、硅烷化，常见衍生化物质的结构如图 6 -2 所示。

GC - MS 中采用电子轰击电离，不饱和脂肪酸中的双键在分子内发生位移而无法确定其所在位置，采用脂肪酸的 4，4 - 二甲基二氢噁唑衍生物，使游离羧基“嵌入”一个含氮杂环，后者具有较低的电离能，在质谱条件下，电荷相对固定在氮原子上，通过连

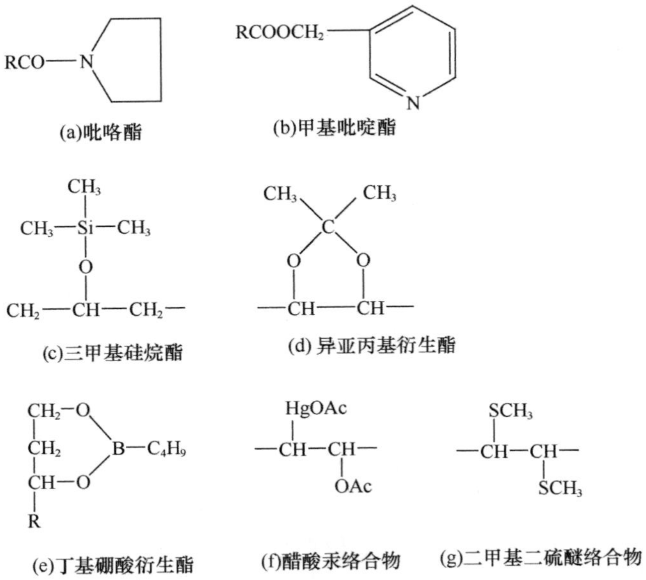

(a)吡咯酯　(b)甲基吡啶酯

(c)三甲基硅烷酯　(d)异亚丙基衍生酯

(e)丁基硼酸衍生酯　(f)醋酸汞络合物　(g)二甲基二硫醚络合物

图6－2　其他常见的衍生化物质

续的自由基引发C—C均裂反应产生系列碎片离子，抑制了脂肪链中碳碳双键的迁移，所得的质谱显示含氮部分的系列离子，能识别脂肪链上的结构变化。该法已用于脂肪酸中双键、三键、环丙烷基和甲基侧链的测定。

DMOX衍生物的制备过程如下——脂肪酸和2－氨基－2－甲基丙醇以1∶2的比例，在N_2保护下于170℃加热2h，缩合产物通过一装有500mg的硅胶短柱，用25mL乙酸乙酯洗出，洗出液45℃以下蒸脱溶剂即得DMOX衍生物。

（二）固定相及载气

脂肪酸组成分析，既可以用非极性固定相也可用极性固定相。固定相的性质往往决定脂肪酸甲酯的分离效果。

极性固定相根据极性大小可分为三类：①强极性固定相，如EGS（乙二醇丁二酸聚酯）、DEGS（二乙二醇丁二酸聚酯）、EGSS－X（EGS与甲基聚硅氧烷共聚物）等；②中极性固定相，如PEGA（乙二醇己二酸聚酯）、BDS（丁二醇丁二酸聚酯）、EGSS－Y（EGS与甲基聚硅氧烷的共聚物、甲基聚硅氧烷的含量高于EGSS－X）等；③低极性固定相，如NPGS（新戊二醇丁二酸酯）、EGSP－Z（EGS与苯基聚硅氧烷的共聚物）等。最近交联聚乙二醇或键合聚乙二醇固定相得到广泛应用，称为PEG－20M或Carbowax－20M，与之类似的品牌还有DB－Wax、SUPEL－COWAX10、Superox、HP－20M，CP Wax－52等，这类固定相在鱼油脂肪酸等复杂成分的分离过程中效果良好。

近年极性更高的固定相相继出现，典型的一类如烷基硅氧烷聚合物并带有氰丙基等极性取代基，常见强极性固定相的组成如表6－3所示。

表 6-3　常见强极性固定相的组成　单位：%

类别	固定相组成
Silar-5cp	50 苯基，50 氰丙基（同 SP-2300）
Silar-7cp	30 苯基，70 氰丙基
Silar-9cp	10 苯基，90 氰丙基（SP-2330）
Silar-10cp	100 氰丙基（SP-2340）
SP-2310	25 苯基，75 氰丙基

这类极性固定相还包括 OV275、SP-2560、CP-Sil88、HP-88 等，这些物质非常稳定，分析重现性好，分离效率高，可用于顺、反式脂肪酸的分离。

采用非极性固定相如阿匹松 L（Apiezon L）时，出峰顺序与极性固定相不同，双键数不同时，双键越多者，出峰越靠前。

采用不同固定相分离不同脂肪酸甲酯的典型色谱图如图 6-3～图 6-7 所示。

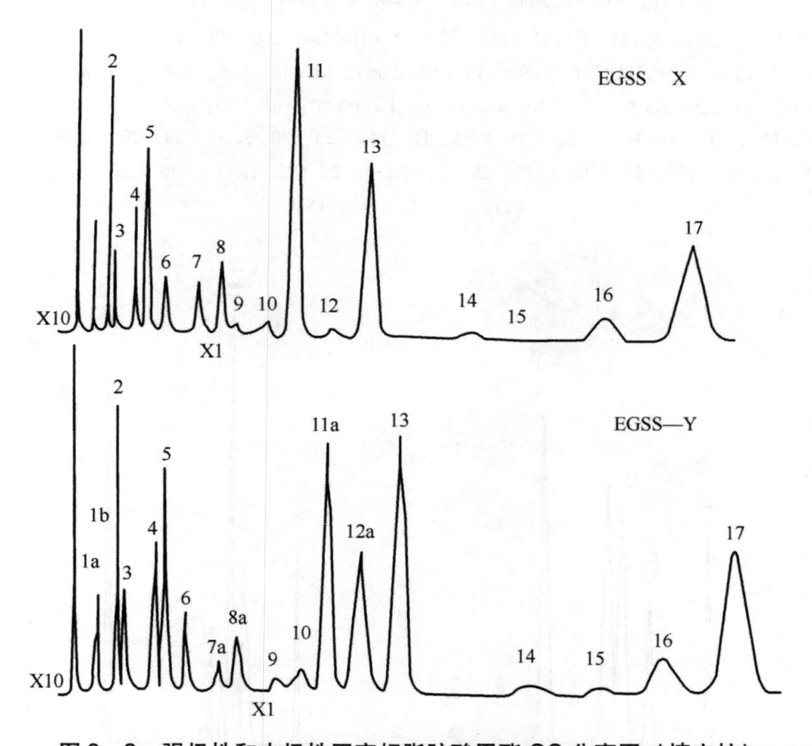

图 6-3　强极性和中极性固定相脂肪酸甲酯 GC 分离图（填充柱）

玻璃柱 2m×4mm（ID），固定液含量 15%（质量分数）担体；
Chromasorb W（100-120 目酸洗硅烷化），载气 N_2
（50mL/min），柱温 178℃（EGSS-X）及 194℃（EGSS-Y）
1（14：0+BHT），1a（BHT），1b（14：0），2（16：0），3（16：1），4（18：0），5（18：1），
6（18：2），7（20：1+18：3ω3），7a（18：3ω3），8（18：4），8a（18：4+20：1），
9（20：2），10（20：3），11（22：1+20：4ω6），11a（20：4ω6），12（20：4ω3），
12a（20：4ω3+22：1），13（20：5），14（22：4ω6），15（22：5ω6），
16（22：5ω3），17（22：6ω3）

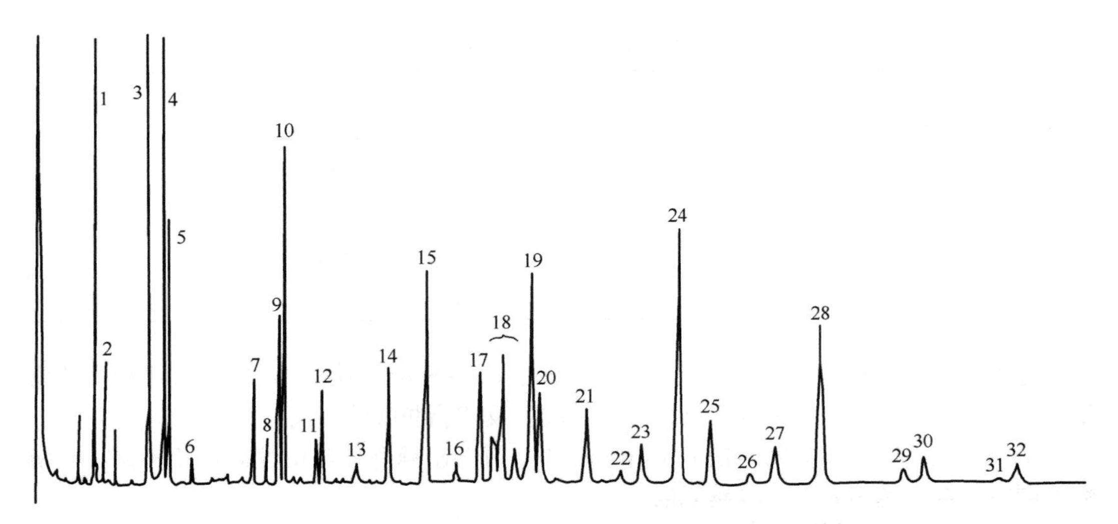

图6－4 海胆蛋中性油脂肪酸甲酯GC图（玻璃毛细管柱）

色谱柱条件，50m×0.3mm（ID），固定相SP－2300，柱温190℃，载气H_2

1（14：0），2（14：1ω5），3（16：0），4（16：1ω7），5（16：1ω5），6（17：0），7（18：0），8（18：1ω3），9（18：1ω9），10（18：1ω7），11（18：2ω9），12（18：2ω6），13（18：3ω6），14（18：3ω3），15（18：4ω3），16（20：0），17（20：1ω15），18（20：1ω13＋20：1ω11＋20：1ω9＋20：1ω7），19（20：2△5，11），20（20：2△5，13），21（20：3ω9），22（20：3△5，11，14），23（20：3ω6），24（20：4ω6），25（20：3ω3），26（20：4△5，11，14，17），27（20：4ω3），28（20：5ω3），29（22：1ω11），30（22：1ω9），31（22：2△7，13），32（22：2△7，15）

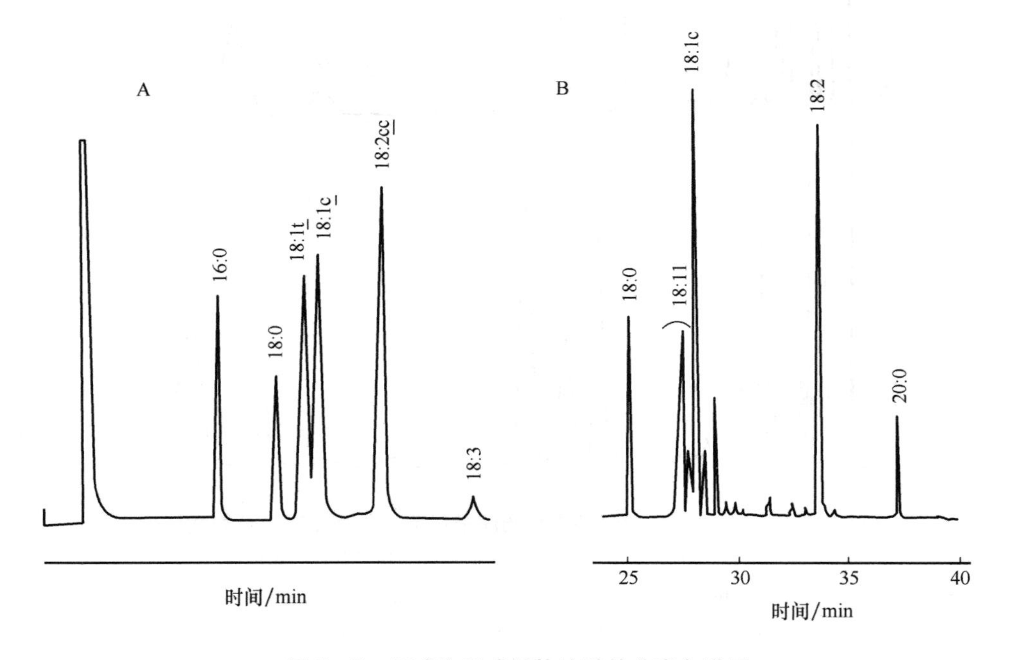

图6－5 顺式和反式异构油酸的分离色谱图

（A）色谱柱条件，6m×2mm（ID），15%的OV－275™在Chromosorb P AW－DCMS™（100－120目）上，载气为氦气，操作温度为220℃

（B）同A，但在WCOT柱（100m×0.25mm）上附有SP－2560™，载气为氢气，操作温度为175℃

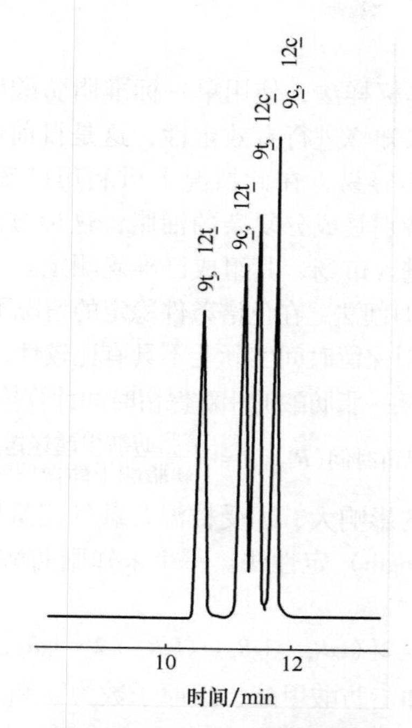

图 6－6　四种亚油酸几何异构体的分离色谱图

WCOT 玻璃柱（30m×0.3mm ID）上附有 SS－4™，载气为氮气，操作温度为 190℃

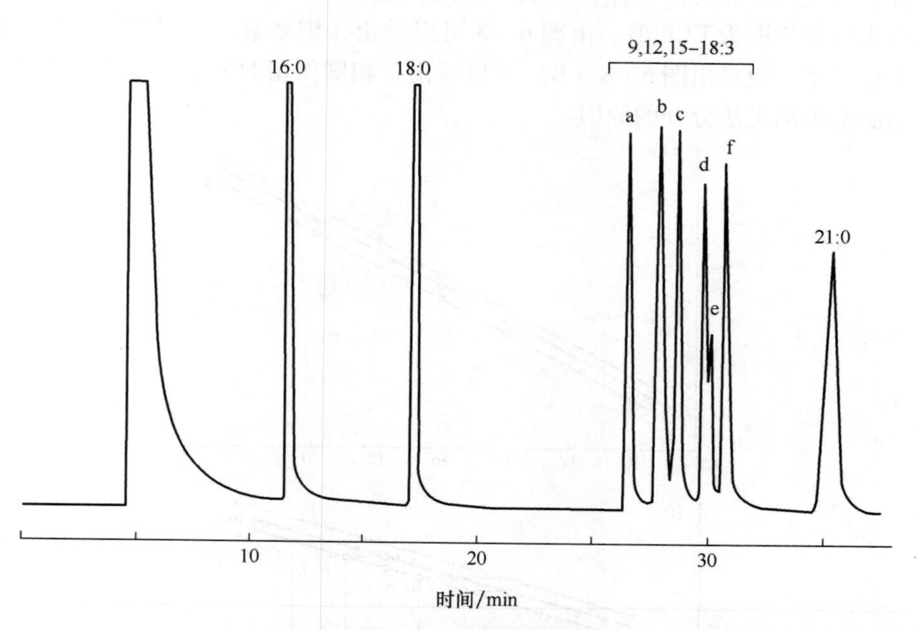

图 6－7　亚麻酸几何异构体的分离

Quadrex™ WCOT 玻璃柱（50m×0.25mm ID）附有 Silar 10C™，载气为氦气，操作温度为 170℃

在气相色谱中，氢气是最佳的载气，但氢气如果泄漏会威胁人身安全；氦气不仅安全而且具有很高的分离效率，但价格较高；高纯氮气（99.99%）是目前常用的载气。所有的载气都必须除氧和干燥，以保证良好的分离效率和延长色谱柱的使用寿命。

（三）脂肪酸定性

常用的脂肪酸定性方法是标样法，使用单一标准脂肪酸甲酯或定量配合在一起的标准脂肪酸甲酯混合物，可对未知峰进行有效定性，这是目前最为普遍的定性方法。但准备齐全的脂肪酸甲酯标样并不容易，在此情况下可利用已知组成的油脂进行 GC 分析，然后与未知谱图进行对照，特别是成分复杂的油脂，这种方法比较有效，目前已有几种鱼油的甲酯化产物作为标样进入市场，其组成已准确测定。

另外一种方法是相对保留时间法，在色谱条件稳定的情况下，保留时间是不变的，但色谱条件很难完全稳定，因此绝对保留时间实际上不具有比较性，相对保留时间则避免了这个问题，与硬脂酸甲酯相比较，某一脂肪酸的相对保留时间计算按式（6－19）进行：

$$相对保留时间(R_{18:0}) = \frac{某脂肪酸甲酯保留时间}{硬脂酸甲酯保留时间} \quad (6-19)$$

相对保留时间受固定相的影响大，但受柱温、载气流量等操作条件影响很小。

ECL（equivalent chain length）定性法。一个未知脂肪酸甲酯的 ECL 值可用式（6－20）进行计算：

$$ECL_x = 2[(\lg R_x - \lg R_n)/(\lg R_{n+2} - \lg R_n)] + n \quad (6-20)$$

式中　R_x、R_n、R_{n+2}——未知脂肪酸甲酯、碳原子数为 n 和 $n+2$ 饱和脂肪酸甲酯的保留时间。

ECL 值亦可由图解法求得，这种方法更有效。以直链饱和脂肪酸甲酯保留时间对数为纵坐标，以碳原子数为横坐标作图成一直线如图 6－8 所示，查未知酸的保留时间对数对应横坐标数值即为 ECL 值。由图 6－8 可以看出，饱和酸、一烯酸、二烯酸的直线成近似平行关系，而且由图 6－8（B）可以看出，相同保留时间会产生重叠现象，这也是某些脂肪酸甲酯无法分开的原因。

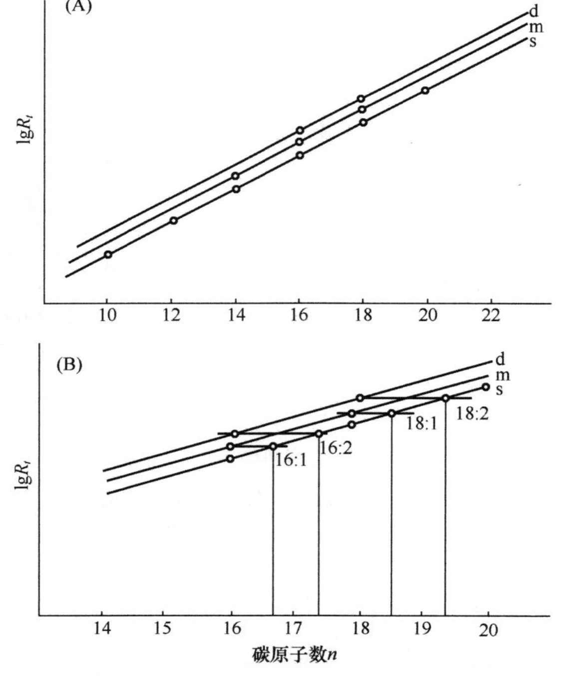

图 6－8　$\lg R_t$ 与碳原子数的直线关系（A）及脂肪酸重叠的原因（B）对数图

d—二烯酸　m—单烯酸　s—饱和酸

相同碳原子数的不饱和脂肪酸甲酯与饱和脂肪酸甲酯相比，其 ECL 增值又称为 FCL（fractional chain length）值，一个双键的 FCL 值为 0.6～0.7 个 ECL，如硬脂酸甲酯 ECL 为 18，则油酸甲酯 ECL = 18.70（18 + 0.70）。双键靠近羧基一端时，其增值减少至 0.5，双键靠近甲基一端时，其增值变大，如 18：1（Δ16）甲酯的 ECL 近似值为 19.00（18 + 1.00）。这种计算有较大的误差，可根据已有文献或 ECL 值进行推渲，以减少误差，如 20：4（$n-6$）的 ECL 值为 22.43（20 + 2.43），那么可以推出 22：4（$n-6$）的 ECL 值为 24.43（22 + 2.43），又如 20：4（$n-3$）的 ECL 值为 23.00（20 + 3.00），则 22：4（$n-3$）的 ECL 值可推出为 25.00（22 + 3.00）。

为了增加 ECL 的可比性，可用亚麻酸［（18：3）（$n-3$）］表示柱子的极性，通过亚麻酸的 ECL 值由式（6－21）可计算出任一脂肪酸甲酯的 ECL 值：

$$ECL_x = a_x(ECL_{18:3n-3}) + b_x \tag{6-21}$$

式中　a_x 和 b_x——未知脂肪酸甲酯的计算机叠代常数。

选择亚麻酸甲酯有三个原因：①容易得到高纯品标样，从而可测定准确的 ECL 值；②各种油脂（特别是成分复杂的油脂）中一般均含有亚麻酸；③不同极性的固定相，亚麻酸的 ECL 值变化不大。

最终的定性还需依据波谱分析，如 MS、NMR、IR 和 UV 测定，得到更多有关结构的信息，GC－MS 为脂肪酸定性提供了一条便利的途径。

二、甘油三酯组成的高效液相色谱分析

油脂是混甘油三酯的混合物，组成相当复杂，把各个组分予以分离一直是油脂化学面临的难题。冷冻分离法、逆流分布法、薄层色谱法等传统方法存在分离效果差等问题，高效液相色谱（HPLC）的出现和应用则大大提高了分离效果和效率。

TG 分离主要采用反相色谱柱，最近也开始应用银离子色谱柱。

（一）反相高效液相色谱（RP－HPLC）

反相的含义是固定相为非极性，而流动相为极性溶剂。目前最常用的反相固定相是 C_{18} 键合硅胶，它们都含有十八碳硅烷基（C_{18} 或 ODS），并与硅烷醇表面通过共价键结合起来，可用式：（表面 Si）－O－Si－$(CH_2)_{17}CH_3$ 表示。

不同制造厂商有不同的牌号，常见的有：Supel cosil LC－18，Zorbax ODS，Lichrosorb RP－18，μ－Bondapak－C_{18}，Zorbax－C_{18}，ODS_2 等，不同产品固定相的含量不同，表面键合的程度也不完全一样，固定相含量为 8%～10%，ODS_2 高一些。颗粒度越小分离度也越高（一般为 3～5μm）。

当颗粒度为 5μm 时，柱长为 250～300mm，内径为 4～5mm，柱子越长分离效果越好，但分析时间相应增长，有人将两根或三根柱子串联使用，总长可达 100cm，以提高分离效果。固定相颗粒度变小时，柱长可以相应缩短而不会降低分离效果。

在一定范围内降低温度可提高分离度，但温度对分离效果影响不大，较高温度下分离峰形比较尖锐，通常在 30～45℃ 下分离以提高速度并保证三饱和甘油三酯的良好分离，以多不饱和酸为主时以低温为佳。

油样的进样量为 1～5mg（溶液中粒度大于 5μm），溶剂最好与流动相一致，如考虑

到溶解度问题可采用丙酮、四氢呋喃等溶解，一般不单独用氯仿溶解。

流动相对分离效果影响很大，一般选用以乙腈为主的混合溶剂，乙腈的比例与分析时间有很大关系，流动相极性大时，洗脱时间也长。除此之外通常也可选用丙酮、二氯甲烷、甲醇、四氢呋喃、异丙醇、乙醇或氯仿等，其中丙酮更常用一些，梯度洗脱及恒流洗脱都可用，适于示差折光检测器（RI）和质量检测器等。流动相流速在典型分析柱下一般为0.5 ~1.5mL/min，流动相比例一般是丙酮/乙腈（3 ~5/7 ~5）。采用丙酮/乙腈流动相不适于 UV 检测器，此时可选用四氢呋喃、异丙醇等与乙腈混合。二饱和甘油酯在丙酮/乙腈中溶解度很小，此时选用乙腈/氯仿效果较好，单独用丙腈作流动相也可得到很好的分离。

检测器常用的有示差折光检测器（RI）、紫外检测器（UV）、红外检测器（IR）和火焰离子检测器（FI）及质量检测器（又称蒸发分析器或光散射检测器，evaporative analyzer or light - scat - tering detector）等，一般配置 RI 和 UV 两种检测器。RI 要求恒流洗脱，UV 则对洗脱剂有一定要求，紫外波长一般为 205 ~320nm。

RP - HPLC 分离甘油三酯受很多因素的影响，但在一定条件下其分离仍具有规律性，流出顺序一般是根据碳原子数及双键数而定，每个双键相当于减少两个碳原子，对于甘油三酯组分一般按照当量碳原子数（equivalent carbon number，ECN）出峰。ECN 又称为分配数（partition number，PN），其值为甘油三酯中脂肪酸的总碳原子数和（CN）减去总双键数（n）的 2 倍，即式（6 -22）。

$$ECN = CN - 2n \qquad (6-22)$$

具有相同 ECN 值的甘油三酯组分称为临界对（critical pairs），例如 PPP 与 PPO，POO 与 OOO 等具有相同的 ECN 值，相对保留时间相同，同出一个峰（在这种情况下 sn -1，2，3 位排布差异对出峰时间也没有影响），也就是 HPLC 根据 ECN 从小到大先后出峰。

ECN 值在早期定性中比较有用，它基本反映了甘油三酯组分的出峰规律，但随着高效柱及设备的发展，特别是 ODS 固定相的使用，部分临界对已经能够分开。实际上 ECN 值也并非一个恒定值，因为第二个双键与第一个双键所起的作用是不同的。在恒温及流速不变的情况下，发现相对保留体积或保留时间的对数与总碳原子数及总双键数成系列直线关系，由此 EL - Hamdy 及 Perkins 提出理论碳原子数（theoretical carbon number，TCN）的概念，即式（6 -23）。

$$TCN = ECN - \sum_{3}^{1} Ui \qquad (6-23)$$

式中　Ui——常数，由实验测定，但 Ui 根据使用条件的不同而产生差异，使用者需自己测定，饱和酸为 0，反油酸为 0.2，油酸为 0.6 ~0.65，亚油酸及以上脂肪酸为 0.7 ~0.8。

如 OOO 虽与 POO、PPO、PPP 具有相同的 ECN 值，但它们的 TCN 值各异。几种重要甘油三酯的 TCN 值见表 6 -4。

表 6 -4　　几种甘油三酯分子的 TCN 值

甘油三酯	ECN	CN	双键数	TCN	
				a	b
LLL	42	54	6	39.6	-
LLO	44	54	5	-	41.8

续表

甘油三酯	ECN	CN	双键数	TCN	
				a	b
LnOO	44	54	5	–	42.1
LLP	44	52	4	–	42.3
LnOP	44	52	4	–	42.7
MMO	44	46	1	43.4	–
LOO	46	54	4	–	43.9
OOP	46	52	3	–	–
LOP	46	52	3	–	44.5
OPP	46	50	2	–	44.9
PPL	46	50	2	45.2	45.2
OOO	48	54	3	46.2	45.9
POO	48	52	2	46.8	46.6
POP	48	50	1	47.4	47.3
StOO	50	54	2	48.8	48.5
StPO	50	52	1	49.4	49.3
StStO	52	54	1	51.4	51.3

注：L（18：2），O（18：1），Ln（18：3），P（16：0），St（18：0），M（14：0）；

a：A. H. EL – Hamdy and E. G. Perkims，JAOCS 58，867 – 872（1981）；

b：F. C. Phillips et al，Lipids 19，142 – 150（1984）。

TG 组成定性的许多问题还没解决，依据标准样品、ECN 值、TCN 值以及 Rt 可进行初步定性，完全定性则可由 MS、NMR、IR、UV 等进行。不同条件下的典型 HPLC 图分别见图 6 – 9 和图 6 – 10。有关分析结果见表 6 – 5。

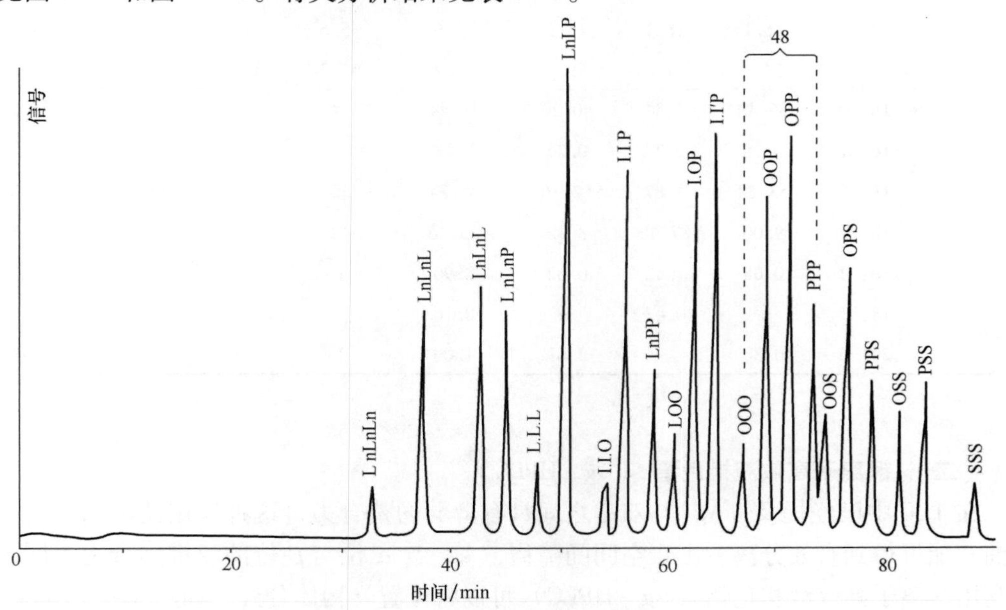

图 6 – 9 甘油三酯 RP – HPLC 分离图

250mm × 4.6mm 柱两个串联，5μm ZorbaxC_{18} ODS 固定相，二氯甲烷/乙腈梯度洗涤从 3/7 到 6/4（120min），流速 0.8mL/min，检测器为火焰离子（FI）检测器

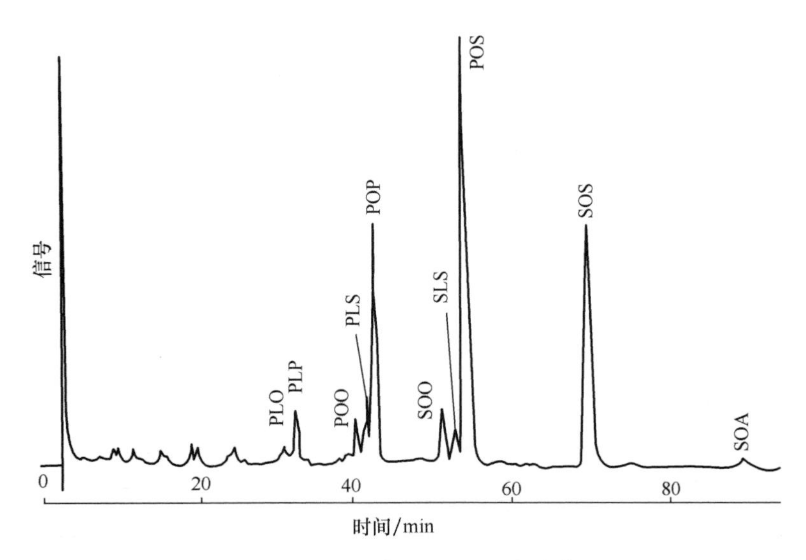

图 6-10 可可脂 RP-HPLC 分离图

150mm×4.5mm 柱两个串联，3μm Spherisorb™S30-ODS2，乙腈/四氢呋喃（73/37，体积比），流速（1mL/min），UV 检测器

表 6-5 不同方法测定的甘油三酯脂肪酸立体分布表

油脂名称	脂肪酸	HPLC 法				Brockerhoff 法			
		sn-1	*sn*-2	*sn*-3	*sn*-1，2，3	*sn*-1	*sn*-2	*sn*-3	*sn*-1，2，3
亚麻籽油	16：0	10.1	3.0	4.9	6.0	10.1	1.6	6.0	5.9
	18：0	3.8	1.3	2.4	2.5	5.6	0.7	4.0	3.4
	18：1	15.9	15.9	17.7	16.5	15.3	16.3	7.0	16.2
	18：2	16.1	18.1	15.6	16.6	15.6	21.3	13.2	16.7
	18：3	54.1	61.7	59.4	58.4	53.2	59.8	59.1	57.5
可可脂	16：0	36.48	2.54	40.20	26.44	34	2	37	24.3
	16：1	0.18	0.24	0.27	0.23	—	—	—	—
	18：0	53.28	1.87	52.36	35.84	50	2	53	35.0
	18：1	9.00	87.46	3.92	33.46	12	87	9	36.3
	18：2	0.68	7.42	0.62	2.90	1	9	—	3.3
	18：3	—	0.47	—	0.16	—	—	—	—
	20：0	0.38	—	2.63	1.00	1	0	2	1.0

（二）银离子高效液相色谱（Ag-HPLC）

在 TLC 中已经提及，Ag^+ 与双键之间具有微弱的螯合力，这种作用使不同双键数的甘油三酯可得到有效分离。由于空间间障碍，Ag^+ 与 α 位与 β 位的双键结合力不同，因此利用银离子高效液相色谱（Ag-HPLC）可以将位置异构体分开，如图 6-11 所示。

Ag^+ 一般以 $AgClO_4$ 或 $AgNO_3$ 的形式涂布，可以溶于流动相中，浓度为 0.01～0.2mol/L，亦可以直接涂于固定相上，含量 2%～10% 不等（$AgNO_3$），固定相可以用普

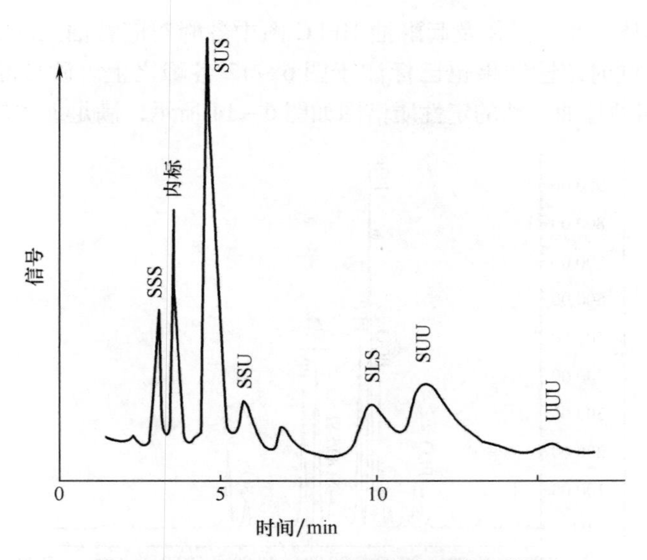

图 6－11　Ag⁻HPLC 分离甘油三酯色谱图

250×4mm 色谱硅胶柱含 10% $AgNO_3$ 流动相：苯（1mL/min），RI 检测器，内标为檀香酸甲酯

通硅胶也可用 ODS，一般颗粒度为 5μm。

流动相根据样品不同差别较大，用甲醇/异丙醇（3/1）、乙腈/丙酮（2/1）、乙腈/四氢呋喃/二氯甲烷（3/1/1）、苯、甲苯/已烷/乙酸乙酯以及甲醇/水等系统均可获得理想的分离效果。根据需要可选用 RI、FI 或 UV 检测器，一般在较低温度条件下（<10℃）可提高分离度。

（三）液相色谱质谱联用（HPLC－MS）

图 6－12 所示为已砂粒化、劣化的全牛油基起酥油中砂粒晶体、无砂晶体及起酥油的 HPLC 图。在无水反相 C_{18} 柱上，甘油三酯的分离基于其等价碳原子数（equivalent carbon number，ECN，ECN = CN－2DB，其中 CN 为碳原子数、DB 为脂肪酸酰基上的双键数）。由图 6－12 可以看出，上述三样品间的 HPLC 图的峰形、出峰顺序一致，但相对含量明显发生变化。即比较砂粒晶体与无砂晶体、起酥油时，发现部分种类的甘油三酯含量增加，部分种类甘油三酯含量降低。这种变化表明模型起酥油内部分甘油三酯可能发生了迁移和聚集，导致了砂粒晶体和无砂晶体间甘油三酯含量上的差异。为进一步明确图 6－12 中各主要峰对应的甘油三酯，采用 HPLC/APCI－MS 对上述三样品进行定性分析。

Mottram 和 Evershed 研究发现通过分析甘油三酯分子经 APCI 质谱所形成的分子加合离子［$M+Na]^+$和二酰基甘油离子［M－（R－COO）$]^+$（［$DG]^+$），可确定甘油三酯的分子结构。如同分异构体 ABA，AAB 型甘油三酯将形成相同的［$DG]^+$，即［$AA]^+$和［$AB]^+$。理论上，无论两种脂肪酸酰基处于甘油骨架上的何种位置，形成［$AB]^+$［$AA]^+$两种［$DG]^+$的比值应该为 2:1。如图 6－13 所示，对于 ABA 型而言，该比值大于 2，对于 AAB，该比值小于 2，这是由于从甘油骨架 *sn*－2 位脱去脂肪酸酰基形成 *sn*－1，3［$DG]^+$较从 *sn*－1（3）脱去脂肪酸酰基形成 *sn*－2，3 或 *sn*－1，2［$DG]^+$需更多的能量，更加困难。根据此二酰基甘油离子形成规律及［$M+Na]^+$即可确定特定甘油三酯分子组成。表

6－6列出了砂粒晶体、无砂晶体及起酥油 HPLC 图中各峰对应甘油三酯的质谱定性数据及相应的定性结果，同时定性结果也已标注于图 6－12 各峰之上。砂粒晶体中 POP、SOO/SSL、POS、SOS 四种甘油三酯的定性质谱图如图 6－14 所示，满足上述的定性规律。

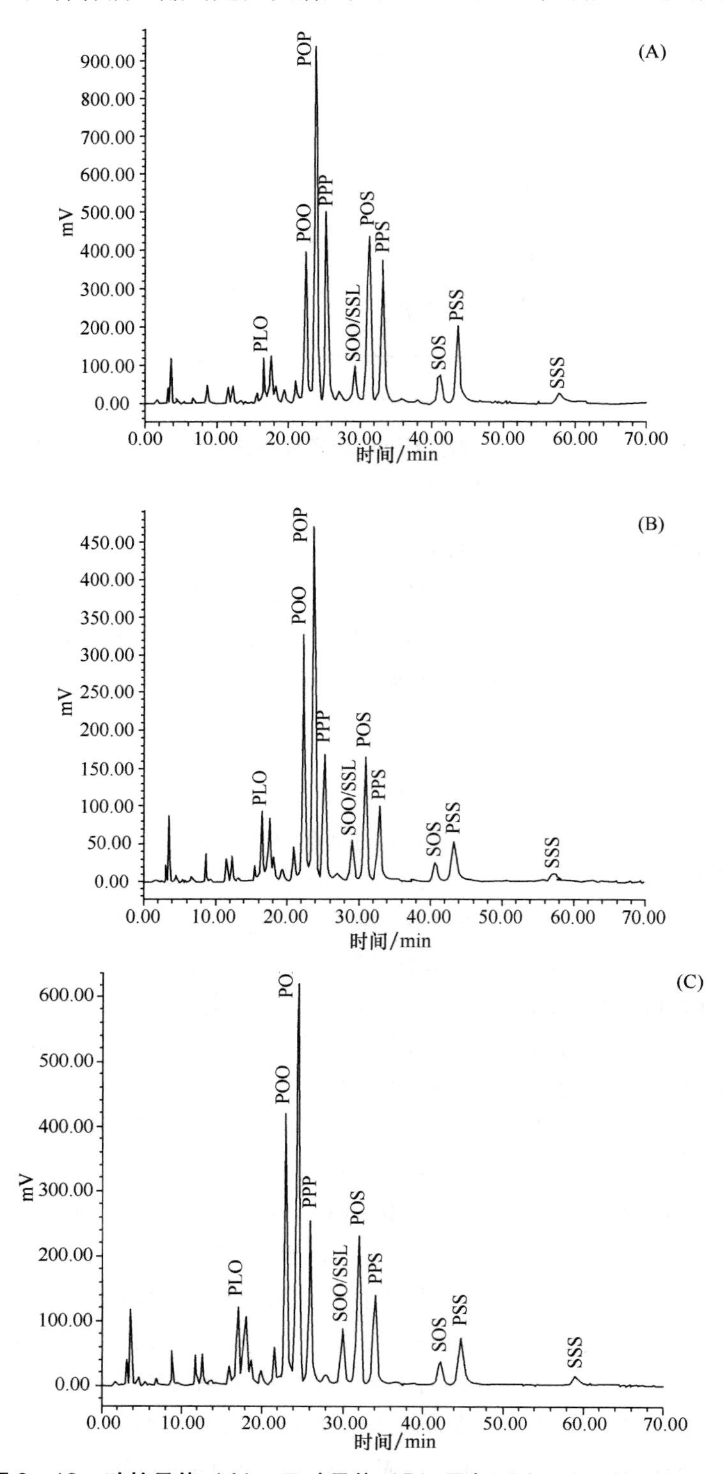

图 6－12　砂粒晶体（A）、无砂晶体（B）及起酥油（C）的 HPLC 图

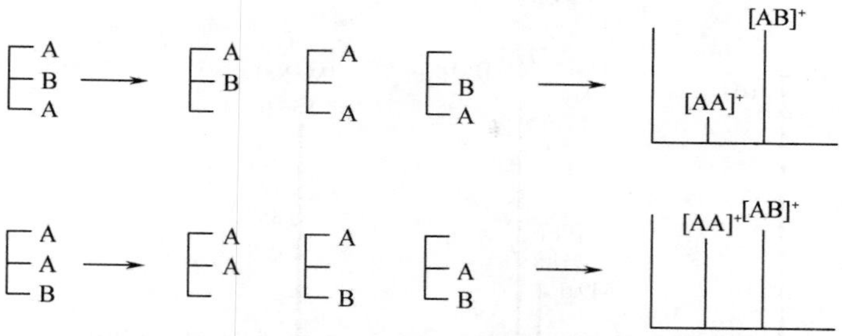

图 6－13　ABA、AAB 型甘油三酯所得到的二酰基甘油离子图

表 6－6　砂粒晶体、无砂晶体及起酥油的甘油三酯组成　单位：%

TAG[a]	砂粒晶体	无砂晶体	起酥油	[M＋Na]$^{+b}$	[DG]$^{+b}$	[DG]$^{+b}$	[DG]$^{+b}$
PLO	2.44 ±0.12	4.22 ±0.17	4.17 ±0.13	880	[PL]$^+$ 576	[LO]$^+$ 602	[PO]$^+$ 578
POO	10.34 ±0.37	17.76 ±0.28	17.19 ±0.46	882	[PO]$^+$ 578	[OO]$^+$ 604	—
POP	24.11 ±0.33	26.59 ±0.40	24.77 ±0.34	856	[PO]$^+$ 578	[PP]$^+$ 552	—
PPP	14.01 ±0.21	10.36 ±0.40	11.34 ±0.29	830	[PP]$^+$ 552	—	—
SOO/SSL	3.06 ±0.10	3.58 ±0.12	4.20 ±0.17	910	[SO]$^+$ 606	[OO]$^+$ 604	—
				910	[SS]$^+$ 608	[SL]$^+$ 604	—
POS	14.48 ±0.53	11.58 ±0.31	11.78 ±0.26	884	[PO]$^+$ 578	[SO]$^+$ 606	[PS]$^+$ 580
PPS	11.57 ±0.28	6.92 ±0.15	7.21 ±0.24	858	[PP]$^+$ 552	[PS]$^+$ 580	—
SOS	2.99 ±0.17	2.22 ±0.09	2.29 ±0.25	912	[SO]$^+$ 606	[SS]$^+$ 608	—
PSS	7.38 ±0.24	4.66 ±0.18	5.09 ±0.27	886	[PS]$^+$ 580	[SS]$^+$ 608	—
SSS	1.05 ±0.06	0.92 ±0.02	0.97 ±0.08	914	[SS]$^+$ 608	—	—

注：a 确定的 TAG 结构（缩写见图 6－12）；b APCI－MS 测定出的钠分子加合离子和二酰基甘油离子。

第三节　结晶行为分析

一、晶体的微结构分析

冷热台偏振光显微镜（PLM）广泛用于食品、生物、医学、农业和工业等样品的微观结构鉴定分析及高分子材料、聚合物等相关领域的新产品开发、评价、物质结构鉴定与分析等方面的研究，其中对物质结晶的观察及动态微观分析与鉴定是其最主要的功能。偏振光显微镜利用双折射固体微观结构元件和非双折射液态部分之间的高对比度进行成像。非双折射液态部分可以在低固相系统中包围在结晶材料周围，或者在固相结构中截留形成脂肪结晶的网状结构。利用这一特性，可以掌握脂肪在结晶、乳化结晶过程中晶体成核、生长及晶体形态（大小、形状）的变化，对设计脂肪产品的功能、改善产品的品质缺陷具有重要意义。

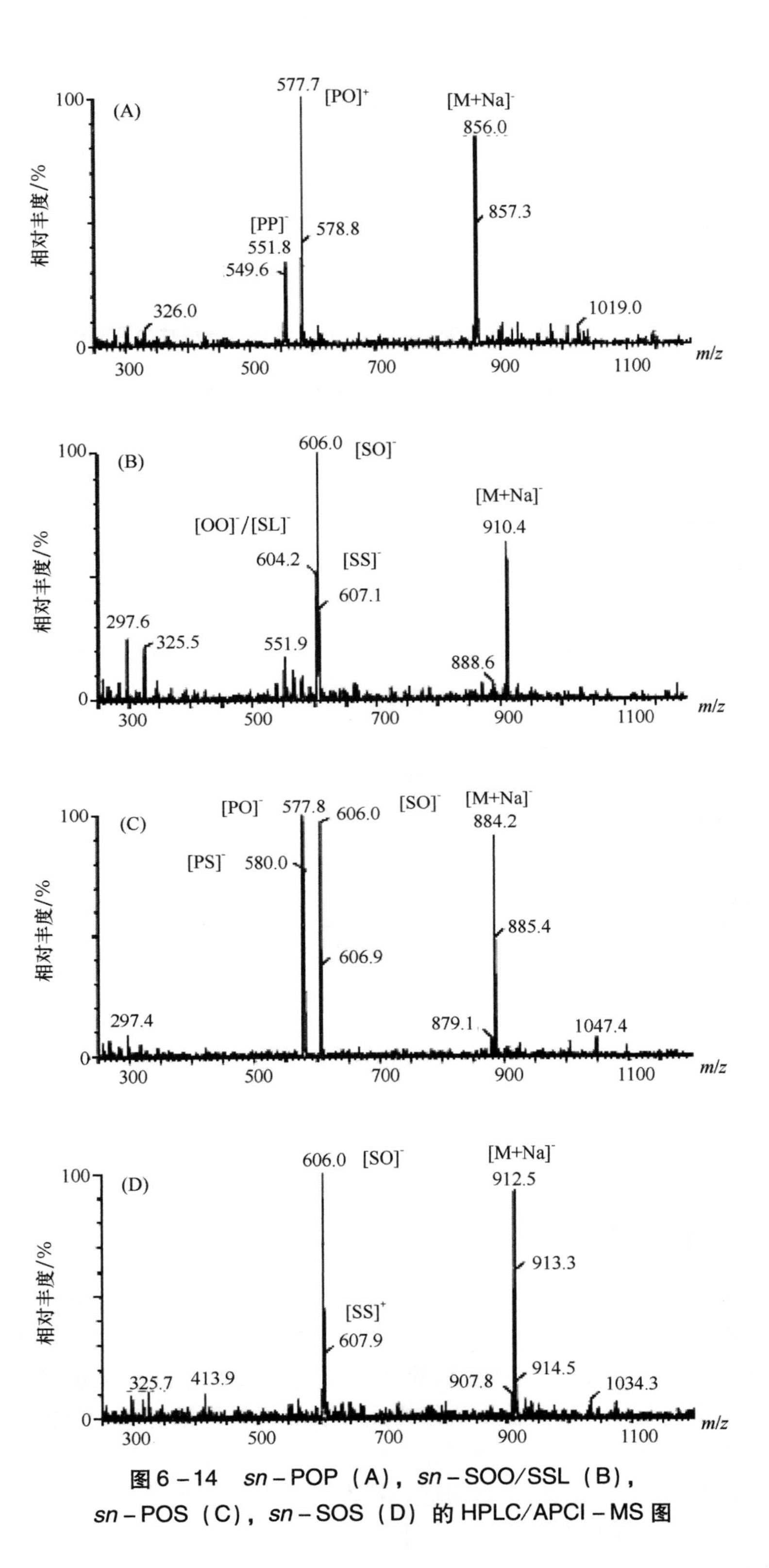

图 6－14　*sn*－POP（A），*sn*－SOO/SSL（B），*sn*－POS（C），*sn*－SOS（D）的 HPLC/APCI－MS 图

（一）试验步骤

1. PLM 的调节

采用偏振光显微镜（图 6－15）进行成像或者记录之前，显微镜的所有的光学元件必须对齐。为了达到显微镜的最佳性能（即良好的成像质量），要以光源为中心并且要对冷凝器和视场光阑进行适当调整。下面是适用于显微镜光学元件校准的程序。

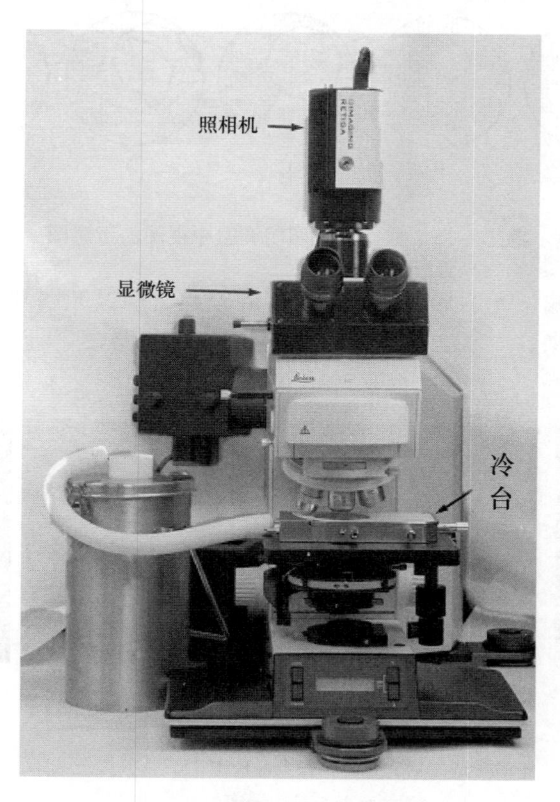

图 6－15　偏振光显微镜的照片

DMR XA2 显微镜，徕卡微系统公司，德国

首先，打开电源并调节光源强度。注意不要在最强光源的条件下开关电源，否则会降低显微镜的使用寿命。具有直接观察和记录功能的显微镜（即配有摄像头）配有一个光路选择器旋钮。旋钮的位置决定着针对观测管和光电管光线的强度。直接观察样品时，旋钮的位置使所有的光被定向为双目镜筒。为了保存相机图片，旋钮要调节到将光投射至光电管的位置。为了对显微镜进行校准和对齐，旋钮要调节至使所有的光可以进入双目镜筒，将样品置于显微镜载物台上，并选用 10 倍的物镜筒进行观察。完全关闭虹膜式光圈与现场光圈环，一个模糊的图像将通过目镜观察到。从图 6－16A 中可以看到一个模糊的多边形，向上或者移动冷凝器高度旋钮，将观察到聚焦视场光阑的图像，如图 6－16B 所示。视场光阑控制照射在样本表面的光束直径以提高图像的清晰度。打开视场光阑，慢慢增加光束直径直到超出视野之外，如图 6－16 中 C～E 所示。使用定心螺钉打开中央冷凝器使光圈图像在视图的中心位置，如图 6－16D 所示。根据摄像条

件，样品的数值孔径、对比度、焦点深度、平面度，用于调整可变光圈孔径。建议调整可变光圈到70%～90%的目标孔径。从显微镜中取下目镜，同时通过观察筒进行观察，打开可变光圈环，直到70%～90%的区域被覆盖。

在光路下移动样品，这样可以看到一个透明的视野。设置偏振片和分析器在0位置上，这便是交叉过滤器的位置。旋转偏振器环，直到调整到合适的消光。

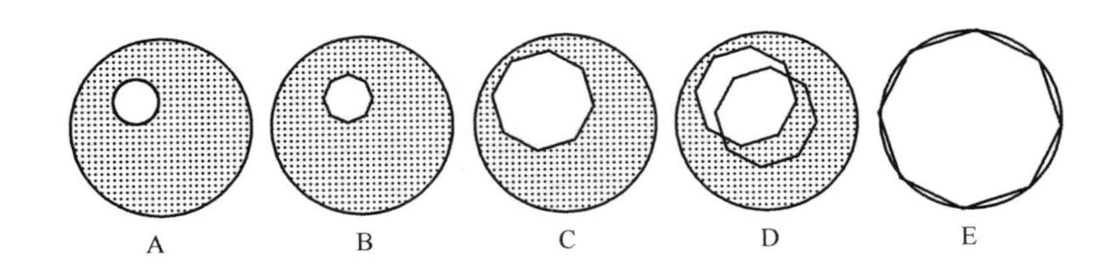

图6－16　显微镜在照明调整中视图的示意图

图6－17表明非偏振光图片和偏振光图片的差异，偏振光图片使网络的微结构可在液相中清晰地显现出来。

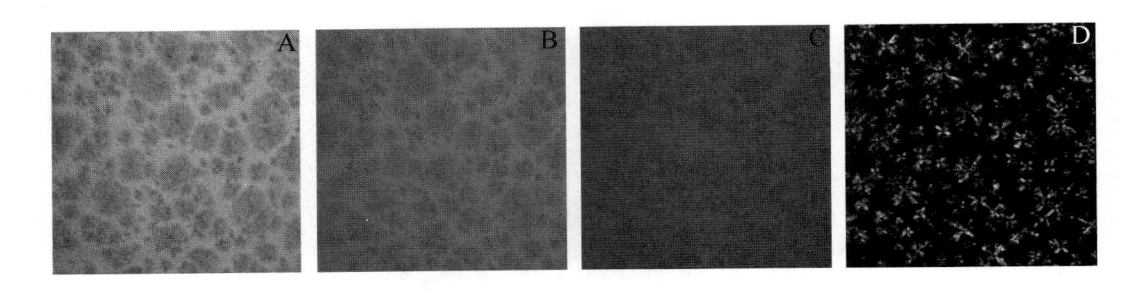

图6－17　脂肪晶体网络显微图像

非偏振光（A）；部分偏振光（B和C）；全偏振光（D）

调节光路旋钮，将光线导入测光管，以采集图像。覆盖目镜使光线不能透过双目镜筒以避免在光照条件产生不利影响。最后，微调以聚焦样品。每次打开显微镜观察样品，均应按以上步骤操作（具体操作请参考显微镜操作手册，了解有关信息）。

在不同于室温下拍摄图片时，如果要求实验温差小或样品需热处理，可以采用图6－18照片中的温控（加热/冷冻）装置。应该在显微镜校准之前，将温控装置置于显微镜载物台上并使用夹具固定，以避免在图像采集过程中移动。

2. 样品准备

在烘箱中熔化样品，温度需确保结晶完全溶化。对于大多数脂肪，样品溶化后在80℃维持30min即可彻底消除结晶。但对于一些高熔点的脂肪，需要提高加热温度才能彻底消除结晶（如棕榈油要加热至120℃，维持10min以上）。用预热的毛细管吸取一小滴（大约10μL）熔化的脂肪置于干净并预热过的载玻片上。

要特别注意，显微镜载玻片上应无灰尘或杂质，以免导致脂肪二次成核。将预热的

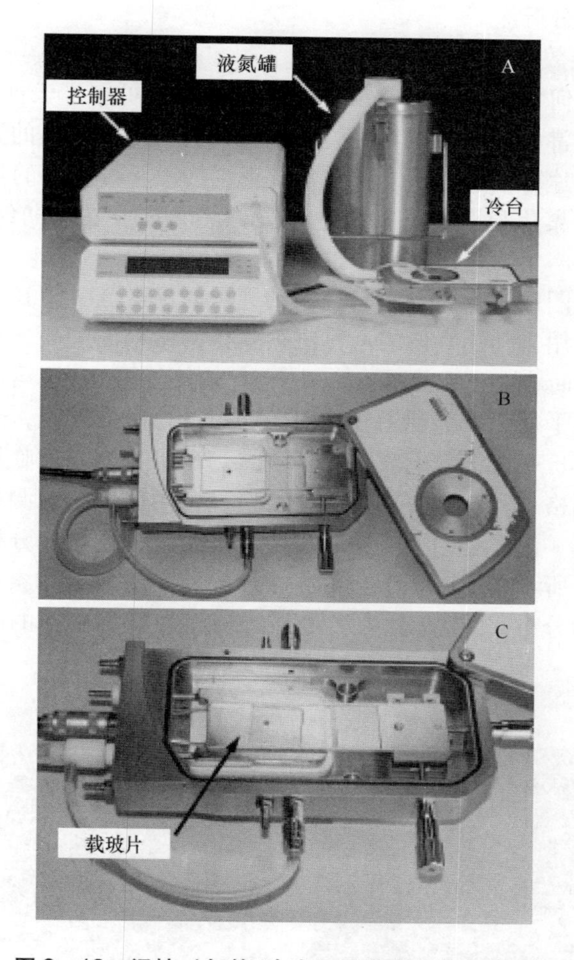

图 6－18 温控（加热/冷冻）显微镜载物台的照片

盖玻片置于熔化脂肪滴上以形成厚度均匀的薄膜，同时应避免引入气泡。上述操作过程，如图 6－19 所示。

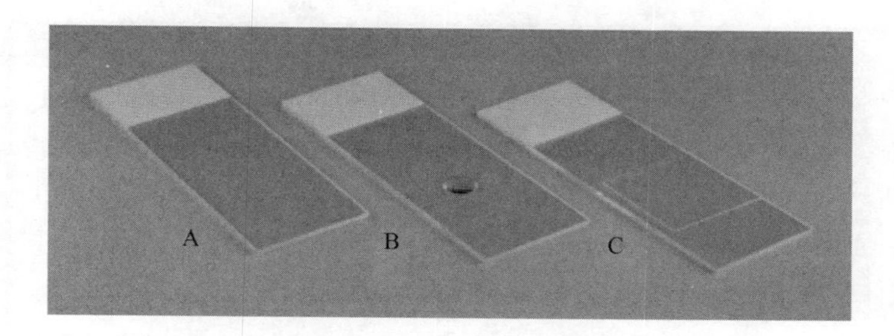

图 6－19 偏振光显微镜拍摄脂肪晶体网络结构图片的样品准备图

洁净的载玻片经过预热处理（A）；一小滴（大约 10μL）熔化脂肪置于载玻片上（B）；将预热的盖玻片置于样品上以产生厚度均匀的薄膜（C）。

（二）试验数据分析

1. 不规则碎片维数分析方法

近年来，分形几何学被广泛用于描述微观结构，如可用于表征蛋白质的胶体结构，研究固体吸附剂（如沸石）的不规则特性，以及预测胶体吸附膜的光学反应等。要确定粒子网络的不规则碎片维数，必须先获悉其微观结构图。可使用的显微镜有多种，包括明场显微镜、激光共聚焦显微镜、扫描电子显微镜，以及在脂肪结晶网络中通常使用的 PLM。

结晶网络的灰度图像（通常含有从纯白到纯黑的像素范围）在图片分析之前必须转化为二进制格式。使用自动临界值的运算法则获得的结果准确高、重现性好，为了减少主观性误差（NIH Image 软件或者用 ImageJ 1.36 软件处理）。该运算法则通过扫描柱状图，找到一个强度值平衡点，即利用柱状图平均矩计算出强度值，这意味着选取临界值处的平均像素强度等价于极值的上或下限。图 6－20 所示为自动临界值的一般过程。一旦图像转化为二进制格式，就分离出了网络特性，可用用于图像测量分析和，对得到的数据进行分析及解释，使之与结构相关联。用流程图可概述图像分析从开始到结束的一般过程，如图 6－21 所示。重点在于获得高质量的原始图片（像素值高度分布，白色特征不饱和，亮度均匀分布），应避免为了增强特征而进行不必要的图片处理，以免导致图片像素发生改变。

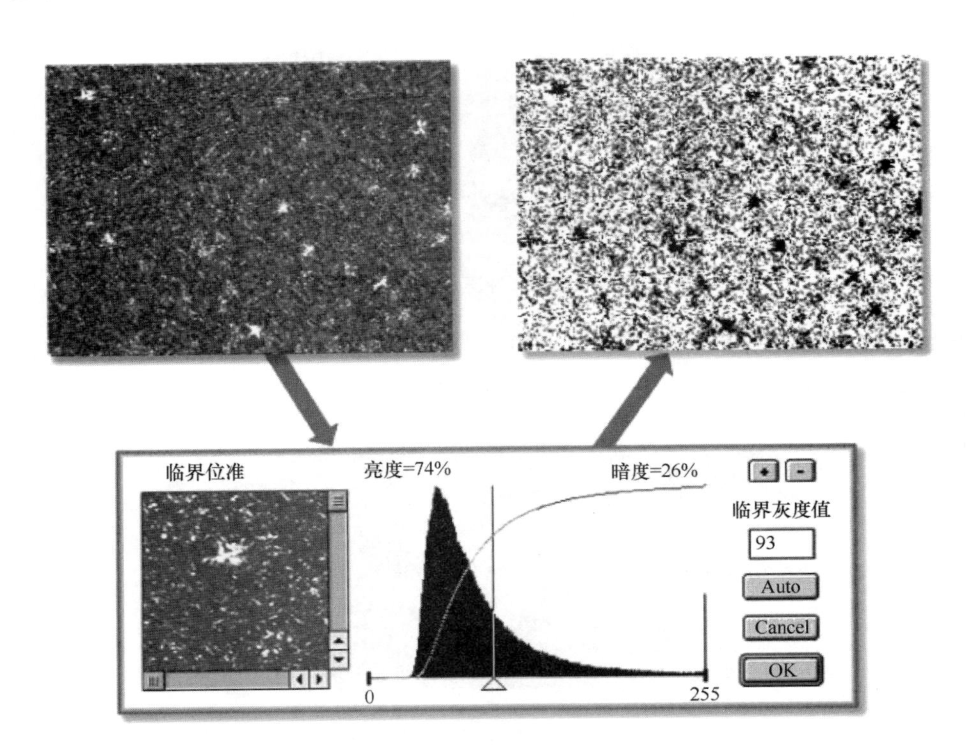

图 6－20　将 256 色灰度显微图转化成适于图片分析的二进制图片

为了分离出可被测量的特性，需选择一个临界值（AdobePhotoshop 6.0）

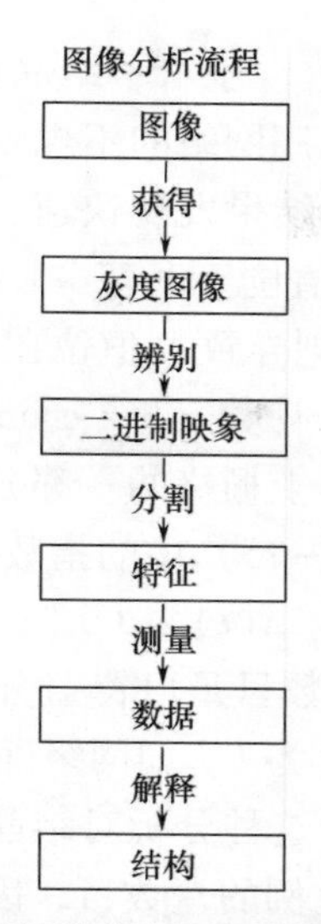

图 6－21　由数字化图片获得和评估物质微结构的流程图

假定微结构元素（或粒子）尺寸在统计学上为常数，就可以根据半径和质量的关系式由二维的 PLM 图确定结晶网络的分形。

在这种情况下，离散粒子（N）的数量，与这些粒子所在观察区域的长度（L）之间存在如下扩展关系：

$$N = cL^{D} \tag{6-24}$$

式中，c 为常数，先统计那些明显的粒子，在已知长度（L）的整个图片区域内对其计数（N）。在 5% 增量时截取图片，随后截取其他长度小于 L 的图片，对每个图中的粒子进行计数。重复这个过程，直至截取图片的长度只有最初图片长度的 35% 为止。描画盒子尺寸逐渐减小，重叠在一起的情形，如图 6－22 所示。将各尺寸的盒子中的粒子数绘成 lg－lg 图，通过线性回归求得直线的斜率，即为 D_f。这种计算 D_f 的方法是基于以前的程序修改得来，该法消除了伪影，提高了准确度。对每幅图片可通过计数两次来完成整个计算过程——第一次对每个所观察区域中（包括触到其边界）的所有粒子进行计数，第二次则不计算边界上的粒子数量。取两次计数的平均值，可获得能更好地表示质量空间分布的 D_f，此法可与那些成熟的方法相媲美，而后者需对所观察区域边界上的粒子进行计数。

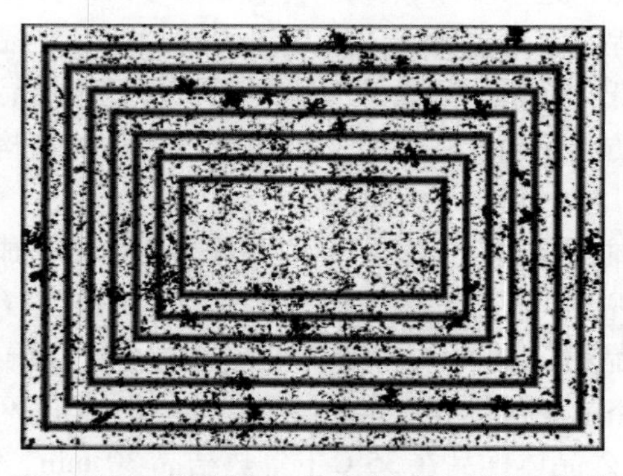

图 6－22　粒子计数法测定 D_f 的盒子尺寸增量递减示意图

D_f：显微镜不规则碎片维数

通过该法得到的不规则碎片维数，显示了结晶网络内部堆积有序的微结构元素信息。与高度有序的结晶网络相比，无序网络的不规则碎片维数更少。前期的模拟试验和研究采用质量－半径技术来确定 D，结果发现快速、受扩散限制（diffusion－limited）的晶束聚集（DLCA）过程一般导致 D 值位于 1.75～1.8，而慢速、受反应限制（reaction－limited）的晶束聚集（RLCA）过程则导致 D 值位在于 2.0～2.1。

另一种检测微结构的方法是盒子计数（box counting）或“栅格维数”分析法（grid dimension analysis）。盒子往往是图片上栅格的一部分，为了便于运算，因此该维数被称为栅格维数。盒子维数定义为式（6－25）中的指数项 D：

$$N(L) \sim 1/L^{D} \tag{6-25}$$

式中 N（L）为盒子的数目。该数目足以覆盖分布在二维平面上的所有点的数据集（data set of points），盒子的线性尺寸为 L。如网络确实是分形的，则作 N（L）～L 的对数图，得到直线图，其斜率即为 D。这种分析对结晶网络中固脂的充填度非常敏感。可以预期，较空的结晶网路将导致低比例的盒数目，因此，将导致一个低的不规则碎片维数，反之亦然。

值得注意的是，有时由不同评估方法得到的不规则碎片维数并不相同。因此需知道各方法的适用性和使用方法，对不同数据集的不规则碎片维数进行比较是非常必要的。在此有待进一步研究并加强定量分析，明确基于流变学方法和显微镜方法测得的不规则碎片维数之间的联系。

2. 不规则碎片维数分析方法应用

对劣化起砂牛油基起酥油中的无砂晶体及砂粒晶体样品在 35℃ 下等热结晶过程，学者进行了实时 PLM 观察，同时进行了显微动力学及图片定量分析，可进一步解释样品间结晶动力学与外在性质间的内在联系，结果如图 6－23 所示。

在 35℃ 下等热结晶 30min 时，无砂晶体和砂粒晶体样品的晶体形态在晶体数目和平均晶体尺寸上出现较大的差异。与无砂晶体部分对比，砂粒晶体部分显示出尺寸较大和数目较少的球晶。在 35℃ 下等热结晶 90min 后，砂粒晶体样品中出现直径约100μm大的球形晶体（表观为由放射状针形晶体构成的组织结构细密的球晶聚合物）；而无砂晶体中则为小球晶（直径约 50μm）与小针形晶体的组合。

由图 6－23 可以看出，砂粒晶体样品在等温结晶过程中出现明显的晶体聚集，即晶体通过结晶形成大的球晶，进一步聚集而形成中等尺寸的晶体聚合物，并最终形成大的晶束，这种结晶聚集过程极有可能受传质、传热的制约。在结晶过程中，那些生长快速的晶体往往成核速率较低。晶体的数量、大小、形状及形成的晶体束着决定样品的微观结构，并进一步影响脂肪产品的宏观性质，例如脂肪产品的结构缺陷——形成大的砂粒晶体。

PLM 分析得到的二维图像显示了样品中单个球晶或聚集而成的晶体束，而样品中晶体的三维图像才能更直观的反映结晶的性质。不规则碎片维数（盒维数法，D_b）能指示整个结晶网络范围内结晶模式的复杂性和规模，是一个对二维图像定量分析的有效参数。通常，有序晶体网络的不规则碎片维数偏高，而无序晶体网络的不规则碎片维数偏低。由表 6－7 可见，无砂晶体样品在 35℃ 下等热结晶 30 min、90 min 时 D_b的值分别为 1.893 和 1.938，而相同条件下砂粒晶体的 D_b值分别为 1.843 和 1.898。在等热结晶条件

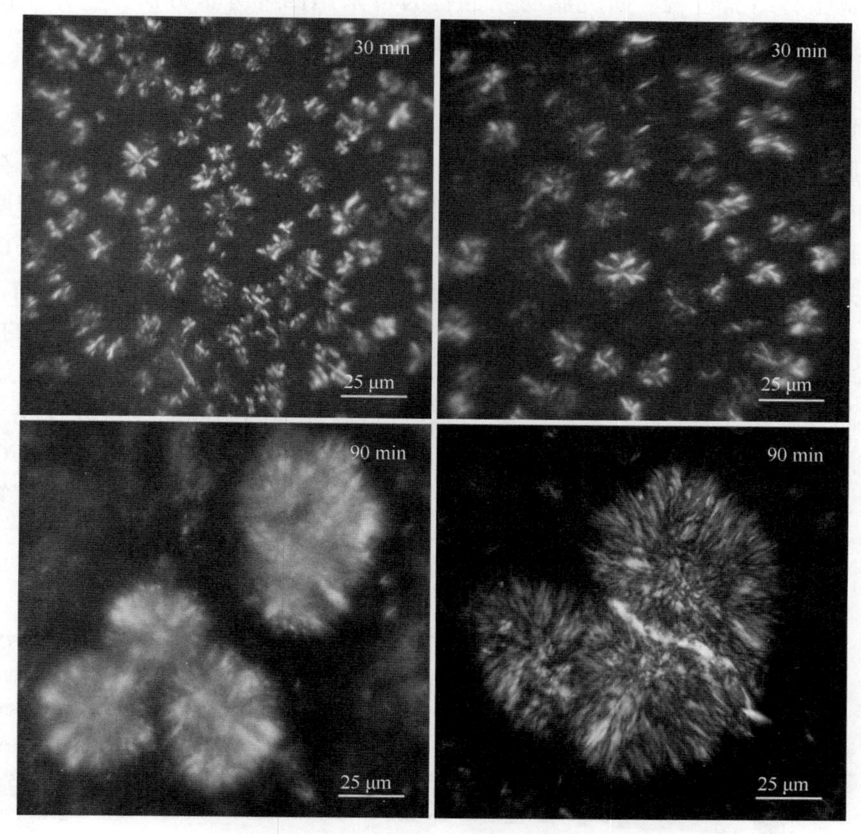

图 6－23 无砂晶体（A，C）和砂粒晶体（B，D）在 35℃下等热结晶 30、90 min 时的偏振光显微镜图片

下，砂粒晶体的 D_b 值略低于无砂晶体（$P < 0.05$），这表明慢速结晶改变了砂粒晶体的空间分布，进而聚集形成更加无序的晶体网络。同时，D_b 值于结晶网络的充填度有关，高 D_b 值意味着高空间填充度（如在等热结晶过程中，相对于砂粒晶体中颗粒大、数量少的晶体而言，无砂晶体中大量的小颗粒晶体空间填充效果更好）。砂粒晶体样品结晶过程中稀疏的晶体空间分布，与图 6－23 中观察到的结晶图像一致。上述 PLM 动力学观察及对图像的定量分析结果表明，样品初始结晶生成细小的晶体，进一步聚集形成一定结构的晶体网络。

表 6－7　无砂、砂粒晶体在 35℃下等热结晶的 D_b

	30min	90min
无砂晶体	1.893 ± 0.0016	1.938 ± 0.0019
砂粒晶体	1.843 ± 0.0011	1.898 ± 0.0015

二、结晶动力学分析

通过研究脂肪晶体的生长时间函数，可以得到动力学和热力学参数，有助于我们更深刻地了解脂肪结晶过程。研究脂肪结晶行为可采用四种分析方法——脉冲核磁共振（pNMR）、浊点分析、偏正光显微镜观察和DSC分析法。

（一）脉冲式核磁共振技术

采用脉冲式核磁共振技术研究熔化的脂肪样品在恒定温度下的结晶行为，在此过程中SFC随时间变化的曲线为等热结晶曲线。图6－24所示为劣化起砂牛油基起酥油中无砂晶体［图6－24（A）］和砂粒晶体［图6－24（B）］在不同结晶温度下SFC随时间变化的等热结晶曲线。在高过冷度（结晶温度低于25℃）时，两部分快速结晶，结晶曲线均表现为随时间变化的双曲线，即在所有曲线中能清晰发现固体脂肪含量的平衡值；当结晶温度高于25℃时，结晶曲线开始出现无脂肪结晶的弛豫时段，随后开始快速结晶，整条曲线呈现S形。此外，对比无砂晶体和砂粒晶体的结晶曲线可以发现，在同一结晶温度下，前者曲线斜率更加陡峭，这表明无砂晶体结晶更快，达到最大SFC所需的时间更短，35℃下等热结晶时，这种差异更为显著。由图6－24可见，35℃下等热结晶20min后，无砂晶体部分结晶已趋于稳定，而砂粒晶体样品才刚形成晶核。

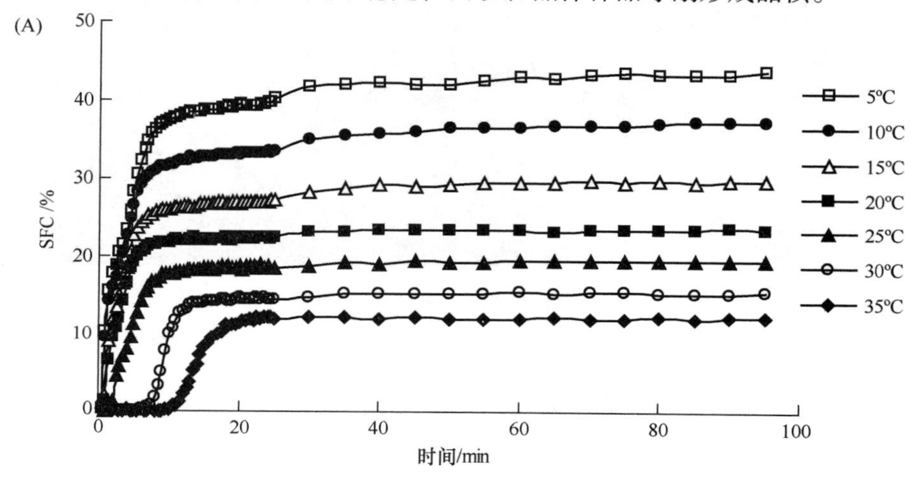

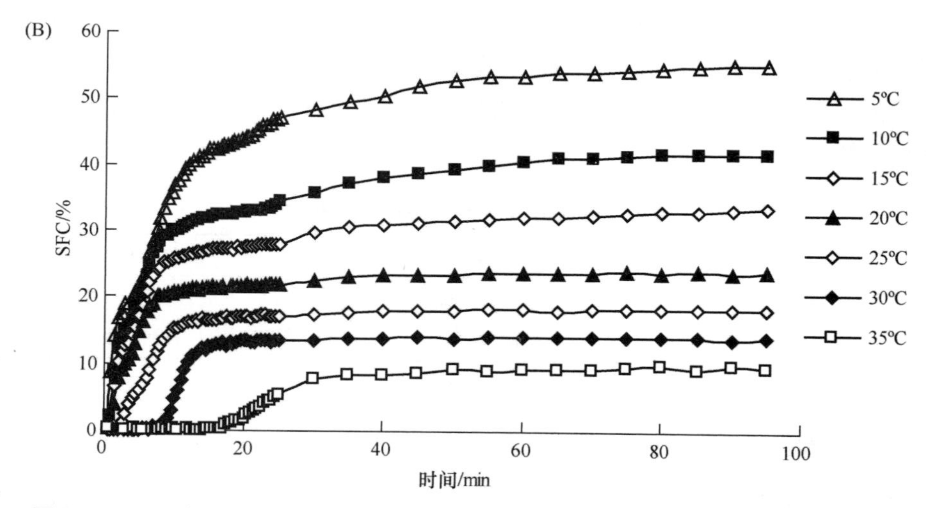

图6－24　无砂晶体（A）和砂粒晶体（B）在不同结晶温度下的等热结晶曲线图

相同条件下，无砂晶体和砂粒晶体的结晶动力学参数见表6－8。由表6－8可见，在结晶温度范围内等热结晶数据完全满足Avrami方程（$R^2>0.99$）。结晶速率常数K随结晶温度的增加而降低，当无砂晶体在30℃、35℃下等热结晶时，结晶温度对K有显著的影响（$P<0.001$）——Avrami常数K与其在25℃时相比分别降低了大约10^2和10^3倍。对于砂粒晶体而言，结晶温度对K同样具有显著的影响（$P<0.001$）——Avrami常数K在30℃、35℃下的K值比其在25℃下的K值分别降低了10^3和10^5倍。

因为K值受温度影响，且与晶体成核和生长密切相关，所以无论是砂粒晶体还是无砂晶体，在25～35℃范围内，其K值降低均表明晶体的成核和生长发生了变化，这必然会导致晶体形态、大小及晶型发生变化。两种脂肪样品半结晶时间$t_{1/2}$随结晶温度的上升而延长也能反映出K值在高温下的下降。通过比较无砂晶体和砂粒晶体在相同结晶温度下的K值和$t_{1/2}$值，可发现前者具有较高的K值和较低的$t_{1/2}$值（$P<0.05$）。这表明在相同等热结晶温度下，与无砂晶体相比，砂粒晶体部分的结晶速率较慢，与前面等温结晶曲线的结论一致（图6－24）。

表6－8　无砂晶体、砂粒晶体在不同温度下等热结晶的动力学参数

温度/℃	n	K/min^{-n}	$t_{1/2}$/min	R^2
无砂晶体				
5	0.795 ± 0.024	0.316 ± 0.011	2.687 ± 0.185	0.999
10	0.911 ± 0.021	0.279 ± 0.009	2.713 ± 0.163	0.994
15	1.123 ± 0.047	0.222 ± 0.011	2.754 ± 0.056	0.993
20	1.278 ± 0.035	0.188 ± 0.005	2.778 ± 0.148	0.998
25	1.868 ± 0.064	0.045 ± 0.004	4.335 ± 0.203	0.996
30	3.220 ± 0.121	6.14E－04 ± 2.71E－05	8.872 ± 0.414	0.999
35	3.479 ± 0.145	8.62E－05 ± 3.11E－06	13.264 ± 0.634	0.995
砂粒晶体				
5	1.094 ± 0.012	0.203 ± 0.006	3.066 ± 0.125	0.997
10	1.254 ± 0.041	0.167 ± 0.005	3.108 ± 0.056	0.999
15	1.342 ± 0.051	0.136 ± 0.007	3.373 ± 0.211	0.998
20	1.737 ± 0.073	0.057 ± 0.002	4.196 ± 0.086	0.996
25	2.023 ± 0.054	0.016 ± 0.001	6.402 ± 0.316	0.994
30	4.334 ± 0.079	2.36E－05 ± 1.11E－06	10.741 ± 0.524	0.997
35	4.461 ± 0.122	4.46E－07 ± 1.81E－08	24.431 ± 0.538	0.993

由表6－8还可见，砂粒晶体和无砂晶体样品中Avrami指数n值随结晶温度上升而增加，而在相同温度下前者的n值略高（$P<0.05$）。Avrami指数n可反映脂肪成核和晶体生长的详细机制。Cheong等列出了脂肪各种成核和晶体生长类型的n值，并指出成核可能为瞬时的，即结晶开始时晶核同时出现；成核也可能零星发生，即晶核数量随时间呈线性增加。晶体生长可能以一维、二维、三维的棒状、盘状和球晶状发生。随着结晶温度的上升，无砂晶体和砂粒晶体的n值均从大约1增至大约4，这可能是由于它们的晶体生长类型发生了变化，从高过冷度下的棒状生长转变为低过冷度的球晶生长；同

时，无砂晶体和砂粒晶体在30℃结晶温度附近，二者 n 值的剧烈变化表明其结晶机制发生了改变，即成核类型和晶体生长形态有所变化。

（二）振动流变分析技术

为了进一步分析砂粒晶体与无砂晶体间结晶特性的差异，采用振动流变对其等热结晶行为进行对比研究。这种研究方法可记录结晶过程中的三个步骤，即初始结晶、脂肪结晶网络微结构的生长和宏观特性。如图6－25所示，在一定的等热结晶温度下，复合模量（$|G^*|$）与结晶时间的关系曲线即为该温度下的等温结晶曲线。$|G^*|$ 中包括储能模量（G'）和损耗模量（G''），可用于评价体系结构。复合模量为剪切应力与应变之比，其中实部为 G'，虚部为 G''。G' 为储能模量，代表物质的固态性质或弹性，而损耗模量 G'' 则代表物质的液态性质或黏性。

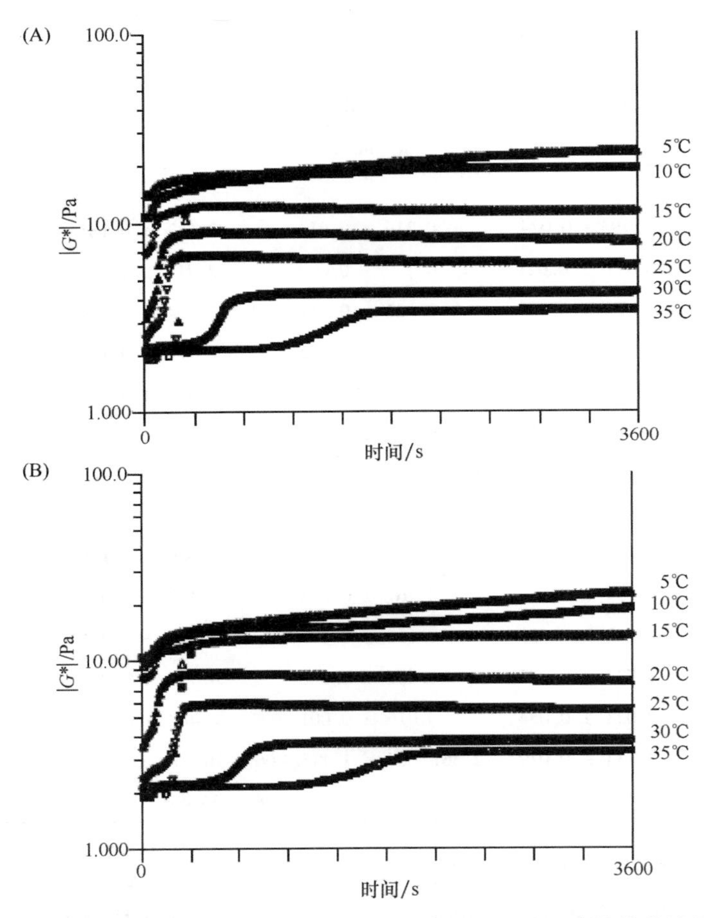

图6－25　无砂晶体（A）和砂粒晶体（B）在不同结晶温度的等热结晶曲线

与SFC作结晶曲线相似的是，$|G^*|$ 随结晶时间变化得到的曲线在结晶温度低于25℃呈现双曲线模式，结晶初速度很快；当结晶温度高于25℃时，无砂晶体和砂粒晶体部分的 $|G^*|$ 的结晶曲线均出现一个跃迁。Toro－Vazquez 等在研究棕榈油硬脂和芝麻油混合油脂、可可脂等热结晶行为过程中，Veerle 等研究棕榈油等热结晶时，指出结晶

曲线上不同的阶段与不同的同质多晶体有关。初始阶段，低恒定｜G^*｜值的样品呈液态，最后样品获得如α型的晶体结构；由α晶型向β'同质多晶转变或从熔化状态直接形成β'晶体，｜G^*｜将维持增加的趋势；当｜G^*｜达到其平衡值时，能用来评价样品的宏观性质，此时部分晶体可能转化为β型晶体。｜G^*｜的变化与初始结晶及微结构的聚集发展有关，而这两者几乎同时发生，密不可分。尤其是，持续的结晶和重结晶导致絮状晶体共生长，从而显著增强了脂肪结晶网络的强度，这可由｜G^*｜值的增加得到验证。各温度下比较两个样品的流变数据时，可发现主要差异体现在时间跨度上。由图6－25可见，无砂晶体部分的结晶曲线更陡峭，变化的时间跨度略小，结晶速率更快，这与上述Avrami方程分析结论一致。

（三）波谱分析技术

1. 最佳吸收波长的确定

诱导时间指的是油脂在一定的条件下，从形成过冷体系到出现可见的结晶所需要的时间。可由浊度法、小核磁共振法（p－NMR）及分光光度计法（UVS）测得。在结晶起始阶段，尤其是当SFC低于5%时，p－NMR法的灵敏度很低。因此，本研究采用了紫外－可见分光光度法（UVS）测定样品结晶的诱导时间。在200～700nm范围内，对完全熔化及完全结晶的棕榈油样品做波长扫描，结果如图6－26所示。

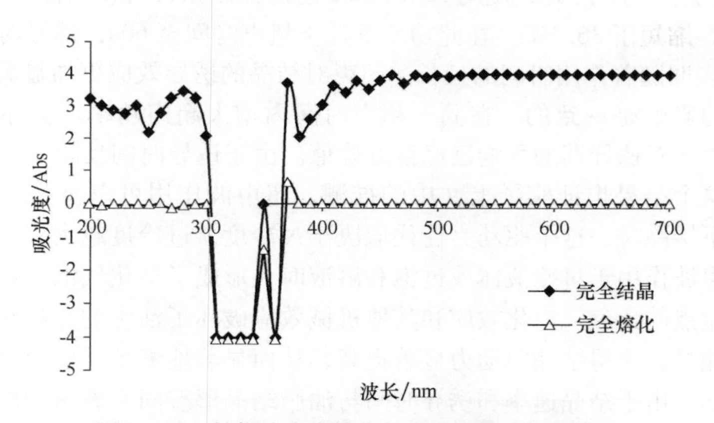

图6－26　棕榈油完全熔化与完全结晶波长扫描图

从图6－26可以看到，在200～400nm的紫外光区，结晶棕榈油与熔化棕榈油均有不同程度特征吸收，部分吸收峰相互叠加。在500～700nm的范围内，完全熔化棕榈油样品吸收值为0，而完全结晶样品的吸收值恒定为4。纯净的油脂或脂肪酸应是无色的，在可见光区（380～780nm）也应无特征吸收。天然油脂中含有类胡萝卜素、叶绿素、脱镁叶绿素等，这些色素使油脂呈现不同的颜色，并使油脂在可见光区出现不同程度的特征吸收。饱和脂肪酸在200～380nm的紫外光区并无特征吸收，而共轭烯酸在紫外区有不同程度的吸收，由此可以判断，原料油在紫外光区的吸收主要是基于其中的不饱和脂肪酸。结合相关资料最终确定扫描波长为500 nm。

2. 结晶诱导时间的测定

在500 nm波长下测定样品结晶过程吸收值的变化，结果见表6－9。

表 6-9　不同温度超声对棕榈油结晶诱导时间的影响

温度/℃	诱导时间/min	
	无超声	95W，60s
20	0	0
25	3.7 ±0.5[b]	1.6 ±0.4[a]
30	11.3 ±0.8[e]	5.3 ±0.5[c]
33	15.4 ±2.1[f]	7.3 ±1.0[d]
36	20.6 ±2.4[g]	8.3 ±0.6[d]
40	28.7 ±2.5[h]	11.8 ±1.0[e,f]

由表6-9可见，随着温度升高，结晶的诱导期显著延长，这是由体系过冷度下降造成的。在同一温度下，超声组的结晶的诱导期均显著短于对照组（除20℃），且降幅均超过50%。自然条件下40℃结晶诱导期为（28.7 ±2.5）min，超声处理后诱导期缩短至（11.8 ±1.0）min，这与30℃自然结晶时的诱导时间［（11.3 ±0.8）min］相当。表明超声波对结晶的作用可能类似于降温（提高过冷程度）处理。

在30℃的结晶温度下改变超声作用时间和功率，对诱导时间进一步研究，结果如表6-10所示。由表6-10可见，使用95W，20s超声作用条件可使结晶诱导期从11.3min降低至7.2min，缩短了36.3%。在此功率下延长超声时间至60s，诱导时间进一步缩短至5.3min，这表明随着作用时间的延长，超声对结晶的诱导效应更加显著，这与超声时间对结晶速率的影响是一致的。在同一超声时间内增大超声功率，诱导时间无显著变化，这可能是由于对诱导期的影响已经接近峰值。由于诱导时间反映了一个体系结晶驱动力的大小，这个结果也证实了上文中的推测，超声波作用可以显著地提高结晶驱动力。自然条件下结晶时，这个驱动力往往取决于过冷度，过冷度越大，驱动力越大，结晶越快。当超声波作用于过冷液体或过饱和溶液时，形成了空化气泡。这些空化气泡恰好充当了结晶位点的角色。空化效应和其他机械效应破坏了油脂的介稳状态，提供了成核需要的巨大能量，使得结晶驱动力显著提高，从而显著地缩短了诱导时间，促进油脂结晶。另一方面，由于结晶速率和诱导时间与油脂结晶形态间有着密切的联系，这些结果也表明我们超声波可能对油脂结晶网络结构产生一定影响。

表 6-10　30℃时不同超声条件对棕榈油结晶诱导时间的影响

超声功率 /W	超声时间 /s	结晶诱导时间/min
0	0	11.3 ±0.8[a]
47.5	20	8.4 ±0.9[b]
95	20	7.2 ±0.3[b]
270	20	7.0 ±0.2[b,c]
47.5	60	6.0 ±0.1[c]
95	60	5.3 ±0.5[c]
270	60	5.8 ±0.8[c]

（四） PLM 动态观察

在脂肪结晶研究中，可用 PLM 来获取结晶过程中的诱导时间和成核率指数，这一方法需用到上文脂肪晶体的微观结构分析章节中所提及的图像获取及图像处理技术。

其中计算成核率（J），可以根据图像参数采用公式（6－26）计算：

$$J = \frac{dN_P}{dt} \tag{6-26}$$

式中　N_p——粒子数；

　　　t——晶体线性增加的温度区间。

计算粒子数（黑色部分的百分比）需要一个合适图像分析软件（如 Image J，Photoshop）。以粒子数（N_p）对时间的函数作图，计算出曲线斜率的一阶导数即为一个估计的 J 值，与结晶成反比。

偏光显微镜可直观地反映脂肪结晶微观形态。超声功率对棕榈油结晶形态的影响见图 6－27 所示，其中结晶时间 0～90min、结晶温度 30℃、固定超声时间为 60s。图 6－27 所示还反映了不同超声功率下晶体随时间变化的趋势。同一行代表在同样的结晶时间内晶体形态随超声功率的变化情况，同一列代表同一超声功率下晶体形态随时间变化情况。

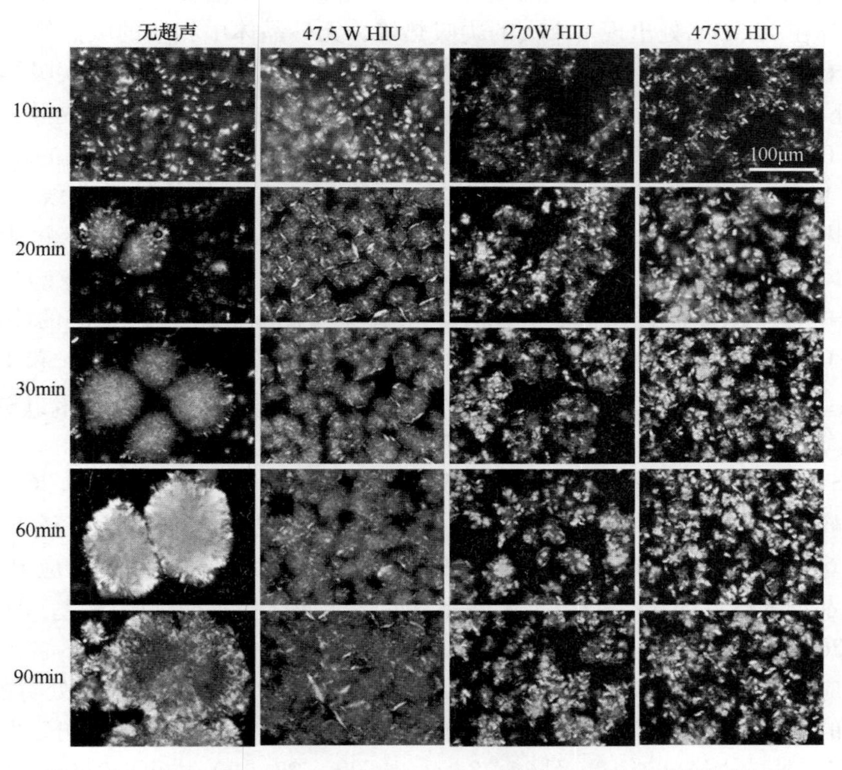

图 6－27　不同超声功率处理 10～90 min 后棕榈油的结晶形态变化图片

（结晶温度 30℃）

由图 6－27 可见，自然结晶时，油脂在 10～90 min 内逐渐地成核，聚集，形成粗大的圆盘状结晶。与自然结晶相比，在47.5W超声波场中结晶10min后，可观察到大量云状的晶体，且晶体更密集；继续结晶至30min时，两组晶体间差异更加显著，超声处理组的晶体颗粒细小，形状均匀，分散性好；继续结晶至60min和90min时，除了晶体的数量持续增多之外，并未发现晶体的大小有显著增加。此外，随着超声功率增强，晶体的形态和粒径变化越显著，这与早期Patrick M等人的研究一致。推测可能是由于随着超声波能量的增强，空化效应和其他机械作用均增大，从而强化了对最终产品结构的影响。

第四节　热行为分析

一、差示热量扫描仪（DSC）分析熔化结晶性质

DSC热曲线可有效反映脂肪熔化和结晶过程中的热转变温度和热量值，为脂质组成提供数据补充。BTMS（全牛油基模型起酥油）和POMS（全棕榈油基模型起酥油）中砂粒晶体和无砂晶体的DSC熔化及结晶曲线如图6－28所示。

BTMS样品中，砂粒晶体熔化曲线在3.18℃至31.92℃温度范围内显示四个小的吸热峰，另外在45.23℃处出现一个大的尖吸热峰，无砂晶体中相应的吸热峰向低温方向移动，即对应的四个小的吸热峰出现于0.78℃至28.53℃温度内，大的尖吸热峰出现在44.24℃处（图6－28A）。上述砂粒晶体中各熔化峰对应的焓变（ΔH）分别为0.66J/g、1.72J/g、0.86J/g、0.18J/g和27.62J/g，相应的无砂晶体中各峰对应的ΔH分别为7.87J/g、1.05J/g、1.24J/g、1.86J/g和27.56J/g。砂粒晶体的结晶曲线中主要显示三个放热峰：一个高温尖峰（27.55℃，ΔH = 15.96J/g），一个中温小峰（14.64℃，ΔH＝0.57J/g）和一个低温宽峰（5.58℃，ΔH＝16.60J/g）。同样的，无砂晶体中整个结晶曲线向低温方向发生了偏移（图6－28B），相应的峰温分别变为27.21℃、14.13℃和5.07℃，相应的ΔH变为15.04J/g、0.39J/g和15.24J/g。结晶熔化温度和焓值的变化进一步表明，在BTMS中与无砂晶体相比，砂粒晶体中含高熔点组分含量略多，低熔点组分稍低。

POMS样品中，砂粒晶体的熔化曲线表现为一个宽的低温峰（ΔH＝5.26J/g），两个小的中温峰（ΔH分别为0.60J/g和0.96J/g）和一个尖的高温峰（ΔH＝55.61J/g），温度位于3.69℃至33.49℃范围内。在33.49℃处，尖吸热大峰极有可能对应POP甘油三酯（其β晶型的熔点为35.30℃）。无砂晶体的熔化曲线显示四个吸热峰，即3.87℃处的宽峰，26.90℃处的小中温峰，34.56℃处的小高温峰（由于样品中POP含量明显降低导致其对应的吸热峰中分离得到的无砂晶体面积明显减小）和46.81℃处宽的高温峰，它们相应的ΔH分别为15.13J/g、1.39J/g、1.75J/g和4.91J/g。同时，可以发现无砂晶体在16.57℃处的小峰已消失（图6－28A）。从图6－28（B）中可以看出，砂粒晶体的结晶曲线表现为14.20℃和4.25℃处的两个放热峰完全分开，对应的ΔH分别为2.78J/g和24.86J/g。无砂晶体在19.47℃处为一尖峰（ΔH＝9.66J/g），在2.04℃处为一宽峰（ΔH＝6.06J/g），同时在－11.98℃带有一小的肩峰（ΔH＝1.23J/g），与上述对应的砂

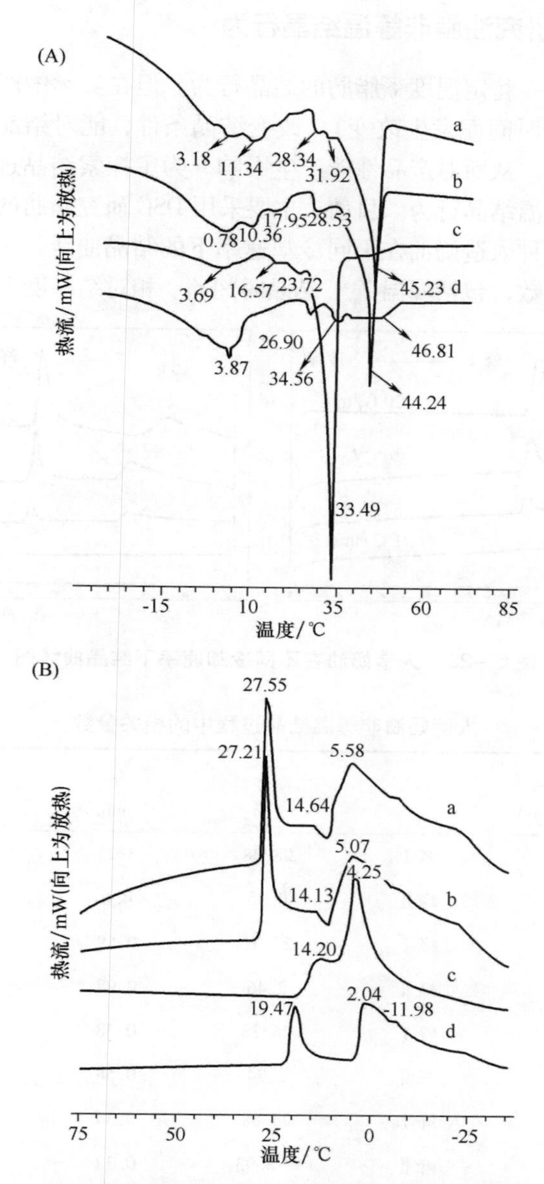

图 6-28　BTMS 和 POMS 中砂粒晶体和无砂晶体的 DSC 熔化曲线（A）及结晶曲线（B），其中 a 和 c 分别为从 BTMS 和 POMS 中分离得到的砂粒晶体；b 和 d 分别为从 BTMS 和 POMS 中分离的无砂晶体

粒晶体相比，无砂晶体的结晶温度范围更广［图 6-28（B）］。此外，与砂粒晶体相比，无砂晶体的 ΔH 在高结晶温度下稍高，低结晶温度时稍低，这表明在 POMS 中，无砂晶体中高熔点和低熔点组分的含量略高于砂粒晶体，并与其甘油三酯组成总体保持一致。

二、 应用 DSC 研究油脂非等温结晶行为

等温结晶是研究某一特定温度下脂肪的结晶行为。但在实际中产品通常在非等温条件下结晶（结晶温度随着时间而发生改变）。改变结晶条件，能对结晶度、结晶形态、晶粒大小及数量等产生影响，从而对产品性能产生影响。为了探索结晶过程中的真实变化，必须认真研究脂肪的非等温结晶行为。目前，主要采用 DSC 研究脂肪的非等温结晶行为。

图 6－29 所示为两种人造奶油在不同冷却速率下的结晶曲线，表 6－11 列举了非等温结晶过程中一些重要参数，包括峰温 T_p、结晶时间 t_p、相对结晶度 X_p 及结晶焓 ΔH_c 等。

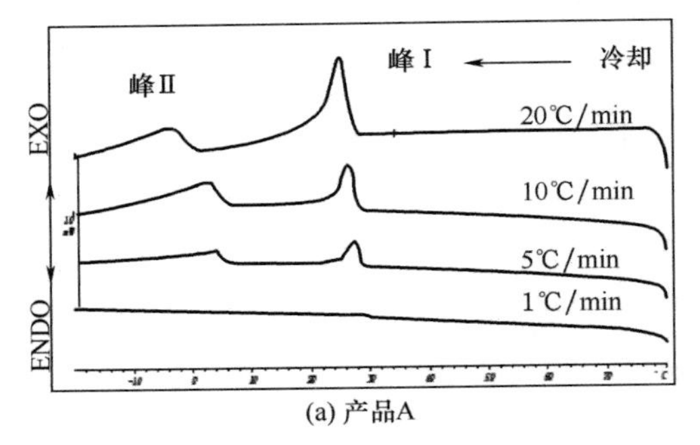

(a) 产品A

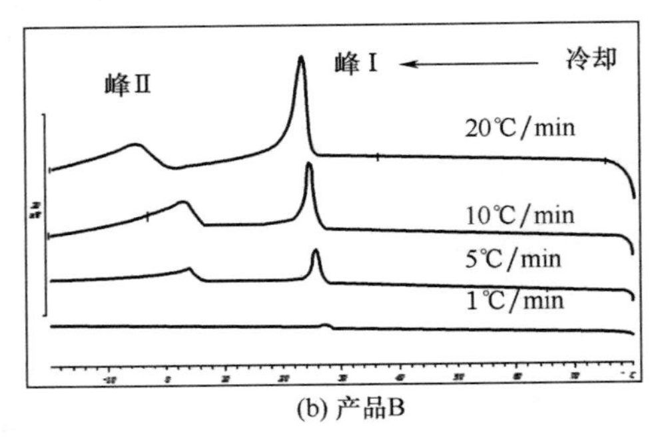

(b) 产品B

图 6－29 人造奶油在不同冷却速率下结晶曲线图

表 6－11 人造奶油非等温结晶过程中的相关参数

	D_m / (℃/min)		T_p /℃	t_p /min	X_p /%	ΔH_c / (J/g)
人造奶油 A	1	峰Ⅰ	28.38	3.25	42.23	2.37
		峰Ⅱ	0.35	4.6	31.79	2.36
	5	峰Ⅰ	27.31	0.59	29.69	3.67
		峰Ⅱ	3.46	0.98	16.82	3.18
	10	峰Ⅰ	26.28	0.38	34.96	3.98
		峰Ⅱ	2.74	0.58	17.59	3.9
	20	峰Ⅰ	24.88	0.34	33.34	5.14
		峰Ⅱ	－3.93	0.32	29.42	2.81
人造奶油 B	1	峰Ⅰ	27.17	2.68	45.06	4.34
		峰Ⅱ	1.78	4.45	30.05	3.18
	5	峰Ⅰ	25.62	0.91	43.26	6.73
		峰Ⅱ	3.73	1	18.36	4.82
	10	峰Ⅰ	24.57	0.57	43.52	7.09
		峰Ⅱ	2.95	0.55	20.44	6.17
	20	峰Ⅰ	23.36	0.28	35.03	6.74
		峰Ⅱ	－5.23	0.37	32.98	4.24

从表6－11中可以看出，随着加快降温速率，结晶峰的位置逐渐向低温方向移动，峰形逐渐变宽，这表明结晶的温度范围增大。这主要是因为高分子链融入晶格需要一定的“弛豫”时间，从而造成结晶过程相对于降温过程有一个“滞后期”，降温速率增大滞后期相应延长。另外由于脂肪结晶的动力来源于过冷度或过饱和度，加快降温速率使得并入晶格中的甘油三酯碳链增多，但是低温会增加液相黏度，限制了热传递及质量传递，导致分子链活动能力降低，因而阻止了TAG分子重排形成更稳定的晶型，形成的晶体完善程度差异较大，峰温对应的结晶度也最小。从表6－11中还可看出，对于样品A和B，冷却速率不同，Tp、tp和ΔH_c均有较大差别，说明它们对结晶过程的热历史有着强烈的依赖性。结晶峰Ⅱ的Tp，tp在5℃/min，10℃/min，20℃/min时具有和Ⅰ相同的规律，但是在慢速降温时（降温速率为1℃/min），峰温明显偏低，由于峰Ⅱ对应着不饱和甘油三酯组分，其双键数及分布位置有较大差异，因此慢速结晶时其分子排列更复杂。比较两个样品的X_p和ΔH_c，相同冷却速率下B样品的两值均大于A，这表明B样品中甘油三酯组成可能使其更易于结晶。

非等温结晶比等温结晶复杂，理论处理需考虑温度与时间函数关系。因此研究非等温结晶动力学，实验原始数据需转化为相对结晶度与温度（T）或是时间（t）的函数。原始数据转化为温度函数方程式（6－27）所示。

$$X(T) = \frac{\int_{T_0}^{T} (\mathrm{d}H_c/\mathrm{d}T)\,\mathrm{d}T}{\Delta H_c} \tag{6-27}$$

式中　T_0——起始时刻温度，℃；

T——任意时刻温度，℃；

$\mathrm{d}H_c$——无限小的温度范围内释放的结晶热，J/g；

ΔH_c——一定冷却速率下的结晶热，J/g。

对于非等温结晶过程来说，结晶时间t与温度T之间存在如式（6－28）所示的关系：

$$t = \frac{|T_0 - T|}{D} \tag{6-28}$$

式中　D——冷却速率，℃/min。

由此可得到相对结晶度X（%）－t（min）的关系曲线图。

由于棕榈油在冷却过程中饱和甘油三酯组分和不饱和甘油三酯组分都会出现结晶峰，因此分别作出其相对结晶度X（%）－t（min）的曲线，如图6－30、图6－31所示。

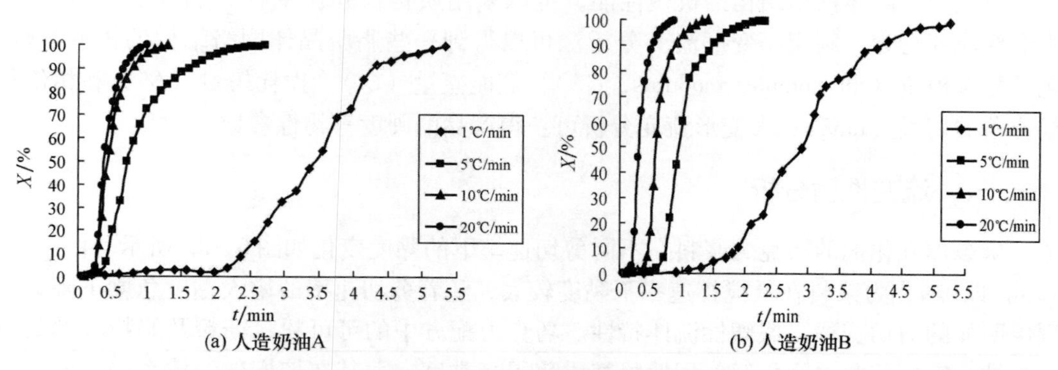

图6－30　人造奶油A、B中饱和TG组分不同冷却速率下的X（%）－t（min）图

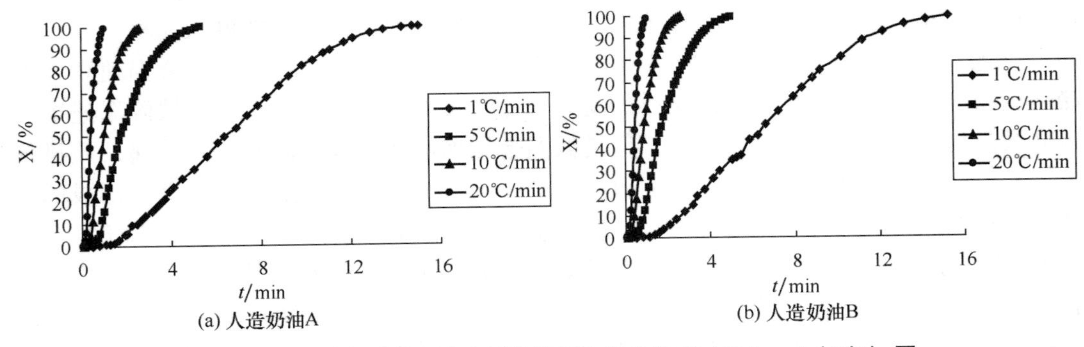

图 6-31 人造奶油 A、B 中不饱和 TG 组分的 X（%）－t（min）图

在各冷却速率下两个样品中饱和甘油三酯组分的相对结晶度－时间曲线均为典型 S 型曲线，表明二者皆经历了一段诱导期，且随着冷却速率降低，诱导期逐渐延长，尤其 1℃/min 时，诱导时间显著增加，而不饱和组分的诱导期则显著缩短。降温速率＞1℃/min时，B 样品饱和组分的诱导时间均长于 A，而诱导期主要是晶核形成阶段，因此可推测 B 样品成核比 A 更困难，这可能是因为 B 中高熔点的饱和甘油三酯含量较低。在冷却过程中，油脂中高熔点的甘油三酯先从液态油脂中结晶析出成为晶核，并不断并入甘油三酯诱导晶体生长，这从一定程度上也解释了为什么不饱和组分的诱导期短。但脂肪体系特定的结晶结构不仅仅取决于其化学组成，化学组成、热交换及质量交换都会对最终的晶体结构产生重要影响。当降温速率增大时，所有结晶曲线都变得更陡峭，说明结晶速率与冷却速率呈显著的正相关，但 A 样品在 10℃/min 和 20℃/min 下的结晶曲线无显著差异，这表明当降温速率＞10℃/min 后，冷却速率的变化对其结晶速率无显著影响。非等温结晶动力学表明不同的结晶条件会显著改变晶体形成机制，从而导致出现不同的晶体形态及网络形态。

第五节 机械性能分析

研究脂肪晶体网络结构的机械性能，可以采用质构仪和流变仪分别分析脂肪的大、小形变流变行为。利用小变形流变分析法可以得到一些脂肪晶体网络结构的机械参数，包括复合模量（the complex modulus，G^*）、储能模量（G'）、损耗模量（G''）和相位移或位角的切线（$\tan\delta$）；大变形流变分析可获得产品的硬度等物性参数。

一、流变性质分析

未添加乳化剂的巧克力浆料在不同剪切速率下的黏度变化如图 6-32 所示。由图6-32 可知，巧克力浆料在低搅拌速率下黏度较大，随着剪切速率的增大黏度急剧下降，表现出明显的剪切变稀、假塑性流体特性。巧克力配方中的可可粉、糖粉及奶粉等都具有亲水性，它们彼此之间相互作用使得基质获得高黏度。尤其在棕榈仁油体系中，分散相颗粒间的相互作用对体系的影响更加显著，需提供一定的能量克服屈服应力后体系才能流动，此屈服应力又可称为屈服值。屈服值越大，表明该物体的韧性越大，添加不同乳化剂的样品屈服值见表6－12。

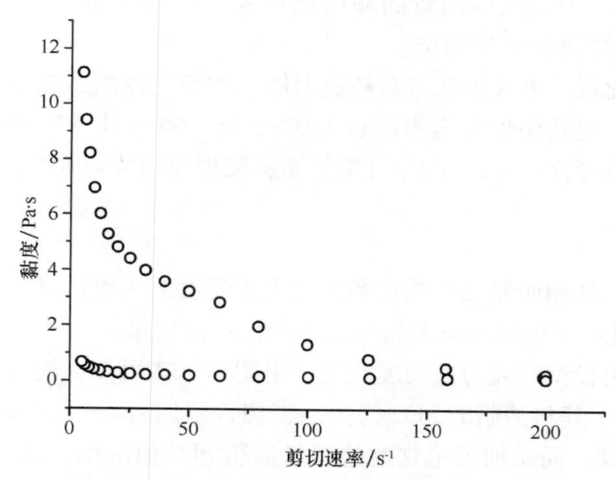

图6－32　未添加乳化剂的巧克力浆料剪切速率－黏度图

表6－12　添加不同乳化剂的巧克力浆料流变性质参数

乳化剂	屈服值/Pa	表观黏度/（Pa·s）	触变性/Pa
对照组	55.67±1.64	11.13±0.85	52.26±1.43
0.5%卵磷脂	10.32±0.40	2.06±0.05	0.16±0.03
1.0%卵磷脂	9.13±0.37	0.75±0.09	0.87±0.11
1.5%卵磷脂	12.27±0.73	2.45±0.18	0.93±0.09
1.5% span60	43.95±1.91	8.79±0.36	3.98±0.64
1.5%单甘酯	49.54±2.20	9.91±0.82	19.80±2.05

对照组屈服值最高，可见此时体系内黏度很大，促使浆料开始流动需要提供较大的能量；添加卵磷脂可显著降低体系的屈服值，添加量从0.5%增加至1.0%后体系的屈服值降低，继续增加至1.5%后体系的屈服值显著增加，这类似于与天然可可脂巧克力中卵磷脂添加量与屈服值的关系，可能是因为过量的卵磷脂在糖颗粒表面形成了多分子层。span60和单甘酯对油脂体系屈服值的降低作用不显著，这是因为在油脂体系中span60和单甘酯主要用作结晶改善剂，而对分散相与油相之间的界面张力无显著改善作用。

巧克力浆料的表观黏度选用30s^{-1}剪切速率下的黏度值来表示，表观黏度可以在一定程度上反映体系的微观结构，低表观黏度表明体系中分散相以小聚集体的形式存在。添加不同乳化剂样品的黏度结果见表6－12，对照组表观黏度值最高，添加量为1.5%单甘酯和1.5% span60的样品次之，1.0%卵磷脂的样品表观黏度最低，继续增加卵磷脂至1.5%后表观黏度增加。触变性是指流体由于接触（例如搅拌）而引起流动性能变化的性质，可反映体系内颗粒的聚集程度。从表6－12中可以看出，触变性的变化趋势与屈服值和表观黏度趋势一致，对照组触变性远高于样品组，表明对照体系内颗粒有很强的聚集趋势；适量添加卵磷脂可显著降低体系的触变性，这是因为卵磷脂分子同时具有亲水的磷脂酰基和疏水的脂肪酸酰基，可显著改善界面的表面张力，但进一步添加卵磷脂则导致体系的触变性增强。添加了span60体系触变性高于相同添加量的卵磷脂体系，但显著低于单甘酯体系，表明单甘酯体系具有较强的颗粒聚集趋势。

综上所述，乳化剂类型及添加量对巧克力体系的流变性质影响显著，卵磷脂可显著改善体系的流变性，但其添加量应不超过1.0%；span60对体系屈服值和黏度无显著影响，但可显著降低触变性；1.5%的单甘酯体系颗粒聚集趋势较强。

二、 硬度分析

硬度是决定半固体脂肪制品功能性和消费者接受度的关键因素，与产品的甘油三酯组成、SFC、结晶模式（包括同质多晶和晶体形态）密切相关。

图6-33所示为模型巧克力的硬度数据。由图6-33可知，模型巧克力的硬度结果趋势与HPKS/CB 9:1基料油脂的SFC值关系密切，添加span60和卵磷脂的基料油脂在25℃时的SFC值较高，而添加了单甘酯的基料油脂SFC值降低，这是因为单甘酯对CB结晶的延缓作用导致了相应的模型巧克力硬度降低。模型巧克力的硬度除与体系基料油脂的SFC值有关之外，还与体系的结晶网络结构疏密程度密切相关。模型巧克力的硬度随卵磷脂添加量的增大而增加，这可能是由于大量的卵磷脂分子吸附在分散相与油相界面上，增加了界面张力导致体系流动性降低并形成致密的结晶网络结构；单甘酯模型巧克力的硬度以0.5%添加量时最高，这可能是由于单甘酯添加量增加后，它在CB晶体表面的作用位点增加，从而显著延缓CB的晶体生长，导致体系内液态油脂含量增加而使结晶网络结构变的稀疏；span60添加量未对模型巧克力的硬度产生显著影响，这可能是因为span60显著增加基料油脂的成核和晶体生长速率，从而使体系快速形成致密的结晶网络结构。

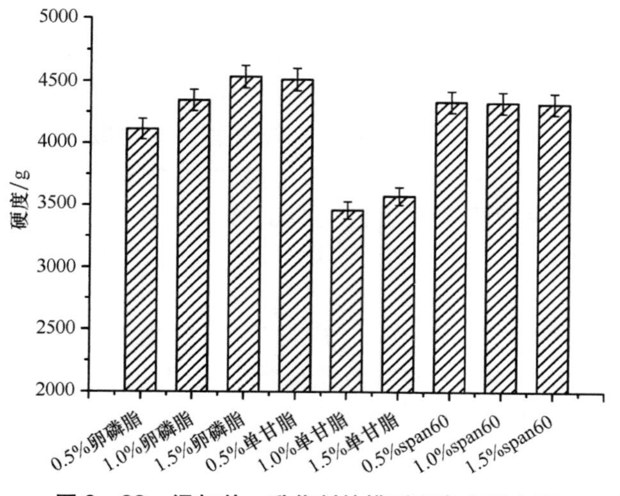

图6-33 添加单一乳化剂的模型巧克力硬度图

思考题

1. 试简述油脂脂肪酸、甘油三酯组成的定性、定量方法。
2. 油脂结晶行为、热行为的分析方法有哪些？
3. 油脂的 AV、IV、PV 如何定义？请写出各自的表示单位。

参考文献

[1] Shahidi, Fereidoon, eds. Bailey's Industrial Oil and Fat Products. Volume 1, Edible Oils and Fat products: Chemistry, Properties and Health effects. Wiley – Interscience, 2005.

[2] Shahidi, Fereidoon, eds. Bailey' s Industrial Oil and Fat Products. Volume 4, Edible Oils and Fat products: Products and Applications. Wiley – Interscience, 2005.

[3] Y. H. Hui，贝雷．油脂化学与工艺学：第3卷［M］．徐生庚，裘爱泳译．5版．北京：中国轻工业出版社，2001.

[4] Marangoni, Alejandro G, eds. Fat crystal networks, Vol. 140. CRC Press, 2010.

[5] Marangoni, Alejandro G, eds, and Leendert H. Wesdorp, eds. , Structure and properties of fat crystal networks, CRC Press, 2012.

[6] L. Hernqvist, in N. Garti and K. Sato, eds. Crystallization and Polymorphism of Fats and Fatty Acids, Marcel Dekker, New York, 1988: pp. 97 – 137.

[7] D. Aquilano and G. Sgualdino, in N. Garti and K. Sato, eds. , Crystallization Processes in Fats and Lipid Systems, Marcel Dekker, New York, 2001: pp. 1 – 52.

[8] Gerard L. Hasenhuettl and Richard W, eds. Hartel. Food Emulsifi ers and Their Applications, Springer Science + Business Media, 2008.

[9] 王兴国等著．油料科学原理．北京：中国轻工业出版社，2011.

[10] 王兴国等著．油脂化学．北京：科学出版社，2012.

[11] 马传国等著．油脂深加工与制品．北京：中国商业出版社，2002.

[12] 毕艳兰等著．油脂化学．北京：化学工业出版社，2005.

[13] 韩国麒著．油脂化学．郑州：河南科技出版社，1995.

[14] 汤逢著．油脂化学．南昌：江西科学技术出版社，1985.

[15] 张根旺等著．油脂化学．北京：中国财经经济出版社，1999.

[16] 徐学兵等著．油脂化学．北京：中国商业出版社，1993.

[17] 何东平著．油脂制取及加工技术．武汉：湖北科学技术出版社，1998.

[18] 王德志，马传国，王高林．专用油脂在食品工业中的应用［J］．中国油脂，2008，33（4）：7 – 11.

[19] 李双双，刘晓见，李艳娜．中国专用油脂的现状与发展趋势［J］．食品科技，2004，2：1 – 7.

[20] 娄源功．中国油脂工业跨世纪发展的战略选择［J］．中国油脂，1997，22（3）：3 – 5.

[21] 余东成．中国油脂工业发展趋势的探讨［J］．中国油脂，2000，25（3）：30 – 33.

[22] K. Larsson, in S. Friberg and K. Larsson, eds. Food Emulsions, 3rd ed. Marcel Dekker, New York, 1997: pp. 111 – 140.

[23] 苏望懿著．油脂加工工艺学，第1版．武汉：湖北科学技术出版社，1991.

[24] 张天胜著．生物表面活性剂及其应用．北京：化学工业出版社，2005.